公路安全设计

周荣贵　唐琤琤　邬洪波　廖军洪　等　编著

人民交通出版社

内 容 提 要

本书在充分收集、分析和总结近年来国内外交通安全相关研究成果的基础上，结合工程实践经验，对公路设计中的安全理念进行了诠释。全书分九章：第一章分析了我国公路的安全现状、影响因素及安全设计的发展趋势；第二章从设计一致性、公路功能设计、人机工程设计以及运行速度设计等四个方面对总体安全设计理念进行了阐述；第三章至第八章分别从双车道公路、多车道公路、路侧、桥梁隧道等构造物以及路线交叉等方面论述了公路安全设计的要求；第九章重点提出了避险车道设置位置的确定方法以及平纵线形指标、制动床等的安全设计。

本书可供公路管理人员、工程技术人员和相关科研人员参考。

图书在版编目(CIP)数据

公路安全设计/周荣贵等编著. —北京：人民交通出版社，2012.9

ISBN 978-7-114-10063-5

Ⅰ.①公… Ⅱ.①周… Ⅲ.①公路—安全设计 Ⅳ.①U412.36

中国版本图书馆CIP数据核字(2012)第207323号

书　　名：公路安全设计
著 作 者：周荣贵　唐琤琤　邬洪波　廖军洪　等
责任编辑：吴有铭　李　农
出版发行：人民交通出版社
地　　址：(100011)北京市朝阳区安定门外外馆斜街3号
网　　址：http://www.ccpress.com.cn
销售电话：(010)59757973
总 经 销：人民交通出版社发行部
经　　销：各地新华书店
印　　刷：化学工业出版社印刷厂
开　　本：787×1092　1/16
印　　张：18.75
字　　数：451千
版　　次：2012年9月　第1版
印　　次：2012年9月　第1次印刷
书　　号：ISBN 978-7-114-10063-5
定　　价：90.00元

丛书编委会名单

序　言

汽车作为人类工业文明的伟大发明之一，拓展了人类的生活空间，提高了人类的生活质量，解放和发展了生产力，促进了现代经济的发展和繁荣。但在人类发明和使用汽车已有百年历史的今天，以汽车为主要载体的现代道路交通却无法回避这样一个事实：道路交通事故已成为影响人类生命和健康的重要因素。据世界卫生组织预计，如果不立即采取有效行动，到2030年，交通事故将成为威胁人类的第五大“杀手”。采取积极有效措施，减少交通事故导致的死亡和受伤，已成为世界各国政府的共识。

文明因生命而传承，世界因生命而精彩。在以科学发展观为主题的我国社会主义现代化建设总体战略中，“以人为本”是核心，“安全发展”是重要理念。改革开放30多年来，我国经济实现了高速增长，社会面貌发生了翻天覆地的变化，城市化进程不断加快，机动化水平快速提高，这些都决定了我国的人、车、路、环境、管理等影响道路交通安全的因素比任何国家都要复杂。如何在加快建设适度超前的道路运输网络、支撑经济和社会持续稳步发展的同时，实现道路交通的安全发展，为广大人民群众提供安全、高效的交通环境和运输服务，是我们面临的一项严峻挑战。

为有效降低道路交通事故率，科技部、公安部、交通运输部三部门联合组织开展了国家级重大科技支撑项目——《国家道路交通安全科技行动计划》一期研究，重点实施了《重特大道路交通事故综合预防与处置集成技术开发与示范应用》项目研发工作。这一项目以前所未有的科研资源投入和大规模的示范应用，开创了我国道路交通安全科技研发与应用的新局面。该丛书是在归纳总结科技行动计划一期项目，由交通运输部负责的课题二《山区公路网安全保障技术体系研究与示范工程》研究工作基础上编写的，是项目的重要成果之一。丛书由课题承担单位交通运输部公路科学研究院组织编写，凝聚了交通运输行业50家项目参与单位、300多名科研人员的智慧与心血。

理论研究的生命力在于指导工作实践。丛书从人的因素出发，围绕山区公路重特大交通事故的预防和人员生命保障，对公路设计、交通安全设施设置、公路安全运营管理、恶劣气象条件下的公路通行保障、施工区安全管理、公路网交通安全风险评估等技术进行了研究，全面介绍了我国山区公路交通安全技术的最新发展和安全保障综合解决方案，既是一套理论研究专著，又是一套先进实用的工具书，具有重要的指导意义和实用价值。希望这套丛书的出版发行，能够为公路交通行业广大建设者和管理人员提供有益的借鉴，促进我国山区公路交通安全保障技术水平迈上一个新台阶。

冯正霖

二〇一二年三月

从书前言

自人类进入汽车社会以来，道路交通事故就如影随形，道路交通安全问题已经成为当今世界一个严重的社会问题。为了遏制道路交通事故的发生，降低道路交通事故的危害，人类做出了不懈的努力。进入21世纪，国际社会对道路交通安全问题愈发重视，在全球范围内掀起了提高道路交通安全性的新高潮。但是遏制道路交通事故发生、缓解道路交通安全压力仍是一项长期、漫长和艰巨的任务。

与世界各国相比，我国的道路交通安全问题显得尤为严重。统计数据显示，2001年至2003年我国连续3年交通事故死亡人数超过10万人，占全世界交通事故死亡人数的10%以上，高居世界第一，而同期的汽车保有量只占世界的2%。自2003年开始，我国政府首次全面部署道路交通安全工作，逐步形成了政府统一领导、有关部门各司其职、齐抓共管、综合治理、标本兼治的工作格局，采取了一系列系统性和针对性措施，在短时间内遏制了我国道路交通事故高发的态势，使我国道路交通安全形势得到迅速改善。截至2011年，道路交通事故六大指标已连续7年大幅下降，2011年我国道路交通事故死亡人数已降至6.2万余人，比最高峰2002年降低了43%。虽然道路交通安全形势逐步好转，但由于影响我国道路交通安全的诸因素还没有发生根本性的改变，交通事故仍然存在伤亡惨重，万车死亡率居高不下，重特大交通事故特别是群死群伤的特大恶性事故时有发生的特点，这与改善民生的要求，与发达国家的情况相比还存在较大差距。

国际经验表明，科技进步和新技术应用是解决道路交通安全问题的重要手段。为构建安全和谐的道路交通环境，充分发挥科技创新对交通安全保障的重要支撑作用，2008年2月18日，科技部、公安部和交通部正式在人民大会堂共同签署《国家道路交通安全科技行动计划》合作协议，旨在动员和集成相关科技、产业和政府资源，通过科技创新建立和完善我国道路交通安全保障技术、措施和标准体系，提升道路交通可持续发展能力，以全面提高我国道路交通安全保障水平。它标志着我国最大规模的一次道路交通安全科技合作行动正式全面启动。

《山区公路网安全保障技术体系研究与示范工程》课题是《国家道路交通安全科技行动计划》第一期项目《重特大道路交通事故综合预防与处置集成技术开发与示范应用》的重要组成部分。课题从我国交通安全问题最严重的山区公路网出发，但不局限于山区公路，围绕重特大交通事故的预防和人员生命保障，对公路设计、交通安全设施设置、公路安全运营管理、恶劣气象条件下的公路通行保障、施工区安全管理、公路网交通事故风险评估等技术进行了研究，目的是在充分分析我国山区公路网交通安全的现状和特点的基础上，通过自主创新和山区国省干线安全保障技术的集成应用，形成可用、实用的山区公路网交通安全保障成套技术及装备，组织大规模的示范工程，提高山区公路网对交通事故的主动和被动防护能力，并在此基础上形成一系列标准、规范和技术指南，以促进整个交通行业安全水平的提升。

《山区公路网安全保障技术体系研究与示范工程》课题在科技部、交通运输部和公安部三部委的高度重视下，调动了在各相关方向有专长的科研单位、高校、企业及交通运输行业主管单位等50家单位、300余位研究人员参加研究、示范工程建设及标准规范制修订工作，取得了丰富的研究成果，并通过“产、学、研、用”相结合的方式，保证研究成果达到了“实际、实用、实效”的要求。本丛书是对《山区公路网安全保障技术体系研究与示范工程》课题成果的总结，是《国家道路交通安全科技行动计划》项目的重要成果之一。本丛书从驾驶行为、道路安全设计、路侧安全及防护、速度管理、公路网交通事故风险评估与安全管理、恶劣气象条件下公路运行安全保障、施工作业区安全管理等方面，介绍了我国山区公路交通安全技术的最新发展和安全保障综合解决方案，为公路行业的运营管理及交通安全改善工作提供指导，有助于进一步提升山区公路交通安全保障能力，具有重要的指导意义和实用价值。

丛书有幸得到交通运输部冯正霖副部长的题序，感谢冯正霖副部长对丛书的指导和认可。正如他在序言中所说，“在以科学发展观为主题的我国社会主义现代化建设总体战略中，‘以人为本’是核心，‘安全发展’是重要理念。”“如何在加快建设适度超前的道路运输网络，支撑经济和社会持续稳步发展的同时，实现道路交通的安全发展，为广大人民群众提供安全、高效的交通环境和运输服务，是我们面临的一项严峻挑战。”“希望这套丛书的出版发行，能够为公路交通行业广大建设者和管理人员提供有益的借鉴，促进我国山区公路交通安全保障技术水平迈上一个新台阶。”

丛书在编写过程中，得到了交通运输部公路局李华、成平、李春风、李健，交通运输部科技司赵冲久，交通运输部公路科学研究院周伟、王笑京、高海龙、蔚晓丹等领导的鼎力支持，得到了交通运输部杨盛福、中交第一公路勘察设计研究院有限公司陈永耀、交通运输部公路科学研究院陈国靖等专家的热情指导，交通运输部公路科学研究院等50家课题参加单位领导、同仁给予了大力配合，在此表示衷心的感谢！丛书中参阅了大量的国内外文献，引述文献已尽量予以标注，但难免存在疏漏，在此对各文献作者一并致谢！

在今后一段时期内，我国仍将处于机动化水平快速提高的进程中，机动车数量和居民人均出行量将进一步快速增长，道路交通安全形势仍然不容乐观，改善道路交通安全的压力和难度将逐步增大，保障道路交通安全的任务仍十分艰巨。希望通过我们大家的共同努力，为我国交通安全事业的发展贡献微薄之力。

前　言

20 世纪 90 年代末期以来，我国对国民经济进行了以拉动内需，加快交通、能源等基础设施建设为主要内容的重大战略调整，公路建设迎来了前所未有的发展机遇，实现了跨越式发展。截至 2011 年底，全国公路总里程达 410.64 万 km。其中高速公路 8.49 万 km，稳居世界第二位。我国的公路建设只用了 20 年左右的时间就走过了西方发达国家几十年的发展历程，取得了令世界瞩目的成就。

但是，随着汽车保有量和通车里程的快速增加，人们在享受生活便利、经济效益和社会繁荣的同时，也越来越深切地感受到交通安全问题日益严重和突出。尽管这些年来我国加大了对道路交通安全的治理力度，采取了各种交通安全治理措施，交通事故数呈现较快的下降趋势，但是由于我国交通事故总量较大，虽然下降幅度明显，但与发达国家相比，我国公路交通事故率仍然较高。随着我国公路建设事业的发展和机动车保有量的增长，公路交通安全总体形势依然严峻，仍是不容乐观的一大社会问题，亟待解决。

众所周知，公路交通安全不仅直接关系到公路的正常运行，同时也影响到驾乘人员的生命和财产安全。纵观交通事故原因，不难发现，公路交通事故的发生除了与人的因素和车辆因素相关外，还与公路自身即道路因素密切相关。尤其值得关注的是，公路交通事故调查的累积规律显示：在每条已运营的公路上，都存在着事故多发点，这些交通安全"黑点"的存在证明了造成公路安全运营现状不佳的原因是多方面的，并且与公路设计、建设的要素密切相关。

"以人为本"是坚持科学发展观的具体体现，坚持以人为本才能构建和谐社会。公路建设上，以人为本的思想最充分的体现就是"安全第一"。2004 年 9 月，冯正霖副部长在全国公路勘察设计工作会议上，系统提出了"六个坚持，六个树立"的公路勘察设计新理念，成为了指导公路勘察设计工作的重要指导方针。其中第一条就是"坚持以人为本，树立安全至上的理念"，可见安全是公路设计和建设考虑的首要因素。国外的经验证明，在经济快速增长时期交通安全问题比较突出。我国目前正处于这样的一个时期。我们是人口大国，同时也是交通事故大国。我们应该抓住这样一个公路建设的大好时机在公路设计阶段仔细地研究分析公路安全的影响因素，并总结其经验和规律，采取相应的安全措施，指导公路安全设计。

公路安全设计，是指以公路交通安全为视角，指导与修正公路设计的方法体系。科学规范地实施公路安全设计，可以有效地提高公路的运营安全质量。本书依托国家科技支撑计划课题《山区公路网安全保障技术体系研究与示范工程》(项目编号：2009BAG13A02)、西部交通建设科技项目《公路交通安全应用技术研究》及其子课题、四川省交通运输厅交通建设科技项目《山区高速公路超长连续纵坡行车安全评价及对策研究》等的研究,在充分收集、分析和总结近年来国内外交通安全相关研究成果的基础上,结合工程实践经验,对公路设计中的安全理念进行了诠释。全书第一章分析了我国公路的安全现状、影响因素及安全设计的发展趋势;第二章从设计一致性、公路功能设计、人机工程设计以及运行速度设计等四个方面对总体安全设计理念进行了阐述;第三章至第八章分别从双车道公路、多车道公路、路侧、桥梁、隧道等构造物以及路线交叉等方面论述了公路安全设计的要求;第九章重点提出了避险车道设置位置的确定方法以及平纵线形指标、制动床等的安全设计,以期为公路管理人员、工程技术人员和道路设计人员提供参考。

本书编写分工如下:第一章由邬洪波编写,第二章由谢军、狄胜德、邬洪波编写,第三章由邬洪波编写,第四章由廖军洪、邬洪波编写,第五章由李菡茹编写,第六章由唐朱宁、吴倨伟编写,第七章由王芳编写、第八章由周荣贵编写,第九章由廖军洪编写,全书由周荣贵统稿。

本书在编写过程中得到了交通部西部交通建设科技项目管理中心、交通运输部公路科学研究院、中交第一公路勘察设计研究院有限公司、华杰工程咨询有限公司、招商局重庆交通科研设计院有限公司、中交公路规划设计院有限公司、四川雅西高速公路有限公司、东南大学等相关领导、专家以及多位同事的关心、帮助和支持,也得到了人民交通出版社的热情指导,在此表示感谢。

因编写时间仓促,且编者水平有限,书中难免有疏漏、不足之处,恳请专家、同仁和广大读者批评指正。

作　者

2012年6月

目　　录

第一章 绪 论

第一节 我国公路安全现状

20 世纪 90 年代末期以来，我国公路建设迎来了前所未有的发展机遇，实现了跨越式发展。截至 2011 年底，我国公路总里程达 410.64 万 km。其中，高速公路 8.49 万 km，一级公路 6.81 万 km，二级公路 32.05 万 km，三级公路 39.36 万 km，四级公路 258.64 万 km，等外公路 65.28 万 km，二级及以上公路占公路总里程的 11.5%。我国的公路建设只用了 10 余年的时间就走过了西方发达国家几十年的发展历程，取得了令世界瞩目的成就。

但是，随着汽车保有量和通车里程的快速增加，公路交通安全问题日益严重和突出。表 1-1 列出了我国 1994～2010 年逐年的道路交通事故次数、死亡人数、受伤人数、直接经济损失和万车死亡率情况。

1994～2010 年道路交通事故数据统计 表 1-1

年 份	事故起数	死亡人数	受伤人数	直接经济损失(元)	万车死亡率
1994	253 537	66 362	148 817	1 333 827 223	24.26
1995	271 843	71 494	159 308	1 522 665 624	22.48
1996	287 685	73 655	174 447	1 717 685 165	20.41
1997	304 217	73 861	190 128	1 846 158 453	17.50
1998	346 129	78 067	222 721	1 929 514 015	17.30
1999	412 860	83 529	286 080	2 124 018 089	15.45
2000	616 971	93 853	418 721	2 668 903 994	15.60
2001	754 919	105 930	546 485	3 087 872 586	15.46
2002	773 137	109 381	562 074	3 324 381 078	13.71
2003	667 507	104 372	494 174	3 369 146 852	10.81
2004	517 889	107 077	480 864	2 391 410 103	9.93
2005	450 254	98 738	469 911	1 884 011 686	7.57
2006	378 781	89 455	431 139	1 489 560 352	6.16
2007	327 209	81 649	380 442	1 198 783 999	5.10
2008	265 204	73 484	304 919	1 009 721 657	4.33
2009	238 351	67 759	275 125	914 368 329	3.63
2010	219 521	65 225	254 075	926 335 315	3.15

可以看出，尽管这些年来我国加大了对道路交通安全的治理力度，采取了各种交通安全治理措施，交通事故数呈现较快的下降趋势，但是由于我国交通事故总量较大，虽然下降幅度明显，但与发达国家相比，我国道路交通事故率仍然较高。以 2008 年为例，我国交通事故万车死亡率降至 4.33，而美国为 1.32、英国为 0.74、日本仅为 0.57。

未来，随着我国公路建设事业的发展和机动车保有量的进一步增长，公路交通安全总体形势依然严峻，仍是不容乐观的一大社会问题，亟待解决。

第二节　公路安全影响因素

公路交通系统是一个由人、车、路和环境构成的动态系统，公路交通事故的发生是该系统各因素配合失调的结果。比如公路和环境提供给人的信息不足或人对公路、环境和车辆信息判断失误而造成事故；车辆自身性能不足在遇到恶劣公路运营环境时发生故障而造成事故；人的疏忽大意、驾驶疲劳等，也往往与单调的公路条件有一定联系。因此不能从单一因素来分析交通事故发生的原因。以下从人、车、路和环境的角度简要剖析交通事故发生的原因。

一、人的因素

人(包括机动车驾驶人、非机动车驾驶人、乘车人、行人)是交通事故的核心。国内外的交通事故统计表明，80%～90%的交通事故是由人的因素造成的。

交通参与者的交通行为受社会环境、守纪意识、安全意识影响较大。由于机动车驾驶员违章驾驶、注意力不集中、驾驶技术水平低而引发的交通事故大量存在；超载、超车和超速等“三超”现象更是引发重特大交通事故的主要原因。另外，非机动车驾驶员和行人缺乏交通安全意识、自我防范意识差、缺少基本自救知识和技能而造成的交通事故也为数不少。

根据 2010 年全国道路交通事故统计数据，2010 年因机动车驾驶人违法行为导致交通事故 199 934 起，造成 60 019 人死亡、233 617 人受伤，分别占总数的 91.08%、92.02%和 91.95%；因非机动车驾驶人、行人、乘车人及其他人员违法导致交通事故 11 108 起，造成2 627 人死亡、10 875 人受伤，分别占总数的 5.06%、4.03%和 4.28%。可见，人的安全意识的提高以及安全行为的改善是减少交通事故、提高交通安全水平的决定性因素。

二、车辆因素

车辆本身技术状况，如转向系统、制动系统、行驶系统和电气系统的安全性能等是影响公路交通安全的重要因素。

机动车的转向系统是直接关系到车辆操纵性能的关键机构，对交通安全的影响最大。转向系统的零部件若有异常现象发生，便有可能使车辆不能保持在正常车道内行驶，甚至造成翻车事故。

机动车的制动系统是降低车速或停止行驶的控制机构，是行车安全的核心部件之一。统计表明，车辆因制动失灵或制动力不足致使制动距离延长、跑偏、侧滑而引发的事故占车辆事故总数的 15%左右，而其中一半以上是由制动侧滑引起的。近年来，在一些连续下坡路段大型货车由于制动失效而导致的车毁人亡事故频繁发生，很大程度上是由于货车的车况存在一定的隐患。

机动车行驶系统中对交通安全影响最大的是车轮和轮胎。在行驶过程中，若轮胎爆裂、磨损严重、充气不足或车轮脱落都可能直接或间接地引发交通事故。

三、路的因素

几乎所有国家交通事故的官方统计数据都表明，引起交通事故的最主要原因是由于机动车驾驶员失误，其在各种事故原因中所占的比例高达 80%～90%。如果由此而得出结论，认为道路条件在交通事故中的作用是微不足道的，则不仅不符合事实真相，而且还会使道路工作者忽略自己的责任，在道路设计时只强调降低工程造价，而不注重为道路交通提供足够的安全保障。

实际上，道路线形是否合理、直线路段是否过长、平曲线半径的大小、纵坡坡度设置及变化过渡情况、弯道超高及加宽是否合理等都将影响到驾驶员的视线和精神紧张程度，从而导致驾驶员观察错误和判断失误。

法国国家保险公司曾经对导致道路交通事故的直接伴随原因进行了分析。在详细研究了 1 000 多起交通事故后得出结论，那些通常被视为驾驶员的错误和失误导致的事故背后，隐含着相当比例的道路因素。

道路因素影响交通安全的程度显而易见，因此，任何道路的规划、设计及修建都应突出以人为本的思想，设计人员不应当以强迫驾驶员改变行驶状态的方式来弥补设计上的缺陷，而应通过精心规划与设计为驾驶员提供宽松的驾驶环境，即使驾驶员偶尔出现失误，仍能保证交通安全。

四、环境因素

人、车、路存在于周边环境中，与环境共同构成公路运输系统。环境的概念是广义的，它包括：

1. 交通环境

在道路因素和交通管制相同的条件下，车辆在道路上运行的交通环境对安全有重大影响，通常交通事故数随交通量增加而增加；在同一路段和时间段运行的车辆类型多，速度差异大，会导致交通流的紊乱，交通事故概率增大；道路上车辆分合流频繁的地区也往往是事故多发段。

2. 气候环境

不利天气条件也会对交通安全产生重要影响。气候条件往往会影响路面状况，影响驾驶员正确判断能力，增加驾驶难度，比如在雨雪天、雾天等恶劣天气条件下，行车安全系数会随之下降。

3. 管理环境

交通管理的法律法规及安全体制是否健全也影响着公路交通安全。有些现存的法律法规相对滞后，管理条块分割和冲突现象仍然存在；公路交通管理和路政管理人员思想素质和业务素质参差不齐，这些社会现象也在一定程度上影响交通安全水平的提高。交通安全教育缺少全面系统性，目前尚局限于交通管理部门，尚未形成全民交通安全教育的局面，也是影响我国公路交通安全的因素。

第三节　公路安全设计趋势

随着交通事业的快速发展，交通问题深受人们关注，公路交通安全问题不容忽视。与此同时，人们不断追求出行质量，交通领域“以人为本”的理念正逐渐被广泛接受。

在公路建设中体现“以人为本”的要求，就是要改变“建设就是发展”的传统观念，坚持把“用户需求置于公路工作的核心”，把不断满足人们的出行需求和促进人的全面发展，作为交通工作的最终目的。

在公路交通系统中，人是起主导作用的，人驾驶车辆的过程，也就是人控制车辆在公路上运行的过程，人的参与活动是重要的环节。当前，“以人为本”的设计思想已经普遍被交通行业乃至全社会所接受，《公路工程技术标准》(JTG B01—2003)也突出体现了公路工程建设中安全、环保以及“以人为本”的指导思想和建设理念，只有充分贯彻“以人为本”的设计理念，才能够为提升公路运输系统的服务功能奠定坚实的基础。

纵观国内外公路设计理念的发展，安全一直是世界各国的设计人员和交通参与者考虑的首要因素，保证公路的安全是公路设计的基本原则之一。这种思想在各国的有关标准和规范中得到了充分的体现。如，我国《公路工程技术标准》(JTG B01—2003)规定：“路线设计应根据公路等级及其功能，正确运用技术指标，保持线形连续、均衡，确保行驶安全、舒适”。美国及欧洲各国广泛使用的公路灵活性设计方法，其核心思想之一是协调处理影响公路设计安全、经济、美学、环保、社区要求等各种因素，设计人员的任务就是找到协调处理这些影响因素的一个平衡点。

从安全的角度考虑，在公路设计时要遵循以下两个原则。

1.扩大公路的“安全空间”原则

一是尽量采用良好的线形参数，充分注意道路条件要素的一致性、协调性和诱导性。如长的直线段或偏角较小的大半径曲线路段与一个小半径的急转弯相接，尽管各部位的几何参数都符合设计规范，但由于衔接不合理，即便是这样的“正常”交通条件，公路的安全性能也很差。也就是说，这样的道路条件未能给驾驶员提供足够大的“安全空间”。特别对于不熟悉该道路的驾驶员没有提供诱导功能，无疑加大了交通事故发生的风险。由此，必须确保为满足安全来提供尽可能大的安全空间。

二是保证足够的安全“净区”(路肩边缘至路边障碍物的距离)。在国外，这一禁区为 9m，被誉为神奇的 9m。这对保证因故冲出路面的车辆安全至关重要。

2.提高公路“宽容度”的原则

在路网规划和线形设计阶段，通过合理的调整和设计，让道路环境尽可能“宽容”，不应当强迫驾驶员改变行车状态来适应道路，应尽量满足驾驶员的期望，减轻驾驶员的劳动量。即使有的驾驶员偶尔出现驾驶操纵错误，仍然能够保证安全行车的道路条件，对危险起到消除或减缓作用，避免交通事故的发生或减轻交通事故的损伤程度。

当然，公路安全设计不是“随意性”、“自由性”的设计，也不是没有原则的设计，公路安全设计的基础还在于工程实体的可行性。在设计中还应遵循有关的标准、规范，因为标准规范也是在总结历史经验的基础上客观地提出的。

公路安全设计不是一个独立的单元，它必须形成自己的系统，有其严格的整体性。设计是否安全，在于其是否拥有一个完整的安全体系。在设计中必须按照这个体系的步骤去逐步地实现各个环节的安全设计，只有这样，才能从根本上做到安全的系统化设计。

纵观我国公路设计理念的发展阶段，安全始终贯穿于设计理念之中，尤其是近年来国家行业主管部门更是将安全问题提到了至关重要的地位。

在 2004 年全国公路勘察设计会议上，冯正霖副部长针对目前公路设计存在的问题，根据树立和落实科学发展观的要求提出了“六个坚持、六个树立”的设计新理念，提出了“安全、环保、舒适、和谐”的要求，标志着我国公路设计理念有了一次质的飞跃。

2011 年，交通运输部以交公路发〔2011〕504 号文印发了《关于进一步加强公路勘察设计工作的若干意见》，提出勘察设计始终要将“以人为本，安全至上”的理念贯穿于设计的全过程，进一步提升公路安全水平。

当然，我国在公路安全设计上经验还不够，体系不够完整，许多安全观念来源于国外公路实例的学习与参考，在这个过程中可能会存在很多与我国国情不一致的环节，比如驾驶员素质、道路环境、人口密度等问题，要形成一套比较完善的安全设计体系也许需要一个较长的时间，但是不管过程如何，形成系统化的安全设计必将是一个趋势，也是促进我国交通运输业可持续发展的关键。

第二章　总体安全设计理念

第一节　设计一致性

一、国内外研究成果综述

设计一致性，从狭义上讲主要是指公路设计与驾驶员的期望驾驶速度相适应的特性。从广义上讲是公路各设计要素的改变应该与驾驶行为相匹配。当实际出现的道路特征与驾驶员期望特征有偏差时，驾驶员就可能会犯错误。

通常情况下，驾驶员行驶在与其所期望的公路几何特性一致的路段附近所犯的错误较少。但是，当公路几何特性与驾驶员的期望不一致时，驾驶员可能仍然会不由自主地按照自己所期望的公路几何特性行驶，那么在这样的路段附近所犯的错误就较多。从公路设计的角度分析，线形设计上的突变，例如某路段设计标准的波动过大或平缓曲线中设置孤立的小半径曲线等，都将造成驾驶员的不适应并容易使该位置所发生的交通事故具有聚集性，这是违反设计一致性的表现。从行驶车辆运行特性的角度进行分析，违反驾驶员所预期的几何特性的一个典型特征是在该几何特性附近出现不连贯的运行速度，因此可以认为连贯的运行速度是道路设计一致性的产物。

很多年前，提高公路设计一致性的方法在欧洲许多国家就已经存在并开始使用，相似的方法在美国也被推荐使用。近些年来，我国学者对公路设计一致性也进行了较多的研究。以下对一些主要的研究成果进行总结。

1. 美国

1)Leisch 方法

Leisch 方法是在美国最早建立并被用来评价公路平纵面几何线形一致性的方法。这种方法认为，只单独使用设计速度作为公路设计的控制原则可能会导致非期望几何设计的出现。尽管几十年来一直使用设计速度作为平面线形设计的准则，但它可能导致公路几何线形中出现非一致的设计。

Leisch 方法主要根据路线平面及纵面线形情况估计小客车及大货车的可能平均速度(经过研究得到一系列不同设计标准以及线形条件下小客车与大货车的平均速度估计值)，将其绘制成车速变化图，根据相应的判断准则确定线形上的速度是否一致。他的研究结果建议使用“10mi/h 准则”(1mi＝1.609km)：

(1)给定的设计速度内，潜在的小客车平均速度的变化在 10mi/h 以内；

(2)相邻路段所采用的设计速度变化量应该在 10mi/h 以内；

(3)一般路段上大货车的平均速度不应该低于小客车平均速度 10mi/h。

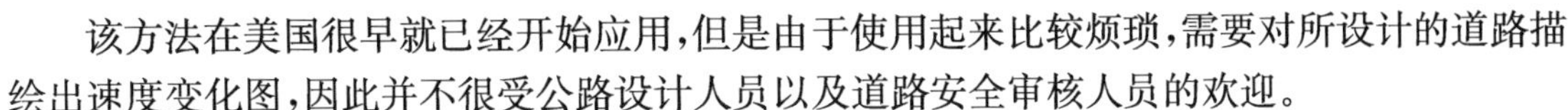

该方法在美国很早就已经开始应用，但是由于使用起来比较烦琐，需要对所设计的道路描绘出速度变化图，因此并不很受公路设计人员以及道路安全审核人员的欢迎。

2）基于驾驶员驾驶负荷的一致性方法

驾驶负荷模型主要是针对驾驶员驾驶车辆过程中的感知、反应与决策过程的脑力劳动并对其进行量测。这些过程所需占用时间的多少对行车安全至关重要，它往往决定着执行过程的结果。通常，驾驶员沿公路操纵车辆所需处理的信息越少，他可以自由地保持视觉闭塞状态的时间越长，其驾驶负荷越小；相反，驾驶员所需处理的信息量越大，他需要观察路面的时间越长，这样其脑力劳动强度越高，则驾驶负荷越大。

Messer 建立了一个基于公路几何学评价驾驶员驾驶负荷的模型。初步的评价显示这种驾驶负荷估计是公路危险路段的较好指示器。然而这一程序是基于人工操作的并且只有非常有限的应用，同时该模型基本上是基于主观评价而不是客观评价，这就使得难于对模型进行验证，从而限制了它的可信性。

由 Shafer 开发的驾驶员驾驶负荷模型的程序中，为了改变以前驾驶负荷估计是基于主观基础这一缺点，使用了一种评价驾驶负荷的客观方法——视觉闭塞法（the vision occlusion method）。在视觉闭塞方法中，认为一般情况下驾驶员自由地闭塞他们的视觉，只有在有必要获取信息时才充分发挥视觉作用——即视觉处于紧张状态。在一定长度路段上驾驶员不能闭塞视觉所需要的时间反映为驾驶车辆所需的脑力劳动量。

道路设计一致性评价中使用的驾驶员驾驶负荷需要两类信息：平面曲线上的驾驶负荷以及直线上的驾驶负荷。

曲线上的平均驾驶负荷模型使用弯曲度数（转角）作为预测变量，得到下述线性回归公式：

$$\mathrm{WL} = 0.193 + 0.016D \tag{2-1}$$

式中：WL——曲线上的平均驾驶负荷；

D——弯曲度数。

公式的相关性较高，其 $R^2=0.9$。由上述回归模型可以看出曲线上驾驶负荷的增加与弯曲度数大致成线性关系。

直线段的平均驾驶负荷应用试验直线上所观测的驾驶员平均（中间）驾驶负荷，其值为 0.176。这一数值显示在试验线路上的直线段非视觉闭塞时间只占 17.6%。

驾驶员驾驶负荷模型用于公路设计一致性评价，其应用方法与基于速度模型的公路设计一致性方法相类似，后者使用速度的变化量作为衡量一致性好坏的标准，相应的前者使用驾驶员驾驶负荷的变化量作为衡量指标。理论上，驾驶员驾驶负荷作为评价一致性方法的优点体现在：它能够应用于任何几何特征和可能的平纵面线形。但是，驾驶员驾驶负荷模型存在的一个弱点就是不易度量。

2. 瑞士

瑞士公路设计中所定义的设计速度根据每条公路类型的不同而异。选择设计速度时，设计人员必须考虑公路的重要性、交通量以及交通混合情况、地形特性等条件，由此所得出的设计速度用于决定最小设计值。

然而，附加于设计速度概念，瑞士使用一个理论速度模型用于分析平面线形的一致性。这种方法类似于美国的 Leisch 方法，它使用速度分布图解法去鉴别项目设计速度上的突然变化

(这里的项目设计速度概念与运行速度相似)。速度分布图中使用速度图解表示出公路设计不一致性的位置。

项目设计速度是通过平面和纵面线形的设计元素为参数的速度模型得到的,使用这一速度模型期望得到特定路段上最大速度的预测值。由模型所得的项目设计速度一旦超过常规设计速度,则以项目设计速度作为试验速度以评价公路的视距和超高率是否适合。

在对大量数据进行统计分析的基础上确定了项目设计速度的标准值,并且根据不同的曲线半径值列表给出,其前提假定是速度在同一曲线上是不变的。在两个连续的平面曲线上(或者是曲线与直线间)项目设计速度的变化量通常不允许超过 20km/h(12mi/h),但是对于更小设计速度[小于 72km/h(45mi/h)]的公路建议项目设计速度变化量的临界值为 10km/h(6mi/h)。

此外,瑞士还开发了一个用于计算缓和段长度的公式,这一长度是基于两个曲线或曲线与直线间速度变化所需加速减速的距离计算得出的,并以表的形式列出了这一距离的非期望值。

3. 德国

德国的公路设计速度依赖于环境条件、经济条件、路网函数、出行目的、交通流量、道路种类、地形等条件。德国使用运行速度控制道路的设计标准,其定义的运行速度反映的是干燥和潮湿路面状况下自由流状态客车的 85%分位车速。由于一般情况下 85%分位车速大于常规的设计速度,所以运行速度替代设计速度成为更合适超高率和更佳停车视距的确定依据。

与美国的 Leisch 方法以及瑞士方法相比,德国的设计指南中使用了不同的方法。德国所采用的方法使用一个称为曲率变化率的指标去描述整体路段线形,并避免位于同一路段间运行速度的突变(不一致性的表现)。这里曲率变化率被定义为平曲线角度变化的绝对值除以路段长度。

研究发现:在具有相似特性的路段长度上,当运行速度相对恒定时它与曲率变化率具有很强的相关性。与曲率变化率相关的运行速度的列线图将用于预测路段的运行速度。

目前,德国设计指南中规定任何给定路段的预测运行速度均不应超过其设计速度 20km/h(12mi/h),并且要求两个相邻路段之间运行速度差允许的最大限制值为 10km/h(6mi/h),确保道路设计的一致性,并提供一个整体平衡设计。如果对于特定的路段不能达到这一要求,平面线形设计必须进行调整。

4. 中国

1)运行速度法

(1)运行速度预测

国内对运行速度预测模型的研究主要集中在高速公路和双车道公路上。代表性的研究成果主要有:

①高建平等结合高速公路行车特点和安全要求,对车辆在高速公路行驶时的运行速度进行了系统的研究,根据实测的运行速度建立了高速公路上车辆运行速度和加速度预测模型。

②钟小明等在大量实测数据基础上,探讨了中型车在高速公路自由流运行状态下其运行速度的变化规律,运用统计方法建立了一整套预测精度高、适用范围广的中型车运行速度模型。

③宋涛等利用装载高精度激光测速仪、转角测试仪、GPS 的试验车，采集山区公路平曲线段数据，结合山区公路的特点，给出了山区公路运行速度预测模型，并结合实际数据进行模型参数标定。

④许金良等在分析双车道二级公路不同坡度、坡长纵坡的大量运行速度实测数据的基础上，得出车辆运行规律。通过研究纵断面要素（坡度、坡长）与车辆运行速度的关系，确定自变量参数后，利用 SPSS 软件进行回归分析，分别建立了小车上坡、大车上坡在坡中和坡顶以及小车下坡、大车下坡在坡中和坡底的运行速度预测模型，并对模型进行了检验。

（2）速度指标与安全性的关系

吴义虎等以我国几条典型高速公路交通事故统计资料为基础，研究了车辆平均车速、车速标准差对路段交通安全的影响。

裴玉龙等对国内部分高速公路的研究表明，事故率随着车速标准差的增大而增大，即车速分布越离散，则事故率越高。具体的关系模型为：

$$AR = 9.5839e^{0.0553\sigma} \tag{2-2}$$

式中：AR——事故率[10^{-8}次/(veh · km)]；

σ——车速标准差(km/h)。

（3）设计一致性评价标准

杨志清等以某高速公路的数据为基础，提出了以运行速度为基础的双指标高速公路线形评价方法。

胡圣能等根据对公路实际运行速度的检测数据分析，建立了平原微丘区二级公路车辆运行速度预测模型，提出了线形设计的安全评价标准。

侯涛在事故调查分析的基础上，通过理论回归分析和试验验证的方法，构建了干线公路大货车和小客车运行速度预测模型，确立了“相邻路段运行速度差”和“车速降低系数”作为衡量干线公路交通安全水平的指标。

高建平等通过对车辆运行特征的实地观测和运行速度的现场观测，标定了车辆运行速度和加速度与公路线形之间的关系模型，从行车安全的角度出发，将线形单元间运行速度和加速度的变化量作为线形质量的评价标准，建立了线形质量评价标准，见表 2-1 和表 2-2，用以进行公路线形设计质量的定量评价。

基于运行车速差的线形设计质量评价标准　　表 2-1

设计质量等级	相邻路段速度差值 Δv(km/h)	设计质量等级	相邻路段速度差值 Δv(km/h)
优	<10	差	>20
良	$10\leqslant\Delta v\leqslant20$		

基于加速度的线形质量评价标准　　表 2-2

设计质量等级	a(m/s²)	
优	<0.9	<1.3
良	$0.9\leqslant a<1.2$	$1.3\leqslant a<2.5$
差	$\geqslant1.2$	$\geqslant2.5$

倪捷等通过研究地点车速的分布规律，提出用样本均值、方差、标准差、偏度、峰值等车速分布特征指标分析线形设计的一致性。通过对运行速度和设计速度的研究，提出用速度差值评价线形一致性的方法，并给出双车道公路线形一致性评价标准，见表 2-3。

双车道公路线形一致性评价标准 表 2-3

设计质量等级	小客车相邻路段速度差值 Δv_{85}(km/h)	运行速度与设计速度的差值 Δv_{od}(km/h)
线形一致性好(线形设计为优)	$\Delta v_{85}<10$	$\Delta v_{od}<10$
线形一致性一般(线形设计为一般)	$10\leqslant\Delta v_{85}\leqslant15$	$10\leqslant\Delta v_{od}\leqslant15$
线形一致性差(线形设计差)	$\Delta v_{85}>15$	$\Delta v_{od}>15$

刘志强等以运行速度为中介，提出了相邻路段运行速度相协调的路线设计理念，并参考国外双车道公路及国内高等级公路线形连续性评价标准，提出了双车道公路线形连续性评价标准：

①$\Delta v_{85}\leqslant10$km/h：运行速度协调性好，线形连续性好，事故率低，基本不存在事故多发地点。

②10km/h$<\Delta v_{85}<$15km/h：运行速度协调性较差，线形连续性较差，事故率有所增加，事故多发地点比较多，条件允许时宜适当调整相邻路段技术指标，使运行速度的差值小于或等于 10km/h。

③$\Delta v_{85}\geqslant15$km/h：运行速度协调性差，线形连续性差，事故率很高，事故多发地点比较密，相邻路段需要重新调整平、纵断面设计。

此外，从驾驶员行驶舒适性的角度对线形的舒适性作出了评价，并提出了双车道公路线形舒适性的评价标准，见表 2-4。

横向加速度值与驾驶员舒适感的关系 表 2-4

加速度值(m/s²)	舒 适 状 况	加速度值(m/s²)	舒 适 状 况
$a_h<1.8$	一般值，不显著，舒适	$a_h<5.0$	不能忍受
$a_h<3.6$	能感受到，可忍受，比较舒适		

我国《公路项目安全性评价指南》(JTG/T B05—2004)中采用相邻路段运行速度的差值(Δv_{85})来检查线形设计的一致性，规定相邻路段运行速度的差值小于 10km/h 时，一致性好；在 10～20km/h 之间时一致性较好，条件允许时宜适当调整相邻路段的线形指标，使运行速度的差值小于 10km/h；大于 20km/h 时一致性差，相邻路段需要调整平、纵面设计。同时规定，当同一路段的设计速度与运行速度的差值大于 20km/h 时，应对该路段的相关技术指标进行安全性验算。

2)车辆稳定性

胡功宏等通过对我国西部山区几条既有高速公路的调研分析，基于对 v_{85} 车速下的横向力系数 f_R 与设计速度下的横向力系数 f_{Rd} 的差值 Δf_R 与对应路段事故当量经济损失之间关系的分析，采用统计学的原理建立了 Δf_R 与对应路段事故当量经济损失之间的关系模型，从而提出了在高速公路自由流状态下基于行车动力学的车流运行安全评价标准，见表 2-5。

v_{85} 车速下的横向力系数 f_R、设计速度下的横向力系数 f_{Rd} 以及二者的差值 Δf_R 计算公式如下：

$$f_{\mathrm{Rd}} = \frac{v^2}{127R} - \frac{e}{100} \tag{2-3}$$

$$f_{\mathrm{R}} = \frac{v_{85}^2}{127R} - \frac{e}{100} \tag{2-4}$$

$$\Delta f_{\mathrm{R}} = f_{\mathrm{Rd}} - f_{\mathrm{R}} \tag{2-5}$$

基于行车稳定性的自由流行车安全评价标准　　表 2-5

Δf_{R}	安全等级	备　注
$\Delta f_{\mathrm{R}}<0.05$	好	行车稳定性好
$0.05\leqslant\Delta f_{\mathrm{R}}<0.10$	一般	行车稳定性一般
$\Delta f_{\mathrm{R}}\geqslant0.10$	差	行车稳定性差

3)线形指数

王广山从国内高速公路交通安全状况分析出发，以所建立的 3 个高速公路路段平面几何特性(路段曲线相对长度、路段最小半径与最大半径的比例以及路段平均半径与设计最小曲线半径之比)为变量，建立了设计一致性理论评价模型。根据所收集到的高速公路几何线形与 3 年以上的事故数据，建立了以路段平均半径、路段最大最小半径之比、路段曲线相对长度、路段平均竖曲率四个路段线形指标以及路段长度为参数的高速公路设计一致性模型。

郭忠印等以曲率、曲率变化率、曲线转角、纵坡度、车道宽度、车道数、左右路肩宽度等设计指标为依据，提出了公路线形综合指标的概念，在此基础上构建了公路线形综合指标评价模型。通过回归得到事故率与线形综合指标累计值的关系，并根据算例制定了安全性评价标准。

4)驾驶负荷

在国内，道路几何构造对驾驶员行车时施加的心理压力和心理负担程度方面的研究近年来也有了一些研究成果。

郑柯等应用动态心电仪和 GPS 等仪器，在正常交通流条件下，对 10 名驾驶员进行行车试验，并从大量试验数据中提取出试验车不受超车、被超车和跟车行驶影响的数据。在此基础上，建立了自由流下在高速公路平曲线上行车时，车速、半径和心率增量之间的回归模型。

吴晓峰以人类工效学相关理论为基础，通过分析驾驶员的信息处理和工作负荷，强调速度、线形曲率是影响驾驶员工作负荷的两个重要因素，推导出速度、线形曲率与驾驶员工作负荷的数学关系式，并结合线形一致性分析中的运行速度差评价标准，继而得出通过评估注意需求 AD(驾驶员工作负荷)进行公路线形安全性评价的标准，见表 2-6。

基于驾驶员工作负荷的公路线形安全评价标准　　表 2-6

公路线形安全性		
好	较好	不良
AD≤50%	50%<AD≤60%	AD>60%

潘晓东等从医学和工学相结合的角度，以行车试验为依据，通过驾驶员的心率和血压的变动规律，用定量分析的方法研究道路线形构造同驾驶员心理压力和生理负担间的相关性，并建立定量的评价指标。以山区公路圆曲线线形构造要素的合理性和宜人性为研究对象，通过分析曲线半径与驾驶员心率血压变动的相关性，论证了最小曲线半径的合理性。

乔建刚等通过对现行的道路几何设计参数的分析，以生理—心理学为依据，利用动态心电仪检测，把大量实测数据借助计算机进行处理分析，得到平曲线半径的阈值并且进行了验证，在此基础上结合我国国情提出了人性化的双车道公路线形设计的新的研究方法。

二、设计一致性评价指标

通过对上述研究成果进行总结分析可知，用于道路设计一致性评价的指标主要有相邻路段车速差、车速降低系数、路段车速离散度和车辆稳定性。

1. 相邻路段车速差 Δv

相邻路段车速差 Δv 是保证道路设计质量的关键参数，即保证同一设计区段内，驾驶员能够采取连贯的驾驶方式行车，从而避免或最大程度减少由于出乎意料或判断失误造成的操作错误，提高驾驶的稳定性和安全性。公式如下：

$$\Delta v = |v_{85i} - v_{85i-1}| \tag{2-6}$$

式中：v_{85i}——调查断面上的 85%位车速(km/h)；

v_{85i-1}——连续的前一断面的 85%位车速(km/h)。

国外几个典型标准差值见表 2-7。

国外相邻路段运行车速差取值　　表 2-7

国家	美国	瑞士	澳大利亚
Δv(km/h)	16	20	10

2. 车速降低系数 SRC

在实际运行中，车辆从 60km/h 减速到 30km/h 和从 120km/h 减速到 90km/h 的速度变化率显然是不一样的。所以，在 Δv 指标的基础上，提出了 SRC 指标。SRC 定义为：驶入曲线方向为曲中点与直缓点车速比，驶出曲线方向为缓直点与曲中点车速比。采用的计算公式如下：

驶入曲线方向：
$$\mathrm{SRC} = v_{85\text{曲中}} / v_{85\text{直缓}} \tag{2-7}$$

驶出曲线方向：
$$\mathrm{SRC} = v_{85\text{缓直}} / v_{85\text{曲中}} \tag{2-8}$$

从车速降低系数的定义可以看到，车辆在曲线上有加减速过程，不论是加速还是减速，车辆在曲线上车速变化过大对于行车安全都是不利的，因此，理论上 SRC＝1 时事故率最低，SRC 值在 1 两边偏离得越多，车辆行驶中可能存在的风险越高。

3. 路段车速离散度 S

车速与平均车速之差越大，事故率越高。引入速度梯度 Δv 和路段车速离散度的概念。

速度梯度定义为断面特征速度或路段代表速度与公路平均车速的差值，其计算公式如下：

$$\Delta v = v_{85i} - \bar{v} \tag{2-9}$$

式中：Δv——速度梯度(km/h)；

v_{85i}——第 85%位运行车速(km/h)，这个车速可以是断面的特征速度，也可以是路段的代表速度，根据不同的情况进行选择；

$\bar{v}$——平均车速(km/h)。

路段车速离散度 S 定义为里程 L 内第85%位车速与平均车速所围成的面积，其计算式如下：

$$S=\frac{\sum_{i=1}^{n}\int_{l_i}^{l_{i+1}}\Delta v_i \mathrm{d}l}{L} \tag{2-10}$$

式中：Δv_i——第 i 个几何元素第85%位车速与平均车速之差，即单位长度内的速度梯度(km/h)；

l_i——第 i 个几何元素对应的起点里程桩号(m)；

l_{i+1}——第 i 个几何元素对应的终点里程桩号(m)；

L——里程长度(m)；

n——里程长度 L 内几何元素的总个数。

路段车速离散度 S 描述了路段范围内车速相对于整条公路平均车速的离散程度，平均车速具有一定的稳定性，代表了一条公路整体的车速水平。同时，由于车速的离散程度与路段各项线形指标存在一定的关系，因此车速离散程度与路段的划分密切相关，不同的划分方法会得到不同的路段车速离散度。

4. 车辆稳定性 Δf_r

当车辆在曲线路段上行驶时，过大的离心力可能会导致车辆发生滑移、翻车或发生正面碰撞。因此，为了确保车辆的稳定性和驾驶员的舒适性，需要提供必要的横向摩擦力以平衡离心力。Lamm 等根据需要的横向摩擦力和路面所能提供的横向摩擦力之间的差值的安全储备提出了相应的设计一致性评价模型。如果所需的横向摩擦力超过所能提供的横向摩擦力，则表明可能存在车辆稳定性的问题。

基于车辆稳定性的设计一致性方法的主要缺点是将车辆简化为一个质点，并未考虑公路线形叠加或组合的潜在影响以及内外侧轮胎或前后轮胎摩擦力的分布。此外，质点模型假定车辆行驶轨迹与圆曲线一致，但实际情况却不是这样。针对质点模型的上述缺点，国外学者还提出了自行车模型和车辆动力模型。

三、设计一致性评价标准

1. 基于 Δv 的评价标准

基于相邻路段车速差 Δv 的设计一致性评价标准见表2-8。

基于路段车速差的设计一致性评价标准　　表2-8

公路类型	设计一致性		
	好	一般	差
高速、一级公路	$\Delta v<10$km/h	10km/h$\leqslant\Delta v\leqslant$20km/h	$\Delta v>20$km/h
二级公路	$\Delta v<10$km/h	10km/h$\leqslant\Delta v\leqslant$15km/h	$\Delta v>15$km/h

2. 基于 SRC 的评价标准

基于车速降低系数 SRC 的设计一致性评价标准见表2-9。

基于车速降低系数的设计一致性评价标准 表 2-9

设计一致性		
好	一般	差
0.90≤SRC≤1.095	0.87≤SRC<0.90	SRC<0.87
	1.095<SRC≤1.12	SRC>1.12

3. 基于 S 的评价标准

基于路段车速离散度 S 的设计一致性评价标准见表 2-10。

基于路段车速离散度的设计一致性评价标准 表 2-10

设计一致性		
好	一般	差
$S\leqslant 0.95$	$0.95<S\leqslant 2.34$	$S>2.34$

4. 基于 Δf_r 的评价标准

基于车辆稳定性 Δf_r 的设计一致性评价标准见表 2-11。

基于车辆稳定性的设计一致性评价标准 表 2-11

评价结果	评价标准
设计一致性好	$\Delta f_r=f_{ra}-f_{rd}\geqslant +0.01$
设计一致性较好	$+0.01>\Delta f_r\geqslant -0.04$
设计一致性不良	$\Delta f_r<-0.04$

注：f_{ra}-提供的横向摩擦力；f_{rd}-所需的横向摩擦力。

f_{ra}、f_{rd} 可分别采用式(2-11)、式(2-12)计算：

$$f_{ra}=0.22-1.79\times 10^{-3}v_D+0.56\times 10^{-5}v_D^2 \tag{2-11}$$

$$f_{rd}=v_{85}^2/127R-e \tag{2-12}$$

式中：v_D——设计速度(km/h)；

v_{85}——运行速度(km/h)。

四、设计一致性评价流程

公路设计一致性评价流程如下：

(1)收集评价路段的线形设计资料；

(2)根据设计资料进行路段单元划分；

(3)预测每个路段单元特征点的运行速度值，具体预测模型参见本章第四节；

(4)选择相应的评价指标，并进行计算；

(5)与设计一致性评价标准进行比较，给出评价结果。

第二节　公路功能设计

一、公路功能分析

在美国，公路功能分类是其公路网络发展的基石，渗入到公路交通的各个方面：如决定联邦资助公路的资格；分配联邦资助公路的资金到各州；用于公路规划系统的发展（即国家公路系统的设计）；用于财政计划；用于公路设计标准的发展；决定公路系统的管理责任等。此外，日本、南非、英国、台湾等国家和地区均把公路功能分类作为其公路网规划、建设、管理的重要工具。因此，参照发达国家和地区的做法，对公路网进行功能层次的分类和定位，对实现公路的持续快速发展具有重要意义。

公路是指连接城市、乡村和工矿基地之间，主要供汽车行驶并具备一定技术标准和设施的道路，是公路运输的基础设施，是公路运输得以发展的基本物质条件。公路在本质上是一种功用性设施。公路功能是公路在运输系统环境中所起作用的具体表现。公路的功能是为交通出行提供服务，由于公路本身具有网络特性，某一公路在公路网体系中并非独立地服务于交通出行，是通过公路网具体体现公路为交通出行提供“安全、便捷、可靠、经济、环保、智能，使用户放心、省心、舒心”的功能。

美国公路和运输官员协会的分析表明：一个完整的旅次步骤，必须包括旅次的主移动段、变换、分散、集汇、端点出入及端点终止等，而不同的公路等级分别服务于不同的旅次段。考虑将旅次步骤简化，则其可分为主移动段、集散段及出入段，每一部分有相应的公路承担服务。其中，主移动段的公路主要提供机动性功能，出入段的公路主要提供可达性功能，集散段的公路功能介于机动性和可达性之间。公路在公路网中所起到的这种不同的服务功能就体现了公路功能的内涵。图 2-1 描述了长程转换车流完整的旅次过程。

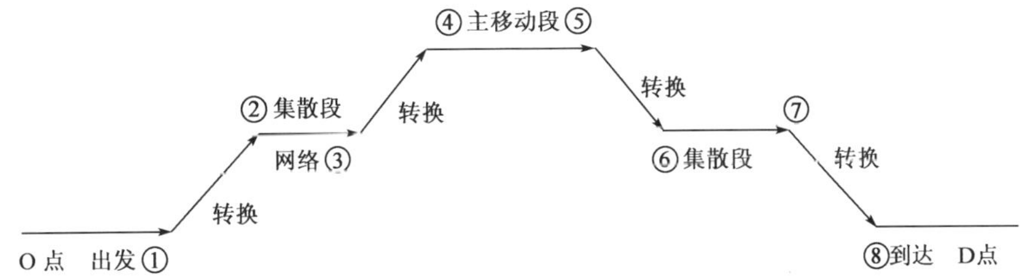

图 2-1　长途转换车流的流动过程

由图 2-1 可以看出，车辆要经过的不同移动段的公路在路网对车流的服务中扮演了不同的角色，要提高整个旅次过程的效率与效益，保证公路功能的有效发挥，主移动段、集散段和出入段的合理配置、有机衔接和协调配合是必不可少的。

二、公路网特性分析

公路网是指按一定要求或规律连接区域内节点的公路连线集合，一般特指某一区域内的公路网络系统，区域内的城市、集镇以及某些运输集散点（大型工矿、农牧业基地、车站、港口等)被视为节点,这些节点之间的连线称为公路路线。形成一个能实现四通八达、干支结合、布局合理、效益最佳的有机整体是公路网的最终发展目标。

1. 公路网的特性

公路网作为一个系统,同其他系统一样,具有以下特性:

1)集合性

区域公路网由许多元素(节点和路线等)按一定方式组合而成,区域内节点规模和重要性不同,公路网的组合结构与级别亦应有所差别。

2)关联性

构成公路网的全部节点和路线是相互联系、相互制约和具有一定规律性的整体。公路网并不等于若干条公路的简单相加,它是在布局和结构组成方面,具有与地区的自然条件、经济条件及功能等相适应的,符合一定规律性和具有高效益的有机整体。公路网的关联性,包含着时间与空间两方面的特征。路网中每新建或改建任意一条线路,均要受到全局因素的制约,又由于区域经济和运输需求随时间变化和发展,因此公路网建设是一个动态过程。

3)层次性

公路线路由于所联系节点的不同,在公路网中的地位、作用和功能也有所不同,客观上存在着不同的层次。典型干线公路具有很强的运输通道功能,承担长运距和跨区域、过境的客货流,有较大的交通流量;一般公路主要具有生产、生活服务功能,承担区域内的客货运输,实现干线公路交通流的集散。在此基础上,由不同层次的公路线路构成的公路网也具有层次性。

4)自相似性

基于节点的自相似性,通过连接节点所形成的公路网也具有自相似性。故在研究公路网的功能结构时,可在对某一层次路网进行研究的基础上,利用自相似性分析整个公路网络系统的功能结构特性。

5)不均衡性

由于地域差别及社会经济发展速度的影响,公路网结构的发展具有不均衡性。从全国范围来看,西部地区干线公路技术等级较东部地区偏低;2010 年东部地区二级以上公路占总里程的 25.66%,中部地区为 16.55%,西部地区仅占 11.98%;西部地区高级、次高级路面里程比重为 30.81%,比东部的 59.99%明显偏低;西部地区县乡公路无路面里程和等外公路里程比重是东部地区的 2~3 倍。

2. 公路网系统的功能

系统通常被认为是由相互作用的要素组成并具有特定功能的有机整体。公路网本身是一个由节点和路线组成的系统,但同时也是综合交通网络系统、综合运输系统、社会经济系统等的一个子系统。公路网系统的功能就是公路网在综合交通网络系统、综合运输系统、社会经济系统、资源环境系统和地域系统中所起作用的具体体现,其功能主要表现为服务功能。

公路网系统是一种载体,其服务主要体现在两个方面:表面上其载荷为客、货运输车辆,直接为各种交通出行提供服务;实质上则是服务于以聚集人口、商品、工业、信息、科技、金融和服务等为特征的地域系统,使各种社会经济活动的联系更紧密,进而促进社会经济的发展。因此,公路网系统的功能就是针对其直接服务对象与最终服务对象的需求,以优化的方式提供相应的供给并产生优化的反馈作用，实现合理平衡。公路网系统的功能如图 2-2 所示。

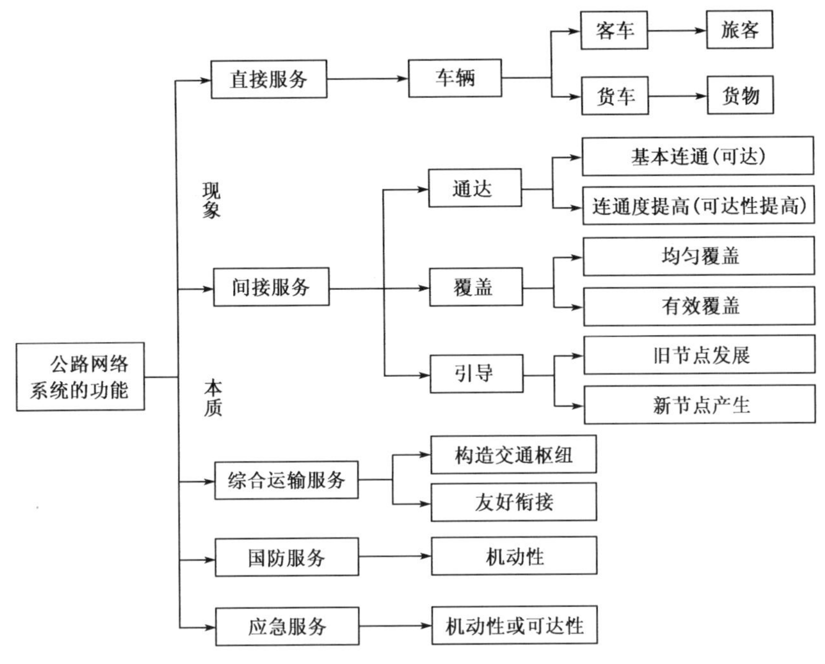

图 2-2　公路网络系统的功能

公路功能分类是指：以公路的本质属性或其他显著属性特征为基础，根据各等级层次或其他显著属性特征，把各等级层次或类别的公路集合成类的过程。功能分类与公路交通出行特征、公路交通出行需求及公路服务特性密切相关。

路网功能是规划、建设、管理的基础，只有路网功能完善、层次分明，才能使规划层次分明，建设重点明确，管理才能有针对性、才能高效。路网功能的不完善为用户的使用和行业的规划、建设、管理带来了一定的混乱。为便于用户使用和行业管理，有必要从分析路网实现功能入手，对路网层次在国道、省道、县道、乡道的总体框架下重新梳理，进一步明确各层次路网功能及各层次路网关系。

公路网特性决定了公路用户出行时对公路网中具体出行路线的选择具有随机性，若用户对某一路段过于依赖，则有可能增加该路段的拥挤，而较少用户选择的公路，一般会造成公路资源的浪费。因此，在公路网络中按照合理和有效的方式进行交通组织不但能够提高公路的使用效率、节约资源，而且在有限的公路网状况下，能够满足用户从低到高层次的交通出行需求。公路功能分类是通过研究公路的服务功能，确定特定公路在公路网中扮演的角色，并为相应的交通出行提供服务，其实质是按服务需求疏导交通，最终建立“规模充分、功能完善、等级合理、形态稳定、安全高效”的公路网系统。

三、公路网层次分析

公路及其服务的公路交通都具有一定的层次性，具体表现在如下三个方面：交通需求具有层次性，交通出行具有层次性，公路网络服务也具有层次性。

1. 交通需求的层次性

美国心理学家马斯洛首创的需求层次论是研究人的需求结构的一种理论,他把人的需求按照先后顺序分为五个层次:生理的需求、安全的需求、社会性的需求、尊重的需求和自我实现的需求。

按马斯洛需求层次理论,当人满足了较低层次的需求之后,就会转而追求更高层次的需求。公路交通需求也是如此,当人们较低层次的需求(如“走得了”)满足以后,就会追求较高层次的服务(如“走得快”、“走得好”)。图 2-3 和图 2-4 反映了公路交通需求从低层次到高层次的发展过程。路网功能需求层次如图 2-5 所示。

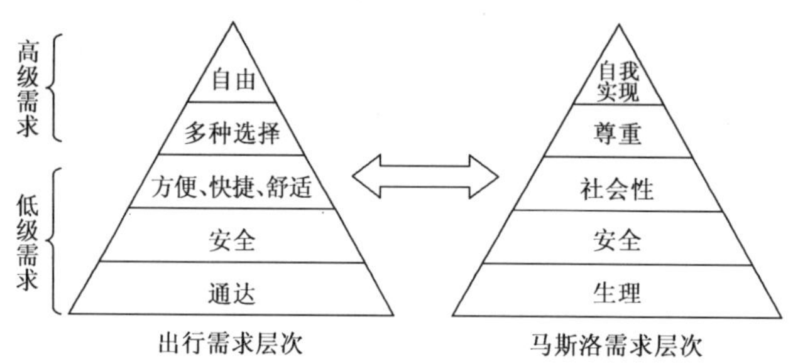

图 2-3　出行的需求层次与马斯洛需求层次的对应关系

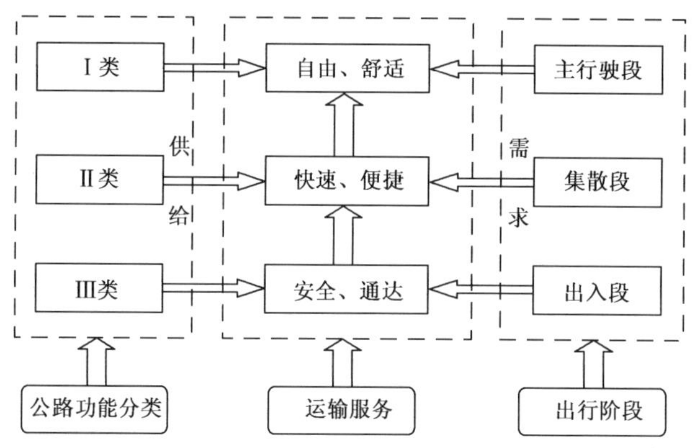

图 2-4　出行需求与供给层次

交通需求是以公路网为基本依托的,公路网需要提供人们不同层次和发展阶段的各种直接和间接需求,具体分析如下:

1)满足生理需求

修建公路是为了满足人们最基本的交通出行需求,故公路网建设首先需要满足通达性的要求,人们可以通过公路网到达想去的地方,即“走得了”。

2)满足安全需求

交通服务首先应保证人们在出行过程中的人身财产安全,如果一种出行方式没有安全保障,使出行者产生恐慌害怕心理,那么出行者就不会选择这种出行方式。

3)满足社会需求

随着社会经济的发展和人们生活水平的提高，人们逐渐不满足于最初的“走得了”，而开始追求更高层次的需求——“走得快、走得好”。“走得快”即快速、方便、通畅的交通需求，它的实现需要优化公路网结构，完善综合运输体系，实现不同运输方式之间的高效协同，逐步达到无缝衔接和零换乘，尽可能缩短人们的出行时间，提高运输效率。“走得好”指在出行活动中，人们更加注重其身心的感受即舒适性，包括环境舒适和心理舒适。

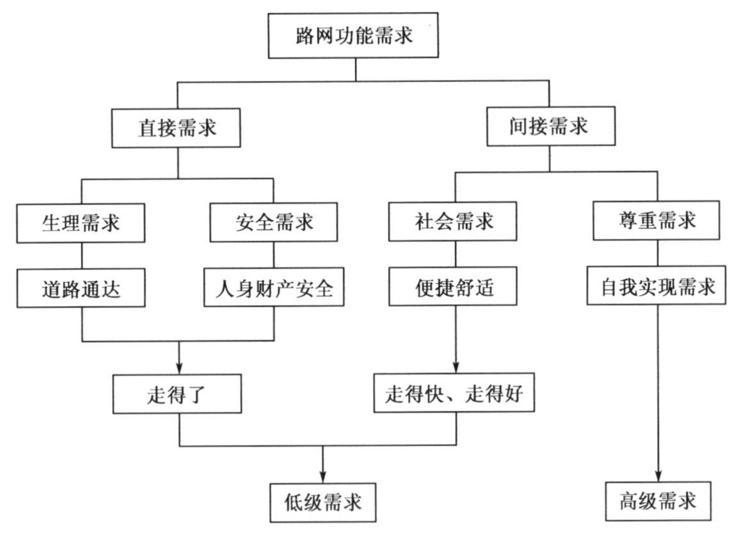

图 2-5　路网功能需求层次图

4)满足尊重和自我实现的需求

除了满足基本的礼仪礼貌、服务态度外，应从路网功能方面为人们提供可供选择的多种出行方式和路线，为人们提供自由的出行(包括空间和时间上的自由)，使出行者不必拘泥于单一的出行方式和路线，满足人们受尊重和自我实现的需求。

2. 交通出行的层次性

一个完整的交通出行过程，一般包括出行的主流段、过渡段、分布段、集散段、接入行驶段以及起终点等，而不同功能层次的公路就分别服务于不同性质的行驶路段，如图 2-6 所示。若作简化，这一出行过程主要可分为主行驶路段、集散路段及出入路段三部分。所以在完整出行情况下，公路可根据服务的特性分为“干线公路”(主要提供主行驶路段的运输服务)、“集散公路”(主要提供疏散汇集段的运输服务)及“地方公路”(主要提供出入段的运输服务)。公路功能分类在此概念下再做进一步的研究分析。

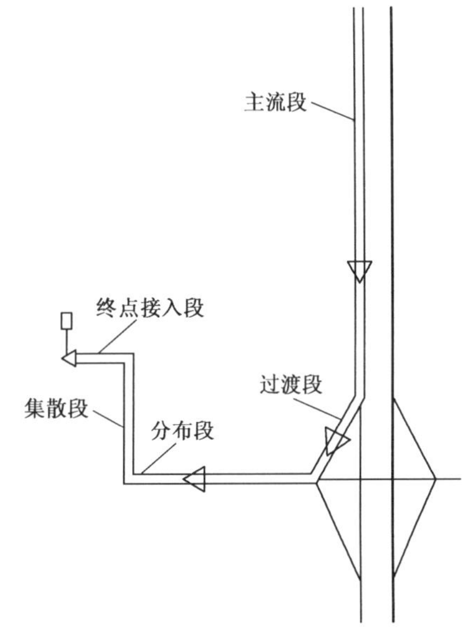

图 2-6　出行层次体系

3. 公路网络服务的层次性

公路网中的线路并非等同排列，不同线路在公路网中的地位、作用和功能有着显著的不同，客观上存在着不同的层次。根据交通出行特征及交通出行需求分析，公路系统就像人体的血管，有主、次之分。干线一般具有通畅性特征，主要承担区域内外和过境交通，一般能够满足便捷性等较高层次的交通出行需求，但缺乏通达性，在完整的交通出行过程中主要是提供主行驶路段；地方公路则具有极高的通达性，一般是满足基本的通行需求，主要承担区域内交通，但通畅性相对不足，在完整的交通出行过程中承担出入行驶交通量。

不同功能的道路相互之间连接的关系应从道路的运输功能，也就是出行对路网机动性和可达性的要求进行考察。无论是人的出行还是货物运输，既要快速，又要便捷到达，即机动性和可达性。对于一条公路，如果强调机动性，其可达性就相对差；反之亦然。机动性与可达性是相互排斥的。一条公路从起点到终点没有进出路口，车辆的运行速度高，机动性好，但对于道路中间节点的出行不方便，可达性差。相反的，如果一条公路进出口很多，车辆上下方便，可达性好，但车辆受干扰大，车速不可能提高，机动性差。为了发挥公路网的整体功能，可以按照发挥机动性和可达性的原则，将路网功能进行不同的划分。

在实践中，干线公路交通流量大、运输距离长、对快速运输的要求高，其机动性尤为重要；对于进出居民点或厂矿、商贸中心的公路，对其可达性要求较高；在干线公路与进出道路间应有一个层次，起集散交通作用的道路。因此，可以将路网分为干线、集散路和进出道路。干线公路的上下路口尽量少，确保其快速、机动性；干线公路通过集散路集疏来自进出道路的交通流。

功能划分过程最基础的观点是：某一条公路在任何体系中不是独立地服务于出行的，其作用是通过路网表现的。在网络中按照合理、有效的方式进行交通疏通显得非常必要。功能分类也可以通过定义特定公路应该在路网中扮演的角色，揭示这种疏通过程的本质。图 2-7、图 2-8 说明了功能分类的基本思想。

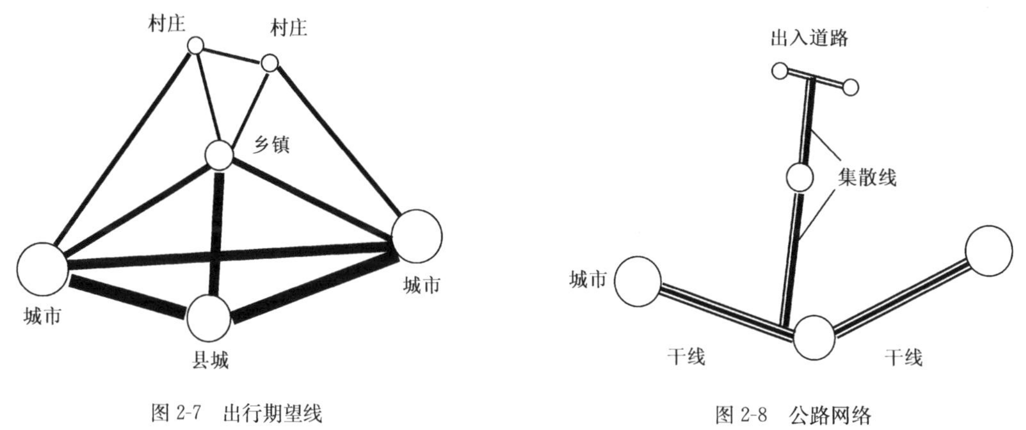

图 2-7　出行期望线

图 2-8　公路网络

四、公路功能分类方法与流程

1. 公路功能分类方法

按分类理论，根据公路特性分析，公路功能分类主要采用阶层式分类方法，具体分类过程是先分大类别，再分细目，逐层展开。

公路功能大类别的划分主要是参照国外公路功能分类的一般做法，并结合我国的特点提出公路功能分类方案。细目类别的划分采用由主到次、自上而下的划分顺序，在公路功能分类的过程中先确定等级较高的层次，然后划分等级较低的层次，"自上而下"、"先高后低"。

在公路功能分类中，考虑的因素是繁多的，有些因素可以定量分析，如公路建设标准、线路间距、地域人口和交通量、车速等，有些只能定性分析，如系统连续性、土地利用等。为获得一个合理的公路功能分类，期望尽可能将这些因素综合考虑到。在进行分类时不能排除其他所有的因素而单独应用某一个因素，应反映公路功能分类所要求的各个层面，因此公路功能分类指标体系应该是由若干个单项评价指标组成的有机整体。

2.公路功能分类流程

公路功能分类按如下步骤进行：首先准备好相关的路网资料，确定功能分类的层次划分模式，根据公路所连接的节点属性等因素确定公路所处的大类，选取合理的功能分类指标，根据各个层次的不同指标值，进一步确定公路所属的小类，如图2-9所示。

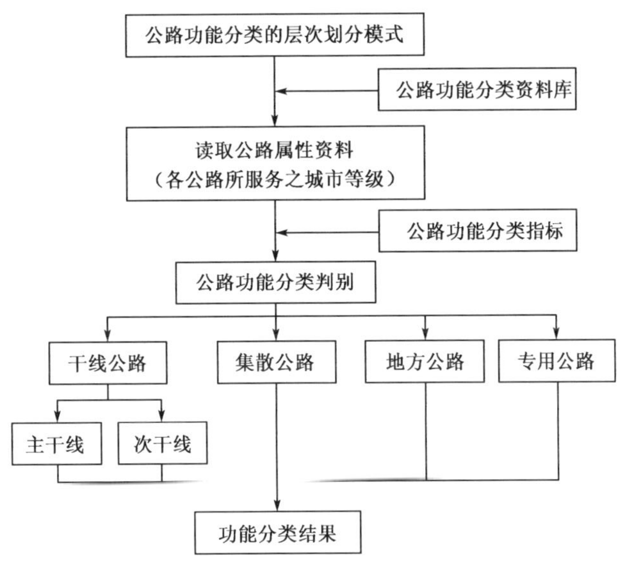

图2-9 公路功能分类流程图

公路功能分类是一个复杂的问题，在从公路的服务对象、服务范围、服务距离等方面对其进行分析的基础上，还需要进一步确定功能分类的指标体系，以确定一个合理的公路功能分类方案。

五、公路功能分类指标

公路网的功能分类必须首先明确公路层次结构，并确保公路服务功能的完善和管理主体的明确。参照其他国家和地区公路功能分类程序，综合分析后确定公路功能分类指标。具体包括区域特性指标、公路特性及交通流特性指标，其中道路特性指标包括技术等级、出入口控制、公路网特性指标（系统连续性）。交通流特性指标包括交通量、出行距离、车速等等。具体指标见表2-12。

公路功能分类指标　　表 2-12

指　　标	指标属性	指标名称	定性或定量
公路功能特性	区域特性	区域层次	定性
	交通流特性	交通量	定量
		出行距离	定量与定性结合
		车速	定量
	公路特性	出入控制	定性
		道路等级	定量
		系统连续性	定性

1. 区域特性指标

区域即为空间边界，我国区域行政等级如图 2-10 所示。区域中心是连通路网的控制点，也是交通产生源的地区中心。不同功能、地位的区域对路网中路线的走向、技术等级应有不同的影响，区域层次特性指标就是对区域社会经济活动的度量。对区域社会经济活动的度量指标主要有人口、国内生产总值、社会商品零售总额、公路客货运量等。这些指标共同构成了区域社会经济的评价指标体系，且各指标之间存在着较明显的相关关系。一个地区人口规模和经济指标(GDP)越大，根据出行产生的种类和数量来说，它的出行吸引范围越大，从而，需要被更高一级类型的系统服务的需求也越大。有些地区可以用总量和密度来评价相对重要性。区域重要度是区域层次特性的量化指标。

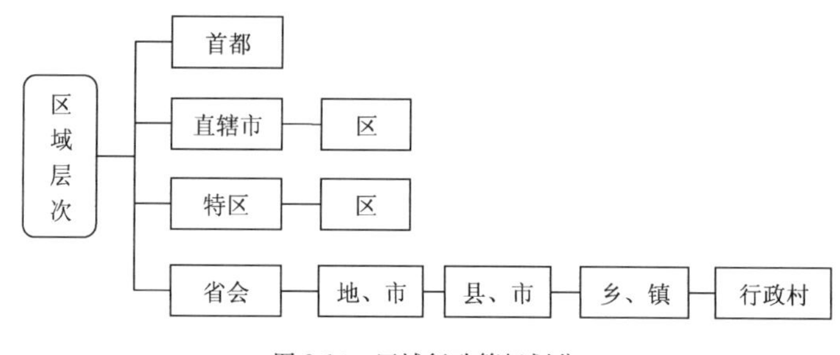

图 2-10　区域行政等级划分

2. 公路特性指标

公路特性是指公路本身的技术特性，包括道路宽度、里程、路面状况、出入口控制、交叉口形式等。而技术等级和出入口控制指标是最简单的公路功能分类标准，因为技术等级高、全部和部分进出控制的公路大多数会一直处于服务水平较高的类别中。因此，在公路功能分类一开始就可以对具有这些特性的公路进行鉴别，并划分为较高功能层次的公路。

网络特性描述的是某一公路与其他公路的连接关系和整个公路网络的连续性。自上而下分类的公路系统应该保持连续性与完整性，每一功能层次类别的公路在按公路功能标准划分后都应与较高层次的公路系统保持整个公路网的连续性。但机场公路、海岸公路等受地理位置限制的断头路可以不考虑。

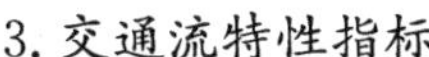

3. 交通流特性指标

交通流特性描述公路承担交通流的情况，具体指标包括交通量、平均出行长度、平均行驶速度、饱和度等。在公路功能分类中一般采用交通量、平均出行距离和设计车速指标。交通量是在一定时间内通过某一路段或断面的交通流量。国内外实践经验表明：在公路网系统中，通常占里程比重较低的高等级公路承担较大的交通流量，而里程比重较高的低等级公路承担的交通量一般较少。在公路功能分类中，具有较大交通量的公路路线一般属于功能层次较高的类型，承担较少交通量的公路路线一般属于功能层次较低的类型。因此，公路路线承担的交通量大小是衡量公路功能的重要标准之一。

平均出行距离是指由某一公路承担的所有交通流量的平均行驶里程。分类的一个基本观点是较高功能层次的公路系统一般应该服务于较长的出行，较低功能层次的公路系统服务于短距离的出行。只有相对很少里程的公路服务所有的长距离出行，它们的功能等级最高；稍多一点里程的公路服务中等长度的出行；很长里程的公路服务相对较短的出行，它们的功能等级最低。车速是衡量公路服务水平最直接的指标之一。

六、公路功能分类结果

依据功能分类的基本思路，结合节点及路网特性，借鉴国外经验，按照对可达性和机动性要求的程度不同，结合我国目前的公路分类体系，公路服务功能分类按照一个完整的出行过程（主移动段、变换、分散、集汇、端点出入以及端点终止）进行分类，可将我国公路网划分为主干线公路、干线公路、集散公路和出入支路；对于部分具有特殊功能的公路，将其列为一类，即专用公路。干线公路主要强调的是机动性，对可达性的要求相对较低；出入支路正相反，强调的是可达性，对机动性的要求相对较低；集散公路介于两者之间。

由于干线、集散路、地方连接道路的概念是相对的，对于不同的区域会有不同的含义，此处的划分是以国家干线为主体提出的。各层次路网主要功能如下：

(1)干线公路为用路者提供畅通、高效的直接服务，细分为主要干线公路和次要干线公路，尽量减少支路汇入和公路平面交叉的数量，实行与其畅通要求相匹配的接入控制。

①主要干线公路：

a. 作为具有全国性政治、经济、军事意义的重要干线，连接首都、直辖市、省会城市和20万人口以上的大中城市，以及省际重要交通走廊，承担大中城市间的中长距离运输。

b. 连接国家与区域性经济中心、交通枢纽、重要对外口岸和军事战略要地，为全社会生产和生活提供可持续的安全、舒适、高效服务。

c. 为应对战争、自然灾害等突发性事件提供快速交通保障。

d. 应为全部控制出入。

②次要干线公路：

a. 连接中心人口10万以上的中等城市和大部分5万以上的重要的市县，主要工农业生产基地、重要经济开发区、旅游名胜区和商品集散地。

b. 与主干线公路网及其他运输方式相衔接，提供省域内区域性的中长距离运输服务。

c. 相隔一定的间距，扩大主要干线影响范围。以便省内所有的市县都在主干线公路的合适距离内。

d. 部分控制出入的一级公路和二级路，未列入国高省高的国道、省道。

e. 部分控制出入或视需要采取减少纵、横向干扰的措施。

(2)集散公路是衔接与过渡性道路，疏散干线公路交通与汇集地方支线交通。机动性与通达性兼顾，适当控制支路汇入和平面交叉的数量。集散公路应符合下列要求：

①连接中心人口 5 万和大部分 1 万人以上的县(市)、大的乡镇和其他交通发生地。

②连接干线公路系统与地方公路，完善干线公路网整体布局、区域国土均衡开发。

③车辆出行距离短于干线公路，并以中等速度行驶。

④不控制出入。

(3)出入支路直接与用路者的出行源点相衔接，为地方经济往来、生产生活、行政管理，以及文化教育、卫生医疗等日常出行服务。以提供通达性为主，应开放出入口、允许支路汇入和平面交叉。

(4)专用公路：指各公私机构申请公路主管机关核准兴建，专供其本身运输之道路，是指主要为工厂、矿山、油田、农场、林场、边防站或哨所等部门专用的公路，因此，也有称为厂矿公路、林区公路、边防公路等。

专用公路因其“专用”的属性，因此有着较为显著的特点：

(1)具有较为明确的服务对象，公路路线布设、技术标准选择、相关交通设施及交通组织具有更强的针对性。

(2)非技术因素，如战略、政策、方案等对专用公路的技术标准选择影响显著，由于专用公路往往依托于某种既定的战略、政策或者方案，因此某种程度上非技术因素对于专用公路的影响甚至超过技术因素。

公路功能分类指标包括区域层次、路网连续性、交通流特性和公路自身特性等定性和定量指标。功能分类的量化指标规定列于表 2-13。

公路功能分类量化指标　　表 2-13

公路功能分类	主要干线	次要干线	集散公路	出入支路
适应地域与路网连续性	连接全部中心人口 20 万以上的城市和重要的省际通道	连接全部 10 万人口以上城市和 5 万以上的重要市县	连接干线公路与地方公路，以及 1 万人以上的县(市)	直接对应于交通发生源
出行距离	60km 以上	30km 以上	10～30km	0～30km
期望速度	100km 以上	60km 以上	40km 以上	不要求
出入控制	全部控制出入或几乎控制出入	视需要控制出入	不控制	不控制
设计交通量	15 000 辆以上	7 000 辆以上	3 000 辆以上	不要求

依据各层网络的自相似性，用数学方法即分行分维理论来描述路网功能结构的数量特性，及组合归并法得出国家层面、省级层面的主干线、干线、集散线、出入支路的总里程及其比例结构。采用图上作业及组合归并法首先求出主干线、干线总里程；再利用分形分维理论求出集散总里程；最后将全国公路网总里程(500 万 km)减去主干线、次干线、集散线总里程之和，求出

了出入支道路总里程。公路网达到稳态时的合理功能结构，宜在表 2-14 规定的范围内。

公路网中各类公路的合理比例　　表 2-14

功能分类与所占比重	分担交通比例(%)	路网中比例(%)
干要线公路	20～35	2～7
次要干线公路	10～30	5～15
集散公路	10～20	10～20
出入支路	5～10	70～80

七、与技术等级对应关系

在进行公路设计时首先应明确公路功能，由公路功能得到划分公路等级的各技术标准的界定指标，然后根据各指标约束条件确定公路等级，从而为相应设计指标的选取提供基础。

(1)公路技术等级的选用应结合公路工程项目所在地区的综合运输体系、远景发展规划、路网布局等，首先确定公路的功能，然后指导技术等级、设计速度等关键技术指标的选用。

(2)干线公路以保持功能为主、结合设计交通量的大小确定技术等级；集散路与出入支路则主要依据设计交通量、结合公路纵横向干扰情况，选用公路等级和技术指标。

①主要干线公路是我国公路网中层次最高的公路主通道，应全部由高速公路组成，至少修建双向四个车道。

只有在边境省份及内地某些城镇密度稀疏、混合交通影响不大的区域，依据设计交通量先期可以选用一级公路或二级公路，当条件有变化而达不到主干线功能要求时，则应升级为高速公路。

②次要干线公路作为国、省高速公路网的补充，连接主要干线公路，宜采用一级公路和 2+1形式的三车道二级公路。

③集散公路主要用于连接次干线公路与地方出入支路，服务于县镇区域交通，根据设计交通量采用一级公路、双车道二级公路和三级公路。

④出入支路宜采用不高于三级公路的技术等级。

(3)设计速度的选用应依据公路功能、技术等级、地形和交通组成等综合确定，功能等级高，公路设计速度越高。

①主要干线公路设计速度不宜低于 100km/h，受地形、地质等环境条件限制，可以选用 80km/h。

②次要干线公路设计速度不宜低于 80km/h，受地形、地质等环境条件限制，可以选用 60km/h。

③集散公路设计速度宜在 60～80km/h 之间，兼顾机动性与通达性。

④出入支路设计速度宜在 20～40km/h 之间。

(4)各级公路应根据功能，设计服务水平与设计速度，合理选取设计交通量范围。

第三节　人机工程设计

一、概述

在由人、车、路和环境组成的道路交通系统中，人是最主要的因素，道路设计的目的就是服务于人。交通事故产生的原因是多方面的，包括道路环境、交通条件、车辆状态以及驾驶员特性等。各种主客观因素交错影响，但最终均作用于驾驶员身上，因而如何减轻这些因素对驾驶员形成的心理上的影响和生理上的负担，是减少交通事故，提高行车安全的有效手段。道路安全设计也应该更多的从人的角度出发，分析道路设计中不同线形、周边环境对驾驶员生理心理的影响，分析这种影响是否会使驾驶员存在过量的工作负荷而引发事故。

随着认知神经心理学的兴起与人机工程学的发展，对人心理生理负荷、疲劳等的研究已由定性分析变为定量分析，通过建立评价驾驶员心理生理上的反应指标，研究道路交通环境对驾驶员形成的心理和生理影响，分析道路交通环境提供给驾驶员的安全性和舒适性，并提出有效的改善方案，已逐渐成为道路安全设计的一个主要领域。

二、驾驶行为机理

1.驾驶行为模型

驾驶员在驾驶过程中对信息的处理过程可以用图 2-11 表示。线形、交通流、障碍物等道路环境作用于人的感觉器官，通过传入神经传到神经系统，神经系统结合个体的心理特征及以往的驾驶经验，进行分析判断，而后将最终决策传到反应器产生驾驶行为。

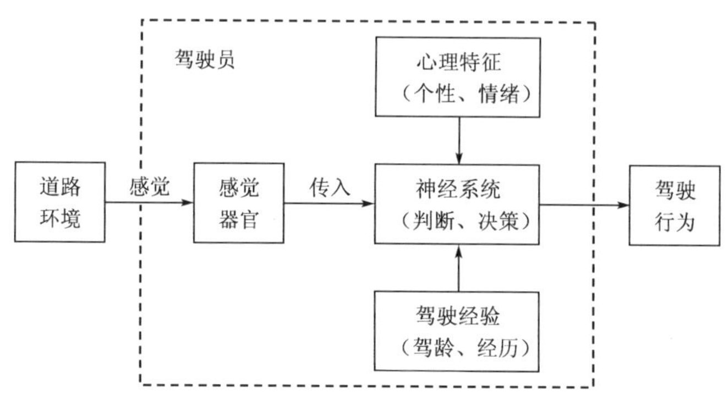

图 2-11　驾驶员信息处理过程

这一过程往往是在瞬间完成的，然而这一过程又是十分复杂的。道路交通事故的主导因素是驾车人的过失，归根到底，道路交通安全水平应该由驾驶行为的内在安全水平来衡量。所以，揭示驾驶行为的基本过程和基本规律，找到道路安全水平的度量指标是道路安全设计的一个基本任务。

目前比较成形的观点认为，驾驶行为是由导航、指向和控制三个层次构成的。在导航层次，驾驶员所要完成的主要是出行终点与中间点的选择，起终点之间最短路径的选择等；在指向层次，驾驶员主要完成行驶方向的转换，具体路段的选择、行程时间的掌握等；而在控制层，驾驶员完成实时的、具体的驾驶任务。其中，控制层驾驶行为即是驾驶过程中对信息的处理过程，它直接影响着车辆的实时状态，且是车辆安全与否的主导因素。具体可以分解为：接受信息、处理信息、预测可选行为、决策、采取行动、观察车辆反应等行为阶段。

2. 应激与疲劳

应激与疲劳是人的两种生理和心理状态，也是驾驶员在驾车过程中经常产生的两种状态，长期处于应激状态或过度疲劳是驾驶员发生事故的主要原因。

应激(stress)与工作压力、威胁和焦虑等直接相关，受工作、环境、组织与社会、个体生理特征和心理特征等变量的显著影响。在应激条件下，个体可出现许多生理和心理变化。这些变化不仅对工作不利，而且对个体的健康和安全也有消极影响。应激由多种因素引起，能够引起应激的因素称为应激源(stressor)，常见的应激源包括工作因素、环境因素、组织与社会因素以及生理节奏因素等(具体见表 2-15)。对应激源进行测量和分析，有助于控制其不利效应，增进作业者的安全和健康，提高系统的效率和可靠性。

诱发应激的因素(应激源)　　表 2-15

应激源种类	应激源举例
工作因素	固定的作业位置和姿势，较高的工作速度，繁重的体力负荷，信息超负荷，警戒
环境因素	噪声，高温高湿，低温低湿，振动，恶劣的大气状况，危险或有限的作业场所
组织与社会因素	工作责任心，工作态度，人际关系，组织气氛和政策，社会压力，舆论，竞争
生理节奏及其他因素	生理节奏不规律，睡眠剥夺

疲劳是指工作过程中由于高强度或长时间持续活动而导致的人体工作能力下降和错误率增大的现象。它是一种自然的人体防御反应，即提示工作负荷过高，必须降低工作强度或完全停止工作，否则将造成较大的损失。人在疲劳时，主要表现为乏力、工作能力减弱、工作效率降低、注意力涣散、思维缓慢、情绪低落、操作速度下降、动作的协调性和灵活性下降、工作满意感降低以及工作动机恶化等。疲劳的产生是一个逐渐积累的过程，并受多种因素的影响，对疲劳进行科学评价有助于预防和延缓疲劳的产生，降低疲劳的不利因素。诱发疲劳产生的因素众多，大体上可分为工作强度、环境条件、工作节奏、身体素质和睡眠五类。

在驾驶过程中，能够引起驾驶员产生应激和疲劳的因素也包括以上几种，其中环境因素是道路安全设计中应该重点考虑的。道路线形较差、过高或过低的温度、不合适的照明、噪声、路面不平引起的振动以及恶劣天气的影响等都会使驾驶员长期处于应激状态或产生疲劳，从而成为交通安全的隐患。传统设计方法尽管已经考虑到了这些因素，但尚未形成量化指标和理论依据。通过对驾驶员应激与疲劳的测量与分析，就可以确定这些道路环境会否引起驾驶员的应激与疲劳，为传统的道路安全设计提供理论上的支持。

心理学家一直在为如何有效测量应激和疲劳做着深入的研究，不过可惜的是还没有一种完善的方法对人的应激和疲劳进行量化，只能通过对作业者作业绩效的变化或自身的主观感受来间接评价。目前，有人开始通过测量作业者一些生理指标的变化来确定应激与疲劳，也为该领域的研究开拓了一个新的思路。

3. 驾驶工作负荷

人在从事各类活动时，由于不断地接收和处理外界信息，人体总是需要承受一定大小的工作量。这种工作量的大小如果以单位时间的相对量表示，则称为“工作负荷”，即工作量越大，工作负荷越高。不合理的工作负荷不仅对个体本人不利，也对工作不利。

研究工作负荷对人机系统的负荷设计、避免因负荷不合理而导致的工效下降和预防作业事故具有重要意义。驾驶行为中出现的效率低下、事故频发等很多情况均与驾驶员的工作负荷过重有关。

工作负荷可分为生理工作负荷(physical workload)和心理工作负荷(mental workload)两类。生理工作负荷是指单位时间内个体承受的体力活动工作量，主要表现为动态或静态的肌肉工作的负荷；心理工作负荷是指单位时间内人体承受的心理活动工作量，表现为认知、思维、判断或情绪等负荷，主要出现在追踪、监控和决策等不需要明显体力负荷的场所。

驾驶员驾车行驶在道路上时，也在不断地接收和处理道路环境带来的种种刺激信息，需要不断地做出各种反应，因而也存在一定的“驾驶工作负荷”(driver workload)，驾驶员的应激与疲劳均是驾驶工作负荷过重的表现。在不考虑驾驶技术与车辆机械存在问题的前提下，驾驶员在驾驶过程中的主要工作量，是处理道路交通环境信息，然后转化为指导驾驶行为的有效信息的工作负荷量。随着道路环境的变化，驾驶员所接收的信息量和承担的工作量不同，因而驾驶工作负荷也就不同。如果一条道路的线形设计较好、交通流状态良好，交通环境优美，则驾驶员驾车时的工作负荷就会较小，且变化不大，那么这条道路就具有较高的安全性和舒适性；反之，如果驾驶员在某条道路上驾车时的工作负荷较大或变化较大，则驾驶员就会时时处于一种应激的状态，极易导致生理和心理上的疲劳，从而容易发生事故，那么这条道路的安全性就会较差。

通过以上分析可以看出，驾驶工作负荷是基于驾驶员考虑的一个反映道路安全性的重要指标。因而，通过测量驾驶工作负荷及其变化情况，就可以对道路交通安全进行有效的分析。

三、驾驶工作负荷测量

1. 工作负荷的测量方法

测量工作负荷的方法众多，工程心理学中提到的主要有作业测量、生理测量和主观测量三类常用的技术。

其中，作业测量又包括作业分析、作业绩效测定和事故研究。作业分析是对工作内容进行分析；工作绩效测定是对工作活动的成绩进行测定；事故研究则是对事故的频率、严重性和倾向性等进行调查和分析。这也是现在道路安全分析中最常采用的方法，但事故分析存在一些难以克服的问题，如事故与负荷水平之间的关系不是直接的，中间掺杂着许多因素，包括能力、工作责任心、个性特征和情绪状态等，且要采集到具有代表性的事故数据也是比较困难的。

鉴于作业测量存在一定的难度和问题，工作负荷的测量常通过对其生理和心理效应的测定作间接评估。也就是说，在从事各类活动时，人体的各种身心指标会发生相应的变化，如心脏跳动加快，血流增加，呼吸加剧，体内各种化学酶和激素的活性和数量增加，同时主观态度和体验也相应变化。由于上述各类变化的强度与工作负荷的水平存在规律性的关系，因此通过对工作中个体的实际生理和心理状况进行测评，可以确切了解当时工作负荷的状况，这就是前面提到的生理测量。由于生理测量具有一定的可操作性，因此该方法已在人机工程学领域广泛使用。驾驶员在驾车行驶过程中，受道路环境、交通流等因素的影响，心率、血压等生理指标也在不断变化，通过测量驾驶员生理指标的变化来评估驾驶员在不同道路环境下的工作负荷是一个简单有效的方法。

工作负荷的主观测量是指根据操作者的评判来评价心理工作负荷，该技术实施方便且比较容易为操作者所接受，但诊断性较低且无法获得确切的评价。因此，这种方法通常作为其他工作负荷测量方法的一个辅助方法。

2. 驾驶工作负荷的测量指标

要测量驾驶工作负荷，首先要确定能够量化驾驶工作负荷大小的指标。目前，常用的驾驶工作负荷测量指标主要是一些生理指标。

(1)血压与脉搏

脉搏数是单位时间内心脏把血液送往全身时的搏动次数，心脏的搏动是受交感和副交感这两种自主神经的支配而变动的，但又受自律神经中枢系统紧张状态的影响而变化。在安静状态下成人男子的脉搏数是60～75次/min，因行走、跑动等增加负荷的影响，其脉搏数可达100次/min或更高。这种脉搏数的升高，是同人的作业强度、紧张程度成正比，且同呼吸、循环机能保持着密切关系。针对某一种作业，研究其作业环境、作业强度及生理上的负担程度时，多采用观测脉搏数的变化来进行分析。作业时脉搏数是随着作业负荷的变动而变动，所以脉搏数的变动是衡量驾驶员驾驶工作负荷大小的一个非常重要的指标。

通常人们所接触的血压是最高血压，指收缩期血压，表示心脏在收缩时呈现在动脉内血液的压力。与之对应的是把心脏弛缓时动脉内的血液压力称最低血压，或叫扩张期血压。把两者的差称为脉压，脉压表示心脏驱动血液的能力，也是反映体力的一个指标。

负荷开始血压迅速上升，负荷终了血压渐渐下降，恢复到正常值。在运动初期，最大血压上升，脉压变大，心脏的驱血量增加。但经过长时间的运动，循环系统一经疲劳，最大血压下降，有时减少得比正常值还要低，这时最小血压的变化较小，也就是说脉压和心脏的驱血量减少了，表明心脏的疲劳。在这种情况下，往往导致人的不安感、紧张感、焦躁感，使之注意力下降，精力不集中，判断力下降。

车辆行驶过程中驾驶员不仅承受身体上的生理负荷，更多时被认为是承担着神经紧张状态下的心理负荷。基于以上脉搏数和血压的变动特性，把脉搏数变动和血压变动作为衡量驾驶员作业负担的评价指标，在指定的道路环境条件下，测定行车时的脉搏数和血压就可以判断驾驶员因紧张不安或危险感产生的心理和生理上的负担程度。

(2)耗氧量、肺通气量和心率

耗氧量是单位事件内个体所吸收的氧气数量，肺通气量是指单位时间内个体呼吸气体交换的数量，而心率则是每分钟心跳的次数。这三者也是反映工作负荷大小的生理指标。驾驶员所承受的驾驶工作负荷越大，能量要求越高，所消耗的氧气数量也将相应增加，而氧气的增加一般通过提高肺通气量和心脏泵血功能等方式来实现满足。因此，耗氧量、肺通气量和心率均随驾驶员驾驶工作负荷发生变化。对这些生理指标进行检测是评估驾驶工作负荷的重要方法。已有的研究表明，三项参数均随着工作负荷的增加而以近似线性的方式增加。

(3)肌电图

无论处于安静还是活动状态,人体皮肤都存在一定的生物电,且其大小随着活动状态的改变而变化。将这种生物电导出体外,加以放大并记录,所得到的随时间变化的电位图形即为肌电图。肌电图是反映驾驶员工作负荷水平,尤其是肌肉疲劳程度的重要指标。

实际工作中,肌电图是非常复杂的,对肌电图作精确的分析需要借助于计算机自动分析技术。驾驶员驾驶过程中的肌电图变化则更为复杂,目前实际应用还比较困难,也不够准确。

(4)瞳孔直径

瞳孔直径是驾驶员视线追踪技术中的一个指标。视线追踪技术用于研究驾驶员在驾驶过程中对道路环境的注意情况,以确定驾驶员对道路上的什么东西最感兴趣,从而有效设计道路线形和道路安全设施。

瞳孔直径反映与特定作业活动有关的注意资源需求,即心理工作负荷越大,瞳孔尺寸越大。瞳孔直径也是测量驾驶员疲劳的一个常用指标。在实际研究中,因为瞳孔尺寸变化较小,用于测量的仪器也应具有较高的敏感性。目前使用的仪器主要是眼动仪。

(5)事件相关电位

在驾驶工作负荷测量中最具潜力的测量指标是事件相关电位。事件相关电位是从大脑皮层导出的,由多个离散刺激诱发的电位和。事件相关电位的成分既有正电位也有负电位,它们通常根据潜伏期和振幅等指标加以衡量。事件相关电位中最常用的指标是 P300,它是刺激呈现后 300ms 左右呈现的正电位。

驾驶员在驾驶过程中,道路环境不断变化,驾驶员所接受的刺激也在不断地更新,其 P300 波也在不断发生变化。当前方道路线形与驾驶员主观期望线形相一致时,这种刺激对于驾驶员来说是一种重复的刺激,P300 波的振幅就会有所下降,而当前方道路环境与驾驶员期望不一致时,驾驶员所接受的就是一种未预期的刺激,P300 振幅就会上升。

事件相关电位是生理学上的一个研究指标,随着认知神经心理学的兴起开始被广泛应用于心理学的基础实验研究中。但由于其费用较高,且不易携带,因而在交通安全心理学领域中还没有被应用。不过随着模拟驾驶技术的发展,事件相关电位技术将在未来模拟实验研究中有所应用。

四、驾驶工作负荷分析

1.驾驶员行为特性研究

1)道路条件与驾驶工作特性

在驾驶员工作方面,目前是以车辆行驶状态的主要指标即运行速度来进行评价,这也是驾驶员工作状态外在反映的一个重要指标;与此同时,驾驶员以自身能承受的生心理状态指标值反映一定道路条件下驾驶的安全与舒适性,因此,驾驶工作负荷能反映一定认知规律条件下的驾驶工作特性。

(1)道路线形条件与驾驶工作负荷

在道路线形条件复杂的路段,驾驶员接收的道路信息复杂、信息处理量大,在一定的运行速度下驾驶工作负荷高,当驾驶时间延长就容易导致驾驶疲劳,带来交通安全隐患;而在道路条件单调,道路信息量少,驾驶操作要求简单的路段,如长直线路段,驾驶员驾驶过程中在一定的运行速度下长时间保持低驾驶工作负荷的工作状态，也容易导致驾驶疲劳，带来交通安全隐患。当道路线形条件满足驾驶需求，使驾驶工作负荷保持在一个最佳的可接受的标准驾驶工作范围内，给予驾驶员驾驶的安全性和舒适性。因此，道路线形条件对驾驶工作负荷影响最为直接，对驾驶员的驾驶状态影响最大。

(2)驾驶工作负荷与车辆运行速度

驾驶员通过自我调节的方式适应和解决在驾驶过程中道路线形条件带来的驾驶不安全和不舒适问题，改变车辆运行速度是驾驶员最为常见的自我调节方式，驾驶员通过改变运行速度可以调节视觉、感知觉等方面的道路刺激效果，避免驾驶紧张和疲劳，这是一种被动的被迫适应方式，对长时间驾驶行为的调节效果逐渐降低，最终改变运行速度不能够对驾驶员起到唤醒作用，并使得车辆在一定的道路线形条件下行驶过快或过慢，驾驶员的驾驶工作负荷过高或过低，导致交通安全隐患。实时的车辆运行速度是驾驶员适应道路条件的外在表现之一，而道路条件对驾驶员驾驶的安全与舒适性通过驾驶工作负荷能更全面地表征。

(3)车辆运行速度与道路条件

车辆运行速度与道路设计速度具有明显的相关性。道路设计速度高，表明道路线形条件好，车辆运行速度也高。在一定的道路线形条件下，车辆运行速度过高或过低都会影响道路交通安全，并且车辆运行速度对驾驶员感知道路条件起着重要作用。

综上所述，在道路交通系统中，车辆运行速度是驾驶员适应道路条件进行自我调节的外在表现，而驾驶工作负荷是驾驶员以一定车速在道路环境中行驶的内在表现；道路线形条件、运行速度与驾驶员驾驶工作负荷之间的互动关系构成驾驶员驾驶工作特性。

2)不同道路等级的驾驶工作负荷规律

由上述分析可知，道路条件、运行速度与驾驶工作负荷三者具有密切的相关性，不同道路条件下驾驶工作负荷分布特性不同。然而，在不同的运行速度下相似的道路线形条件给予驾驶员的视觉(如视野和注视点等)和感知觉(如横向和纵向离心力等)效果是一致的，即驾驶工作负荷规律一致，相同类型驾驶员的运行速度在相同的路段同样具有一致性。

通过对典型纵坡段、平曲线段、平直段和弯坡组合段驾驶员驾驶行为特性规律的对比分析可以发现，道路线形条件对驾驶员的视野等认知行为产生影响，对驾驶安全与舒适带来风险的典型路段，并且这些典型路段会导致驾驶员在运行速度和驾驶工作负荷方面有明显的差异和规律；不同等级公路的四种典型路段对驾驶员驾驶工作负荷的影响规律具有一致性，但不同等级的道路线形条件对驾驶员的影响程度具有差异性。

2. 驾驶工作负荷度模型

1)高速、一级公路线形与驾驶工作负荷度模型

(1)平曲线段模型

①小型车平曲线段模型

小型车在平曲线段行驶的驾驶工作负荷度与平曲线半径的关系模型，如下式所示：

$$K = 39.151 \times R - 1.22 \tag{2-13}$$

式中：K——驾驶工作负荷度；

R——平曲线半径，m。

模型应用范围：$v \leqslant 90\text{km/h}, R \in [125\text{m}, 850\text{m}]$。

②大型车平曲线段模型

大型车在平曲线段的驾驶工作负荷度与平曲线指标的关系模型，如下式所示：

$$K = 7.616/R + 6.489/L - 0.019 \tag{2-14}$$

式中：K——驾驶工作负荷度；

R——平曲线半径，m；

L——平曲线长度，m。

模型应用范围：$v \leqslant 60$km/h，$R \in [125\text{m}, 930\text{m}]$。

(2)纵坡段模型

①小型车上坡段模型

小型车上坡时驾驶工作负荷度与坡度的关系模型，如下式所示：

$$K = 1.9i - 0.036 \tag{2-15}$$

式中：K——驾驶工作负荷度；

i——纵坡坡度，%。

模型应用范围：$v \leqslant 85$km/h，$i \in [3.5\%, 6\%]$。

②小型车下坡段模型

小型车下坡时驾驶工作负荷度与纵坡坡度、坡长的的关系模型，如下式所示：

$$K = -1.1i - 0.019 \tag{2-16}$$

式中：K——驾驶工作负荷度；

i——纵坡坡度，%；

模型适用范围：$v \leqslant 100$km/h，$i \in [-6\%, -3\%]$。

③大型车上坡段模型

大型车上坡时驾驶工作负荷度与坡度的关系模型，如下式所示：

$$K = 1.2i - 0.003 \tag{2-17}$$

式中：K——驾驶工作负荷度；

i——纵坡坡度，%。

模型适用范围：$v \leqslant 65$km/h，$i \in [2.5\%, 6\%]$。

④大型车下坡段模型

大型车下坡时驾驶工作负荷度与坡度和坡长的关系模型，如下式所示：

$$K = -0.7i + 2.73 \times 10^{-5} \times L + 0.016 \tag{2-18}$$

式中：K——驾驶员驾驶工作负荷度；

i——纵坡坡度，%；

L——纵坡坡长，m。

模型适用范围：$v \leqslant 75$km/h，$i \in [-6\%, -3\%]$。

(3)弯坡组合段模型

①小型车上坡模型

根据散点图的定性分析，小型车驾驶员在弯坡组合段上坡段的驾驶工作负荷度与前后坡坡度和平曲线半径都无明显的相关性。究其原因，小型车行驶在上坡路段行驶时不会受到视野方面限制，且小型车动力性能较好，使得小型车上坡驾驶工作负荷度并没有增加的趋势。

②小型车下坡模型

利用试验数据，建立驾驶工作负荷度与弯坡组合段前坡坡度、后坡坡度和平曲线半径之间的回归方程。回归结果如下式：

$$K = -6.356 \times 10^{-7} \times R - 1.3 i_{前} - 0.3 i_{后} - 0.017 \tag{2-19}$$

式中：K——驾驶工作负荷度；

R——弯坡组合段平曲线半径，m；

$i_{前}$——弯坡组合段前坡坡度，%；

$i_{后}$——弯坡组合段后坡坡度，%。

模型适用范围：$v \leqslant 90$km/h，$i \in [-6\%, -3\%]$，$R \in [125\text{m}, 850\text{m}]$。

③大型车上坡模型

大型车上坡驾驶工作负荷度的回归模型如下式。

$$K = 0.02 i_{前} + 6.8 \times 10^{-5} \times R - 0.047 \tag{2-20}$$

式中：K——驾驶工作负荷度；

R——弯坡组合段的平曲线半径，m；

$i_{前}$——前坡坡度，%。

模型适用范围：$v \leqslant 65$km/h，$i_{前} \in [2.5\%, 6\%]$，$R \in [125\text{m}, 930\text{m}]$。

④大型车下坡模型

大型车下坡驾驶工作负荷度与前坡坡度、平曲线半径之间的回归方程如下式所示。

$$K = -0.018 i_{前} + 5.2 \times 10^{-5} \times R - 0.072 \tag{2-21}$$

式中：K——驾驶工作负荷度；

$i_{前}$——弯坡组合段前坡坡度，%；

R——弯坡组合段的平曲线半径，m。

模型适用范围：$v \leqslant 70$km/h，$i_{前} \in [-6\%, -3\%]$，$R \in [125\text{m}, 930\text{m}]$。

2)双车道驾驶工作负荷度模型（表 2-16～表 2-18）

纵坡段模型　　表 2-16

纵坡坡度	小型车模型	速度条件	大型车模型	速度条件
上坡	$K=1.9i-0.036$	$v \leqslant 80$km/h	$K=1.2i-0.003$	$v \leqslant 65$km/h
下坡	$K=-1.1i-0.019$	$v \leqslant 90$km/h	$K=-0.7i+2.73\times10^{-5}\times L+0.016$	$v \leqslant 80$km/h

平曲线段模型　　表 2-17

车　型	模　型	速度条件
小型车	$K=39.151\times R^{-1.22}$	$v \leqslant 85$km/h
大型车	$K=7.616/R+6.489/L-0.019$	$v \leqslant 70$km/h

弯坡组合段模型　　表 2-18

	小型车模型	速度限制	大型车模型	速度限制
上坡	无规律	$v \leqslant 75$km/h	$K=0.02i_{前}+6.8\times10^{-5}\times R-0.047$	$v \leqslant 55$km/h
下坡	$K=6.356\times10^{-7}\times R-1.3i_{前}-0.3i_{后}-0.017$	$v \leqslant 80$km/h	$K=-0.018i_{前}+5.2\times10^{-5}\times R-0.073$	$v \leqslant 70$km/h

第四节　运行速度设计

在我国《公路工程技术标准》(JTG B01—2003)、《公路路线设计规范》(JTG D20—2006)所确定公路设计指标体系下，通过在路线设计过程中引入运行速度，对公路设计指标进行安全性检验和分析，从而定量控制设计指标和参数的采用值域。基于运行速度的公路设计方法重点是把运行速度检验、分析和评价过程贯穿于路线设计、方案优化的全过程中，进一步保证线形指标的连续性、均衡性，从而提高了公路线形的行车安全性。

一、运行速度预测模型

1.高速公路运行速度预测模型

1)典型路段的划分

结合运行速度模型、心生理变化等研究成果，针对小型车及大型车对高速公路运行速度测算路段单元进行分段如下(表 2-19)：

代表车型分段技术临界值　　表 2-19

车　型	纵断面＼平面	半径＞1 000m	半径≤1 000m	注意的问题
小型车	坡度＜3%	直线段		＜200m 视为短直线段
	坡度≥3%	纵坡段		
	坡度＜3%		平曲线段	
	坡度≥3%		弯坡组合段	
大型车	坡度＜2%	直线段	平曲线段	＜200m 视为短直线段
	坡度≥2%	纵坡段	弯坡组合段	

(1)对于分段后的直线段，当长度小于 200m 时，视为短直线段，该段运行速度保持不变。其余纵坡段、平曲线段、弯坡段测算时没有长度的限制。

(2)判断弯坡段时，将平曲线从曲线中点分开，分别将两端曲线对应的纵坡加权平均值作为对应纵坡分段。

2)初始速度

初始速度一般可通过分析路段的实际现场相邻公路或周边公路环境相似路段的观测得到，或者也可以根据表 2-20 给出。确定路段的初始速度后，采用不同路段的速度测算模型计算设计路段各特征单元结点的运行速度 v_{85}。

设计速度与全路段内运行速度 v_{85} 间的对应关系　　表 2-20

设计速度(km/h)		80	100	120
运行速度 v_{85} (km/h)	小型车	80～95	100～110	120
	大型车	65～80	75	75

3)平直路段速度预测模型

平直路段上车辆的加速过程近似匀加速运动，按下式可测算直线上的运行速度 v。加速度取值范围可参照表 2-21 规定。

$$v=\sqrt{v_0^2+2aS} \qquad (v_0<v<v_e) \tag{2-22}$$

式中：v_0——驶入直线段的初始速度；

S——直线段的距离；

a——加速度，m/s²；

v_e——期望速度，m/s。

平直路段上期望运行速度和加速度推荐值　　表 2-21

项　目	小　型　车	大　型　车
期望运行车速(km/h)	120	75
推荐加速度值 a(m/s²)	0.15～0.50	0.20～0.25

图 2-12、图 2-13 为小型车和大型车在不同的初始速度下，根据不同的加速度 $a(t)$ 通过一定长度的平直路段 S 的运行速度分布图，测算速度时可在图中查出。

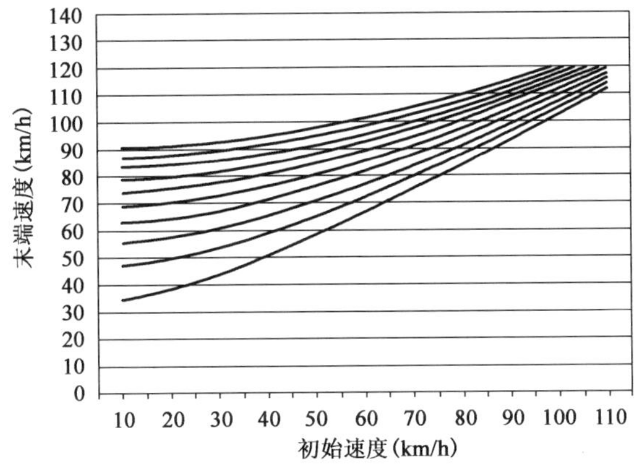

图 2-12　直线段上小型车在不同初速度下车辆加速过程曲线

注：图中曲线由下至上分别表示 100m、200m、300m、400m、500m、600m、700m、800m、900m 和 1 000m 直线段上小型车在不同初速度下车辆加速过程曲线。

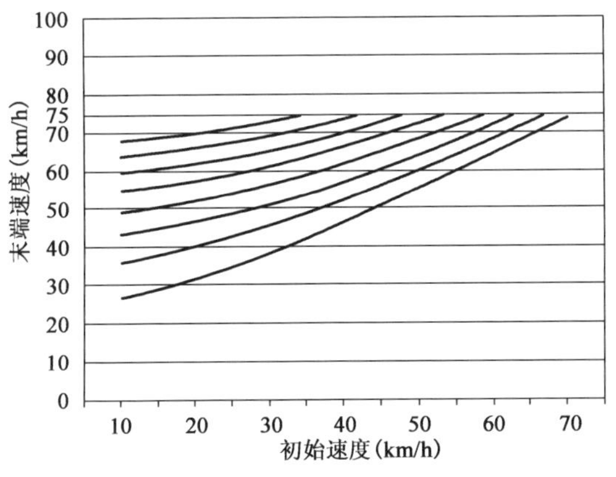

图 2-13　直线段上大型车在不同初速度下车辆加速过程曲线

注：图中曲线由下至上分别表示 100m、200m、300m、400m、500m、600m、700m 和 800m 直线段上大型车在不同初速度下车辆加速过程曲线。

4)平曲线路段速度预测模型

平曲线路段根据曲线半径和曲线前入口速度与曲线衔接形式，按表 2-22 中的平曲线速度预测模型精确计算曲线中点和曲线出口速度。

平曲线上速度预测模型　　表 2-22

曲线连接形式	平曲线速度预测模型
入口 直线—曲线	Car：$v_{-middle}=-24.212+0.834v_{-in}+5.729\ln R_{-now}$ Truck：$v_{-middle}=-9.432+0.963v_{-in}+1.522\ln(R_{-now})$
入口 曲线—曲线	Car：$v_{-middle}=1.277+0.942v_{-in}+6.19\ln R_{-now}-5.959\ln R_{-back}$ Truck：$v_{-middle}=-24.472+0.990v_{-in}+3.629\ln(R_{-now})$
出口 曲线—直线	Car：$v_{-out}=11.946+0.908v_{-middle}$ Truck：$v_{-out}=5.217+0.926v_{-middle}$
出口 曲线—曲线	Car：$v_{-out}=-11.299+0.936v_{-middle}-2.060\ln R_{-now}+5.203\ln R_{-front}$ Truck：$v_{-out}=5.899+0.925v_{-middle}-1.005\ln R_{-now}+0.329\ln(R_{-front})$

注：表中 $v_{-middle}$-曲中点的运行速度；v_{-out}-驶出曲线的运行速度；R_{-front}-曲线前方的曲线半径；R_{-now}-当前曲线半径；R_{-back}-曲线后方的曲线半径。

5)纵坡路段速度预测模型

(1)拟合修正法

在纵坡路段，车辆基本表现为上坡减速、下坡加速的情况。利用表 2-23、图 2-14 对小型车和大型车驶入纵坡段时的运行速度 v_{85} 进行增加或折减。该测算方法属粗略计算，简单易行，作为推荐测算方法。

纵坡路段各车型的运行速度修正　　表 2-23

纵 坡 坡 度		速度调整值	
		小型车	大型车
上坡	坡度<4%	每 1 000m 降低 5km/h	按图 2-14 速度折减量与坡长关系曲线进行调整
	坡度≥4%	每 1 000m 降低 8km/h	
下坡	坡度<4%	每 500m 增加 10km/h，至期望运行速度	每 500m 增加 10km/h，每 1 000m 增加 15km/h，至期望运行速度
	坡度≥4%	每 500m 增加 20km/h，至期望运行速度	

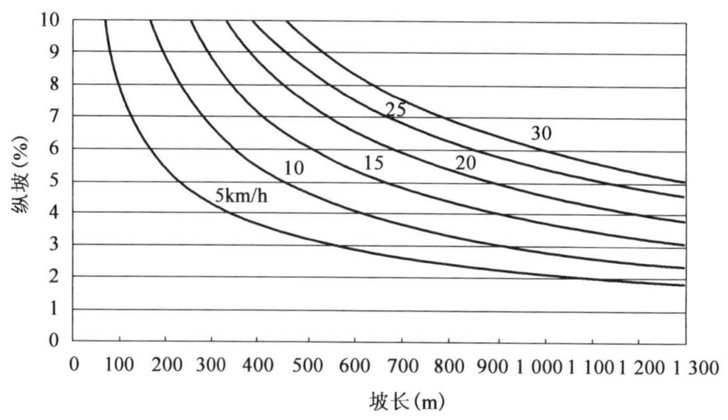

图 2-14　速度折减量与坡长关系曲线图

(2)理论公式法

通过研究纵坡上的运行车速、车辆的动力性能与坡度和坡长的关系，建立功率质量比 P 与运行速度(坡顶速度 v_2、坡底速度 v_1)、坡长 S、坡度 i 的函数关系，来描述运行速度随坡度坡长而变化的特性和规律，如下式：

$$g\left(\frac{v_2+v_1}{2}\right)\left[\left(\frac{1+\delta}{g}\right)\left(\frac{v_2^2-v_1^2}{2s}\right)+f\pm i/100+\frac{13KF\left(\frac{v_2+v_1}{2}\right)^2}{G}\right]-P=0 \qquad (2\text{-}23)$$

式中：v_1——各车型坡底的行车速度，m/s；

v_2——各车型坡顶的运行速度，m/s；

s——坡长，m；

K、F、δ——风阻系数、迎风面积、车辆回转质量换算系数，小型车 $K=0.0025$，大型车 $K=0.0035$；小型车 $F=2.0\text{m}^2$，大型车 $F=6.2\text{m}^2$；$\delta=0.01$；

f、i——摩擦阻力、纵坡坡度；

g——重力加速度，取 9.8m/s^2；

G——车辆空载质量加实际载质量，kg；小型车取 $G=1500$kg，大型车取 $G=15000$kg；

P——车辆的功率质量比，W/kg。

在纵坡模型预测中，P 值的选用可参照表 2-24 规定算得。但应注意表中提供的功率质量比 P 是标准车辆载重时得到的数值，对于我国当前交通现状，超载严重的路况其适用性是有影响的。

车辆的功率质量比 P 值参数表　　表 2-24

小　型　车	大　型　车
$P=-0.1633\times i^2+2.6188\times i+8.2163$ $i\in[(-6\%,-3\%)\cup(3\%,6\%)]$	$P=1.579\times i+0.102\times v-4.874$ $i\in[(-6\%,-2\%)\cup(2\%,6\%)]$

公式法测算速度通过建立一元三次方程求解坡顶或坡底速度，其测算结果更加准确、合理。但因为是数学求解的方法(一元三次方程，有三个解)，在同向坡差比较小时，可能会出现极值、无解情况。

6)弯坡路段速度预测模型

车辆在弯坡组合线形上行驶，受平曲线和纵坡的综合作用，是运行速度容易发生突变的地方。对于平纵组合路段，根据划分路段的曲线前入口速度、曲线半径和纵坡坡度，按表 2-25 推算小型车和大型车在组合线形中点的运行速度。该模型是基于线形与速度关系统计分析的结果，模型测算精度较高。

弯坡组合线形下的运行速度预测模型　　表 2-25

曲线连接形式	弯坡组合运行速度预测模型
入口直曲	Car：$v_{\text{middle}}=-31.669+0.547v_{\text{in}}+11.714R_{\text{now}}+0.176I_{\text{now1}}$ Truck：$v_{\text{middle}}=1.782+0.859v_{\text{in}}-0.51I_{\text{now1}}+1.196(R_{\text{now}})$
入口曲曲	Car：$v_{\text{middle}}=0.750+0.802v_{\text{in}}+2.717R_{\text{now}}-0.281I_{\text{now1}}$ Truck：$v_{\text{middle}}=-1.798+0.248\ln R_{\text{now}}+0.977v_{\text{in}}-0.133I_{\text{now1}}+0.23\ln R_{\text{back}}$

续上表

曲线连接形式	弯坡组合运行速度预测模型
出口曲直	Car: $v_{-out} = 27.294 + 0.720v_{-middle} - 1.444I_{-now2}$ Truck: $v_{-out} = 13.490 + 0.797v_{-middle} - 0.697I_{-now2}$
出口曲曲	Car: $v_{-out} = 1.819 + 0.839v_{-middle} + 1.427\ln R_{-now} + 0.782\ln R_{-front} - 0.48I_{-now2}$ Truck: $v_{-out} = 26.837 + 0.109\ln R_{-front} - 3.039\ln R_{-now} - 0.594I_{-now2} + 0.830v_{-middle}$

注：表中，$R\in[120,1\,000]$，$i\in[-6\%,-2\%]\cup[2\%,6\%]$；

v_{-in}、$v_{-middle}$、v_{-out}-驶入曲线中、曲中或变坡点前的速度、驶出曲线速度；

R_{back}、R_{now}、R_{front}-驶入曲线前、所在曲线、前方曲线的半径；

i_{now1}、i_{now2}-曲线前后两段的不同坡度。

7)隧道路段运行速度修正

隧道路段的运行速度根据衔接单元的速度值按下述模型进行推算。

小型车：

$$v_1 = 0.99v_0 - 11.07 \quad R^2 = 0.98 \tag{2-24}$$

$$v_2 = 0.81v_0 - 8.22 \quad R^2 = 0.90 \tag{2-25}$$

$$v_3 = 0.741v_0 - 16.43 \quad R^2 = 0.91 \tag{2-26}$$

大型车：

$$v_1 = 0.98v_0 - 6.56 \quad R^2 = 0.95 \tag{2-27}$$

$$v_2 = 0.85v_0 - 3.89 \quad R^2 = 0.71 \tag{2-28}$$

$$v_3 = 0.451v_0 - 42.61 \quad R^2 = 0.55 \tag{2-29}$$

式中：v_0、v_1、v_2、v_3——进隧道前 200m、进口、进口内 300m、出口外 100m 位置处的运行速度。

8)互通立交区域运行速度修正

(1)互通立交区运行速度在线形单元运行速度测算基础上，以互通立交中心点为特征点，根据表 2-26 进行修正。

互通立交主线运行速度修正 表 2-26

小型车(km/h)	大型车(km/h)
−8	−5

(2)互通区匝道运行速度模型

车辆在匝道上行驶速度根据变化规律可分为三段：减速段、匀速段、加速段。

①减速段

$$\text{小型车：}v_{85} = 74.195 - 4.651\text{CCRS} - 1.826i \quad R^2 = 0.846 \tag{2-30}$$

$$\text{大型车：}v_{85} = 65.857 - 3.587\text{CCRS} - 0.413i \quad R^2 = 0.876 \tag{2-31}$$

②匀速段

$$\text{小型车：}v_{85} = 65.521 - 0.314\frac{1}{R} - 0.737i \quad R^2 = 0.756 \tag{2-32}$$

$$\text{大型车：}v_{85} = 55.800 - 0.301\frac{1}{R} - 0.394i \quad R^2 = 0.776 \tag{2-33}$$

③加速段

$$小型车: v_{85} = 81.706 - 4.523\text{CCRS} - 0.381i \qquad R^2 = 0.818 \tag{2-34}$$

$$大型车: v_{85} = 75.659 - 4.040\text{CCRS} - 0.339i \qquad R^2 = 0.865 \tag{2-35}$$

式中：v_{85}——运行速度，km/h；

CCRS——曲率变化率，rad/km；

$1/R$——圆曲线曲率，1/km；

i——坡度，%。

2.一级公路运行速度预测模型

1)一级干线公路运行速度预测模型

首先对公路线形进行典型路段划分：平直路段、曲线路段、纵坡路段、弯坡路段、短直线和隧道、互通立交路段；然后依照不同路段对应的运行速度模型进行测算，根据测算出的速度分布图对公路线形的指标进行安全性分析。所用到的运行速度度模型与高速公路运行速度预测模型相同。

2)一级集散公路运行速度预测模型

由于公路的行驶条件不同，其驾驶行为与驾驶期望存在与一级干线公路明显不同的交通特征，对于设计速度 80km/h 的一级集散公路，需要在高速公路运行模型测算的基础上，即基准速度上进行路侧冲突变量和出入口间距修正，这样得到的速度结果再进行路线指标的安全性分析。

3)路侧冲突对运行速度的影响模型

路侧干扰指非主线交通对主线交通的干扰。针对非全封闭一级路，经过公路实际现场对运行速度和驾驶行为特征的大量观测分析中，为了方便应用，建立了一级公路路侧冲突变量 FRIC，计算公式如下：

$$\begin{aligned} \text{FRIC} = {} & 0.129 \times \text{bic} + 0.164 \times \text{psv} + 0.185 \times \text{tra} + \\ & 0.148 \times \text{ped} + 0.171 \times \text{smv} + 0.202 \times \text{mot} \end{aligned} \tag{2-36}$$

式中：FRIC——路侧冲突变量；

bic——自行车；

psv——路侧停车；

tra——慢行车辆；

ped——行人数量；

smv——非机动车；

mot——摩托车。

建立的路侧冲突变量 FRIC，代表单位时间内观测断面内 200m 范围内发生的路侧冲突的加权频数。其中，公式中的每一项冲突都指的是在观测时段内实际发生的冲突数量(表2-27)。

不同路侧干扰等级对应的运行速度折减(表 2-28)。

路侧冲突等级分级表 表 2-27

路侧冲突等级	路侧冲突因素加权值	公路两侧用地性质
0	0～50	两侧为农田或山体峡谷等
1	50～100	有稀落的农舍，少量行人出入
2	100～150	有少量行人、车辆出入，有加油站、小店铺等
3	>150	路侧街道化严重，存在居民区，商业中心等，出入行人和车辆较多

路侧干扰强度对运行速度的影响 表 2-28

路侧干扰强度等级	运行速度折减（%）	路侧干扰强度等级	运行速度折减（%）
0	0	2	18.0
1	9.0	3	27.0

4）出入口对运行速度的折减

出入口对运行速度的影响，主要表现在出入口密度对运行速度的折减。

每个出入口以交通量作为当量化的标准，按表 2-29 中数值进行当量化，其中交通量指机动车交通量。

出入口当量化换算系数 表 2-29

出入口交通量（veh/h）	出入口当量推荐值	出入口交通量（veh/h）	出入口当量推荐值
≤30	0.5	70～150	2.00
30～70	1.00	150 以上	3.00

对分析路段采用当量化后的出入口数量计算出入口密度，按表 2-30 对运行速度进行折算。

出入口间距与速度降低比例 表 2-30

出入口密度（个/km）	运行速度降低比例（%）		
	≥100km/h	80～100km/h	60～80km/h
5.0	9.9	8.3	6.1
2.5	5.1	4.4	3.0
1.0	2.1	1.8	1.1
0.5	1.0	1.0	0.5

上述路侧冲突影响模型和平交口折减模型均仅适用于小型车，对大型车现阶段没有考虑。

3. 双车道公路运行速度预测模型

双车道公路运行速度的推算分为设计和运营两个阶段。

1）划分分析路段

路段划分分别针对两种车型进行，分段原则如下：

（1）小型车

路线平曲线半径大于 600m、坡度小于 3%时，为平直段；

路线平曲线半径大于 600m、坡度大于或等于 3%时，为纵坡段；

路线平曲线半径小于等于 600m、坡度小于 3%时，为平曲线段；

路线平曲线半径小于等于 600m、坡度大于或等于 3%时，为弯坡段。

(2)大型车

与上述小客车相似，根据平曲线半径 600m 和坡度 2%作为临界点，将测算路线分为平直段、平曲线段、纵坡段、弯坡段。

2)期望速度与初始速度的确定

车辆在直线路段上的期望运行速度，如表 2-31 规定。

平直路段上期望运行速度　　表 2-31

车型	小型车	大型车
期望运行速度(km/h)	90	70

初始运行速度 v_0，一般可通过现场观测或按表 2-32 估算小客车和货车的初始运行速度。

初始运行速度　　表 2-32

车型	小型车	大型车
初始速度 v_0(km/h)	60	40

3)平直段运行速度预测模型

方法 1：在平直路段上，小型车和大型车在直线上都有一个期望行驶速度。当初速度 v_0 小于期望行驶速度时为加速过程，直至达到稳定的期望车速后匀速行驶。车辆在直线路段上的期望运行速度，如表 2-33 规定。

平直路段上期望运行速度和推荐加速度　　表 2-33

车型	小型车	大型车
期望运行速度 v_e(km/h)	90	70
推荐加速度(m/s^2)	0.25～0.50	0.20～0.25

平直路段的车辆加速过程，按下式测算：

$$v_e = \sqrt{v_0^2 + 2as} \tag{2-37}$$

式中：v_e——直线段期望速度，m/s；

v_0——初速度，m/s；

a——车辆加速度，m/s^2；取值见表 2-33；

s——直线段长度，m。

方法 2：对于直线路段的车辆加速过程，按图 2-15 和图 2-16，测算车辆驶在直线上的运行速度。

经测算分析：方法 2 更准确合理。

4)平曲线段运行速度预测模型

根据视线受影响程度的不同，将平曲线速度影响模型分为两种情况：

(1)小型车

①不受视距影响的平曲线速度模型：

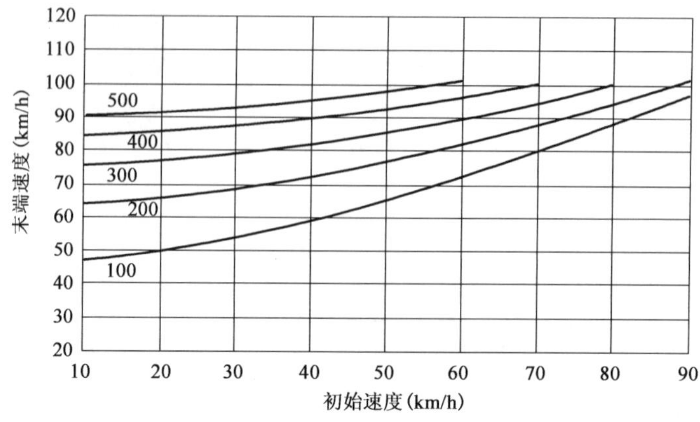

图 2-15 直线段上小型车在不同初速度下车辆加速过程曲线

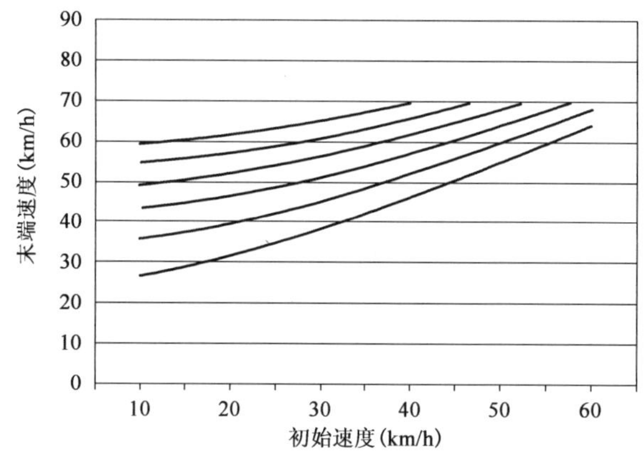

图 2-16 直线段上大型车在不同初速度下车辆加速过程曲线

注:图中曲线由下至上分别表示 100m、200m、300m、400m、500m 和 600m 直线段上大型车在不同初速度下车辆加速过程曲线。

$$曲中点:v_2 = 5.25 - \frac{820}{R} + 0.021L + 0.85v_1 \tag{2-38}$$

$$曲直点:v_3 = 19.19 - \frac{41}{R} + 0.00047\sqrt{L} + 0.75v_2 \tag{2-39}$$

②受视距影响的平曲线速度模型:

$$v_2 = 97.27 - 0.034v_1 - \frac{2398.69}{R} - \frac{775.78}{\mathrm{ASD}} \quad R^2 = 0.76 \tag{2-40}$$

其中视距可按下面的方法计算:

当圆曲线长度大于视距时:

$$\mathrm{ASD} = 2\sqrt{BR} \tag{2-41}$$

当圆曲线长度小于视距时:

$$\mathrm{ASD} = L_C + \frac{B - 2R[1-\cos(\alpha_C/2)]}{\sin(\alpha_C/2)} \tag{2-42}$$

式中:L_C——圆曲线的长度,m;

B——路基宽度,m;

R——圆曲线半径,m;

α_C——圆曲线中心角,(°)。

(2)大型车

$$曲中点:v_2 = -1.41 - \frac{453}{R} + 0.00585L + 1.04v_1 \quad R^2 = 0.79 \tag{2-43}$$

$$曲直点:v_3 = 7.14 - \frac{506}{R} + 0.105\sqrt{L} + 0.83v_2 \quad R^2 = 0.76 \tag{2-44}$$

式中:v_1——直曲点处速度值,km/h;

v_2——曲中点处预测速度值,km/h;

v_3——曲直点处预测速度值,km/h;

R——所在路段平曲线半径,m;

L——曲线长,m。

5)纵坡段运行速度计算模型

车辆在纵坡上任一点的速度,则可以用下式求解出:

$$\frac{\overline{P_U}}{m} - \left(\frac{v_1 + v_0}{2}\right)\left[(f+i)g + \frac{KF\left(\frac{v_1+v_0}{2}\right)^2}{m} + (1+\delta_1)\left(\frac{v_1^2 - v_0^2}{2S}\right)\right] = 0 \tag{2-45}$$

式中:f——摩阻系数;

i——坡度,%;

m——汽车质量,kg;

K——风阻系数;

F——迎风面积,m^2;

$\overline{P_U}$——平均功率,W;

δ——车辆回转质量换算系数。

该模型适用于不受视距影响的直坡路段。

6)竖曲线运行速度模型

车辆在凸形竖曲线行车时,由于竖曲线向上凸起,使驾驶员的视线会受到影响,从而对运行速度产生影响。综合考虑视距、竖曲线半径、长度、坡差的运行速度模型,得到凸形竖曲线路段的运行速度模型如下:

(1)小型车

$$v_{crest} = -3.276 + 0.132K + 0.865v_0 \quad R^2 = 0.94 \tag{2-46}$$

(2)大型车

$$v_{crest} = -1.686 + 0.103K + 0.759v_0 \quad R^2 = 0.94 \tag{2-47}$$

7)弯坡段运行速度计算模型

(1)小型车

曲中点:

$$v_2 = -27.093 + 0.533v_1 + 10.161\ln R + 1.040A + 0.324G_2 \quad R^2 = 0.98 \tag{2-48}$$

圆直点:

$$v_3 = 13.817 + 0.551v_1 + 1.457\ln R + 9.674A - 1.002G_3 \quad R^2 = 0.97 \tag{2-49}$$

(2)大型车

曲中点：

$$v_2 = 3.614 + 0.233v_1 + 8.171\ln R + 1.369A - 0.106G_2 \quad R^2 = 0.813 \tag{2-50}$$

圆直点：

$$v_3 = 9.072 + 0.710v_1 - 0.078\ln R + 10.058A - 1.518G_3 \quad R^2 = 0.906 \tag{2-51}$$

式中：v_1——直曲点处预测速度值，km/h；

v_2——曲中点处预测速度值，km/h；

v_3——圆直点处预测速度值，km/h；

R——所在路段平曲线半径，m；

A——前、后纵坡差值，%；

G_n——该特征点所在纵坡度，%。

8)路侧净空对运行速度的修正

该路段运行速度推算值乘以路侧净空影响系数(表 2-34)。

路侧净空对运行速度的影响系数表 表 2-34

净空(m)	0.5	0.75	1.00	1.25	1.5	1.75	2	2.5
影响系数	0.88	0.93	0.97	1.00	1.02	1.04	1.06	1.09
净空(m)	3	4	5	6	7	8	9	
影响系数	1.11	1.15	1.17	1.20	1.22	1.23	1.25	

9)出入口间距对运行速度的修正

出入口间距对速度的影响修正如表 2-35 所列。

表中速度值为整数值，实际计算按线性插值。

出入口间距与运行速度降低比例 表 2-35

出入口间距(km)	出入口密度(个/km)	基准速度(km/h)				
		90	80	70	60	50
		运行速度降低比例(%)				
0.2	5.0	10.6	8.5	5.9	4.0	2.8
0.4	2.5	7.2	6.5	4.3	2.8	2.0
0.5	2.0	6.4	5.7	3.6	2.3	1.6
1.0	1.0	3.2	2.8	1.7	1.2	1.0
2.0	0.5	1.6	1.5	1.0	0.7	0.6
3.0	0.3	0.6	0.4	0.3	0.2	0.1

10)街道化路段对运行速度的修正

$$v = 8.12\ln C + 55.97 \tag{2-52}$$

式中：v——运行速度；

C——路侧建筑物与土路基外边缘距离。

11)路侧干扰对运行速度的修正

不同横向间距下，根据路侧干扰物数量对运行速度进行修正。图 2-17～图 2-19 中给出的是整数值，实际计算可线性插值。

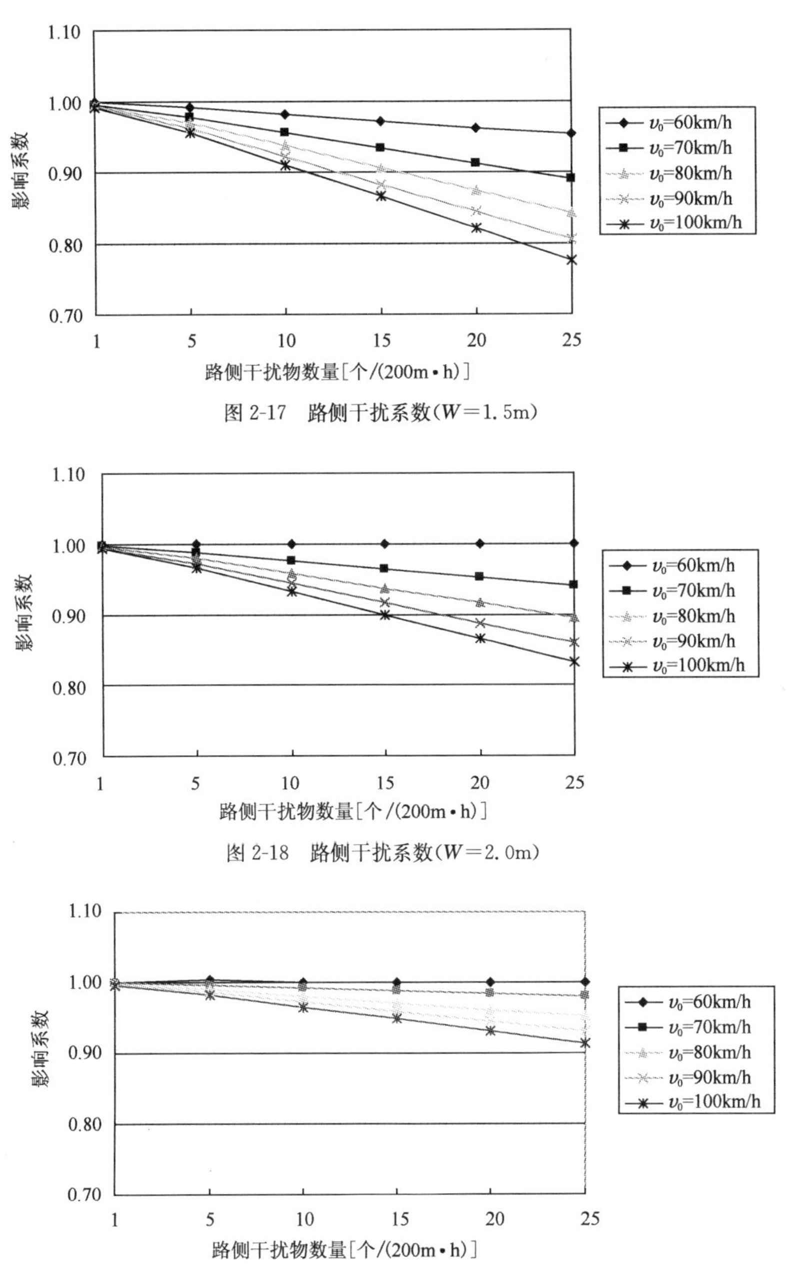

图 2-17　路侧干扰系数(W=1.5m)

图 2-18　路侧干扰系数(W=2.0m)

图 2-19　路侧干扰系数(W=2.5m)

注：1. 双车公路 W=(硬路肩＋土路肩)/2＋1.0，取 0.5 的倍数；

2. 基准速度 v_0＜60km/h 或者 W＞2.5m 时可以认为不受路侧干扰的影响；

3. 路侧干扰物数量＝(行人数＋自行车数/3＋摩托车数/12＋停车数×1.25)/(200m·h)。

二、路线安全设计流程

对于设计速度大于或等于 100km/h 的高速公路，仍采用基于设计速度的设计方法与流程。但对诸如平曲线半径、最大纵坡与坡长限制、视距和加减速车道长度等一些关键性设计指标的选取，都应在原设计速度设计后增加对应的运行速度检验设计指标，要求设计指标适应和满足实际的运行速度，若不满足应进行调整修正。

针对设计速度小于 100km/h 的高速和一级公路项目，其设计方法如下：

1. 确定公路设计等级与功能

首先根据公路功能定位、预测交通量与交通组成、沿线地形与自然条件选择公路等级、设计速度、服务水平等相关技术标准，确定不同路段的设计速度，或者确定不同设计速度的路段。

2. 运行速度过渡段设计

从提高车辆运行安全角度出发，进行公路项目的总体运行速度段设计(同一设计速度路段内划分运行速度单元路段)，选择公路路基形式和横断面组成；从运行速度协调性出发，注意速度过渡段设计。

3. 确定平面半径的取值范围

根据公路走廊区域的主要控制点进行选线设计，并根据这一速度范围选定平面设计要采用的半径取值范围，半径范围一般在设计速度对应的极限和一般最小临界值的要求之上。

4. 公路平面设计

平面设计以设计速度为总体设计控制，考虑运行速度的变化指导具体各曲线单元的设计参数采用和搭配组合，进行初始平面线形设计。设计时满足规范中平面设计和线形设计的一般规定和要求，同时直线、圆曲线和回旋线三种线形要素满足运行速度对应指标的“一般值”或“最小值”规定。

5. 公路纵面设计

纵断面设计以路基设计高程、沿线大桥、长隧道、互通式立体交叉、铁路交叉等的位置为高程控制点进行试坡设计。在设计时注意最大、最小坡度、一般坡长、极限坡长、竖曲线半径等的选择。并按照运行速度与坡度坡长的关系考虑路段的实际运行速度。

6. 平纵线形的组合设计

进行平面线形设计时，一定要考虑到纵面线形问题；同样在进行纵面线形设计时，也一定要与平面线形协调配合。平、纵线形组合设计的原则为“相互对应”，且平曲线稍长于竖曲线。据国外研究资料表明，竖曲线半径一般为平曲线半径设计值的 10 倍为宜。当平曲线半径小于 2 000m、竖曲线半径小于 15 000m 时，平、竖曲线的相互对应对线形组合显得十分重要；随着平、竖曲线半径的增大，其影响逐渐减小；当平曲线半径大于 6 000m、竖曲线半径大于 25 000m 时，对线形的影响就显得不敏感了。因此线形设计需视平、竖曲线的半径而掌握其对应、符合的程度。同时线形设计应注重与桥、隧和沿线设施的配合。

7. 运行速度检验与评价

依据初始确定的平纵几何线形方案，通过运行速度预测模型测算各路段单元的运行速度，

并以沿线运行速度的协调性和其与线形指标的一致性来评价、验算设计指标的均衡性和安全性，从而检验和修正初期的平纵设计。

8.视距检验、超高设置

根据调整后的路线平纵线形和运行速度测算成果，最终确定曲线视距、超高、加宽等设计指标。

9.沿线设施、安全设施设计

主线收费站、匝道收费站、服务区、停车区等沿线设施布设与标志、标线和交通安全设施设计应与运行速度的沿线分布相适应。从提升交通行驶安全性角度完善沿线设施和安全设施设计。

路线安全设计流程与步骤如图 2-20 所示。

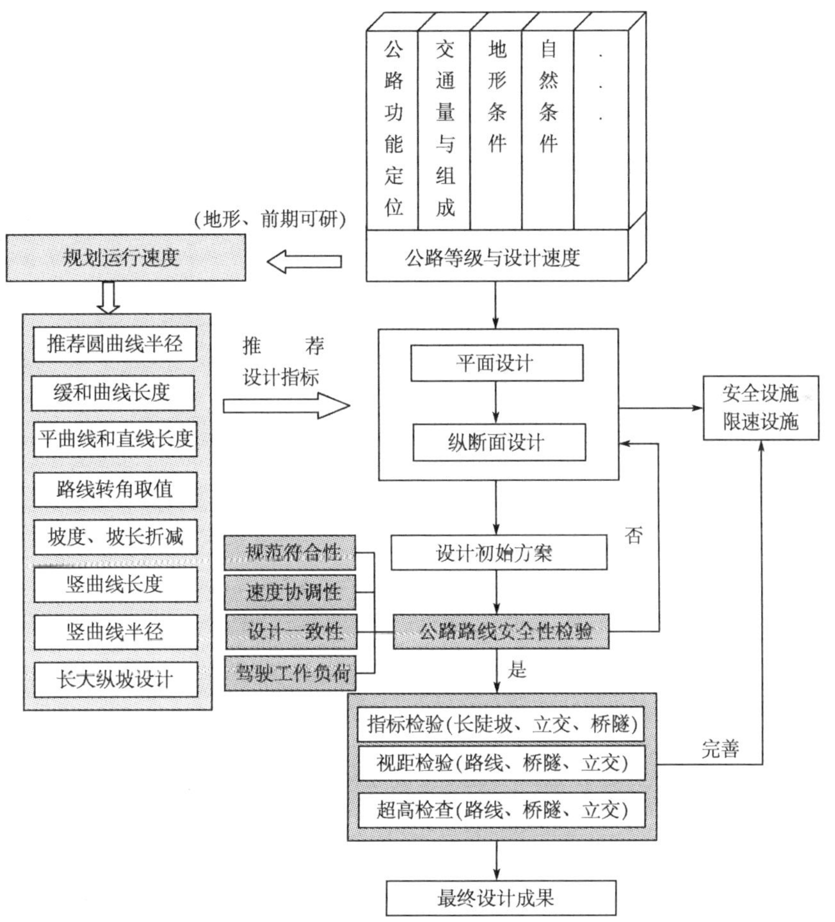

图 2-20　高速、一级公路路线安全设计流程

注：本图中灰色部分为基于运行速度的公路路线设计相对常规设计流程中增加的环节。

三、新建项目安全设计

新建公路项目的勘察设计一般是两阶段设计模式，包括初步设计阶段和施工图设计阶段，利用运行速度进行安全检验始终贯穿其中。具体步骤如下：

(1)项目全线进行运行速度测算并绘制成分析图表。

(2)根据现行《公路项目安全性评价指南》(JTG/T B05)提出的评价方法和指导要求，结合本项目工程实际，通过分析相邻点运行速度差评价相邻路段设计标准的适应性；通过运行速度与设计速度的协调一致性对设计路段的行驶安全性进行总体评价。

(3)找出运行速度发生突变的安全性不良路段和运行速度与设计速度差异较大的待安全检验路段。

(4)对安全性不良路段即相邻路段运行速度发生突变的路段，有针对性地提出项目平、纵、横技术指标调整和优化的具体意见。

(5)对运行速度与设计速度差异较大路段(即运行速度与设计指标不匹配路段)通过详细的安全性检查和验算，考虑线形调整方案及相应设计工程量、建设实施可能性等方面综合因素，以尽量使两者速度接近一致为宜，提出技术指标、线形组合调整的方法和手段。

(6)对视距、爬坡车道、紧急避险车道的设置，路侧安全净空区、重大工点(桥梁、隧道、立交)、交通工程及沿线设施的设计进行安全性评价并提出必要的意见。

(7)同时还将对公路项目需优化和完善的一些专业问题(例如超高设计、立交细部设计)提出建设性的建议。

初步设计阶段主要通过测算的运行速度，对设计方案进行安全性评价和检验：

(1)论证大的比选方案和总体设计标准掌握问题；

(2)提出调整方案中各项技术指标和优化路线方案的具体建议；

(3)制订长大纵坡路段的处理方案(包括安全设施、服务设施的设置)；

(4)全线运行视距的检验(包括桥隧、互通式立交出入口)；

(5)同时为施工图阶段提出一些建设性意见(针对视距、超高、安全设施等细部设计)；

(6)绘制运行速度图表并编制本项目安全性评价报告。

设计方法流程如图2-21所示。

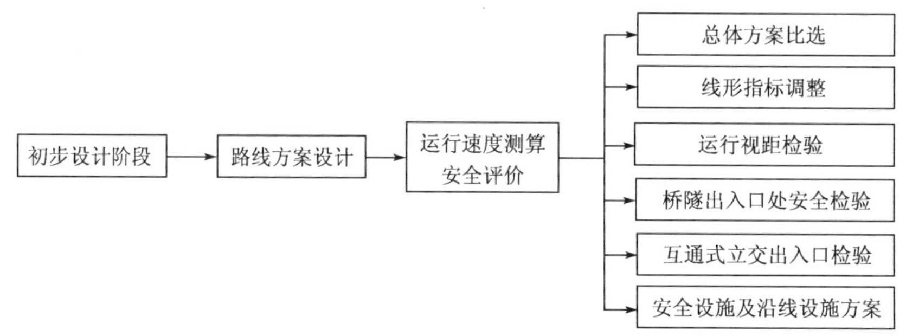

图2-21　初步设计阶段安全设计流程

施工图阶段利用最终路线方案测算的运行速度和安全性评价详细内容相关，在设计中主要完成：

(1)对局部线形组合进行优化；

(2)确定全线超高取值；

(3)提出全线交通工程安全设施完善措施。

设计流程如图 2-22 所示。

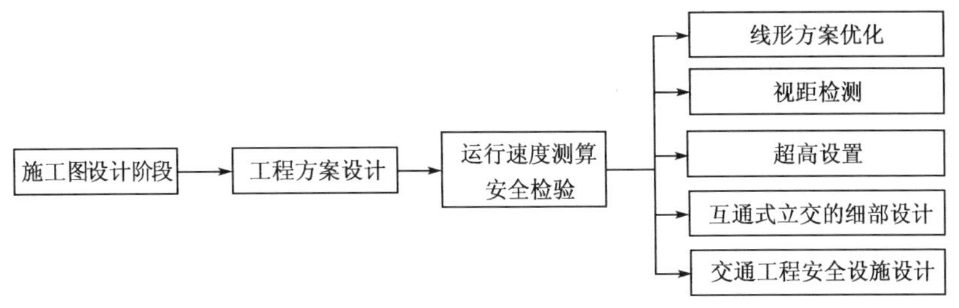

图 2-22　施工图设计阶段安全设计流程

四、改扩建项目安全设计

针对改扩建公路项目既有现状和改扩建后项目路线安全性的具体要求，尽可能在设计阶段就消除行车时的安全隐患。对于一级公路改造项目的安全性评价分为两个阶段：

Ⅰ阶段：既有公路初始安全性评价阶段

(1)根据交通现状调查及交警部门历年统计的重大交通事故数据，找出交通事故多发路段及事故多发原因，进行综合处理方案的汇总和审定。

(2)通过收集项目的原有道路的竣工设计资料、改建时现场实测数据、沿线路况调查资料、改扩建前期工可报告及有关改造公路的检测，试验成果资料等信息，以便完全熟悉和掌握本项目的具体情况和主要问题、难点问题。

(3)在实测数据基础上，拟合出旧路的设计几何线形，对照标准规范，对技术指标进行设计符合性检查，找出不符合标准和规范规定的路段。

(4)对既有旧路全线进行运行速度测算，通过车辆的行驶安全性数据评价既有旧路的行驶现状，发现设计改造后原有公路技术指标存在的安全隐患，提出需调整平纵面设计参数、横断面组成、视距、路桥隧构造物等公路工程设计方案。

Ⅱ阶段：改扩建公路后评价阶段

根据改扩建公路设计方案的设计数据、资料，测算出全线的运行速度，对项目平面、纵面、横断面技术指标的采用；视距、爬坡车道、紧急避险车道的设置；路侧安全净空区、重大工点(桥梁、隧道、立交)、交通工程及沿线设施的设计进行安全性评价并提出建设性的完善措施和补充手段。

评价流程如图 2-23 所示。

(1)利用运行速度分析系统对项目全线进行运行速度测算并绘制成分析图表。

(2)根据现行《公路项目安全性评价指南》(JTG/T B05)提出的评价方法和指导要求，结合项目工程实际，通过分析相邻点运行速度差评价相邻路段设计标准的适应性；通过运行速度与设计速度的协调一致性对设计路段的行驶安全性进行总体评价。

(3)找出运行速度发生突变的安全性不良路段和运行速度与设计速度差异较大的待安全检验路段。

(4)对安全性不良路段即相邻路段运行速度发生突变的路段，有针对性地提出项目平、纵、横技术指标调整和优化的具体意见。

(5)对运行速度与设计速度差异较大路段(即运行速度与设计指标不匹配路段)通过详细的安全性检查和验算,考虑线形调整方案及相应设计工程量、建设实施可能性等综合因素,以尽量使两者速度接近一致为宜,提出技术指标、线形组合调整的方法和手段。

(6)对视距、爬坡车道、紧急避险车道的设置,路侧安全净空区、重大工点(桥梁、隧道、立交)、交通工程及沿线设施的设计进行安全性评价并提出必要的意见。

(7)同时还将对下一阶段(施工图)需优化和完善的一些专业问题(例如超高设计、立交细部设计)提出建设性的建议。

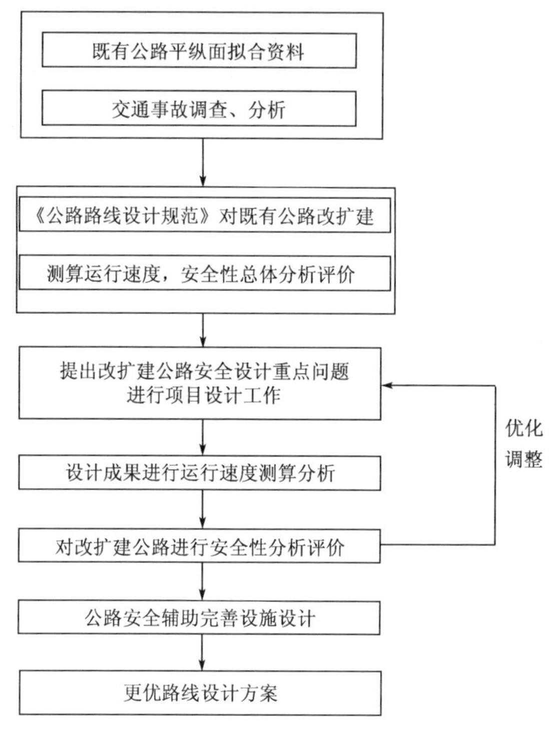

图 2-23 改扩建公路设计安全性评价流程

五、双车道公路安全设计

(1)根据公路功能、路网规划、交通量、项目所属区域的地形地物,按照现行《公路工程技术标准》(JTG B01)或前期可行性研究确定的公路设计速度,进行速度过渡段设计。

(2)根据运行速度选取平面设计要采用的平曲线半径,采用设计速度作为基础控制指标进行公路线形初始设计。

(3)在对平面线形和纵面线形进行初始设计的过程中,估算设计路段每个行驶方向的运行速度 v_{85}。如果曲线半径不满足运行速度下的最大横向系数(舒适度)要求,则不管是设计以减小弯道驶入速度,还是增加曲线半径(通常是后者),都将需要做合理地调整,而且调整后的平曲线半径最好有一些余量,其对应的运行速度最好低于平曲线半径支持的极限速度约 5km。

(4)以线形的连续性和速度协调性为路线设计一致性的评价原则,检验和修正初期的平纵横几何设计。

(5)比较每个交通方向的车道元素的运行速度(除交叉口的元素外),并采用两个速度中之较高者作为每个元素的设计速度。凡涉及交叉口者,两个运行速度都必须使用,因为每一方向的速度可能有所不同,必须用适当的速度检查每个方向的视距。

(6)然后根据调整后的路线平纵线形和运行速度测算结果,检验平曲线超高、视距、平曲线加宽等设计要素是否与运行速度保持均衡。

(7)检查货车的潜在问题地点的线形。如果确定了任何有问题的区域,则必须估计每个地点的第 85 百分位货车运行速度。然后即可检查货车视距。如果证明此地点是货车出问题处,必要时进行改善。

(8)最终完成公路路线线形设计。

设计流程如图 2-24 所示。

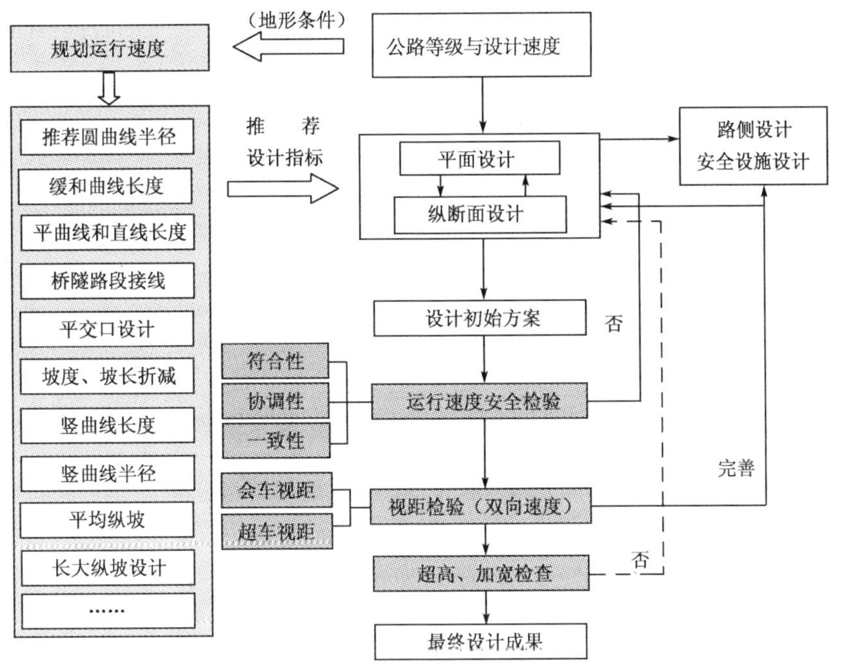

图 2-24 双车道公路路线安全设计流程

注:本图中灰色部分为基于运行速度的公路路线设计相对常规设计流程中增加的环节。

第三章　双车道公路安全设计

第一节　平面线形

一、直线

直线作为平面线形要素之一，在道路设计中使用最为广泛。笔直的道路可以给人以短捷、直达的良好印象，且驾驶操作简易，车辆受力简单，方向明确。但是，过长或者过短的直线都会对行驶安全性造成影响。过长的直线易使驾驶员感到单调、疲倦，难以目测车间距离，于是产生尽快驶出直线的急躁情绪，一再加速以致超过规定车速许多，这样很容易导致交通事故的发生。而过短的直线容易导致驾驶员在视觉上产生错觉，也会对行车安全产生较大的影响。因此在运用直线线形时，必须谨慎确定其长度指标，综合考虑影响直线设计的各种因素。

1. 我国直线设计标准

我国标准规范中规定直线的长度不宜过长。受地形条件或其他特殊情况限制而采用长直线时，应结合沿线具体情况采取相应的技术措施。

两圆曲线间以直线连接时，直线的长度不宜过短。

(1)设计速度大于或等于 60km/h 时，同向圆曲线间最小直线长度(以 m 计)以不小于设计速度(以 km/h 计)的 6 倍为宜；反向圆曲线间的最小直线长度(以 m 计)以不小于设计速度(以 km/h 计)的 2 倍为宜。

(2)设计速度小于或等于 40km/h 时，可参照上述规定执行。

2. 国外直线设计标准

国外在直线的运用上有条件地加以限制，表 3-1 列出了国外对于直线路段的设置原则和指标要求。

国外平面设计中直线段长度的规定　　表 3-1

国家	最大长度(m)	同向曲线间直线最小长度(m)	反向曲线间直线最小长度(m)	区域特点
日本	$20v$	—	$2v$	多为山区，设计以曲线为主
德国	$20v$	$6v$(高速公路)	小于$(A_1+A_2)\times0.08$	多为山区，设计以曲线为主
西班牙	$90(s)\times80\%v$	$2.78v$(10s)	大于 $1.39v$(5s)	

续上表

国家	最大长度(m)	同向曲线间直线最小长度(m)	反向曲线间直线最小长度(m)	区域特点
法国	全曲线 $R>5\,000$m	根据设计速度的不同，规定不同的最小值。不设超高时 $1.5v\sim2.625v$，设最大超高时 $1.375v\sim1.417v$	—	设计保证全曲线
澳大利亚	半径 6 000～30 000 曲线	—	—	尽量运用曲线设计
美国	与地形一致，尽量直捷	—	—	—

注：表中 v 为设计速度值(km/h)。

3. 直线长度的安全性分析

1)最大直线长度

直线段为公路提供了明确的方向，但同时在视觉上却表现单一。由于完全可以由驾驶者预知并以静态呈现，它会使驾驶员感到单调乏味，并产生身心的疲劳和过快速度行驶。在夜间，对向车辆的前灯可能会导致驾驶员眩光问题。因此对于公路线形中直线的运用要慎重，直线的长度不宜过长。

2)同向曲线间直线长度

同向曲线之间的直线长度首先需要满足超高过渡和速度调整的需要，保证车辆安全行驶。同向曲线连续转弯，因此还需要考虑驾驶员驾驶操作的方便性要求。同向曲线之间的直线长度最主要的限制是舒适性和美学的要求。同向曲线中间插入短直线，驾驶员一般看到整个线形就会形成“断背曲线”。如果考虑从线形结构上进一步给驾驶员提供视觉连贯性良好的条件，最好是不能一眼看到两个同向曲线。德国的“$6v$”规定源自汉密尔顿等人提出的注意力集中点和视野距离、车速的关系，得出视野距离约等于 21.5s(约 $6v$)的行程。因此，当车速大于或等于 60km/h 时，同向圆曲线间最小直线长度(以 m 计)以不小于运行速度(以 km/h 计)的 6 倍为宜。

对于设计速度小于或等于 40km/h 的山区双车道公路，通过研究短直线长度对驾驶员心理、生理反应的影响可以得出，同向曲线之间的短直线越长引起的心率增长率越小。当直线长度小于 120m 时，心率增长率变化较大，尤其直线长度为 20m 时心率的增长率高达 49%；当直线长度大于 40m 时，此时的心率增长率为 40%；当直线长度大于 120m 时，此时的心率增长率为 30%。因此建议同向曲线之间的短直线长度不小于 40m。同向曲线之间的直线长度 $6v$，对于山区双车道公路是很难达到的，虽然在视觉上可能顺适，但是在地形条件受到严格限制的情况下，仅从安全角度出发，不影响行车安全的曲线间直线长度应不小于 $3v$(运行速度)。

3)反向曲线间直线长度

在反向曲线上首先要考虑离心加速度的变化。汽车在平曲线上行驶时会产生离心力，作用点在汽车重心，方向水平背离圆心。两个转向不同的反向曲线，如果中间无直线段或者是直线段过短，若车速过高，曲线半径和长度过小时，对乘坐者来说，在很短时间内受到方向相反的离心力作用会产生不舒适感；此外如果两曲线半径差别过大，对于驾驶员来说，容易造成反应不及时、车辆轨迹不能保持正确，也将导致车辆在曲线上发生危险。因此当车速大于或等于

60km/h 时，反向圆曲线间的最小直线长度（以 m 计）以不小于运行速度（以 km/h 计）的 2 倍为宜。

对设计速度小于或等于 40km/h 的山区双车道公路，通过研究短直线长度对驾驶员心理生理反应的影响可以得出，反向曲线之间的短直线越长引起的心率增长率越小。当直线长度小于 80m 时，心率增长率变化较大，尤其是直线长度为 10m 时心率的增长率高达 50%；当直线长度大于 30m 时，此时的心率增长率为 40%；当直线长度大于 80m 时，此时的心率增长率为 30%，心率增长率变化较为缓慢；当直线长度大于 260m 时，此时的心率增长率为 20%。因此建议反向曲线之间的短直线长度不小于 40m，尽量大于 80m。

二、平曲线

公路平曲线要素包括圆曲线半径、缓和曲线、曲线长度、曲率变化率等，这些要素直接影响到驾驶员的心理、驾驶行为、车速及视距等，进而影响到行车安全。

1. 圆曲线半径

圆曲线半径的选用与设计速度、地形、相邻曲线的协调均衡、曲线长度、曲线间的直线长度、纵面线形的配合、公路横断面等诸多因素有关。单纯从某一方面来决定和评价其值的大小是片面的。

选用过大的圆曲线半径，常常会造成平曲线过长。曲线过长且地形平坦、景观单调时，同样会使驾驶者感到疲劳、反应迟钝。调查表明，驾驶者并不希望在过长过缓的曲线上行驶。所以，选用大半径的圆曲线时，也应持谨慎的态度。

同时，在地形条件受限时，方可考虑采用圆曲线“一般值”；地形条件特殊困难而不得已时，方可采用“极限值”。所以对小半径圆曲线的运用也应持谨慎的态度，需强调的是采用小半径圆曲线时应特别注意同相邻圆曲线指标的均衡与协调，应使运行速度的变化小于每百米约 10km/h。

1)我国圆曲线半径设计标准

圆曲线最小半径是以汽车在曲线上能安全而又顺适地行驶为条件确定的。圆曲线最小半径的实质是汽车行驶在曲线部分时，所产生的离心力与横向力不超过轮胎与路面的摩阻力所允许的界限。其行驶在曲线上时力的平衡式如下：

$$R = \frac{v^2}{127(\mu \pm i_{\mathrm{h}})} \tag{3-1}$$

式中：v——行车速度，km/h；

μ——横向力系数；

i_{h}——超高横坡度。

在指定车速 v 下，最小半径 $R_{\min}$ 决定于容许的最大横向力系数 $\mu_{\max}$ 和该曲线的最大超高 $i_{\max}$。对这些因素讨论如下：

μ 值的采用关系到行车的安全、经济与舒适。为计算最小平曲线半径，应考虑各方面因素采用一个舒适的 μ 值。研究指出：μ 的舒适界限，由 0.11～0.16 随行车速度而变化，设计中对高、低速路可取不同的数值。

最大超高值 i_{hmax} 除根据道路所在地区的气候条件确定外，还必须给予驾驶员和乘客以心理上的安全感。对于山岭区、城市附近、交叉口以及有相当数量非机动车行驶的道路，最大超高还要比一般道路小些。

我国规范给出的“极限值”与“一般值”的区别在于曲线行车舒适性的差异。在车速确定的情况下，根据平稳状态的最大横向力系数 μ_{max} 和最大超高 i_{max} 值，即可计算得出极限最小半径值。《公路工程技术标准》(JTG B01—2003)规定的圆曲线最小半径“极限值”系在不同车速下横向力系数 μ 值(采用值见表 3-2)。

车速与横向力系数关系一览表　　表 3-2

运行速度 v_{85}(km/h)	80	70	60	50	40	30
横向力系数 μ(平稳状态)	0.12	0.12	0.13	0.13	0.13	0.14
横向力系数 μ(建议采用值)	0.05	0.05	0.05	0.05	0.05	0.05

圆曲线最小半径的“一般值”是使按设计速度行驶的车辆能保证其安全性与舒适性而建议的采用值。参考国内外使用的经验，确定圆曲线最小半径的“一般值”采用的横向力系数值为0.05～0.06，超高取积雪冰冻(雨雾天)最大 $i=6\%$，即得到不同车速的一般最小半径，经计算并取整数，即可得出《公路路线设计规范》(JTG D20—2006)要求的双车道公路一般最小半径值，见表 3-3。

车速与对应最小半径一览表　　表 3-3

运行速度 v_{85}(km/h)		80	70	60	50	40	30
极限最小半径 $R_{v_{85}}$(m)	计算值	252	193	135	94	60	31
	规范取值	250	190	125	90	60	30
一般最小半径 $R_{v_{85}}$(m)	计算值	458	351	258	179	115	64
	规范取值	400	350	250	170	100	65

上述圆曲线半径计算中的车速，在规范中带入的是设计速度，而对于安全性检验与评价中该速度是每个曲线对应的运行速度值。

2)国外圆曲线半径设计标准

国外在确定圆曲线最小半径时主要的差别在于横向力系数的取值。美国以驾驶员明显感到不舒适时的速度作为设计采用的横向力系数的一个控制值。日本在规定横向力系数时综合考虑路面与轮胎之间的极限摩擦力和人在汽车内能忍受的横向加速度大小和顺适感，各种速度对应的顺适感借鉴美国的研究成果，设计速度从 120km/h 至 40km/h，横向力系数分别取0.15～0.10。对不设超高的最小平曲线半径，也采用美国的取值 $\mu=0.035$，横坡分为 2.0%和1.5%两种情况计算。德国使用纵、横摩阻系数比值的概念来确定最小平曲线半径对应的横向力系数。根据联邦德国的试验，在行车速度 $v=123$km/h 条件下，路面纵向最大摩阻系数 f_{Tmax} 等于路面横向最大摩阻系数 f_{Rmax}。在车速小于 123km/h 时，$f_{Tmax}>f_{Rmax}$，反之，则 $f_{Tmax}<f_{Rmax}$。由于一般车速处于前种情况，德国规范建议采用 $f_{Rmax}=0.925f_{Tmax}$。在计算最小平曲线半径时，只允许用去最大横向摩阻系数的一部分，余下部分，备用于纵向摩阻系数的需要。

从表 3-4 可以看出，几个国家极限最小平曲线半径取值，其中德国的取值稍微大些，这是因为比较的条件不同，德国的最大超高取值用的是 7%，其余几个国家选取最大超高为 8%。美国、日本和德国极限最小半径的取值相差不大，在设计速度大于 60km/h 时半径最大差别不超过 12%。分析其原因如下：在确定极限最小半径对应的横向力系数时，美国从乘车人员的舒适性出发，确定不同半径和超高下舒适与不舒适的临界速度，计算出对应的横向力系数，并结合不同路面条件下车辆轮胎与路面之间的极限横向摩阻系数，综合平衡后确定设计用横向力系数。日本参考和借鉴了美国的研究成果，取值基本相同。澳大利亚也参考了美国的取值，只是在低速 20km/h 时半径取值稍微放宽。德国的横向力系数取值则完全区别于上述三个国家，利用纵横摩阻系数比值的概念来确定允许横向力系数，即横向力系数的使用率必须保证能满足纵向摩阻系数的需要。

不同国家极限最小平曲线半径设计取值比较 表 3-4

设计速度(km/h)	美国(i=8%)	日本(i=8%)		澳大利亚(i=8%)		德国(i=7%)
		半径(m)	与美国的差别	半径(m)	与美国的差别	
80	230	250	8.7%	250	8.6%	280
60	125	140	12%	125	0	135
40	50			60	20	
30	30			30	0	
20	10			15	50	

3)安全性设计

从交通事故分布来看，平曲线段尤其是小半径曲线路段是交通事故发生的密集区，尽管设计人员在设计平曲线时严格遵循汽车动力学原理和公路设计的标准规范，但是发生在平曲线路段的交通事故频率以及事故的严重性仍是比较大的，且不与驾驶行为相关联。

专家普遍的观点是随着平曲线半径的增大或者曲度减少，发生交通事故的危险性就会降低，但是关于它对交通事故的影响程度，目前还有很大的分歧。图 3-1 所示为平曲线半径与交通事故率的关系图。

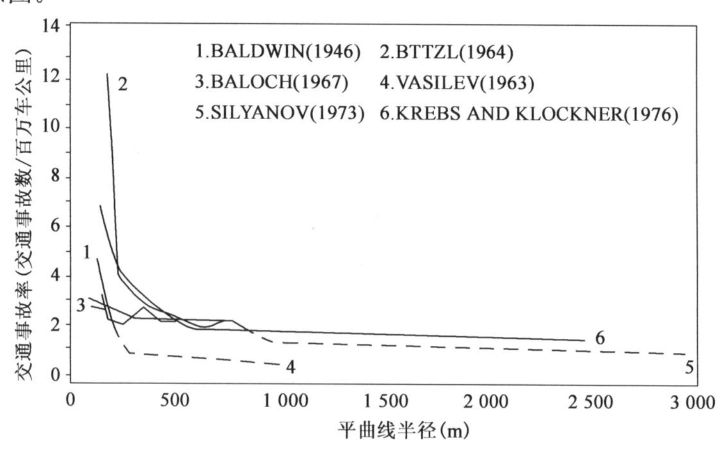

图 3-1 平曲线半径与交通事故率关系图

根据相关的研究成果，对双车道公路，圆曲线半径对安全性的影响有以下结论：①交通事故率和事故严重程度随着曲线半径的增加而降低；②曲线半径低于 200m 的路段交通事故率要比曲线半径大于 400m 的路段至少高一倍；③从安全方面考虑，400m 是曲线半径选择的参考值，当曲线半径大于 400m，再增加半径对安全性提高没有太大的影响；④半径均衡的曲线组合比不均衡的曲线组合更安全，长直线接小半径曲线对行车非常不利。

因此，在设计平曲线半径时，应注意以下几个方面：

(1)一个长直线段接单一小半径的平曲线比连续曲线接单一小半径的曲线更危险，交通事故率随着平曲线出现频度的增加而减少，在设计中应避免这种情况。

(2)小半径的曲线是诱发交通事故的重要因素，合理增加曲线半径能改善平曲线的交通安全性。

(3)在小半径平曲线交通事故高发区，通过增加曲线半径可有效增加平曲线的安全性，当曲线半径增至 400m 以后，通过增加半径来改善曲线安全性能的幅度相对要小。

2. 回旋线

回旋线是平面线形要素之一，它是设置在直线与圆曲线之间或半径相差较大的两个转向相同的圆曲线之间的一种曲率连续变化的曲线。在平曲线中添加回旋线，会使车辆在正常转弯行驶时减少对路面摩擦力的需要，从而增强公路交通安全性。

1)我国回旋线设计标准

考虑乘车者感觉舒适、超高渐变率适中和行驶时间不过短(满足至少 3s 的行程)等影响因素，《公路工程技术标准》(JTG B01—2003)制定了双车道公路回旋线最小长度，见表 3-5。

回旋线最小长度　　表 3-5

设计速度(km/h)	80	60	40	30	20
回旋线最小长度(m)	70	50	35	25	20

同时标准规范中也规定了可以不设回旋线的相关条件：

(1)二级以下双车道公路的直线同大于或等于表 3-6a 不设超高的最小半径圆曲线径相连接处可不设置回旋线。

不设超高的圆曲线最小半径　　表 3-6a

设计速度(km/h)		80	60	40	30
不设超高圆曲线最小半径(m)	路拱≤2%	2 500	1 500	600	350
	路拱>2%	3 350	1 900	800	450

(2)半径不同的同向圆曲线径相连接处，应设置回旋线。但符合下述条件时可不设回旋线：

①小圆半径大于表 3-6a 规定时。

②小圆半径大于表 3-6b 规定，且符合下列条件之一者：

复曲线中小圆临界圆曲线半径　　表 3-6b

设计速度(km/h)	80	60	40	30
临界圆曲线半径(m)	900	500	250	130

a. 小圆按最小回旋线长度设回旋线，大圆与小圆的内移值之差小于 0.10m 时；

b. 设计速度大于或等于 80km/h，大圆半径(R_1)与小圆半径(R_2)之比小于 1.5 时；

c. 设计速度小于 80km/h，大圆半径(R_1)与小圆半径(R_2)之比小于 2 时。

2)国外回旋线设计标准

我国在设计回旋线的标准上与日本的设计标准相似。日本在设计回旋线时主要考虑两个影响因素：使转动转向盘的操作顺利，使曲线半径有足够的变化区间，并且使离心加速度变化率控制在舒适的程度。日本规范中取操作转向盘需要的时间为 3s，而离心加速度的变化控制在 0.5～0.6m/s^3；使超高过渡引起的路面旋转角速度控制在舒适的程度。通过取上述条件的最大值可以得到日本的回旋线最小长度值，日本回旋线最小长度值与我国设计标准一致。

日本在确定不设回旋线的临界曲线半径时主要根据车辆的内移量进行取值，通常认为当内移量为 20cm 时，车辆在行驶力学上是不存在问题的。但在经验上，这种程度的圆曲线视觉上是不够好的，所以最好是采用内移量为 20cm 时的圆曲线半径值的 2 倍，见表 3-7。

回旋线可以省略的临界曲线半径 表 3-7

设计速度(km/h)	80	60	50
标准临界曲线半径(m)	2 000	1 000	700

美国 AASHTO 根据驾驶的舒适度和车辆的侧向偏移情况规定回旋线的最小长度。第一个标准是当车辆驶入曲线，合适的回旋线长度不会让驾驶员随着向心加速度的增加产生不舒服的感觉，因此可以根据肖特公式 $L_{s\cdot\min}=0.0214\dfrac{v^3}{RC}$进行计算，式中 C 值代表向心加速度的最大变化率，该值一般取 0.3～0.9m/s^3，最小值推荐采用 1.2m/s^3。第二个标准是回旋曲线要有足够的长度使车辆在正常的轨迹下行驶，其侧向偏移量不会超出自己的行车道，因此可以根据公式 $L_{s\cdot\min}=\sqrt{24(P_{\min})R}$计算，其中 $P_{\min}$为车辆在直线与圆曲线之间的缓和曲线上的最小侧移量，推荐值为 0.2m，该值与驾驶员自然操作车辆所产生的最小侧移量是一致的。由以上两个标准取较大的值就可以得到回旋线的最小长度取值。此外，美国 AASHTO 根据大多数车辆行驶中的自然轨迹长度确定了驾驶员在回旋线上行驶时所期望的长度，该值为车辆在设计速度下运行 2s 时相对应的曲线长度。

根据国际上的经验，美国 AASHTO 认为需要对回旋线最大长度进行限制。如果回旋曲线的长度过长(与圆曲线的长度有关)，也会出现安全问题。当回旋曲线过长时就会误导驾驶员认为前方圆曲线的半径较小。所以对回旋线最大长度进行限制可以减少这种误导发生的可能性，最大长度的计算公式采用 $L_{s\cdot\max}=\sqrt{24(P_{\max})R}$，其中 $P_{\max}$的推荐值为 1.0m，该值与驾驶员自然操作车辆产生的最大侧移量是一致的。而且在回旋曲线的长度和圆曲线半径之间，这个值也为它们二者提供了合理的平衡。

澳大利亚在计算回旋线最小长度时是根据驾驶员 2～3s 的行驶路径确定的。最小回旋线长度需满足 2s 的运行速度行程。在确定不设回旋线的条件时，主要是根据圆曲线的内移量为 0.25～0.3m 来进行控制的。

3)安全性设计

回旋线的安全作用主要包括：

(1)曲率连续变化便于车辆遵循。

(2)使离心加速度逐渐变化，乘车者感觉舒适。

(3)提供超高横坡度逐渐变化过渡段，行车更加平稳。

(4)连接直线和圆曲线，线形连续，配合得当，增加线形美观。

图 3-2 反映了美国双车道公路的交通事故率在不同曲线半径设置缓和曲线前后的变化情况。

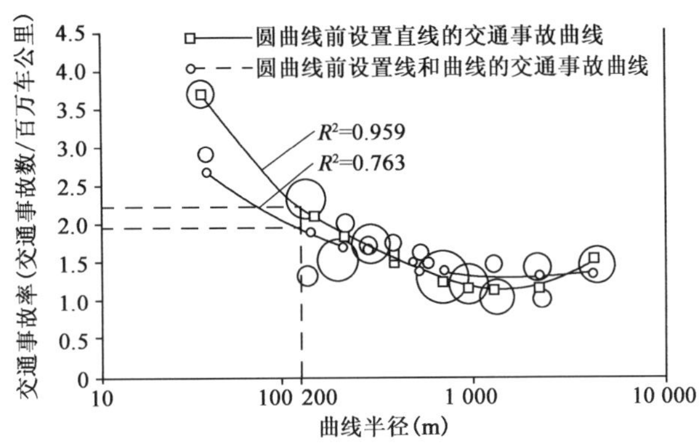

图 3-2　回旋线与交通事故率关系图

分析可知，当曲线半径小于 200m 时，在直线与圆曲线之间添加回旋线，公路安全性会大大提高。而对于曲线半径大于 200m 的路段，缓和曲线的设置与否对交通安全的影响并不明显。

回旋线长度也不宜过长，过长回旋线的真实半径和起点可能会误导驾驶员，从而形成潜在的危险，同时回旋线过长，超高渐变率过小，将导致曲线段路面排水不畅。我国《公路路线设计规范》(JTG D20—2006)的一般设计方法和原则如下：

(1)S 形曲线的两回旋线参数 A_1 与 A_2 宜相等。当采用不同的回旋线参数时，A_1 与 A_2 之比应小于 2.0，有条件时以小于 1.5 为宜。当 $A_2 \leqslant 200$ 时，A_1 与 A_2 之比应小于 1.5。

(2)卵形曲线的回旋线参数宜选 $R_2/2 \leqslant A \leqslant R_2$($R_2$ 为小圆曲线半径)。

(3)复合曲线的两个回旋线参数之比以小于 1.5 为宜。

(4)当 R 小于 100m 时，A 宜大于或等于 R。

(5)当 R 接近于 100m 时，A 宜等于 R。

(6)当 R 较大或接近于 3 000m 时，A 宜等于 $R/3$。

(7)当 R 大于 3 000m 时，A 宜小于 $R/3$。

曲线组合示例如图 3-3 所示。

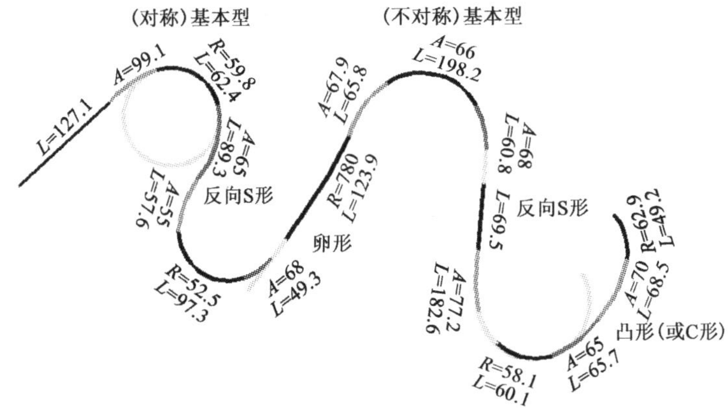

图 3-3　曲线组合示例(尺寸单位：m)

3. 平曲线长度

汽车在曲线路段上行驶，如果曲线长度过短，驾驶员就必须很快地转动转向盘，这在高速行驶的情况下是非常危险的。同时，如不设置足够长度的曲线，使离心加速度变化率小于一定数值，从乘客的心理和生理感受来看也是不好的。当道路转角很小时，曲线长度就显得比实际短，引起曲线半径很小的错觉。因此，平曲线具有一定的长度是必要的。

1)我国平曲线设计标准

我国标准规范中对于双车道公路平曲线最小长度的规定见表 3-8。

曲线最小长度 表 3-8

设计速度(km/h)		80	60	40	30	20
平曲线最小长度(m)	一般值	400	300	200	150	100
	最小值	140	100	70	50	40

注:“一般值”为正常情况下的采用值;“最小值”为条件受限制时可采用的值。

双车道公路平曲线最小长度是按回旋线最小长度的 2 倍控制，实际上是一种极限状态，此时曲线为凸形回旋线，驾驶员会感到操作突变且视觉亦不舒顺。因此最小平曲线长度理论上至少应该不小于 3 倍回旋线最小长度，即保证设置最小长度的回旋线后，仍保留一段相同长度的圆曲线。故表 3-8 中所列平曲线最小长度的“一般值”取“最小值”长度的 3 倍。

当路线转角小于或等于 7°时，应设置较长的平曲线，其长度规定见表 3-9。

公路转角小于或等于 7°时的平曲线长度 表 3-9

设计速度(km/h)	80	60	40	30	20
一般值	1 000/Δ	700/Δ	500/Δ	350/Δ	280/Δ

注:表中 Δ 为路线转角值(°),当 Δ<2°时,按 Δ=2°计算。

2)国外平曲线长度设计标准

日本对于平曲线长度的规定为当公路转角大于 7°时，最小曲线长度为最小回旋曲线长度的 2 倍。这主要是考虑保证驾驶员操纵转向盘不感到困难的长度至少要有 6s 的行驶时间，故取最小回旋曲线长度的 2 倍。但这会导致在曲线半径最小点上，需要急转转向盘，故不够理想。同时在超高过渡和视觉上也都存在问题。因此，在两回旋线之间插入适当长度的圆曲线才是理想的，其长度最好是按设计速度行驶 3s 以上的长度，则在实际设计中采用的最小曲线长度就变成最小回旋线长度的 3 倍。

在公路转角小时，为防止把曲线半径看成比实际小的错觉需要一定长度，并以 7°为引起驾驶员这一错觉的临界角度。

美国 AASHTO 规定对于小转角，曲线应有足够的长度，以免道路外观上出现扭曲。转角为 5°时，曲线的长度应不小于 150m，并且转角每减少 1°，最小长度应增加 30m。在主要公路上，平曲线的最小长度应大约为设计速度的 3 倍，即 $3v$。在可以高速行驶的道路上，采用较缓的曲率时，考虑到美学的原因，平曲线的最小长度大约为上述最小速度的两倍，即 $6v$。

澳大利亚在确定平曲线最小长度时采用的计算公式为 $L=2v/3.6$，其中 v 为设计速度(km/h)。对于小偏角曲线，其长度设置方法与美国 AASHTO 相似。

3)安全性设计

根据美国 Zegeer 等人的研究成果，在曲度相同的条件下，长度大的平曲线交通事故率也较高。平曲线长度与交通安全的关系如图 3-4 所示。

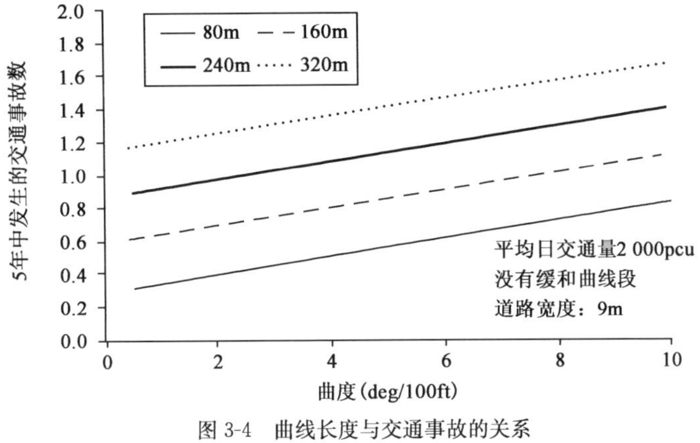

图 3-4 曲线长度与交通事故的关系

注：1ft=0.304 8m。deg 即 degree(度)。

图 3-4 中显示了当曲线长度增加 4 倍时，其事故数将随之增加近 3 倍。由此可知，平曲线路段的交通事故率随曲线总长度的增加而增大。在设计中应避免曲线长度过大，同时也应该尽量避免曲线的转角过大。一般来说，曲线转角大于 30°可能会导致交通安全问题，在设计中应该尽力避免转角大于 45°。

4. 曲率变化率 CCRs

众所周知，CCRs(即有缓和曲线的单个平曲线的曲率变化率)是最能合理地解释车辆行驶速度以及交通事故的平曲线要素。研究发现，CCRs 作为一个设计元素可以反映出公路特征对驾驶员行为的影响。不仅如此，随着 CCRs 值的增加，交通事故的发生率也会随之增大，但增大幅度相对较小。

一般来说，CCRs 值高的路段交通事故率为 CCRs 值低的路段交通事故率的 2～3 倍，对于 CCRs 特别高的路段(CCRs＞500gon/km)(1gon＝0.9°)，交通事故率以及交通事故损失率都会很高，如图 3-5 所示。

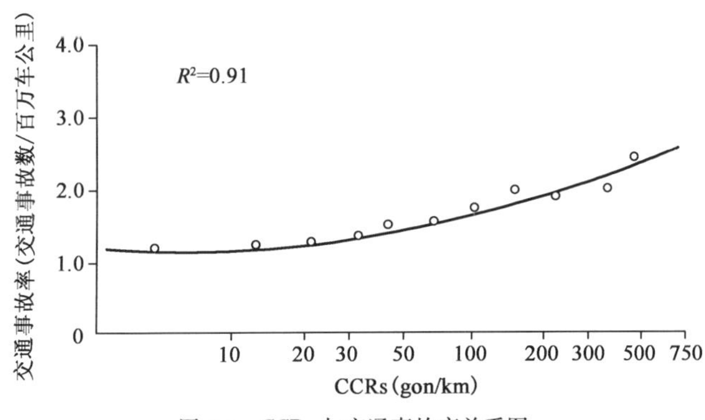

图 3-5 CCRs 与交通事故率关系图

由图 3-5 可以看出，交通事故率随着 CCRs 值的增加而增高。因此，可以通过研究将 CCRs 指标化，以便在设计中应用而提高平曲线路段的安全性。

5.超高

1)我国圆曲线超高设计标准

超高的横坡度应根据设计速度、圆曲线半径、路面类型、自然条件和车辆组成等情况确定,必要时应按运行速度予以验算。我国标准规范规定双车道公路圆曲线部分的最大超高值为8%,积雪冰冻地区不得超过6%。

标准规范规定由直线段的双向路拱横断面逐渐过渡到圆曲线段的全超高单向横断面,其间必须设置超高过渡段。超高渐变率按旋转轴位置规定见表3-10。

超高渐变率 表3-10

设计速度(km/h)	超高旋转轴位置	
	中　线	边　线
80	1/200	1/150
60	1/175	1/125
40	1/150	1/100
30	1/125	1/75
20	1/100	1/50

超高的过渡应在回旋线全长范围内进行。

2)国外圆曲线超高设计标准

表3-11列出了19个国家的公路最大超高值。大多数国家只有一个值,有些国家对一些特殊情况作为补充可以取较高的值。最大超高值由速度为零的车辆处于积雪或结冰的路面上发生横向侧滑状态得到。如:澳大利亚、加拿大、德国等国家最大超高为6%~8%。中国和日本的最大超高用到10%。美国大部分地区的最大超高为8%,在没有冰雪的乡村地区(澳大利亚的山区)也有最大超高用到10%的,个别州的特殊地区最大超高为12%。

部分国家最大超高值 表3-11

国　家	超　高	国　家	超　高	国　家	超　高
澳大利亚	6~12	意大利	7	瑞士	7
奥地利	6~7	日本	10	荷兰	5或7
比利时	6	挪威	8	英国	5或7
加拿大	6~8	葡萄牙	6~8	美国	8~12
法国	7	南非	6~10	中国	6~10
德国	7或8	西班牙	7或8		
希腊	6~9	瑞典	5.5		

美国AASHTO在计算圆曲线超高时所取的最大安全容许横向摩擦系数值从0.17(速度为30km/h)到0.14(速度为80km/h),再到0.08(速度为130km/h)。

澳大利亚在计算圆曲线超高时所取的最大横向力系数见表3-12。

小客车与货车的推荐最大横向力系数　　表 3-12

运行速度(km/h)			130	120	110	100	90	80	70	60	50	40
f	小客车	一般值	0.11	0.11	0.12	0.12	0.13	0.16	0.19	0.24	0.30	0.30
		极限值	0.11	0.11	0.12	0.16	0.20	0.26	0.31	0.33	0.35	0.35
	货车	一般值	—	0.11	0.12	0.12	0.11	0.13	0.14	0.17	0.21	—
		极限值	—	0.11	0.12	0.12	0.15	0.20	0.23	0.24	0.25	—

澳大利亚相关研究认为在陡下坡路段驾驶员在平曲线路段超速的可能性较大，因此规定大于 3%的下坡路段纵坡每增加 1%最小圆曲线半径就应该增加 10%。但是如果圆曲线半径不能增加时就应该增加圆曲线超高，所以当下坡路段纵坡大于 3%时，圆曲线超高增加值 e_{off} 可用下式进行计算。

$$e_{\text{off}} = e + \frac{G + e}{6} \tag{3-2}$$

式中：G——纵坡，%；

e——不考虑纵坡影响下的超高值，%。

美国 AASHTO 认为最大相对坡度(即超高渐变率)会随着设计速度而变化，在较高的设计速度下，将会设置较长的超高缓和段长度，而在较低的设计速度下，则会设置较短的超高缓和段长度。根据经验，在设计速度为 20km/h 和 130km/h 时，分别采用相对坡度 0.8%和 0.35%设置出的超高长度是合适的。在这两个值之间通过内插的方法，可以得到不同设计速度下的最大相对坡度值。

澳大利亚认为当运行速度小于 80km/h 时，超高渐变率取 0.035rad/s 是合适的；而当运行速度大于或等于 80km/h 时，超高渐变率取 0.025rad/s 是合适的。

3)安全性设计

由于曲线超高与行车速度和路面横向摩阻力密切相关，横向摩阻力的存在对于行驶车辆的稳定、行车的舒适等均有不利影响。超高设计及超高率计算应考虑把横向摩阻力减至最低程度。因此进行超高设计时，应根据沿线运行速度、圆曲线半径、路面类型、自然条件和车辆组成等情况综合确定超高值，特别注意要按运行速度予以验算。

根据公路项目所处自然条件、交通组成和全段的设计标准，根据规范确定最大超高的取值。需要强调的是：在曲线路段，由于货车的运行速度远小于小型车的运行速度，货车由于曲线产生的水平向外横向力远小于货车自重产生的向内的横向力时，货车就有可能在自重的作用下倾覆，所以在交通流中大型车比例较高，特别是大型车所占比例较高的路段上，最大超高取值应谨慎，有时还应低于规范规定的最大值要求。

根据我国公路规范规定：二、三、四级公路限定最大超高为 8%是适宜的。但对于积雪冰冻地区，考虑我国以货车为主的特点，限定最大超高为 6%比较安全。

6. 圆曲线加宽

汽车行驶在曲线上，各轮迹半径不同，其中后内轮轨迹半径最小，且偏向曲线内侧，故曲线内侧应增加路面宽度，以确保曲线上行车的顺适与安全。

1)我国圆曲线加宽设计标准

双车道公路的圆曲线半径小于或等于 250m 时，应设置加宽。双车道公路路面加宽值规定见表 3-13。

双车道路面加宽值 表 3-13

加宽类别	圆曲线半径(m) / 加宽值(m) / 汽车轴距加宽前悬(m)	250～200	<200～150	<150～100	<100～70	<70～50	<50～30	<30～25	<25～20	<20～15
1	5	0.4	0.6	0.8	1.0	1.2	1.4	1.8	2.2	2.5
2	8	0.6	0.7	0.9	1.2	1.5	2.0	—	—	—
3	5.2+8.8	0.8	1.0	1.5	2.0	2.5	—	—	—	—

圆曲线加宽类别应根据该公路的交通组成确定。二级公路以及设计速度为 40km/h 的三级公路有集装箱半挂车通行时，应采用第 3 类加宽值；不经常通行集装箱半挂车时，可采用第 2 类加宽值。

四级公路和设计速度为 30km/h 的三级公路可采用第 1 类加宽值。

2)国外圆曲线加宽设计标准

美国 AASHTO 认为曲线上需要的行车道宽度 W_c 有几个部分是直接与曲线上行车有关的，即：每一辆车(不论是会车或超车)的轨迹宽度 U、车辆间的横向净距 C、车辆占据内车道或车道的前悬宽度 F_A 以及由于在曲线上行驶困难而额外附加的宽度 Z。由此，美国对于在曲线交叉处转向公路宽度公式的推导如图 3-6 所示。

曲线加宽应在足够的长度上逐渐过渡，以使得整个路面得到充分的利用。虽然车辆运行需要长的缓和段，但狭长的路面费用高而且施工困难。因此，最好在超高缓和段设置加宽，但有时会采用较短的长度。通常宽度应在 30～60m 的距离内渐变。

3)安全性设计

汽车在曲线上行驶时，前后车轮的行驶轨迹各不相同，后轴内侧车轮的轨迹半径最小，前轴外侧车轮的轨迹半径最大。因此，在弯道上的路面宽度必须比直线宽，才能满足车辆在曲线上的行驶轨迹要求。

同时，汽车在曲线上行驶时，驾驶员很难沿着路线中心线行驶，即无法保证车辆行驶轨迹完全符合理论轨迹，而是有一定的摆幅，其摆幅大小不仅与实际运行速度有关，而且要比直线上的摆幅大，所以也需要加宽路面，以利于行车安全。

对于双车道公路，由于存在对向车，或超越同方向慢车的可能，因此车辆在曲线上行驶时所要求的路面宽度 W，不仅与两辆汽车在弯道上车轮轨迹宽度 U_1 和 U_2，以及车辆外侧距路面边缘的最小侧向净宽 C 有关，还与车辆前悬的悬支距宽度 F_A 和车辆在曲线上行驶时产生的摆幅 Z 有关。结合 AASHTO 的公式可以得到车辆在曲线上行驶所要求的路面宽度 W 为：

$$W = U_1 + U_2 + 2C + F_A + F_B + Z \tag{3-3}$$

各指标含义与图 3-6 所列指标含义相同。

轮迹宽度 U 应为车辆在直线段上的真实宽度 u 与车辆在曲线上的轨迹偏移值 e 之和，其计算公式为：$U=u+e$，而轨迹偏移值 e 与车辆的转弯半径 R 和设计车型的轴距有关：$e=R-\sqrt{R^2-L^2}$。据此，车辆弯道上内、外车轮间的轨迹宽度：

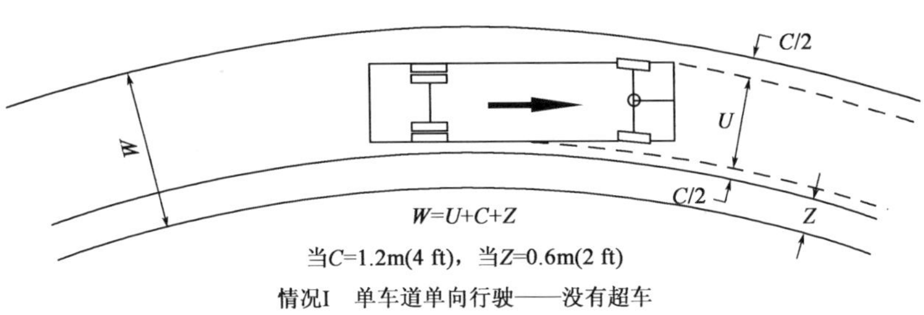

当C=1.2m(4 ft)，当Z=0.6m(2 ft)

情况I　单车道单向行驶——没有超车

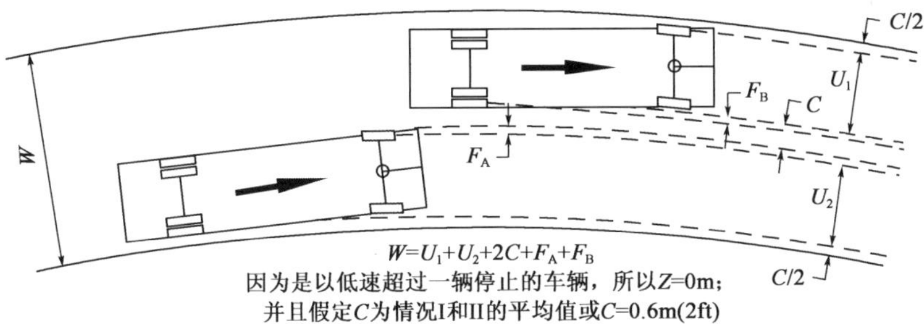

因为是以低速超过一辆停止的车辆，所以Z=0m；
并且假定C为情况I和II的平均值或C=0.6m(2ft)

情况II　单车道单向行驶并且允许超过停止车辆

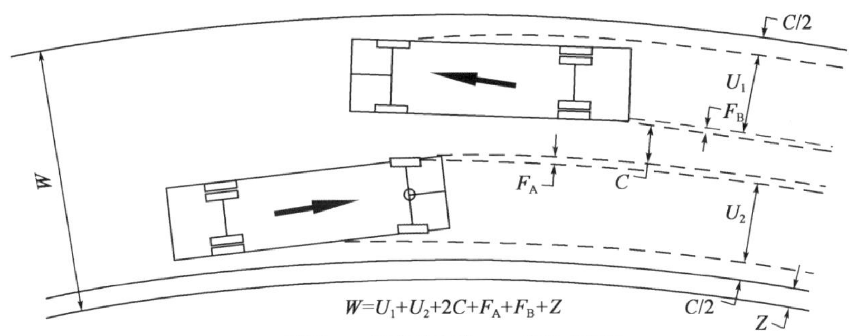

情况III　双车道行驶——单向或双向

U-车辆轨迹的宽度(最外侧车轮之间)，m(ft)；　C-每辆车之间的总横向净距，m(ft)；
F_A-前悬宽度，m(ft)；　Z-由于在曲线上的行驶困难而设置的额外允许宽度
F_B 前悬宽度，m(ft)；

图 3-6　在曲线交叉处转向公路的宽度推导

$$U = u + e = u + R - \sqrt{R^2 - L^2} \tag{3-4}$$

关于车辆距路面边缘的最小侧向净宽 C 的取值，根据 AASHTO 的取值，分别按照我国的路面宽度依次对应选取。

6m 路面，C 值取 0.6m；

6.5m 路面，C 值取 0.75m；

7.0m 路面，C 值取 0.85m。

车辆前悬的悬支距宽度 F_A，指车身前悬的轨迹半径与车辆左前轮的行驶轨迹的差。

$$F_A = R^2 + A(2L + A) - R \tag{3-5}$$

式中：L——车辆轴距；

A——车辆前悬值。

车辆摆动幅度指标 Z，根据国外观测结果，车辆在曲线上行驶时产生的摆幅计算公式为：

$$Z = 0.1046(v/\sqrt{R}) \tag{3-6}$$

在确定上述四个参数 U、C、F_A 和 Z 确定后，在不同设计速度下，可计算出双车道公路不同曲线半径所对应的曲线路段加宽值。该结果与我国现行标准规范的计算结果一致。

当设计速度在 60km/h 以下，地形复杂、地质条件恶劣时，加宽值应按 2 类加宽考虑。但当山区双车道公路作为国、省干线，是省际运输通道时，仍需要考虑半挂牵引车和全挂牵引车的通行安全问题，此时应将标准中的鞍式列车作为独立的设计车型，并按 3 类加宽考虑。

对于设置有缓和曲线的平曲线，加宽过渡段应采用与缓和曲线相同的长度。对于不设缓和曲线，但设置有超高过渡段的平曲线，可采用与超高过渡段相同的长度。既不设缓和曲线，又不设超高的平曲线，加宽过渡段应按渐变率为 1∶15 且长度不小于 10m 的要求设置。

第二节　纵 面 线 形

公路纵断面设计是公路线形设计中比较重要的一部分，也是关键的一部分。纵断面线形设计不仅影响公路里程的长短、工程投资规模的大小、自然环境的破坏程度，而且还会影响车辆的行车安全、公路的通行能力、运输效益等。

公路纵断面几何设计指标主要包括纵坡坡度、坡长、竖曲线半径及长度以及合成坡度。针对公路纵断面几何设计指标的安全性验证分析主要是从驾驶安全性出发检验所处公路线形的各项指标是否满足汽车动力学、驾驶员视觉感受、舒适度等要求，从而提出保证纵断面几何设计指标安全性的取值范围。

一、纵坡

影响纵坡设计的主要因素包括汽车的动力性能、公路等级、自然条件以及工程和运营经济等，纵坡设计的合理与否对交通安全的影响极大。

1. 我国纵坡设计标准

我国现行技术标准规定了双车道公路纵坡设计指标的取值，见表 3-14。

最 大 纵 坡　　表 3-14

设计速度(km/h)	80	60	40	30	20
最大纵坡(%)	5	6	7	8	9

(1)公路改建中，设计速度为 40km/h、30km/h、20km/h 的利用原有公路的路段，经技术经济论证，最大纵坡可增加 1%。

(2)越岭路线连续上坡(或下坡)路段，相对高差为 200～500m 时，平均纵坡不应大于 5.5%；相对高差大于 500m 时，平均纵坡不应大于 5%。任意连续 3km 路段的平均纵坡不应大于 5.5%。

2. 国外纵坡设计标准

欧美发达国家关于纵坡的研究起步较早，并基于研究成果给出了不同设计速度下的纵坡坡度规定。在确定最大纵坡时，不同国家考虑的部分或全部的因素有：公路类型（或功能分类）、设计车速及地形。例如，在英国，期望的绝对最大坡值由公路类型决定：高速公路为3%～6%，双车道公路为 4%～8%，单车道公路为 6%～8%；在瑞士，最大纵坡由设计车速决定（设计车速为 60～120km/h，纵坡值采用 10%～4%）；在德国，最大纵坡值是由公路类型和设计车速两个因素决定，对于主要的乡村公路，设计车速为 60～120km/h，纵坡值采用 8%～4%；在南非，最大纵坡值取决于设计车速和地形，在平原地区，设计车速为 60～120km/h，相应的最大纵坡值采用 6%～3%，在丘陵区和山区对于同样的设计车速，最大纵坡值采用 7%～4%和 8%～5%；在美国，最大纵坡值取决于公路类型、地形和设计车速，设计车速为 20～120km/h，最大纵坡值采用 9%～3%。各国公路最大纵坡汇总见表 3-15。

各国公路最大纵坡（%）汇总表　　表 3-15

国　家		设计速度(km/h)										
		20	30	40	50	60	70	80	90	100	110	120
澳大利亚	平原	—	—	—	—	6～8	—	4～6	—	3～5	—	3～5
	丘陵	—	—	—	—	7～9	—	5～7	—	4～6	—	4～6
	山区	—	—	—	—	9～10	—	7～9	—	6～8	—	—
日　本		9	8	7	6	5	—	4	—	3	—	2
美国乡村干线公路	平原	—	—	—	—	5	5	4	4	3	3	3
	丘陵	—	—	—	—	6	6	5	5	4	4	4
	山区	—	—	—	—	8	7	7	6	6	5	5

从各国的规定值看，由于国外公路小客车比例高、载货车动力性能好，因此国外对最大纵坡的规定不仅普遍比国内标准稍大，而且可根据地形特征比较灵活地采用。

国外特别是欧美最新的纵坡设计方法已经明确禁止“陡缓陡”相间隔的纵坡设计方法。一方面由于国外车辆主要以小汽车和集装箱车为主，车辆性能较佳且超载问题极少，不存在爬坡能力不足或者制动失效的问题，因此没有必要设置缓坡；另一方面陡坡间的缓坡会给驾驶员造成陡坡结束的错觉，极易引起更大的交通安全问题。因此，国外反对“陡缓陡”相间隔的纵坡设计方法。

3. 安全性设计

纵坡对交通安全的影响主要表现在：坡度比较大时，不仅造成车辆速度差异比较大，还往往造成汽车上坡熄火，或下坡制动失灵，进而诱发事故；下坡路段，由于受重力影响，易造成车辆加速行驶；坡度过大，也增加了驾驶员的操作难度，一旦遇到突发情况就可能酿成事故。此外，驾驶员经过上坡行驶后，在下坡行驶时，心里放松了警惕，易造成超速行驶，而导致事故。

1）纵坡坡度对安全性的影响

瑞典 Brüde 等进行的一项研究表明，与无明显坡度路段相比，2. 5%和 4%的纵坡会使事故分别增加 10%和 20%。

此外，有两个多元统计模型值得关注，其一是 Li 等利用英国哥伦比亚省 560km 双车道主干道的数据构建的，该模型适用于死亡和受伤事故，坡度是其中的一个独立变量，基于此模型的事故修正函数如式(3-7)：

$$\mathrm{AMF}(\Delta_{\%坡度}) = 1 + 0.136(\Delta_{\%坡度})/\sqrt{事故数/\mathrm{km}} \tag{3-7}$$

假设纵坡由 2.3%降为 2.1%($\Delta_{\%坡度} = -0.2\%$),纵坡为 2.3%时的道路事故率是 1.7/km,AMF(−0.2)=1+0.136(−0.2)/$\sqrt{1.7}$=0.979,安全性由 1.7/km 变为 1.7×0.979=1.66/km。类似的,可得出 1%的纵坡变化将会引起大约 10%的事故数变化。

Miaou 通过从犹他州 11 539 个路段和 6 680 件单车冲出道路的事故中所获得的数据,建立了如下关系,如式(3-8)所示:

$$\mathrm{AMF}(\Delta_{\%坡度}) = e^{0.081\times\Delta_{\%坡度}} \approx 1 + 0.081\times\Delta_{\%坡度} \tag{3-8}$$

从上式可以看出,纵坡减小 1%,事故数减少约 8.1%。

Silyanov 根据从英国、前苏联和德国获得的数据,建立了事故率与坡度之间的直接关系,如式(3-9)所示:

$$N = 0.265 + 0.105G + 0.023G^2 \tag{3-9}$$

式中:G——纵坡坡度,%。

该关系式表明,事故率随着坡度的增加而增加,且随着坡度的增大,事故率的增加愈发明显。

德国交通事故率与纵坡坡度关系的研究表明:当纵坡小于 2%时,上下坡事故率基本相同,且数值较小;当纵坡在 2%~4%之间时,下坡事故率开始大于上坡,而且下坡事故率曲线迅速上升;当纵坡大于 6%时,上坡事故率上升缓慢,下坡事故率迅速上升,而且成倍增加。我国在坡度与事故率关系的研究方面也有类似的结论,下坡路段比上坡路段更危险,下坡路段的坡度越陡,事故率越高。

2)最大纵坡

最大纵坡是指在纵坡设计时各级道路允许采用的最大坡度值。它是道路纵断面设计的重要控制指标,在地形起伏较大的地区,直接影响路线的长短、使用质量、运输成本及造价。最大纵坡主要受车辆性能、下坡制动的安全性,以及对交通运行的影响等因素控制,必须综合考虑各因素后确定。

从车辆的爬坡性能角度考虑,通过对国内一些典型公路的速度观测可以看出:

(1)对于大型车辆,3%~4%的纵坡是一个分界点,纵坡坡度小于 4%时,载货汽车的上坡稳定速度变化显著,坡顶速度通常衰减在 20km/h 左右;而纵坡坡度一旦大于 4%,坡度对重型货运汽车影响就会更加严重,载货汽车大都以 30km/h 的爬行速度缓慢上坡,速度衰减在 40km/h 左右。

(2)对于小型车辆,在 4%以下的坡道上行驶时,速度只受到轻微的影响;但随着纵坡坡度的增大,车辆进入上坡路段后,基本呈减速趋势。而且随着坡度的增加,小型车减速的幅度也逐步增大。运行速度下降幅度在 20km/h 左右。

从对交通运行的影响角度考虑,在不同纵坡道上载重汽车的运行速度都有不同程度的降低,因此要求载货汽车在上坡道上的运行速度损失不能超过一定的限度,也就是控制在坡道上的最小平均速度,以保证在整条道路上行车速度的均衡,以及保证公路的通行能力和服务水平没有明显降低。依照载货汽车在坡道上的平均速度变化情况,在不影响其基本通行能力的要求下,坡顶速度不应低于其设计速度的 50%(在设计速度低于 60km/h 以下时达到设计速度的 70%~85%)作为最大纵坡的速度控制依据。按此原则,不同坡度下,实际上坡速度与设计车速的对应过程见表 3-16。

最大纵坡对应的设计速度范围　　表 3-16

纵坡(%)	2	3	4	5	6	7	8	9	10
平均车速(km/h)	68	64	58	52	45	38	30	21	13
对应设计速度范围(km/h)	120	120	100～120	90～100	80～90	60～70	50～60	30～40	20～30

综合以上分析，可以确定不同设计速度下的最大纵坡控制值。

3)平均纵坡

根据公安部交通事故统计，长大陡坡路段事故较一般路段多，是事故多发路段，而且所发生的事故往往是重特大交通事故，制动失灵是酿成交通事故的最主要原因。长大陡坡下坡路段，由于下坡时需要通过制动控制车速，长时间使用制动器，使制动器温度不断上升，造成制动"热衰退"现象，逐步使车辆制动能力减弱甚至丧失，酿成了交通事故；而上坡方向，由于小客车在上坡时速度变化不大，但载货汽车会因爬坡能力不足而减速行驶，结果在上坡行驶过程中两种车型行车速度差异逐步增大，超车需求增多，容易发生追尾等事故。

通过相关试验可知，当制动器温度低于 200℃时，车辆制动器制动力不会发生明显衰减，停车视距在安全停车视距范围内；当制动器温度超过 200℃时，实际需要的停车视距开始大于安全停车视距；当制动器温度介于 250～300℃时，车辆制动器制动力明显下降，实际需要的停车视距一般超出安全停车视距 20%～40%。

对于二级以下双车道公路，在各种辅助制动措施完善有效的条件下，现行标准、规范对山区双车道二、三、四级公路相对高差为 200～500m 时，以平均纵坡不大于 5.5%进行控制是可行的。

二、坡长

最大纵坡本身不能作为一个完整的设计控制指标，还必须考虑有关适合汽车运行的纵坡长度。最大坡长限制是指控制汽车在坡道上行驶，当车速下降到最低允许速度时所行驶的距离。

公路纵坡的大小和坡长对车辆正常行驶影响很大。纵坡越陡，坡长越长，对行车影响也越大。主要表现在：使行车速度显著下降，甚至要换较低挡克服坡度阻力；易使水箱"开锅"，导致汽车爬坡无力，甚至熄火；下坡行驶制动次数频繁，易使制动器发热而失效，甚至造成车祸。

因此，设计时应严格遵守坡长限制，保证车行安全。

1.我国坡长设计标准

我国标准规范关于双车道公路不同设计速度、纵坡条件下的最大坡长取值见表 3-17。

公路连续上坡或下坡时，应在不大于表 3-17 规定的纵坡长度之间设置缓和坡段。缓和坡段的纵坡应不大于 3%，一般情况缓和坡段宜采用小于或等于 2.5%的坡度，其长度应符合纵坡长度的规定。

2.国外坡长设计标准

美国 AASHTO 按照典型货车("质量/功率"为 120kg/kW)以 110km/h 的速度驶入给定坡道，研究不同减速度下，纵坡坡度与坡长的关系，绘制纵坡坡度、坡长和速度变化值之间的关系图，如图 3-7 所示。

不同纵坡最大坡长 表 3-17

设计速度(km/h)		80	60	40	30	20
纵坡坡度(%)	3	1 100	1 200	—	—	—
	4	900	1 000	1 100	1 100	1 200
	5	700	800	900	900	1 000
	6	500	600	700	700	800
	7	—	—	500	500	600
	8	—	—	300	300	400
	9	—	—	—	200	300
	10	—	—	—	—	200

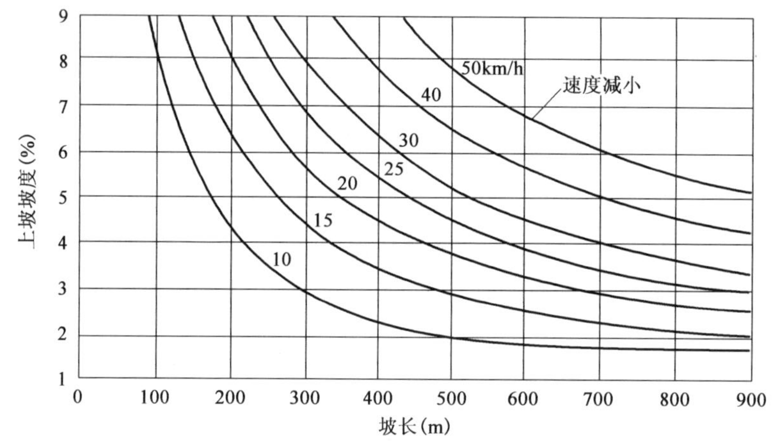

图 3-7　纵坡坡度、坡长和速度减小之间的关系图

日本对坡长的规定与我国的坡长限制在使用时有所不同，日本对小于或等于最大纵坡的坡段，其坡长不作限制，当使用绝对最大纵坡时才有长度限制。但是，日本仍然允许采用超过坡道限制坡长的坡段长度来进行纵坡设计，对于超过最大纵坡的路段就是要求考虑设置爬坡车道(表 3-18)。所以，日本限制坡长主要用在是否设置爬坡车道，并不限制设计纵坡的长度，这和我国坡长限制的含义不完全相同。我国的纵坡长度限制主要是依据 8t 载货车("功率/质量"为9. 3W/kg)的爬坡性能曲线，同时考虑坡底的入口速度与允许速度差确定的。我国规定的限制坡长在设计纵坡时，一般是不允许超坡的。

日本绝对最大纵坡限制长度 表 3-18

设计速度(km/h)	80			60			50		
坡度值(%)	5	6	7	6	7	8	7	8	9
限制长度(m)	600	500	400	500	400	300	500	400	300

3. 坡长安全性设计

我国标准中纵坡长度限制主要是依据 8t 载货车("功率/质量"为 9. 3W/kg)的爬坡性能

曲线，同时考虑坡底的入口速度与允许速度差确定的。坡底的入口速度用与设计速度有关的平均运行速度来代替。最小允许速度在一般情况下，在设计速度为40～120km/h的绝大多数公路上，按设计速度的50%～60%考虑，为25～60km/h，该速度范围在交通量较小的情况下，一般不会使跟随车辆的驾驶员因超车困难而感受到难以忍受。按此原则就可以给出驾驶员可以接受的速度折减量（平均行驶速度与坡道上最小允许速度之差）。

通过试验对不同折减量下坡度与坡长的关系进行拟合，就可以得到速度折减量与坡长关系曲线图，如图3-8所示。

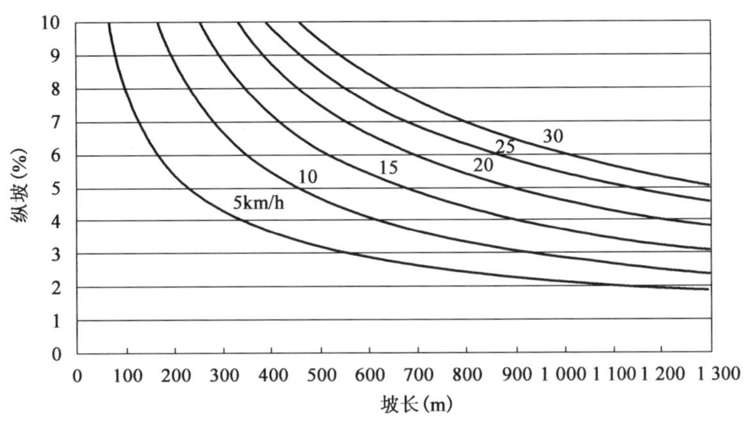

图3-8　速度折减量与坡长关系曲线图

有了速度折减量与坡长之间的关系曲线，就可以确定不同坡度、不同速度折减量下的临界坡长，见表3-19。

不同速度折减量下的坡长限制值　　表3-19

纵坡(%)		3	4	5	6	7	8	9	10
速度折减量(km/h)	10	900	700	450	—	—	—	—	—
	15	1 200	900	600	500	400	300	—	—
	20	—	1 200	900	700	500	400	300	200
	25	—	—	1 150	850	650	550	400	300

对于当陡坡的长度达到限制坡长时设置的缓和坡段，应结合纵向地形起伏情况，减少填挖工程量，并考虑路线的平面线形要素。一般情况下，缓和坡段宜设置在平面直线或较大半径的平曲线上；在地形条件复杂路段，应将缓和坡段设于半径比较小的平曲线上，特别是回头曲线并适当增加缓和坡段的长度，使缓和坡段端部的竖曲线位于小半径平曲线之外。

三、竖曲线

纵断面上两个坡段的转折处，为了便于行车，用一段曲线来缓和，称为竖曲线。竖曲线的作用不仅可以改善路线线形，增加行车的安全性和舒适性，也便于路面排水通畅。为了缓和汽车在纵坡变化处所产生的冲击并保证行车视距，维持行车平稳顺适，竖曲线半径及长度应满足相应的要求。

竖曲线的设计受众多因素的限制，其中有三个限制因素决定着竖曲线的最小半径或最小长度。

(1)缓和冲击。汽车行驶在竖曲线上时，产生径向离心力。这个力在凹形竖曲线上是增重，在凸形竖曲线上是减重。这种增重与减重达到某种程度时，旅客就有不舒适的感觉，同时对汽车的悬挂系统也有不利影响，所以，确定竖曲线半径时，对离心加速度要加以控制。

(2)保证时间行程不要过短。因汽车从直坡道行驶到竖曲线上，尽管竖曲线半径较大，但如其长度过短，汽车疾驶而过旅客也会感到不舒适。

(3)满足视距的要求。汽车行驶在凸形曲线上，如果半径太小，会阻挡驾驶员的视线。为了行车安全，对凸形竖曲线的最小半径或最小长度应加以限制。当汽车行驶在凹形竖曲线上时，对地形起伏较大地区的道路，在夜间行车时，若竖曲线半径过小，前灯照射距离近，影响行车速度和安全。

1)我国竖曲线设计标准

我国竖曲线最小半径分为“一般值”和“极限值”。“极限值”是汽车在纵坡变化处行驶时，为了缓和冲击和保证视距所需的最小半径的计算值，该值在受地形等特殊情况约束时方可采用。竖曲线半径“一般值”是竖曲线最小半径“极限值”的 1.5～2.0 倍。我国标准规范中对双车道公路竖曲线最小半径与长度的规定见表 3-20。

竖曲线最小半径与竖曲线长度 表 3-20

设计速度(km/h)		80	60	40	30	20
凸形竖曲线最小半径(m)	一般值	4 500	2 000	700	400	200
	极限值	3 000	1 400	450	250	100
凹形竖曲线最小半径(m)	一般值	3 000	1 500	700	400	200
	极限值	2 000	1 000	450	250	100
竖曲线长度(m)	一般值	170	120	90	60	50
	极限值	70	50	35	25	20

在进行竖曲线设计时应注意以下要求：

(1)对于设计速度大于或等于 60km/h 的公路，竖曲线设计宜采用长的竖曲线和长直线坡段的组合。有条件时宜采用大于或等于表 3-21 所列视觉所需要的竖曲线最小半径值。

视距所需要的竖曲线最小半径值 表 3-21

设计速度(km/h)	竖曲线半径(m)	
	凸　形	凹　形
80	12 000	8 000
60	9 000	6 000

(2)竖曲线应选用较大的半径。当条件受限制时，宜采用大于或接近于竖曲线最小半径的“一般值”；地形条件特别困难而不得已时，方可采用竖曲线最小半径的“极限值”。

(3)同向竖曲线间，特别是同向凹形竖曲线之间，如直线坡段接近或达到最小坡长时，宜合并设置为单曲线或复曲线。

2)国外竖曲线设计标准

大多数国家都详细阐述了抛物线竖曲线的作用，最小凸曲线半径是为了满足停车视距的要求。表 3-22 总结了部分国家不同设计车速的最小凸曲线半径。设计车速为 60km/h、80km/h、100km/h 和 120km/h，最小半径值分别为 1 000～3 000m、1 800～1 500m、4 100～12 500m和 10 000～20 200m。我国对应于上述车速的最小半径值分别为 1 400～3 000m、6 500m和 11 000m。

部分国家凸曲线最小半径(m)　　表 3-22

国家	设计速度(km/h)											
	40	50	60	70	80	85	90	100	110	120	130	140
澳大利亚	—	540	920	1 570	2 400		4 200	6 300	9 500	13 500	19 500	
奥地利	1 500	2 000	3 000	4 000	7 500			12 500		20 000		35 000
比利时			1 600				7 500					
加拿大	400	700	1 500	2 200	3 500		5 500	7 000	8 500	10 500	12 000	
法国			1 500		3 000			6 000		10 000		
德国			2 700	3 500	5 000		7 000	10 000		20 000		
希腊		1 500	2 500	3 200	4 300		5 700	7 400	11 000	15 000	20 000	
意大利	500		1 000		3 000			7 000		14 000		18 000
日本		800	1 400		3 000			6 500		11 000		
南非	600		2 000		5 000			10 000		20 000		
西班牙					3 500			6 000		12 000		
瑞典		1 100		3 500			7 000		10 000			
瑞士	1 500	2 100	3 000	4 200	6 000		8 500	12 500	20 000	20 000		
荷兰					1 800			4 100		12 400		
英国		1 100	1 900	3 300		5 900		10 500		18 500		
美国	500	1 000	1 800	3 100	4 900		7 100	10 500	15 100	20 200		

表 3-23 汇总了部分国家不同设计车速的凹曲线最小半径值。一些国家是以晚上在无路灯公路上行驶的车辆的前视灯的照射距离能满足停车视距的要求为依据。另一些国家则是以驾驶的舒适度为依据。在德国，对于给定的设计车速，最小凹曲线半径是最小凸曲线半径的一半。设计速度为 60km/h 时，较低的半径值(500～600m)符合舒适标准，较高的半径值(1 500～2 000m)则取决于车辆前视灯的照明情况。我国也有同样的考虑。

部分国家凹曲线最小半径(m)　　表 3-23

国家	设计速度(km/h)											
	40	50	60	70	80	85	90	100	110	120	130	140
澳大利亚	300		600		1 000			1 600		2 300	10 000	
奥地利	1 000	1 500	2 000	2 500	3 000			5 000		8 000		12 000
比利时			550				1 250			2 200		
加拿大	700	1 100	2 000	2 500	3 000		4 000	5 000	5 500	6 000	6 500	

续上表

国家	设计速度(km/h)											
	40	50	60	70	80	85	90	100	110	120	130	140
法国			1 500		2 200			3 000		4 200		
德国			1 500	2 000	2 500		3 500	5 000		10 000		
希腊		1 350	1 900	2 500	3 300		4 200	5 200	6 300	7 500	10 000	
意大利	550		1 200		2 200			3 900		5 800		9 000
日本		700	1 000		2 000			3 000		4 000		
南非	800	1 200	1 600	2 000	2 500		3 100	3 600	4 300	5 200		
西班牙					2 500		3 500			5 000		
瑞典		1 400		2 800			4 500		5 500			
瑞士	800	1 200	1 600	2 500	3 500		4 500	6 000	8 000			
荷兰			550		1 000			1 500				
英国		1 300	2 000	2 000		2 000		2 600		3 700		
美国	800	1 200	1 800	2 500	3 200		4 000	5 100	6 200	7 300		

3)安全性设计

竖曲线半径过小时,易造成驾驶员视野变小,行车视距变短,发生事故。小半径竖曲线易造成平纵曲线组合不合理而使视距连续,尤其当变为凸曲线时,会造成驾驶员产生悬空的感觉从而失去行驶方向。在竖曲线设计时既要保证竖曲线有足够大的半径,还要保证有足够的长度。在坡差很小时,计算得到的竖曲线长度很短,在这种曲线上行车会给驾驶员一种急促的感觉。按照安全操作的需要,竖曲线最小长度必须有 3s 行程。

另外,小半径竖曲线设置的位置也必须考虑对交通安全的影响,除了考虑平纵线形组合外,一般不把小半径竖曲线的始末点设在桥梁、立交、隧道的起(终)点,也不应把小半径竖曲线设置在过村镇、平交路口处,以利于行车安全。

四、合成坡度

合成坡度是指在设有超高的平曲线上,路线纵坡与超高横坡所组成的坡度,计算公式为:

$$I = \sqrt{i^2 + i_h^2} \tag{3-10}$$

式中:I——合成坡度,%;

i——路线纵坡度,%;

i_h——超高横坡度,%。

实践证明,合成坡度对于控制急弯和陡坡组合的路段纵坡设计是非常必要的,在条件许可时,以采用较小的合成坡度为宜。

1. 我国合成坡度设计标准

我国双车道公路最大合成坡度值规定见表 3-24。

公路最大合成坡度　　表 3-24

公路等级	二级公路		三级公路		四级公路
设计速度(km/h)	80	60	40	30	20
合成坡度值(%)	9.0	9.5	10.0	10.0	10.0

当陡坡与小半径圆曲线相重叠时，宜采用较小的合成坡度。特别是下述情况，其合成坡度必须小于 8%：

(1)冬季路面有积雪、结冰的地区；

(2)自然横坡较陡峻的傍山路段；

(3)非汽车交通量较大的路段。

在超高过渡的变化处，合成坡度不应设计为 0。当合成坡度小于 0.5%时，应采取综合排水措施，保证路面排水通畅。

2. 国外合成坡度设计标准

日本关于合成坡度的规定值，是与车辆的启动限界值有关，并考虑一般驾驶员的技术、交通状态、气象条件等而制定的。启动限界值是根据不同的车种、装载状况、轮胎种类以及不同的路面状况下通过实验观测车辆在不同纵坡度及横坡度影响下的启动性能得到的。

根据设计速度，日本的合成坡度取值标准见表 3-25。

日本的合成坡度取值　　表 3-25

设计速度(km/h)	120	100	80	60	50	40	30	20
合成坡度(%)	10.0		10.5		11.5			

对于需要考虑冰雪影响的地区，寒冷积雪较为严重的地区合成坡度采用 6.0%，其他地区采用 8.0%，但由于地形状况和其他理由不得已时，严重寒冷积雪地区可采用 7.0%的特殊值，其他地区采用 9.0%的特殊值。

3. 安全性设计

由于合成坡度是由纵向坡度与横向坡度组合而成的，其坡度值比原路线纵坡大，汽车在设超高的坡道上行驶时，不仅要受坡度阻力的影响，而且还要受离心力的影响。尤其是当纵坡大而平曲线半径小时，合成坡度大，由于合成坡度的影响而使汽车重心发生偏移，给汽车行驶带来危险。所以，当平曲线与坡度组合时，为了防止汽车沿合成坡度方向滑移，应将超高横坡与纵坡的组合控制在适当的范围以内，如图 3-9 所示。

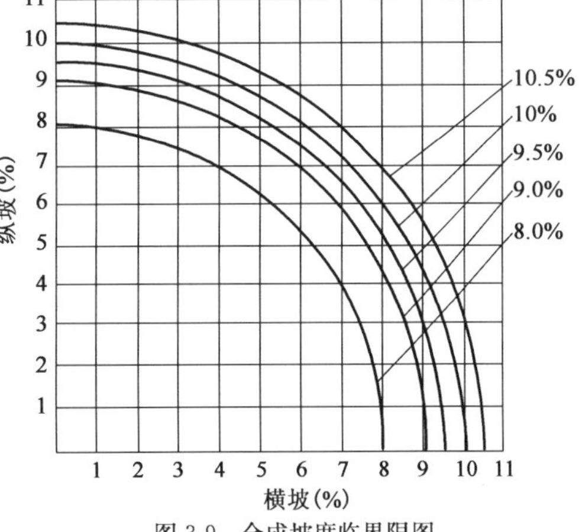

图 3-9　合成坡度临界限图

冬季路面有积雪、结冰的地区，车辆横移性增大；自然横坡陡峻的傍山路段，斜滑后果严重；非汽车交通比率高的路段，斜移将对非机动车造成较大危害。在具体设计时，应多方面考虑，对由斜移形成斜滑易造成严重后果的路段，以采用较小合成坡度 8%为宜。

第三节　平 纵 组 合

线形设计首先必须满足汽车行车动力学要求，并同时考虑驾驶员的视觉、心理和生理感觉。平纵指标均衡连续，有利于行车安全，不应不考虑前后路段的顺畅连接而追求单个曲线或独立路段的高指标。线形的突变如大小半径平曲线对接、隧道洞口线形不连续、横向超高的无预知变化等，都可能引发交通事故。行车安全性的高低与不同线形之间的组合是否协调有密切关系。下列不良的线形组合往往是导致交通事故发生的主要原因：

(1)长直线、长下坡尽头设置较小半径的平曲线，车辆行至小半径平曲线时经常出现侧滑甚至翻车的事故。而对同样的纵坡，如果直线段改为曲线，反而不易出现事故。

(2)短直线介入两同向曲线之间，形成断背曲线，使驾驶员产生错觉，把路线看成反向曲线，在直线过渡段发生翻车事故。

(3)在直线路段的凹形纵断面路段上，驾驶员位于下坡段看到对面的上坡段，容易产生错觉，把上坡的坡度看得比实际的坡度大，驾驶员就有可能加速以便冲上对面的上坡路段，在下坡路段驾驶员看上坡的车时，觉察不出自己是在下坡，因而可能发生交通事故。

(4)在凸形竖曲线的顶部或凹形竖曲线底部插入急转弯的平曲线，前者因视线小于停车视距而导致急打转向盘，后者在超出汽车设计车速的地方仍然要急打转向盘，这些都容易引起交通事故的发生；在平曲线内若纵断面反复凹凸，就形成只能看见脚下和前面，而看不见中间凹陷的线形，因而容易发生交通事故。

(5)转弯半径较小的平曲线与陡坡组合在一起，会使事故数量剧增。

第四节　横　断　面

横断面类型的选取主要依照公路的等级、功能、地形地质特征、交通量和混合交通及土地征用等因素。从交通安全角度主要考虑断面组成及宽度是否适合远景交通量和交通组成，断面宽度是否存在突变。

一、路基横断面宽度

双车道公路路基的标准横断面应由车道、路肩(右侧硬路肩、土路肩)以及错车道等部分组成，如图 3-10 所示。

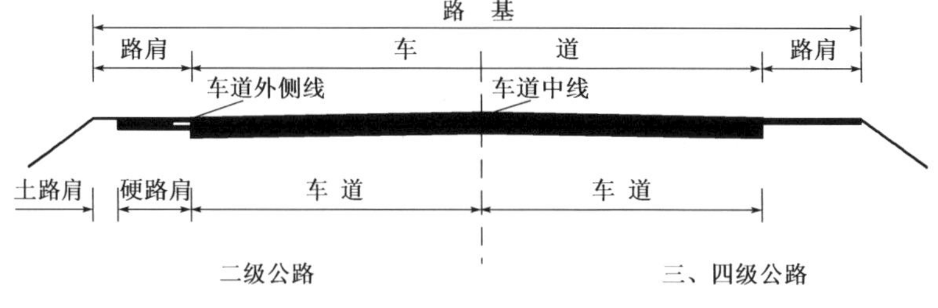

图 3-10　双车道公路路基标准横断面

1. 国内外公路路基宽度对比

《公路工程技术标准》(JTG B01—2003)明确规定了公路路基标准横断面设计尺寸，见表 3-26。

双车道公路路基宽度　表 3-26

公路等级		二、三、四级公路					
设计速度(km/h)		80	60	40	30	20	
车道数		2	2	2	2	2 或 1	
路基宽度(m)	一般值	12.00	10.00	8.50	7.50	6.50(双车道)	4.50(单车道)
	最小值	10.00	8.50	—	—	—	

国外关于路基横断面形式及宽度的规定与我国不同，一般仅要求了不同功能、不同等级公路的横断面组成形式，由哪些部件组成，并未对路基横断面的总体宽度有硬性的要求。

由此可见，目前我国《公路工程技术标准》(JTG B01—2003)中对路基横断面宽度设计中的“双控”性要求，即既要求不同设计速度下路基横断面总宽度(数值)，又对横断面中各组成部分的一般、最小值有要求，会造成一些公路设计由于受到客观条件限制，同时为了满足路基横断面总宽度的要求，压缩或者加宽路基横断面中部分组成要素的宽度，使其应达到的使用功能不能实现。这样便导致了横断面各部分的功能划分变得模糊，失去了原有的作用，对车辆的行驶安全产生了很大的危害。

2. 安全性设计

路基横断面组成形式及各组成要素应充分考虑到公路所在地区特点、具备哪些功能、承载的交通流特性等。路基横断面宽度和组成应按照设计速度标准进行设计，但需要按该路段的运行速度检验。

目前我国双车道公路应用的技术等级是不一致和不均衡的。例如，富裕地区与经济落后地区相比，同样是通县通乡的公路，其技术等级可能相差很大，有可能是二级公路，也有可能是四级公路。因此，在公路设计过程中，不仅要考虑公路的功能和通行能力，同时要结合当地的经济发展水平和地形条件等限制，以科学合理地确定双车道公路的横断面尺寸。为此，根据“山区双车道公路路线设计参数的研究”相关研究成果，给出了不同公路功能下的横断面尺寸以及双车道公路的通行能力指标，见表 3-27。

双车道公路的建议路面宽度及其通行能力　表 3-27

设计速度(km/h)		60	40	30	20
干线公路	路面宽度(m)	8.5	8.0	8.0	—
	通行能力(pcu/h)	1 700	1 300	1 000	—
集散、地方公路	路面宽度(m)	7	7	6.5	5.5
	通行能力(pcu/h)	1 500	1 200	800	400

二、路面宽度

一般来说，较宽的路面有利于行车安全，当双向车道的路面宽度大于 6.5m 时，事故率比路宽为 5.5m 的路面低得多。因此，道路交通事故率随路面宽度的增加而降低。图 3-11 为美国双车道公路事故率与路面宽度的关系。

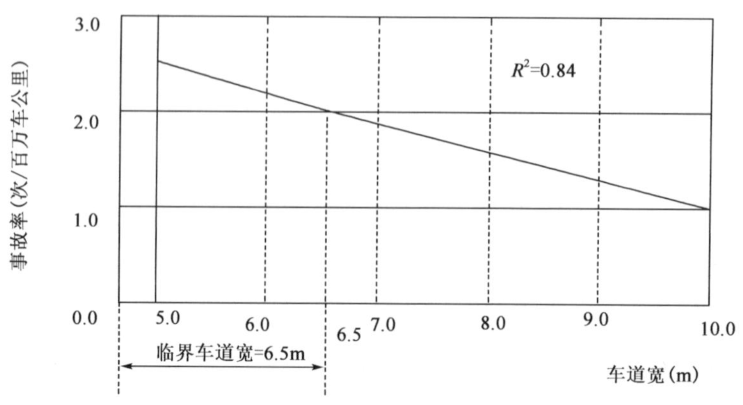

图 3-11　双车道公路事故率与路面宽度的关系

总体来看,事故率与路面宽度基本上呈线性关系,路面越宽,事故率越小。但是双车道公路路面宽度如果过大,会使得道路余宽值加大,驾驶员就会试图利用余宽,在非超车带进行超车,或因高速行车而肇事。目前不少平原区二级公路 9m 宽的路面,可并行三辆车却仅划分两个车道,这就给迎面驶来的车辆一个可随意超车的错觉,大大增加了事故发生的概率。

2007 年,交通运输部公路科学研究院在西部交通建设科技项目"公路交通安全手册研究"中就平原区双车道公路路面宽度对安全性的影响进行了分析。

平原区双车道公路路面宽度安全特性分析指标包括全部事故亿车公里事故率、全部事故亿车公里死亡率、路段亿车公里事故率等,研究的路面宽度指路幅上整个硬化路面的宽度,包括行车道和硬路肩的宽度,研究路面的宽度范围为 9～15m,研究结果如图 3-12、图 3-13 所示。

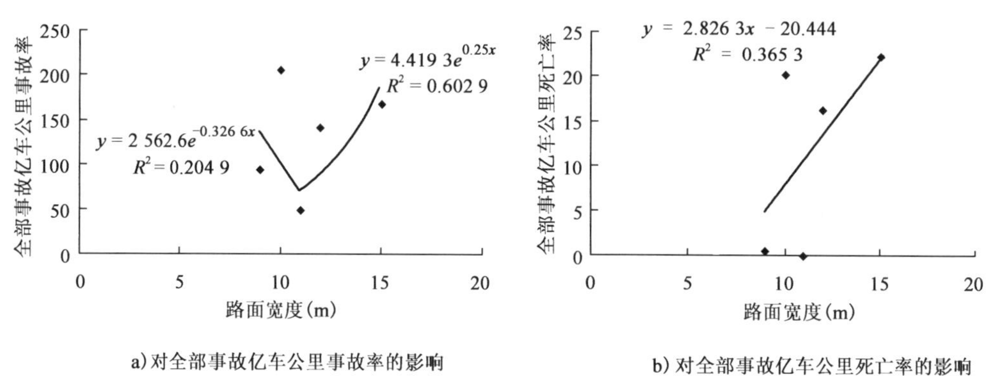

a) 对全部事故亿车公里事故率的影响　　b) 对全部事故亿车公里死亡率的影响

图 3-12　路面宽度与全部事故

研究结果表明,对于研究范围内的双车道公路,路面宽度对全部事故亿车公里事故率和路段亿车公里事故率的影响结果整体一致,即在一定路面宽度范围内,随着路面宽度的增加,事故率首先降低,当路面宽度增加到一定范围之后,事故率开始升高,并且路段上事故率升高的趋势高于全部事故事故率升高的趋势。全部事故亿车公里死亡率则是随着路面宽度的增加呈直线上升趋势。具体到路面宽度的实际数值,现有样本统计分析表明,11m 路面宽的双车道公路表现出较低的事故率。

现场实地观测表明，在研究的平原地区双车道公路上，在一定的路面宽度范围内，路面宽度的增加可以给车辆提供一定的安全净空，有利于提高车辆的行驶安全；但当路面宽度增加到一定值后，路面宽度的增加给驾驶员提供了更多的超车空间，增加了驾驶员超车甚至违章超车的可能性，从而降低安全性。而随着路面宽度的增加，死亡率提高，主要在于路面越宽则车辆速度越快，事故致死率也越高，由此表现出随着路面宽度的增加死亡率呈线性增加趋势。

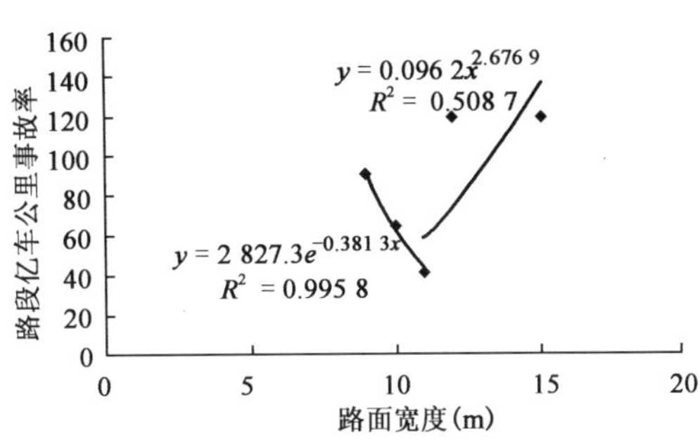

图 3-13　路面宽度与路段亿车公里事故率

与路面宽度对事故率影响趋势一致，路段事故率随路面宽度变化的趋势高于全部事故率变化的趋势，主要在于全部事故中包括交叉口和村庄路段的事故，在这些路段除了路面宽度影响外，交通干扰影响比较严重，而普通路段上交通干扰要相对小得多，所以路段事故率变化趋势更明显。

三、行车道

行车道包括快车道和慢车道，其宽度是根据设计车辆宽度、规划交通量、交通组成和汽车行驶速度来确定的。

1. 我国行车道宽度取值标准

双车道公路有两条车道，行车道宽度包括汽车宽度和富余宽度。二、三、四级公路行车道宽度见表 3-28。汽车宽度取载货汽车车厢的总宽度，为 2.5m。富余宽度是指对向行驶时两车厢之间的安全间隙、汽车轮胎至路面边缘的安全距离。根据大量试验观测，我国标准中提出了余宽的经验公式：

$$\text{双侧余宽}=0.50+0.005v \tag{3-11}$$

式中：v——设计速度，km/h。

二、三、四级公路行车道宽度　　表 3-28

公路等级	二、三、四级公路				
设计速度(km/h)	80	60	40	30	20
车道数	2	2	2	2	1 或 2
行车道宽度(m)	7.5	7.0	7.0	6.5	3.5 或 6.0

2. 国外行车道宽度设计标准

美国常用车道宽度一般采用 2.7～3.6m，其中大多数高等级公路车道宽度主要采用 3.6m。城市道路的人行道口、交叉口，或者用地受到严格限制的区域，容许采用 3.3m 的车道宽度；低速行驶的道路容许采用 3.0m 的车道宽度；交通量很小的乡间和住宅区道路，容许采用 2.7m 的车道宽度。

日本根据设计速度的区别规定了不同车道的宽度。对于高速公路以及汽车专用公路，车道宽度有 3.5m、3.25m 和 3.00m 三种；对于其他设计速度小于或等于 80km/h 的国道、县道公路，车道宽度有 3.5m、3.25m、3.00m 和 2.75m 四种。

澳大利亚行车道宽度对于乡村公路一般取 3.5m。当设计年平均日交通量小于 1 000 pcu/h时，对于单幅公路行车道宽度有 3.1m、3.5m 和 3.7m 三种。

德国公路共有 a、b、c、d、e 和 f 六种类型横断面，对应的车道宽分别为 3.75m、3.5m、3.25m、3.00m、2.75m 和 2.5m。

各国规定的车道宽度均随设计速度的降低而减窄，其乡村公路车道宽度的选择主要取决于设计速度和交通量，但国外在确定公路行车道宽度时具有一定的灵活性。以美国为例，由于公路的服务功能和地形影响设计速度的选择，从而影响车道宽度，因此可能会因为某公路是重要的长距离的运输干线而指定车道宽度，不考虑交通量，从而保证运输的连续性。

国外针对小交通量下的双车道公路提出相应的行车道宽度，其宽度取值随交通量的减少而相应降低。我国仅针对交通量确定了公路等级，没有相应的小交通量下公路的行车道设计指标。

3. 安全性设计

双车道公路行车道宽度和路面状况影响车辆行驶的安全性和舒适性，狭窄的车道使驾驶员之间不得不以比常规更近的横向间距行车，这样就会降低平均车速和通行能力，增加交通事故隐患；过宽的车道，则可能出现在双车道公路上并行行驶 3 辆车的情况，难以把交通车辆整理成一列通行，因而极有可能引发交通事故。因此，车道的宽度应满足设计车辆宽度并能为车辆在车道内横向摆动和为相邻车道上的车流提供余宽——侧向净空。

侧向摆动允许值是为车辆行驶提供横向安全空间，是考虑车辆行驶中因驾驶不准确、无意识地转动转向盘和受侧向横风影响等造成的横向摆动等因素所需保证的安全距离，它与车辆行驶速度和车型构成等因素有关。我国现行标准采用的双侧余宽计算公式的结果与国外的建议值相比偏小。考虑到实际行驶时大车混入率、路侧干扰都会对车辆的侧向摆动有较大影响，而非仅仅是行车速度这唯一的因素。因此，从偏于安全的角度，结合国外文献资料以及实地的观测，侧向余宽以 0.25m 为级差取值。

对于存在会车的双车道公路，当出现两车高速行驶相会时，车辆会向外偏移，经验值为 0.25m。因此，行车道应增加 0.25m 的净宽，作为双车道公路的会车安全措施。

在确定出各部分尺寸的基本宽度后，即可计算出双车道公路行车道宽度，其等于车辆宽度、侧向允许摆值与会车安全净距之和。结合公路功能，双车道公路的车道宽度值见表3-29。

车道计算宽度 表 3-29

公路功能	设计车辆宽度(m)	侧向允许摆值(m)	附加净宽(m)	车道宽度(m)
干线	2.5	0.75	0.25	3.50
集散		0.50	0.25	3.25
地方		0.25	0	2.75

四、路肩

路肩由土路肩和硬路肩组成。路肩对安全行车的作用主要有以下两点：

(1)给发生故障的车辆提供临时停靠的地点，有利于防止交通事故和避免交通紊乱。紧急状态下，路肩还可以作为事故救援的备用道。

(2)作为侧向净宽的一部分，能增进驾驶员的安全感和舒适感，尤其在挖方路段，可以增加弯道视距，减少行车事故。

一般情况下，较宽路肩可以给驾驶员以较大的操作空间，但是路肩宽度的过量增加并不会显著减少事故率。

1. 我国路肩宽度取值标准

路肩应具有足够的宽度保证其功能的充分发挥，根据功能综合确定硬路肩和土路肩的宽度，见表3-30。

硬路肩功能与最小宽度　　表3-30

硬路肩功能		最小宽度(m)
路面侧向支撑		0.5
控制速度		1.0
紧急停车	小汽车	2.5
	货车	3.0

根据硬路肩的功能要求，各级公路不同设计速度下的右侧硬路肩宽度规定见表3-31。

硬 路 肩 宽 度　　表3-31

设计速度(km/h)		二、三、四级公路				
		80	60	40	30	20
硬路肩宽度(m)	一般值	1.50	0.75	—	—	—
	最小值	0.75	0.25	—	—	—

土路肩宽度应根据公路等级、设计车速及有无硬路肩确定，一般宽度宜采用0.75m，土路肩宽度规定见表3-32。

土 路 肩 宽 度　　表3-32

设计速度(km/h)		二、三、四级公路				
		80	60	40	30	20
土路肩宽度(m)	一般值	0.75	0.75	0.75	0.50	0.25(双车道)
	最小值	0.50	0.50			0.50(单车道)

2. 国外路肩宽度取值标准

美国在研究路肩宽度时分别提出了“路肩宽度”和“路肩有效宽度”两种定义(图3-14)。路肩宽度是指从行车道边缘至路肩坡面与前坡面的相交处宽度；路肩有效宽度是指在紧急情况或停车时能使用的实际宽度。在路基边坡不陡于1∶4的路段，有效宽度可与路肩宽度相同，因为通常在路肩转折处做成1.2～1.8m宽的弧形，不会明显减少它的有效宽度。

澳大利亚的相关规范根据公路的路幅组成结合交通量确定硬路肩的宽度。硬路肩宽度取值见表3-33。

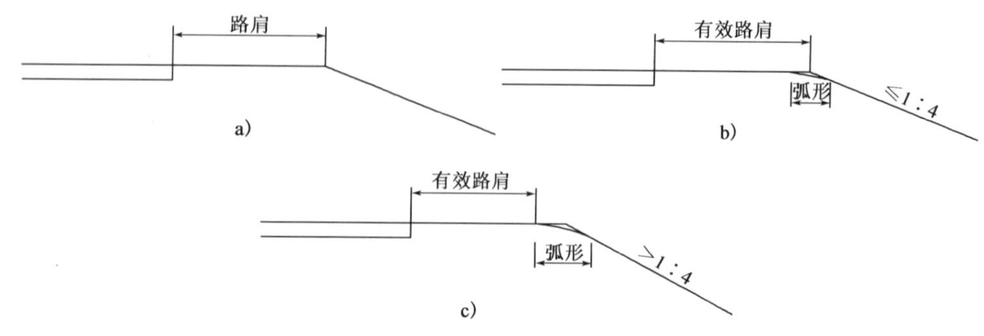

图 3-14　路肩和有效路肩

澳大利亚硬路肩宽度取值标准(m)　　表 3-33

单幅公路				
设计年平均日交通量(AADT)				
1～150	150～500	500～1 000	1 000～3 000	>3 000
2.5	1.5	1.5	2.0	2.5
双幅公路				
<20 000		>20 000		
2.5		3.0		

从国外公路路肩宽度的取值标准来看，除了在路肩设计时注重其功能作用外，还充分考虑了交通流组成对路肩宽度取值的影响。

3. 安全性设计

2007 年，交通运输部公路科学研究院对山区双车道公路路肩宽度安全特性进行了分析和研究。

该研究包括路肩宽度对全部事故、一般以上事故和路侧事故、追尾事故、碰撞事故等的影响分析。研究的路肩宽度为双车道公路除去车道后全部路肩宽度之和，即包括左右两侧的硬路肩和土路肩。研究路肩宽度范围为 1～8.5m，研究的 24 条双车道公路中共有 7 种路肩宽度情况，其中路肩宽度 3～8.5m 的几种情况只有单一的样本。分析指标为各种事故亿车公里事故率指标与路肩宽度的分布分析，分析结果如图 3-15～图 3-19 所示。

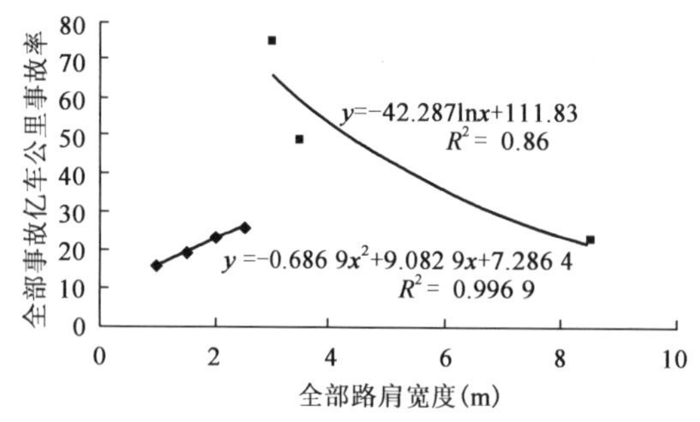

图 3-15　全部事故按路肩宽度分布图

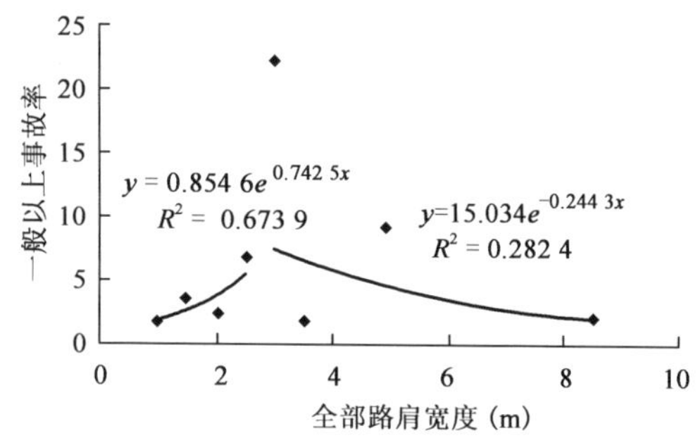

图 3-16　一般以上事故按路肩宽度分布图

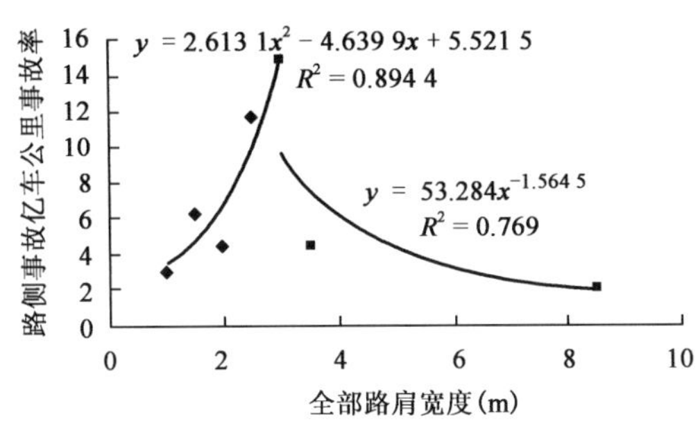

图 3-17　路侧事故按路肩宽度分布图

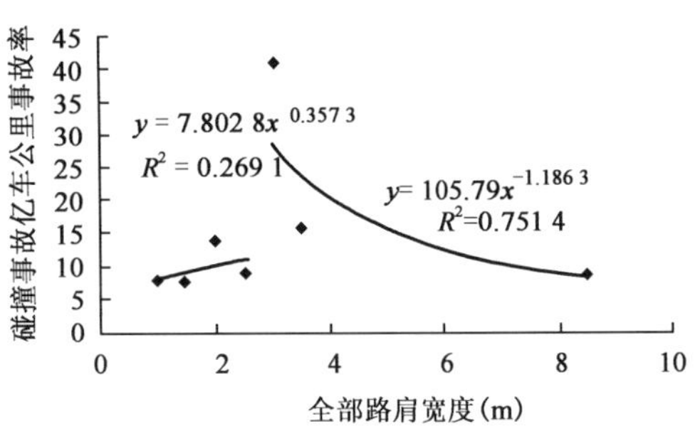

图 3-18　碰撞事故按路肩宽度分布图

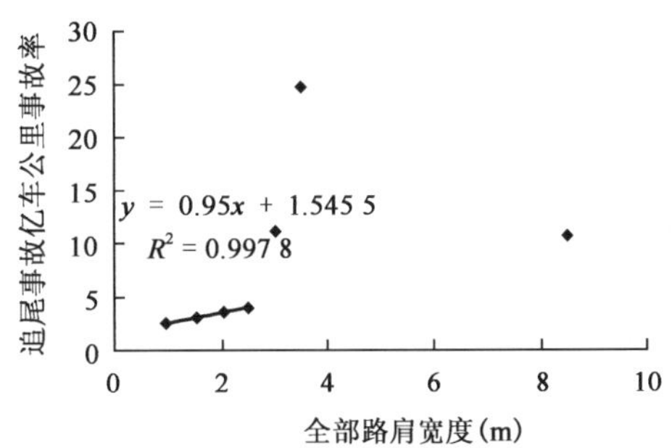

图 3-19　追尾事故按路肩宽度分布图

根据研究结果，全部事故率、一般以上事故率和追尾事故、碰撞事故、路侧事故等事故率的整体分布情况基本一致，即大多数情况下在路肩宽度小于 2.5m(两侧路肩宽度和)时，路肩加宽事故呈上升趋势，路肩宽度大于 2.5m 时事故呈下降趋势。路肩宽度 1～2.5m(双车道公路两侧路肩和)范围获取了较多的样本，且该类双车道公路构成了我国山区双车道公路的主体。分析结果结合实地的勘察和观测，表明在研究的山区双车道公路上，路肩宽度 1～2.5m 时，一般情况下路肩宽度较宽，超车行为较频繁，由此导致相应的事故率较高。

对于双车道公路，虽然起路面侧向支撑作用的路肩宽度有 0.5m 即可满足要求，但从提高行车安全性考虑，硬路肩的最小宽度除不影响内侧车道行驶速度外，还应能为因各种原因驶出行车道的车辆提供最小宽度的返回空间，故提供长距离、快速运输服务功能的干线公路，其公路路肩宽度的最小值规定不应小于 0.5m，而设计速度 60km/h 以上的双车道公路路肩宽度推荐采用 0.75m。调查发现提高宽度后的双车道公路，可以改善行车安全性，使用效果良好。但对于设计速度低于 30km/h 的山区双车道公路，交通量少、行驶速度要求不高，也可以取消路肩宽度的要求。因此，结合公路功能，双车道公路的路肩宽度建议值见表 3-34。

山区双车道公路硬路肩宽度　　表 3-34

设计速度(km/h)	60	40	30	20
干线公路(m)	＞0.75	＞0.5	＞0.5	—
集散、地方公路(m)	0	0	0	0

第五节　视　　距

视距是公路设计的控制性指标之一。为了行车安全，驾驶员需要能及时看到前方相当一段距离，以便发现前方障碍物或来车能及时采取措施，保证交通安全，这一距离称为行车视距。

行车视距是道路使用质量的重要指标之一，行车视距是否充分将直接关系到行车的安全和舒适。根据驾驶员所采取的措施不同，行车视距分为停车视距、会车视距、错车视距和超车视距等。

在公路设计中对于停车视距和会车视距均提出明确的要求，即高速公路、一级公路采用停车视距；二级公路、三级公路、四级公路的视距应满足会车视距的要求，在地形条件或其他特殊情况受限制而采取分道行驶措施的地段，可采用停车视距。因此，在公路安全设计中停车视距的研究无疑是非常重要的。

一、我国视距设计标准

1. 停车视距

停车视距计算时眼高和物高规定为：眼高 1.2m，物高 0.1m。

停车视距由两部分组成：驾驶者在反应时间内行驶的距离；开始制动到车辆停止所行驶的距离，即制动距离。另外，应增加安全距离 5～10m。通常按下式计算：

$$S_{停} = \frac{v}{3.6}t + \frac{(v/3.6)^2}{2g(f+i)} \tag{3-12}$$

式中：f——纵向摩阻系数，依车速及路面状况而定；

t——驾驶者反应时间，取 2.5s（判断时间 1.5s、运行时间 1.0s）；

i——纵坡（如 2%上坡为 $i=+0.02$，3.5%下坡为 $i=-0.035$）。

由此可以得到无纵坡条件下路面处于潮湿状态的小客车停车视距，见表 3-35。

路面潮湿状态下的停车视距 表 3-35

设计速度(km/h)	行驶速度(km/h)	f_1	计算值(m)	规定值(m)
80	68	0.31	105.90	110
60	54	0.33	73.2	75
40	36	0.38	38.3	40
30	30	0.44	28.9	30
20	20	0.44	17.3	20

注：积雪冰冻路段停车视距宜适当增长。

二、三、四级公路的视距应满足会车视距要求，其长度应不小于停车视距的 2 倍。工程特殊困难或受其他条件限制采取分道行驶措施的地段，可采用停车视距。

大型车比例高的二级公路、三级公路的下坡路段，应采用下坡段货车停车视距（表 3-36）对相关路段进行检验。

2. 超车视距

在双车道公路上行驶着各种不同速度的车辆，当快速车追上慢速车以后，需要用供对向汽车行驶的车道进行超车。为了超车时的安全，驾驶员必须能看到前面足够长度的车流空隙，以便在相邻车道上没有出现对向驶来的汽车之前完成超车而不阻碍被超汽车的行驶。这种快车超越前面慢车后再回到原来车道所需要的最短距离称为超车视距。

下坡段货车停车视距(m)　　表 3-36

设计速度(km/h)			80	60	40	30	20
纵坡坡度(%)	下坡	0	125	85	50	35	20
		3	130	89	50	35	20
		4	132	91	50	35	20
		5	136	93	50	35	20
		6	139	95	50	35	20
		7	—	97	50	35	20
		8	—	—	—	35	20
		9	—	—	—	—	20

图 3-20 显示了超车运行的全过程中，超车汽车、被超汽车和对向来车的行进距离。超车视距的全过程可分为四个阶段：第一阶段 S_1，即加速阶段，从 A 点，超车汽车开始超车动作加速至 B 点，开始进入对面的车道。第二阶段 S_2，即超越阶段，该阶段超车汽车与被超越汽车平行行驶，在 C 点，超车到达“关键位置”或称“无法回头点”，在这一点位上，放弃超车所需的视距等于完成超车动作所需的视距；过了 C 点，超车的驾驶员除了完成超车动作别无选择，因为此时若放弃超车会需要更大的视距；至 D 点，超车已经完成动作，安全返回其原来的车道。第三阶段 S_4，即对向车行进过程，超车汽车在超越阶段对向车的行进距离。第四阶段 S_3，即超车与对向车安全回车过程；即图中 DE 两点距离。

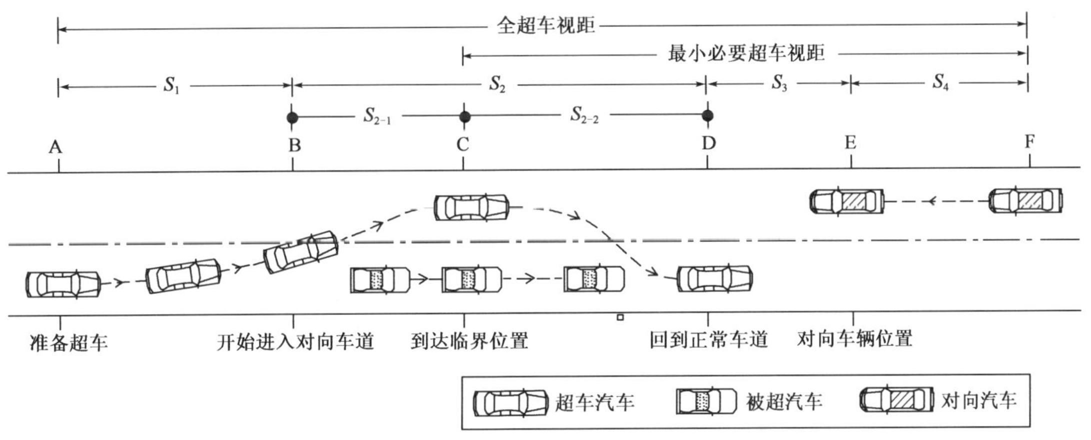

图 3-20　超车过程的视距解析图

1)加速行驶距离 S_1

当超车汽车经判断认为有超车的可能时，于是加速行驶移向对向车道，在进入该车道之前的行驶距离为 S_1：

$$S_1 = \frac{v_0 t_1}{3.6} + \frac{1}{2} a t_1^2 \tag{3-13}$$

式中：v_0——被超汽车的速度，km/h；

t_1——加速时间，s；

a——平均加速度，m/s^2。

2)超车汽车在对向车道上行驶的距离 S_2

$$S_2 = \frac{v}{3.6} \cdot t_2 \tag{3-14}$$

式中：v——超车汽车的速度，km/h；

t_2——在对向车道上的行驶时间，s。

3)超车完了时超车汽车与对向汽车之间的安全距离 S_3

这个距离视超车汽车和对向汽车的行驶速度不同采用不同的数值，一般取：

$$S_3 = 15 \sim 100\text{m} \tag{3-15}$$

4)超车汽车从开始加速到超车完了时对向汽车的行驶距离 S_4

$$S_4 = \frac{v}{3.6} \cdot (t_1 + t_2) \tag{3-16}$$

以上四个距离之和是比较理想的全超车过程，但距离较长，在地形比较复杂的地点感到很难实现。实际上，在计算 S_4 所需的时间时只考虑超车汽车从完全进入对向车道到超车完了所行驶的时间就可保证安全。这是因为尾随在慢车后面的快车驾驶员往往在未看到前面的安全区段就开始了超车过程，如果进入对向车道之后发现迎面有汽车开来而超车距离不足时还来得及返回自己的车道。因此，对向汽车行驶时间大致为 t_2 的 2/3 就足够了，即：

$$S_4 = \frac{2}{3} \cdot S_2 = \frac{2}{3} \cdot \frac{v}{3.6} \cdot t_2 \tag{3-17}$$

于是，最小必要超车视距为：

$$S_{超} = S_1 + S_2 + S_3 + S_4 \tag{3-18}$$

我国标准规范规定二、三、四级公路应在适当间隔内设置满足表 3-37 所列超车视距“一般值”的超车路段。

超 车 视 距 表 3-37

设计速度(km/h)	80	60	40	30	20
一般值(m)	550	350	200	150	100
最小值(m)	350	250	150	100	70

具干线功能的二级公路宜在 3min 的行驶时间内，提供一次满足超车视距要求的超车路段。其他双车道公路可根据情况间隔设置具有超车视距的路段。

3. 行车视距的保证

平曲线内侧设置的人工构造物，或平曲线内侧挖方边坡妨碍视线，或中间带设置防眩设施时，应对视距予以检查与验算。平曲线上的视距是否足够，应按汽车沿曲线内侧行驶，假定驾驶员视线高出路面 1.2m(货车可取 2.0m)，距内侧路面未加宽前 1/2 车道宽处，汽车轨迹与视

距线之间的横净距 h 进行检查。

二、国外视距设计标准

美国 AASHTO 对视距的定义为“视距是驾驶员向前所能看见的道路长度”。其中，停车视距是指“车辆在以接近或达到设计行车速度行驶时，发现前方公路上有障碍物或慢行车辆，能及时采取措施、防止汽车与之相撞的最短行车距离”。综合国外对停车视距的研究成果可以发现，停车视距的确定不仅与驾驶员视线高度、驾驶员反应时间、运行速度有关，还与障碍物的高度、制动距离，以及道路的几何线形有关系。

总结世界各国的标准可以得出停车视距标准都是基于符合基本物理原理的相同模型，即：停车视距＝反应距离＋制动距离＋安全距离。

因为不同的国家对于模型参数的假定不同，所以得出了不一样的停车视距值。表 3-38 列出了世界各国以小客车为标准车型的停车视距取值。

各国小客车停车视距(m)参数表　　　　表 3-38

国家	反应时间(s)	设计或运行速度(km/h)												
		20	30	40	50	60	70	80	90	100	110	120	130	140
美国	2.5	—	—	—	—	85	105	130	160	185	220	250	285	—
澳大利亚														
正常条件	2.5	—	—	—	—	—	—	115	140	170	210	250	300	—
正常条件	2.0	—	—	—	45	65	85	105	130	—	—	—	—	—
限制条件	1.5	—	—	—	40	55	70	—	—	—	—	—	—	—
其他国家														
奥地利	2.0	—	—	35	50	70	90	120	—	185	—	275	—	380
英国	2.0	—	—	—	70	90	120	—	—	215	—	295	—	—
加拿大	2.5	—	—	45	65	85	110	140	170	200	220	240	—	—
法国	2.0	15	25	35	50	65	85	105	130	160	—	—	—	—
希腊	2.0	—	—	—	—	65	85	110	140	170	205	145	—	—
瑞典	2.0	—	35	—	70	—	165	—	—	—	195	—	—	—
日本	2.5	—	—	—	55	75	—	110	—	160	—	210	—	—

从表 3-38 可以看出，各国的停车视距取值不尽相同。我国的停车视距取值与日本相同，与欧洲一些国家的规定相比，取值略显偏低。

对于货车等大型车还应计算纵坡对停车视距的影响。各国在计算货车的停车视距时，一般分别计算上坡和下坡条件下的停车视距，通常上坡需要的停车距离比水平路段短，而下坡则较长。

美国 AASHTO 对双车道公路设计的安全超车视距计算方法见表 3-39。

双车道公路设计的安全超车视距要素 表 3-39

超车运行要素		速度范围(km/h)			
		50～65	66～80	81～95	96～110
		平均超车速度(km/h)			
		56.2	70.0	84.5	99.8
起始运行	a=平均加速度(m/s^2)	2.25	2.30	2.37	2.41
	t_1=时间(s)	3.6	4.0	4.3	4.5
	d_1=行驶距离(m)	45	66	89	113
占用左车道	t_2=时间(s)	9.3	10.0	10.7	11.3
	d_2=行驶距离(m)	145	195	251	314
净余长度	d_3=行驶距离(m)	30	55	75	90
对向车道	d_4=行驶距离(m)	97	130	168	209
总行驶距离 $d=d_1+d_2+d_3+d_4$		317	446	583	726

日本对于超车视距的计算方法见表 3-40。

超车视距的计算值 表 3-40

超越车和对向车的速度(km/h)			100	80	60	50
被超越车的速度(km/h)			80	60	45	37.5
d_1	平均加速度	a(m/s^2)	2.38	2.34	2.27	2.23
	加速时间	t_1(s)	4.5	4.2	3.7	3.4
	加速行驶距离	d_1(m)	113	82	51	39
d_2	对向车道上行驶时间	t_2(s)	114	10.4	9.5	9.0
	对向车道上行驶距离	d_2(m)	317	231	159	125
d_3	超越车与对向车距离	d_3(m)	80	60	40	30
d_4	对向车行驶距离	d_4(m)	211	154	106	81
全超车视距 $d_1+d_2+d_3+d_4$			700	550	350	250
最小超车视距 $2/3d_2+d_3+d_4$			500	350	250	200

从超车视距的计算结果来看,我国的标准取值与日本的标准取值相近。

三、视距的安全性分析

从美国统计的交通事故率与行车视距的关系曲线可以看出(图 3-21),交通事故率随着行车视距的增加而降低。当视距小于 100m 时,事故率随视距减小而显著增加;当视距大于 200m 时,事故率随视距增加而缓慢降低;当视距大于 600m 时,事故率基本不再变化。因此,100m 可以作为事故率可容许极限点,200m 是事故变化率的转折点。

国内外公路交通事故统计资料表明,公路平面线形上视距不足反映出来的道路交通事故数量,没有纵断面线形上的视距不良反映得明显。而竖曲线视距越短,交通事故越频繁。

在竖曲线上不同视距下的事故率见表 3-41。

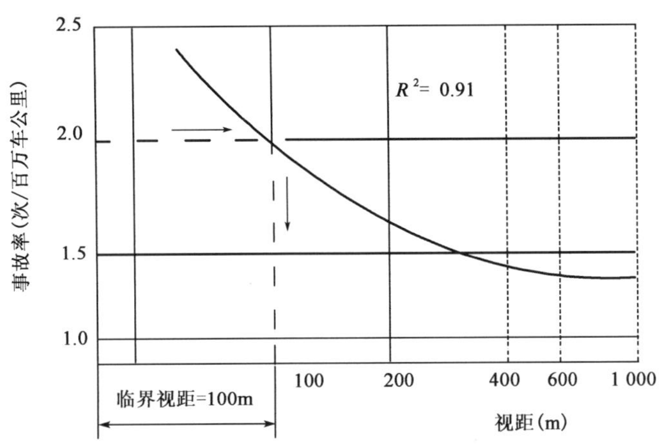

图 3-21 行车视距与交通事故率的关系

双车道公路视距与交通事故率关系统计表 表 3-41

视距(m)	<240	240~450	450~750	>750
交通事故率(次/百万车公里)	1.49	1.18	0.93	0.68

1.停车视距

我国规范中计算视距时采用设计速度的85%~90%比例速度进行了折减,但在公路设计指标安全性评价中,根据路段运行速度要对沿线的停车视距进行计算和检验。在数值上对于小型车往往要求的视距高于同等设计速度要求的视距(表 3-42),大型车因最大期望车速为75km/h,运行速度要求视距要低于同等级设计速度要求的视距。

基于运行速度的小型车停车视距 表 3-42

运行速度(km/h)	反应时间(s)	摩阻系数	制动停车距离(m)	视距(m)
120	2.5	0.29	279	280
110	2.5	0.29	241	245
100	2.5	0.3	201	205
90	2.5	0.3	169	170
80	2.5	0.31	137	140
70	2.5	0.32	109	110
60	2.5	0.33	85	90
50	2.5	0.35	63	65
40	2.5	0.38	44	45
35	2.5	0.40	36	35
30	2.5	0.44	29	30

因货车存在空载时制动性能差、轴间荷载难以保证均匀分布、一条轴侧滑会引发其他车轴失稳、半挂车铰接制动不灵等现象,尽管货车驾驶者眼睛位置高,比小型车驾驶者看得更远,但仍需要比小型车更长的停车视距。

货车停车视距的眼高规定为2.00m,物高规定为0.10m。在下列相关路段要按照货车进行视距检验：

(1)减速车道及出口端部；

(2)主线下坡路段且纵面竖曲线半径小于一般值的路段；

(3)主线分、汇流和车道数减少处，且该处纵面竖曲线半径小于一般值的路段；

(4)要求保证视距的圆曲线内侧，当圆曲线半径小于2倍"一般值"或路堑边坡陡于1∶1.5的路段；

(5)公路与公路、公路与铁路平面交叉附近。

在检验货车视距时，同样利用式(3-12)代入不同路段的运行速度和坡度值，得到下坡段货车停车视距，见表3-36。

2. 超车视距

我国标准规范计算的超车视距假设超车汽车和对向汽车都按照设计速度行驶。被超汽车的速度 v_0 较设计速度低5～20km/h。

在用运行速度检验超车视距时，运用上述理论公式以各路段实际运行速度检验路线设计指标。在计算和检验超车视距时采用以下假设条件：

(1)被超车辆正以该路段运行速度行驶；

(2)尾随车辆在刚要超车前也用相同的运行行驶，超车速度采用期望车速(双车道公路采用90km/h)进行超车过程；

(3)超车连续加速至超车动作完成时回到设计车速，表3-43列出了假定加速度；

(4)加速动作刚一结束，迎面而来的车辆恰好驶到。

假定加速率 表3-43

设计速度(km/h)	80	70	60	50	40
加速度(m/s^2)	1.25	1.45	1.7	1.9	2.2

在双车道公路设计初始完成后，需要根据沿线运行速度分布对超车视距进行验算和分析，根据超车路段的设置进行公路线形的优化和标志、标线的安全设计。

3. 行车视距的保证

由于侧向障碍物侵入视线是影响公路视距的因素之一，因此，在平面设计时应保证横向净距的要求。横净距 h 可根据视距、弯道的曲线长和行车轨迹半径 R_S 计算出。当圆曲线长度大于停车视距SSD时，平曲线内最大横净距计算公式为：

$$h = R_S\left[1-\cos\left(\frac{28.65\text{SSD}}{R_S}\right)\right] \tag{3-19}$$

在进行横净距的计算时，应根据运行速度确定停车视距，同时还应对小型车和大型车分别进行计算。

第四章　多车道公路安全设计

第一节　一级公路安全设计

一、交通特性

一级公路是供汽车分向、分车道行驶,并可根据需要控制出入的多车道公路。结合实地及统计资料调查分析,一级公路交通流特性主要有:

(1)交通量大。一级公路设计通行能力在550～1 400pcu/(h·ln),四车道适应的年平均日交通量在15 000～30 000pcu。在我国,一级公路普遍作为干线公路,承担的交通量较大,车头时距小。

(2)交通组成复杂。由于与乡村道路交叉时往往采用平交,沿线村民的短途生活出行造成一级公路交通组成复杂,农用车、行人,甚至畜力车与公路上的机动车混行的现象较为普遍。

(3)车速高。一级公路线形及路面条件好,且有中央分隔带,交通流量较小的路段小客车车速常在100km/h以上,大型客货车车速也在70km/h以上。

二、路线安全设计

1.设计标准

一级公路可分段选用不同的设计标准,但不同设计标准路段间的衔接应协调,过渡应顺适。

1)服务功能

一级公路具有“干线”和“集散”两种服务功能。一级公路作为干线公路时,应为车辆提供高效的机动性,尽量减少出入口的数量。一级公路作为集散公路时,应以汇集地方交通,疏散干线交通为主,宜在机动性和通达性之间寻求平衡,合理控制出入口的数量。

一级公路设计时应根据公路项目影响范围内的路网情况、出行特点、交通特征等综合确定其服务功能。

一级公路穿越县城路段较长,且混合交通特征明显,超出了公路的服务功能范围时,应按照城市道路的标准进行设计。

2)设计速度

设计速度是指当气候条件良好、交通密度小、车辆运行只受道路本身条件(几何要素、路面、附属设施等)影响时,中等驾驶技术的驾驶员能保持安全顺适行驶的最大行驶速度,是决定道路几何设计的基本依据。

设计速度的选用应根据公路的功能、等级、交通量,并结合地形、地质等状况论证确定。一级公路作为干线公路时，设计速度宜取 100km/h 或 80km/h；一级公路作为集散公路时，设计速度宜取 80km/h 或 60km/h。按照城市道路的标准进行设计的路段设计速度宜取 40～60km/h。

2. 设计方法

目前我国采用的是基于设计速度的路线设计方法，其核心是根据车辆动力学和运动学来设计公路线形的。设计人员依据设计速度在规范规定的范围内进行设计时，指标选择空间很大，难免存在一定的随意性。线形连续性和均衡性的保证就只能依靠工程实践经验。

针对基于设计速度的路线设计方法的缺陷，很多国家提出了基于运行速度的路线设计方法。我国《公路项目安全性评价指南》(JTG/T B05—2004)也引入了运行速度的概念，并给出了运行速度的计算方法和基于运行速度的路线安全性评价方法。

一级公路的路线设计可采用规范与指南相结合的方法进行，具体流程如下：

1)初始设计

按照规范的规定，结合地形、地质、地物、生态环境、自然景观、区域气候等条件，进行初始线形设计。

2)安全评价

按照指南的规定对初始线形设计进行安全性评价，重点是运行速度协调性、设计速度一致性、视距和超高的评价。符合要求，则设计结束；不符合要求，转第 3)步。

3)局部调整

分析运行速度不协调路段的问题，找出原因并进行相应适当调整，返回第 2)步。

为了减少以上过程循环的次数，应注意在初始线形设计中合理选择设计指标，注重设计指标的均衡性。目前多数一级公路的线形指标较高，甚至达到了更高设计速度的技术指标要求。这样带来的结果是运行速度过高，给车速限制带来了不便。因此，在线形设计时不应在条件允许的情况下刻意追求采用较高的设计指标，以保证运行速度与设计速度的一致性。

3. 平纵线形设计

考虑到一级公路出入口和穿越村镇路段的交通安全问题，在平纵线形设计过程中可从以下几个方面进行努力：

1)线位选择

一级公路穿越村镇时，应注意合理利用地形，采用路堤、高架桥或路堑的形式进行路宅分离，最大程度保证出入口的间距，减少村镇内部交通对一级公路的干扰。此时应注意适当设置横穿公路使用的人行通道或人行天桥。无法通过线位选择实现路宅分离时，必须设置有效的隔离设施。

2)出入口区域

一级公路进行出入口设计时，主路线形基本不能变动。因此，在平纵线形设计时应考虑到出入口的设置，使出入口位于主线线形良好路段：平面线形宜为直线或大半径圆曲线，以利于出入口通视范围的保证；纵断面坡度宜小于 3%，以利于车速的控制。

3)运行速度

平纵线形是影响运行车速最为显著的因素，在设计时应为出入口、穿越村镇路段的交通安

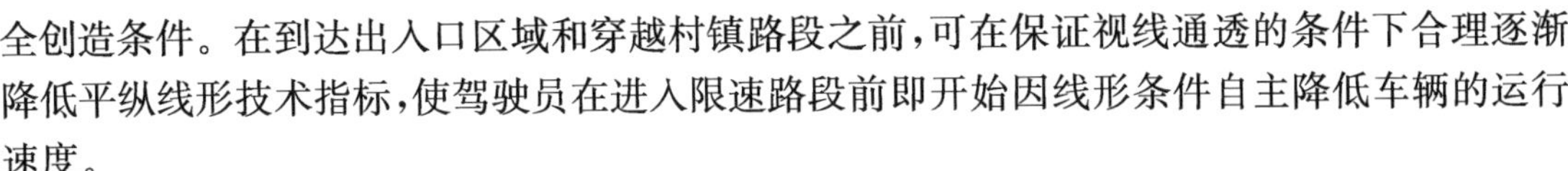

全创造条件。在到达出入口区域和穿越村镇路段之前，可在保证视线通透的条件下合理逐渐降低平纵线形技术指标，使驾驶员在进入限速路段前即开始因线形条件自主降低车辆的运行速度。

4)民众参与

一级公路的建设将对周边环境产生重大影响，公路的建设和管理都与周边民众的生产、生活息息相关。因此，在平纵线形设计时，应加强与沿线地方政府的沟通和交流，尊重地方政府及民众的意见和建议。通过意见交换，使得设计更为合理、实施更为顺利的同时，还可以加深民众对公路设计的理解，增强民众的交通安全意识。

4. 横断面设计

一级公路横断面设计应根据预测交通量、交通组成、设计速度、地形条件等因素综合确定。

1)一般路段横断面设计

一级公路一般路段横断面设计应按照标准规范规定的标准路基横断面进行。按照城市道路标准进行设计的路段，横断面设计应满足现行《城市道路交通规划设计规范》(GB 50220)的要求。横断面布置不同的路段之间应设置平顺的过渡段。

对多条未设置中央分隔带的一级公路的调查显示，车辆行驶很不规范，常常越过双黄线驶入对向车道超车，正面相撞事故频发。而且一级公路车速快，正面相撞的事故后果往往很严重。因此新建一级公路整体式路基必须设置中央分隔带。对于现有未设置中央分隔带的一级公路，应增设中央分隔带。受路面宽度限制无法设置绿化带时，可以采用隔离墩、水泥混凝土护栏等形式进行隔离。

2)经过村镇路段横断面设计

一级公路穿越村镇，占用了原有的地方道路，原有的内部交通将会使用一级公路，形成一级公路出入口随意搭设、主路混合交通严重的现象。一级公路绕越村镇，会吸引村镇居民在公路两侧聚居，形成穿越式布局。因此一级公路经过村镇路段的横断面设计中应重视路肩外侧隔离设施的布置，尤其是无法通过线位高差实现路宅分离的路段。

三、出入口安全设计

统计资料显示，一级公路事故率居高不下主要是由于出入口设置不合理造成的。一级公路出入口设置不合理主要体现在两个方面：一是出入口在人口稠密地区设置，对于出入口的位置、出入口间距等没有给予足够重视，不仅造成道路拥挤、交通延误增大，而且导致交通事故频频发生；二是对一级公路出入口采取不必要的控制措施，阻碍了当地居民的出行和地方经济的发展，给交通安全管理带来极大负面影响。

1. 出入口间距控制

1)出入口设置原则

从交通需求和交通安全两方面考虑，提出一级公路出入口设置原则如下：

(1)尽量满足出行需求

一级公路出入口的设置应结合当地路网情况，考虑沿线村镇居民的出行需求进行确定。出入口的设置对沿线民众的出行影响重大，民众的意见和建议对于出入口的使用和配套设施的维护起到重要作用。因此，对于出入口的设置必须与沿线民众进行沟通交流。

(2)必须保证交通安全

一级公路出入口的设置必须保证出入口的交通安全：出入口的间距必须满足最小间距标准；出入口的位置应具备良好的几何线形条件，通视范围可以得到有效保证。然而出于社会因素的考虑，存在交通安全隐患的出入口也无法避免。此时，必须采取相应的交通安全改善措施，如出入口合并、速度控制等。

2)出入口最小间距标准

《公路路线设计规范》(JTG D20—2006)关于平面交叉间距的规定比较粗略：一级公路作为干线公路时，应优先保证干线公路的通畅，采取排除纵横向干扰措施，平面交叉应保持足够大的间距，必要时可设置立体交叉。一级公路作为集散公路时，应合理设置平面交叉，宜将街道式的地方公路或乡村道路布置在与集散公路相交的次要公路上，或与集散公路平行而只提供有限出入口的次要公路上。一级公路的平面交叉最小间距应符合表4-1的规定。

一级公路平面交叉的最小间距 表4-1

公路功能	干线公路		集散公路
	一般值	最小值	
间距(m)	2 000	1 000	500

然而，我国一些地区公路网密度不足，与一级公路相交或平行的次要道路很少，往往很难从公路网的层面处理出入口的设置。在一级公路穿越村镇路段，内部交通需求决定了出入需求，规范规定的最小间距根本无法满足村镇居民的出行需求，实施难度很大。

目前对于一级公路出入口合理间距的研究已经很多，在参考相关研究成果及标准规范的基础上，将干线公路的最小间距进行适当提高，建议一级公路经过村镇路段的出入口采用表4-2的最小间距标准。

一级公路出入口最小间距 表4-2

设计速度(km/h)	干线公路	集散公路
100	500	300
80	300	200
60	200	150

2. 出入口几何设计

一级公路出入口几何设计对于保证行车稳定、排水通畅具有重要意义。但是现有的设计，尤其是相交道路为乡村道路、机耕道路时，往往过于简单和随意，存在交通安全隐患。

1)出入口角度

出入口角度是指主路与支路中线的最小夹角。为了保证出入口的安全性和经济性，出入口角度应尽量成正交或接近正交。较小的出入口角度将会造成驾驶员不易识别出入口，大型车转弯困难，并增加支路车辆和行人横穿主路的距离。《公路路线设计规范》(JTG D20—2006)规定：平面交叉的交角宜为直角；斜交时，其锐角应不小于70°；受地形条件或其他特殊情况限制时，应不小于 60°。该规定过于粗略，对于等外道路而言，可操作性不强。本着不同相交道路等级采用不同标准的原则，建议根据公路等级确定出入口最小角度，四级公路采用规范最小值 60°；对于等外公路，由于交通量小，通行车辆以农用车为主，车速较低，标准可适当放宽。故建议一级公路出入口最小角度标准按表 4-3 采用。

一级公路出入口最小角度　　表 4-3

相交道路等级	角度(°)	相交道路等级	角度(°)
二级公路	75	乡村道路	50
三级公路	70	机耕道路	45
四级公路	60		

当出入口角度无法满足最小角度标准时，应将支路在出入口范围内进行局部改线。

2)出入口坡度

出入口坡度是指出入口支路的纵断面坡度。在一级公路的填方路段，支路进入主路时是上陡坡，容易造成支路车辆加速冲坡；在挖方路段，支路进入主路时是下陡坡，不利于支路车辆的减速。因此，《公路路线设计规范》(JTG D20—2006)规定：次要公路紧接交叉的引道部分应以 0.5%～2.0%的上坡通往交叉。根据此规定，出入口坡度控制方法如图 4-1 所示。按照相关研究成果的要求，支路上紧接主路的引道坡段至主路边缘至少应保证 25m，使支路车辆在支路上停车等待或择机平顺驶入主路。出入口位于设置超高的曲线路段时，支路的坡度应服从主路的横坡。当支路坡度与主路横坡相反时，应设置 S 形竖曲线，如图 4-2 所示。

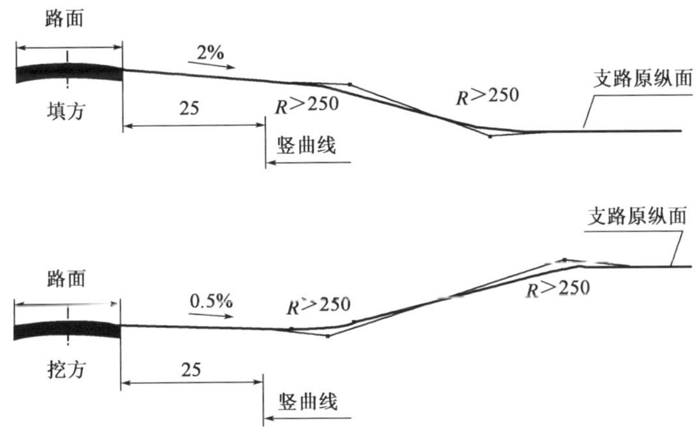

图 4-1　出入口坡度控制(尺寸单位：m)

显然，上述要求对于等级较低的相交道路来讲要求过高，可操作性较差，也没有必要。从一级公路出入口的实践来看，挖方路段的支路引道采用上坡方式接入，会造成不必要的工程量。而此时采用较小的下坡接入主路，同样可以保证车辆的平顺驶入。因此一级公路出入口坡度只要保证一定距离引道(3s 行程)的缓坡即可，缓坡以外的路段技术标准仍按其公路等级进行确定。根据相交道路的车辆通行情况，将等外公路的缓坡长度进行适当降低，结合相交道路等级可制定出入口最大坡度标准，见表 4-4。

此外,一级公路出入口支路纵断面设计中,还应注意满足引道视距的要求。

3)出入口转弯半径

一级公路出入口转弯半径是指路缘转弯曲线的半径,由车型和车速共同决定。《公路路线设计规范》(JTG D20—2006)以16m总长的鞍式列车为设计车型规定了不同转弯速度下的路面内缘最小半径,见表4-5。由于出入口相交道路等级不同,通行的车辆也有所不同,故该规定不能适应类型多样的一级公路出入口。

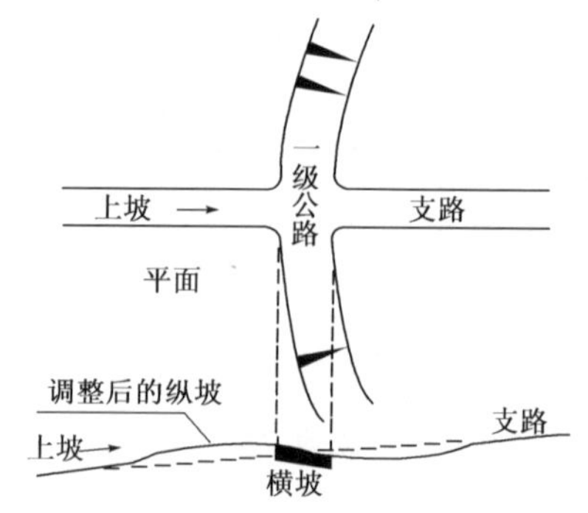

图4-2　一级公路超高路段的出入口坡度控制

一级公路出入口最大坡度　　表4-4

相交道路等级	出入口坡度(%)	坡段长度(m)
二级公路	2	25
三级公路	2	20
四级公路	2	20
乡村道路	2	15
机耕道路	2	10

路面内缘最小半径　　表4-5

转弯速度(km/h)	≤15	20	25	30	40	50	60	70
最小半径(m)	15	20(15)	25(20)	30	45	60	75	90

注:条件受限时可采用括号内的数值。

考虑等级公路在出入口处转弯时的速度降低,可确定其相应的最小转弯半径。等外公路可采用12m载货汽车作为设计车型,最小转弯半径标准适当降低。参考以往规范资料,建议根据相交道路等级的不同,采用一级公路出入口最小转弯半径标准,见表4-6。

一级公路出入口最小转弯半径　　表4-6

相交道路等级	转弯半径(m)	相交道路等级	转弯半径(m)
二级公路	30(25)	乡村道路	15(10)
三级公路	25(20)	机耕道路	10(5)
四级公路	20(15)		

注:条件受限时可采用括号内的数值。

第二节　高速公路安全设计

近年来,随着社会经济的发展,我国公路基础设施建设已经进入了高峰期。由于高速公路和其他等级公路相比,具有仅供汽车专用、车辆运行速度高、全线实行全封闭型管理、车道数多、通行能力大、专为直达服务、具有完善的交通工程及沿线设施、经济效益显著、占地多、投资大等特征，纵观世界各国，尽管高速公路占本国公路总里程的比例很小，却承担了大部分的运输量。大部分成为省际或贯通全国的重要通道，对于区域或国家经济发展有重要意义。我国高速公路发展速度较快，通车里程已经从 2001 年的 1.95 万 km 增至 2011 年的 8.5 万 km。

随着“7918”国家高速公路网和西部大开发战略的实施，我国高速公路建设逐渐向西部地区推进，西部地区高速公路的通车里程迅速增加。受地形地貌条件限制，西部地区高速公路线形指标相对较低，出现了连续长大下坡、螺旋隧道、桥隧群、隧道群、高墩桥等特殊展线形式。同时，这些路段还通常伴随着雨雪雾等不利气候条件。因此，高速公路在带动西部地区经济发展的同时，也存在较多的安全隐患，很多路段已经成为事故高发路段，甚至被称为“死亡路段”。分析表明，这些高速公路采用的设计指标均满足当时的设计标准的要求，施工过程均符合施工规范规定，工程质量合格，并且通过了竣工验收，但仍然在开通运营后事故高发。因此，满足标准规范要求的设计并不一定就是安全的设计。其原因在于标准规范仅对设计指标的下限值进行了规定，而对于具体的设计指标的选择需要综合考虑相邻路段的协调性、交通特征、道路环境特征等因素予以确定。由于高速公路设计除考虑交通安全需求外，还会受环境、地质、地形地貌和投资控制等方面的约束，因此，为保障运营后的交通安全，需要在公路设计、施工过程中强化安全因素的影响力度。

高速公路安全设计正是以此为出发点，要求在高速公路设计过程中将公路设计理念与安全设计理念进行有机结合，在实现公路功能的同时，在设计过程中尽可能考虑运营后交通安全的需求。作为安全设计理念重要载体之一的公路交通安全性评价自 2000 年引入国内以来，已经在多个省份、多条高速公路中得到实施，实施范围涉及了工程可行性研究、初步设计、施工图设计、预开通和运营阶段整个公路建设的寿命周期。除前述评价类型外，还从高速公路（特别是山区高速公路）车辆行驶速度快、交通量大、容易引发群死群伤特大交通事故等交通特征和安全特征出发，针对某一点段（或区段）或某一突发交通事件开展了多项交通安全的专项评价工作。交通运输部、科技部、公安部联合行动计划项目“重特大道路交通事故综合预防与处置集成技术开发与示范应用”研究成果以及近年来国内交通安全评价实施情况表明，实施交通安全评价对于提升运营安全水平有重要意义，具有较高的效益成本比。目前，美国的 16 个州建立了正式的道路安全评价计划，34 个州已经将道路安全评价纳入公路安全改善计划中。其实施效果分析表明，道路安全评价对于降低事故次数有重要意义，部分州通过实施安全评价，能够降低 54%的事故数。

对于高速公路安全设计理念的实施与应用，考虑到高速公路安全设计与普通的公路设计相辅相成，因此，首先要求设计单位在确定设计方案、选取设计指标时，应充分考虑交通安全的需求，并利用公路安全设计体系中提出的研究成果，通过对设计指标进行安全性校验，从而不断地优化设计。同时，考虑到设计过程复杂、影响因素多，因此，除设计人员对设计进行自检验外，还需要引入第三方安全评价机构，完全以运营后的各类道路使用者的交通安全需求作为基本出发点，对设计指标进行全方位、系统深入的评价，辨识存在的安全隐患，提出安全完善建议。

一、总体设计

高速公路总体设计对于路线平纵线形、路基、桥隧、路线交叉、沿线设施等相互协调、整体统一有重要意义，其安全性与运营安全直接相关。公路总体设计代表着该公路项目的总体定位，其总体的把握也关系到总体设计的方向。在《公路工程基本建设项目设计文件编制办法》中就已经明确提出了将总体设计作为设计的第一篇章，使得整个设计贯彻“安全、耐久、节约、和谐”的设计理念。总体设计应该首先满足以下要求：

(1)总体设计对控制点、走廊带的选择。控制点和走廊带是一个项目的基础，一旦发生变化，不但影响着项目的总体工程规模和投资，而且还要影响到路网结构、路网的整体功能，甚至影响到区域路网的社会经济效益，因此，在总体设计中，特别是工程可行性研究阶段的总体设计应该对控制点和走廊带的选择慎重考虑，应深入研究，进行多方案的比选。

(2)总体设计应考虑区域经济发展情况确定走廊带。从社会经济发展以及带动刺激来选择路线走廊，当区域经济欠发达或交通基础建设不完善时，路线走廊应该选择在具有一定经济基础的区域和经济带上，从而刺激和带动当地经济的发展；当区域经济高度发达或者交通基础设施相对完善时，就应该将路线走廊侧重区域经济社会不均衡的区域，以避免重复建设，有利于协调发展。

(3)总体设计应该从根本上解决安全问题。在总体设计中，尤其是路线设计中，应该利用路线安全设计理论指导路线方案选择和线形设计，从而从根本上解决安全问题。公路相邻路段如果线形指标不均衡，衔接不合理，就会导致交通事故。因此在设计中以安全设计理论指导线形设计是改善和解决安全的有效途径，特别是山区连续长大下坡路段，线形协调性的评价就更为重要。

(4)总体设计中应该充分考虑工程地质灾害与环境评估的影响，路线走廊的选择应该绕避大的活动断裂带、滑坡、泥石流等重大灾害区，绕避环境敏感点。

(5)总体设计要从统筹规划、服务社会入手。总体设计不仅仅是设计的问题，还要从设计、建设、养护、运营、管理等各阶段进行全方面的经济比较，树立全寿命周期成本理念，统筹考虑各阶段存在的问题，解决工程的安全性、行车的安全性，养护的可行性、与环境的协调性，同时考虑社会公众的利益，从服务社会出发，更全面地从社会公众利益考虑，诸如占地、噪声、出行等综合考虑，从而实现公路使用寿命更长、环境更好、行车更舒适安全、投资更省、社会更满意的总体设计目标。

将公路安全设计理念应用于高速公路总体设计中，应重点从以下角度考虑安全需求。

1.总体功能、布局

对一个项目的功能定位、总体布局的考虑因素是复杂的，不仅仅要分析该项目在路网中的功能与作用，更重要的是要分析项目所在区域的自然环境与社会环境，并与其经济发展水平相适应。因此，功能、布局应该从公路的定位来进行研究，确定了合理的功能，才能确定合理的公路技术标准。在实际的项目设计中，我们应注重拟定的设计标准与功能能够切实地贴合，充分研究项目在路网中的地位和作用，从全局出发考虑交通问题，从总体布局中来确定拟建项目的功能，这样既能够使得项目采用的标准符合实际，满足现实的交通需求，又不高于实际，造成高标准的建设引起的资源浪费、造价上升。这样，经过综合的论证，确定出公路的总体功能、因地制宜地选择标准，使其建设后能很好地与当地的区域经济发展水平相协调。

2.总体工程方案

工程方案的符合性在以往的设计中是比较受重视的，在工程项目的设计过程中，都会严格地按照相关的规范、编制办法进行设计，并有着较为完善的设计、审查、审批的过程，工程方案设计的通过是经过反复的论证与研究的。在工程方案评价过程中方案比选是其中的重点，对项目全线不遗漏有价值的工程方案进行比较，对有价值的方案分层次、分阶段进行比较论证，对于重、特大工程方案应进行专项方案研究，如特殊大跨桥梁、特长隧道、特殊地质条件下的工程方案研究等，在项目总体工程规模的控制情况下，细化方案设计、减小施工难度、节约工程投资。对于设计人员来说，能通过评审的工程方案不一定是最优方案，只有站在总体高度的前提下，全盘考虑才能最大程度地做到优化总体工程方案。

3. 总体安全设计

安全是公路设计和建设的首要考虑因素和出发点，如果设计完一个公路项目，尽管其工程造价低、投资省，也符合社会发展的需求，但若不能保障运营安全，则无法谈及畅通和效率。这样的设计肯定是失败的，并且这种失败是不可逆转的，因此，对公路总体安全的评价也是至关重要的。总体安全设计中最重要的为路线总体设计的安全性，可以利用设计一致性、人机工程设计和运行速度设计等安全设计理论，从主要设计指标的符合性、运行协调性、总体安全性能预测等角度对总体安全性进行评价，进而提出安全完善建议。

二、平面线形

平面线形设计是根据汽车行驶的力学性质和行驶轨迹要求，合理地确定各线形要素的几何参数。平面线形通常由直线、圆曲线、回旋线三种要素组成。直线是平面线形要素中的基本要素之一，适用于地形平坦、视线目标无障碍处。圆曲线是最常用的基本线形，当路线遇到障碍或需要改变方向时采用。在直线和曲线之间一般设置缓和曲线，使驾乘人员所感受到的离心力逐渐变化，增加驾驶的舒适性。

1. 直线

作为平面线形要素之一的直线，在高速公路设计中使用最为广泛。因为两点之间以直线为最短，一般在定线时，只要地势平坦、不存在地物障碍，定线人员都首先考虑使用直线通过。加之笔直的道路给人以短捷、直达的良好印象，在美学上直线也有其自身的特点。汽车在直线上行驶受力简单，方向明确，驾驶操作简易。基于这些优点，直线在道路线形设计中被广泛使用。直线段在为公路提供了明确的方向的同时，在视觉上表现过于单一。由于完全可以预知并以静态呈现，它会使驾驶员感到单调乏味，并使其产生身心的疲劳和过快速度行驶。在夜间，对向车辆的前灯可能会导致驾驶员眩光。因此，对于公路路线中直线的运用要慎重，直线的长度不宜过长。试验表明，在单一环境中行车，如果 15～20min 内驾驶员得不到新鲜信息，便感到枯燥无味。同时，车辆动态行驶时，驾驶员往往会忽略近处的道路环境，而更多地关注视野范围内的整体道路环境。当处于长直线或线形较好路段时，驾驶员难以严格按设计速度驾车，一般车辆行驶速度要比设计车速高，所以在连接长直线的曲线段不能采用最小圆曲线半径；从地形条件好的区段进入地形条件较差区段时，曲线的技术指标应逐渐过渡，防止突变，当地形地物条件受到限制只能采取极限半径时，必须同步设计相应的安全措施。此外，设计中应该注意，当道路条件与交通环境较好时，驾驶员有可能以大于设计速度的速度行驶，这时平曲线半径要能与实际行驶车速相适应。

虽然驾驶员期望道路线形保持一定的惯性,但研究表明,长直线是十分危险的。因为长直线易造成驾驶员视点前移、视觉疲劳、超速。我国标准规范中规定直线的长度不宜过长。受地形条件或其他特殊情况限制而采用长直线时,应结合沿线具体情况采取相应的技术措施。现行标准规范规定,两圆曲线间以直线径相连接时,直线的长度不宜过短。设计速度大于或等于60km/h时,同向圆曲线间最小直线长度(以m计)以不小于设计速度(以km/h计)的6倍为宜;反向圆曲线间的最小直线长度(以m计)以不小于设计速度(以km/h计)的2倍为宜。设计速度小于或等于40km/h时,可参照上述规定执行。

在实际运用时,反向曲线间的直线长度一般较易满足要求,难以满足要求时也较易做成S形曲线。对于地形特殊的路段,难以满足反向曲线间要求的,应做好超高过渡。同向曲线间的直线长度要求在山区复杂的地形条件较难满足,调整为单圆或复曲线,或其他组合线形也较难,如果机械地为满足要求而减小平曲线半径,降低技术指标,或无所顾忌地大填大挖,造成自然环境的极大破坏,均是不可取的设计方案。对于地形条件恶劣的路段,同向曲线间的直线长度可突破一般规定,有些省提出采用$4v$,甚至$3v$的最小值,采用大于$4v$的设计单位较多。另外,若将缓和曲线曲率半径大于不设超高半径部分的长度计入$6v$长度内,则$6v$长度计算值就比较长,这种计算法有其合理性。如果这样计算,纯直线长度大于$4v$以上一般能满足$6v$计算值。

国内外高速公路建设的经验表明,直线在公路线形中所占的比例在日益减小,而曲线所占比例在逐渐增加。特别是对于山区高速公路,长直线不但难与地形、路线沿线景观相适应,而且经常造成路基工程的大填大挖,桥梁、隧道长度增加。所以,山区高速公路客观上需要直线比例下降,曲线的比例增大。但在强调线形设计以曲线为主的同时,要从客观条件出发,不能生搬硬套,一味地追求以曲线为主将会增加不必要的工程量和工程投资。在无法避免采用长直线时,应该通过设置相应的交通安全设施来改善驾驶员的视觉和心理反应,提升运营安全水平。

2.平曲线

1)圆曲线

圆曲线是平曲线的重要组成部分,在路线改变方向的转折处(即交点处),往往可插入与两端直线相切的圆曲线来实现路线方向的改变。一般认为,圆曲线作为公路平面线形的重要组成部分,具有以下特点:曲线上任意点的曲率半径为常数;曲线上任意一点都在不断改变着方向,比直线更能适应地形的变化;汽车在圆曲线上行驶要受到离心力的作用,而且往往要比在直线上行驶占用更宽的道路;汽车在小半径的圆曲线内侧行驶时,视距条件较差,视线受到路堑边坡或其他障碍物的影响较大,因而容易发生交通事故。

现行标准对于高速公路圆曲线最小半径的取值规定见表4-7。

圆曲线最小半径 表4-7

设计速度(km/h)		120	100	80	60
圆曲线最小半径(m)	一般值	1 000	700	400	200
	极限值	650	400	250	125

当半径大于表4-8所列圆曲线半径时,可不设超高。

不设超高的圆曲线最小半径　　表 4-8

设计速度(km/h)		120	100	80	60
不设超高圆曲线最小半径(m)	路拱≤2%	5 500	4 000	2 500	1 500
	路拱>2%	7 500	5 250	3 350	1 900

汽车在某事故黑点处的现场调查行驶轨迹如图 4-3 所示。由此可知，车辆在进入弯道时总是朝内侧偏移，而出弯道时，其轨迹朝外侧偏移。对于相同半径的小半曲线，进入曲线前的车速越快，朝内侧偏移量也越大且车辆穿过道路中心线作割线行驶。同时，部分研究也表明，车辆在进入曲线段时，行驶轨迹朝曲线内侧偏移，并在缓圆点(HY)附近达到最大值；在出曲线段时，行驶轨迹朝曲线外侧偏移，在缓直点(HZ)附近达到最大。

从交通事故分布来看，平曲线段尤其是小半径曲线路段是交通事故的高发区，尽管设计人员在设计平曲线时已经严格按照汽车动力学原理和公路设计的标准、规范进行设计，但是发生在平曲线路段的交通事故频率以及事故的严重性仍比较高，且不与驾驶行为相关联。

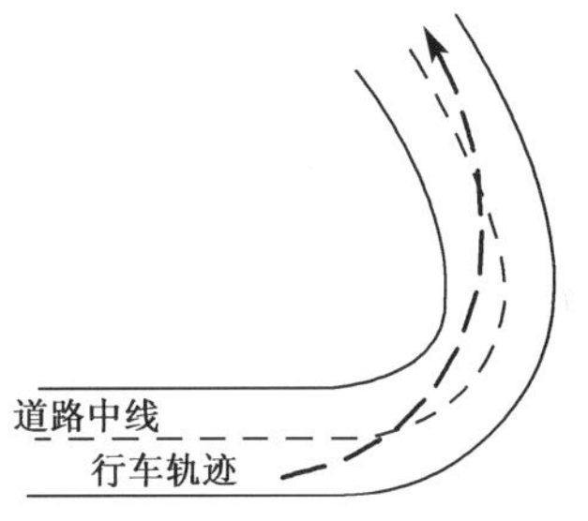

图 4-3　平曲线路段车辆行驶轨迹示意

美国的 Baldwin 认为，当平均日交通量不到 5 000 辆时，交通事故率随着平曲线半径的增大而减少；当曲线半径小于 600m 时，交通事故率随着公路出现平曲线的频度增加而减少。他认为，与连续的小半径平曲线路段相比，单一小半径曲线对交通安全更具威胁性。

前苏联的 Babkov 研究认为，单独的小半径曲线在公路设计中是不安全的，也是不可取的。Babkov 通过对进入曲线前和曲线中的车速研究得出：当汽车行驶速度变化值不大于 20%时，曲线段是安全的；当速度变化值大于 20%而不大于 40%时，曲线段为中等安全；当速度变化值大于 40%而不大于 60%时，曲线段为不安全段；当速度变化值大于 60%时，曲线段为危险段。

Lamm 认为，交通事故率的大小确实与平曲线半径有关，相比较而言，小半径曲线段是事故多发段，损失也较严重。与半径为 100m 的曲线段比较而言，半径为 400m 的曲线段事故率下降了 30%～40%；当半径接近于 1 000m 时，交通事故发生的危险性有所降低；当半径大于 1 000m时，交通事故率会有所增高。

在山区高速公路中，一些连续纵坡路段还存在着半径较小的平曲线。车辆通过这些平曲线时往往由于车速过快或制动失灵而驶出路外，酿成车毁人亡的重大交通事故。根据 Leisch & Assoc 的研究结果，当平曲线和下坡组合在一起时事故率最高，见表 4-9。

线形组合与事故率的关系　　表 4-9

线形组合情况	事故率(事故次数/百万车英里)	线形组合情况	事故率(事故次数/百万车英里)
平路，直线路段	1.10	上坡，曲线路段	2.25
平路，曲线路段	2.29	下坡，曲线路段	2.56

注：1 英里＝1.609km。

规范中规定的一般最小半径，横向力系数取舍为极限最小半径值的 1/2，在高速公路设计中，平曲线最小半径控制值(一般情况下)应采用规范中规定的“一般最小半径”值。

在没有特殊的建设条件限制时，安全适用半径的选择需要根据平原、丘陵、山岭等不同地貌的差别，综合考虑不同的纵断面要素组合，不应孤立地评价一个曲线，而应综合考虑前后线形的连续均衡。从事故率角度考虑，过大或过小的半径均不好。表 4-10 为联邦德国的统计数据，单位为每百万车公里的事故数。由表 4-10 中可知，2 000～3 000m 半径事故率最低。日本也曾做过类似统计，得出的结论为：根据日本的地形地貌条件和经济实力，对于高速公路首先推荐使用 1 000～3 000m 半径，对于 60～80km 的城市间干线公路，首先推荐使用 500～1 500m半径。

圆曲线半径与安全事故率统计表

表 4-10

坡度 平曲线半径(m)	0～2%	2%～4%	4%～6%	6%～8%
4 000 以上	28	20	105	132
3 000～4 000	42	25	130	155
2 000～3 000	40	—	150	170
1 000～2 000	50	70	185	200
400～1 000	73	106	192	233

在圆曲线半径的选用方面，应避免极限最小半径与较大甚至最大纵坡组合使用。当不得已采用时，应注意与前后线形的协调，应根据周围环境和路线纵、横断面指标以及行驶车辆类型，分析其安全性。从运行实践看，设计速度较低的高速公路，采用极限最小半径时，因运行速度较高容易出现交通事故。但是如果前后线形衔接较好，驾驶员高速或超速行驶倾向较小，在工程特别艰巨或者部分利用的改建工程路段，采用极限最小半径也无大碍。

对于我国高速公路，特别是山区高速公路，一般情况下，采用 1 000～3 000m 半径较合适。对于平原区，控制条件较少，地形坡度不大，曲线偏角不大的路段，连续采用不设超高的平曲线半径也是可行的。以往经常提出："在不过大增加工程数量的前提下，尽量采用较大的技术指标"。这一原则不宜作为一个独立平曲线半径选择的指导原则。平曲线半径的取用，最重要的考虑因素是曲线附近的运行速度及其与前后衔接线形指标的均衡性和连续性。过大的曲线半径往往导致曲线较长，从而不利于平纵组合设计，如半径在 7 000～9 000m，视线集中在 300～600m 范围的视觉效果近乎为直线，在驾驶人视野受限和不兴奋状态时，不利于准确判断前方路段路线线形；在大半径、长曲线上行驶，驾驶员会出现与在长直线上行驶类似的单调、疲劳感。因此，平曲线半径超过 7 000m 的意义不大。

2)缓和曲线

缓和曲线是道路平面线形要素之一，它是设置在直线与圆曲线之间或半径相差较大的两个转向相同的圆滑曲线之间的一种曲率连续变化的曲线。缓和曲线主要有以下特征：曲率连续变化，便于车辆遵循；离心加速度逐渐变化，旅客感觉舒适；超高横坡度及加宽逐渐变化，行车更加平衡；与圆曲线配合，增加线形美观。缓和曲线的主要形式包括回旋线、三次抛物线、双纽线三类。其中，回旋线是最为常用的缓和曲线形式。

由于车辆要在缓和曲线上完成不同曲率的过渡行驶，所以要求缓和曲线有足够的长度，以使驾驶员能从容地转动转向盘、乘客感觉舒适、线形美观流畅，圆曲线上的超高和加宽的过渡也能在缓和曲线内完成。缓和曲线最小长度的确定主要考虑了旅客感觉舒适(离心加速度的变化率控制在 0.5～0.6m/s³)、超高渐变率适中、行驶时间不过短(通常不小于 3s)等因素。

在设计中规定回旋线的最小长度,即从满足乘车者感觉舒适、超高渐变率适中和行驶时间不过短(满足至少 3s 的行程)考虑这些影响回旋线长度的各项因素。现行标准规范规定了高速公路回旋线最小长度,见表 4-11。

回旋线最小长度　　表 4-11

设计速度(km/h)	120	100	80	60
回旋线最小长度(m)	100	85	70	50

同时标准规范中也规定了可以不设回旋线的相关条件:

(1)高速公路圆曲线半径大于或等于表 4-12a 规定值时,直线同不设超高的圆曲线最小半径径相连接处可不设置回旋线。

不设超高的圆曲线最小半径　　表 4-12a

设计速度(km/h)		120	100	80	60
不设超高圆曲线最小半径(m)	路拱≤2%	5 500	4 000	2 500	1 500
	路拱>2%	7 500	5 250	3 350	1 900

(2)半径不同的同向圆曲线径相连接处,应设置回旋线。但符合下述条件时可不设回旋线:

①小圆半径大于表 4-12a 规定时。

②小圆半径大于表 4-12b 规定,且符合下列条件之一者:

复曲线中小圆临界圆曲线半径　　表 4-12b

设计速度(km/h)	120	100	80	60
临界圆曲线半径(m)	2 100	1 500	900	500

a. 小圆按最小回旋线长度设回旋线,大圆与小圆的内移值之差小于 0.10m 时;

b. 设计速度大于或等于 80km/h,大圆半径(R_1)与小圆半径(R_2)之比小于 1.5 时;

c. 设计速度小于 80km/h,大圆半径(R_1)与小圆半径(R_2)之比小于 2 时。

在进行缓和曲线设计时,除考虑超高和加宽过渡之外,更多是从美学角度考虑缓和曲线与圆曲线的协调。缓和曲线参数 A 与圆曲线 R 的关系表示为:$R/3 \leqslant A \leqslant R$。当 R 接近 1 000m 时,取 $A=R$;当 $R<$1 000m 时,取 $A \geqslant R$。当 R 较大或接近 3 000m 时,取 $A=R/3$;当 $R>$3 000m时,取 $A<R/3$。在地形条件复杂路段,缓和曲线长度满足超高加宽过渡时,为适应地形,A 值宜取较小值,缓和曲线长度短些,偏移值小,圆曲线半径相应可大些,技术指标相应高些,使线形更易融入自然中,减小工程量。

从安全性角度考虑,当曲线半径小于 200m 时,在直线与圆曲线之间添加回旋线,公路安全性会大大提高,交通事故率会降低。而对于曲线半径大于 200m 的路段,缓和曲线的设置与否对交通安全的影响并不明显。同时研究表明,上述两种设置情况下交通事故损失率都是随着平曲线半径的增大而减少。

3)平曲线长度

汽车在弯曲的道路上行驶时,如果曲线很短,则驾驶员操作转向盘频繁而紧张,这在高速行驶的情况下是危险的。在平面设计中,公路平曲线一般由前后缓和曲线和中间圆曲线三段曲线组成。缓和曲线(一般采用回旋线)的长度不能小于该级公路的最小长度的规定,中间圆曲线的长度宜有大于 3s 的行程,当条件受限时,可将缓和曲线在曲率相等处直接连接,此时的圆曲线长度为 0。

现行标准规范中对于高速公路平曲线最小长度的规定见表 4-13。

平曲线最小长度 表 4-13

设计速度(km/h)		120	100	80	60
平曲线最小长度(m)	一般值	600	500	400	300
	最小值	200	170	140	100

注:"一般值"为正常情况下的采用值;"最小值"为条件受限制时可采用的值。

平曲线最小长度是按回旋线最小长度的 2 倍控制,实际上是一种极限状态,此时曲线为凸形回旋线,驾驶者会感到操作突变且视觉也不舒顺。因此最小平曲线长度理论上至少应该不小于 3 倍回旋线最小长度,即保证设置最小长度的回旋线后,仍保留一段相同长度的圆曲线。故表 4-13 中所列平曲线最小长度的"一般值"取"最小值"长度的 3 倍。

当路线转角等于或小于 7°时,应设置较长的平曲线,其长度规定见表 4-14。

公路转角等于或小于 7°时的平曲线长度 表 4-14

设计速度(km/h)	120	100	80	60
一般值	1 400/Δ	1 200/Δ	1 000/Δ	700/Δ

注:表中 Δ 为路线转角值(°);当 Δ<2°时,按 Δ=2°计算。

规范中规定的极限最小平曲线长度取用 2 倍最小缓和曲线长,这是考虑凸形线的极端情况。一般情况下,高速公路很少采用凸形线,如果考虑不小于 3s 行程的圆曲线长度,平曲线的极限长度采用 3 倍最小缓和曲线长度较合适,计算值见表 4-15。

极限最小平曲线长度计算值 表 4-15

设计速度(km/h)	120	100	80	60
极限最小平曲线长度(m)	300	255	210	150

对小偏角曲线的曲线长度有特别的要求,是因为小偏角曲线容易形成视觉曲率比实际曲线曲率大,甚至出现扭折的错觉,从而破坏线形的连续性和美观,对驾驶行为也有一定的影响。为改善这种错觉,规范针对小偏角曲线的曲线最小长度提出了特别要求。一般认为,按规范设置了满足最小长度要求的曲线以后,小偏角曲线对于运行安全并无大碍,因此,当受各种条件限制,采用正常偏角比较困难时,可以采用小偏角曲线。

规范中并未明确限制最大平曲线长度,但曲线长度较大时,不利于平纵组合设计,也不利于空间线形的连续、美观,实际运用中应根据具体情况,对平曲线长度有所限制。重点从如下角度考虑:

(1)由于建设条件千变万化,规范中没有规定最大偏角,但过大的偏角除了易于形成长曲线外,还导致了线形过于弯曲,增加了路线绕行里程和降低了总体线形的平顺性。

(2)对于山区坡度较大的高速公路,与其设置不利于平纵组合的大半径平曲线,不如采用能更好配合纵面设计的多个不同曲线半径和曲线长度的平曲线。

(3)大半径长曲线,如果纵面指标也很平缓,则与长直线一样,也会引起驾驶员单调、疲劳、注意力分散。这种情况下，曲线的长度应参考长直线有所控制。

从安全性角度考虑，根据 Zegeer 等人的研究成果，当曲线长度增加 4 倍时，其事故数将随之增加近 3 倍。由此可知，平曲线路段的交通事故率随曲线总长度的增加而增大。在设计中应避免曲线长度过大，同时也应该尽量避免曲线的转角过大。一般来说，曲线转角大于 30°可能会导致交通安全问题，在设计中应该尽量避免转角大于 45°。

因此，平曲线长度并非是孤立的指标，应综合考虑前后衔接路段的指标、纵面设计情况等多种影响因素后确定。对于高速公路，就一般情况而言，采用 1 000～2 000m 曲线长度比较合适，当曲线半径较小、纵面起伏较大时，再短一些的曲线长度也是可以接受的。

4)超高

设置超高的目的在于形成向心力以平衡高速行驶车辆的离心力，曲线超高与行车速度和路面横向摩阻力密切相关，横向摩阻力的存在对于行驶车辆的稳定、行车的舒适等均有不利影响。美国认为无冰雪地区公路通常使用的最大超高率为 10%，以不超过 12%为限；在潮湿多雨以及季节性冰冻地区，过大的超高易引起车辆向内侧滑移，采用最大超高率为 8%。澳大利亚认为在超高较大的路段上，当货车的运行车速小于设计速度时，将受到向心加速度的作用，若超高达 10%以上，上述作用足以使货物发生位移并导致翻车。

对于高速公路，正常情况下超高采用 8%；交通组成中小客车比例高时可采用 10%。

标准规范规定由直线段的双向路拱横断面逐渐过渡到圆曲线段的全超高单向横断面，其间必须设置超高过渡段。超高渐变率按旋转轴位置规定，见表 4-16。

超 高 渐 变 率　　表 4-16

设计速度(km/h)	超高旋转轴位置	
	中线	边线
120	1/250	1/200
100	1/225	1/175
80	1/200	1/150
60	1/175	1/125

超高的过渡应在回旋线全长范围内进行。当回旋线较长时，其超高的过渡可采用以下方式：

(1)超高过渡段可设在回旋线的某一区段范围内，其超高过渡段的纵向渐变率不得小于 1/330，全超高断面宜设在缓圆点或圆缓点处。

(2)六车道及其以上的公路宜增设路拱线。

当运行速度较高时，如果没有足够大的超高横坡，车辆可能出现向外侧滑事故；但是，当设计速度较高、路拱超高横坡较大但运行速度较低或有不利侧风时，装载较高的货车也容易出现向内侧翻事故，根据实际调查得知，当超高横坡大于 6%时，就易于出现这一现象。因此，对于交通组成中大型货车比率较高的情况，最大超高值宜控制在 6%。

按照超高设计的一般要求，当超高值小于或等于 6%时，可不进行特殊设计；当按一般要求需要设置大于 6%的超高时，宜根据不同条件，分别进行特殊设计。

(1)圆曲线半径大于安全运行的临界半径

规范确定平曲线最小半径时，考虑到一般性和普遍性原则，横向力系数均留有一定的安全度。特殊情况下，一般高速公路取 0.15 不会引起安全问题。对于高速公路，无论设计速度为多少，均偏安全地按运行速度 120km/h 计算，则横向力系数取 0.15 时计算的安全运行临界半径为 540m。也就是说，对于高速公路，只要平曲线半径大于 540m，且按一般设计原则需要设置大于 6%的超高时，为了保证大型货车的低速运行安全，仍设置 6%的超高一般认为没有问题。

但这样设计对于运行速度较大(尤其是超速)的小客车的运营安全是不利的。因此，设计时应进行总体考虑，如果货车比率较高时，运行速度不容易提高的地段，如隧道进出口、大桥上，连续低线形指标路段等，小客车的运行速度不易较高，这样做的风险就小；相反，在平直路段，与较高线形连接处应慎重，运行速度高时，有时不仅不能减小超高，还需要按照运行速度要求设置较大超高。

(2)圆曲线半径小于安全运行的临界半径

当圆曲线半径小于安全运行的临界半径，如果仍然设置 6%的超高，运行速度较高的车辆存在安全隐患。这时可按快、慢车道分别设置超高，并设置必要的分道限速行驶标志。例如，双向四车道高速公路，可将内侧车道作为快车道，按一般原则设置超高，外侧车道和硬路肩按慢车道设置超高；双向六车道高速公路，可将内侧两个车道作为快车，第 3 车道作为慢车道。

从安全性角度考虑，进行高速公路超高设计时，应根据沿线运行速度、圆曲线半径、路面类型、自然条件和车辆组成等情况综合确定超高值，特别是注意要按运行速度进行检验。

对于一般路段，在平曲线半径不变的前提下，根据汽车在曲线上行驶受力的平衡方程，超高横坡度与横向力系数的计算公式如下：

$$i=\frac{v^2}{127R}-f \tag{4-1}$$

式中：R——计算平曲线半径，m；

v——运行速度，km/h；

f——横向力系数，是由路面与轮胎之间的摩阻力、旅行舒适度决定；

i——超高横坡度，当车辆在曲线内侧车道行驶时，取正号，当车辆在曲线外侧车道行驶时，取负号。

横向力系数与行车速度密切相关，超高、横向力系数和曲线半径按一定的曲线关系来进行分配。可以通过曲线上运行速度及对应平曲线半径、横向力系数反算一般路段超高。横向力系数在 0.05～0.09 之间取值，汽车在坡道上行驶时，不会感到或稍感到曲线的存在，乘客感到舒适、平稳。

对于大纵坡路段，当下坡坡度大于 3%时，超高值宜增加，按下列公式计算：

$$E_{\min}=E+\frac{i_{纵}+E}{6} \tag{4-2}$$

式中：$E_{\min}$——大纵坡路段的最小超高值，%；

$i_{纵}$——纵向坡度，%；

E——《公路路线设计规范》(JTG D20—2006)规定的超高值，%。

5)圆曲线加宽

汽车在曲线上行驶时，前后车轮的行驶轨迹各不相同，后轴内侧车轮的轨迹半径最小，前轴外侧车轮的轨迹半径最大。因此，半径较小的弯道上的路面宽度必须比直线宽，才能满足车辆在曲线上的行驶轨迹要求。

高速公路同一般公路一样，凡是平曲线半径小于标准规范规定半径（250m）时均需设置加宽。对于平原区的高速公路，一般设计速度较高，路线布设余地较大，平曲线半径通常能够满足不设加宽的要求。而对于山区高速公路，受地形条件等因素的限制，部分平曲线半径较小，甚至小于250m。对于这些路段，应该按标准规范要求设置圆曲线加宽。平曲线一般由圆曲线及其两端的缓和曲线组成，圆曲线部分采用全加宽值，缓和曲线一般作为加宽缓和段。通常采用的平曲线加宽方法有以下几种：

（1）宽中央分隔带加宽法

该方法以不改变车道位置为前提，利用较宽的中央分隔带容纳外幅路基内侧加宽值，压缩中央分隔带，内幅路基直接于曲线内侧设置加宽。但要求中央分隔带的宽度较宽，设置加宽后剩余宽度仍满足标准规范规定的最小值要求。该方法设计较简单，能直接采用标准规范中的计算公式，但占用土地较多，投资规模较大，若有条件，则是一种较理想的设计方法。

（2）路基边缘加宽法

该方法的最大特点是以不改变中央分隔带的位置及宽度为前提，依据平曲线要素、路基宽度、加宽值等，确定路基内外边缘线的位置。假设路线平曲线半径为 R、缓和曲线长 L_S、路线的偏角为 Q、圆曲线长为 L_Y，单幅曲线加宽值为 b。曲线加宽后，路基两边缘线亦用缓和曲线、圆曲线和缓和曲线的线形，并保证设置加宽后的路基内外边缘的缓和曲线的 HY′、HY′（YH′、YH′）点法线与中线 HY（YH）点法线重合，那么内外路基边缘缓和曲线角与路中线缓和曲线角相等，因此，可计算出内外边缘的曲线参数，从而确定路基边缘位置。

然而，对于设计速度不小于80km/h的高速公路，标准规范要求的极限最小半径为250m，按现有规定均不需要设置曲线加宽。而根据标准相关规定，高速公路中极限最小半径对应着最大超高。由于它的极限最小半径都大于不设加宽的最小半径，因而，高速公路原则上均不需设置加宽。实际上，在最大超高的横断面上，由于车辆垂直于路面，而路面与水平面又存在超高值，使得车辆与水平面也存在一定的超高值，即车辆与水平面也存在一倾斜角度，当车辆高度取极限值时，由于车辆倾斜使得车辆占据路面宽度增加。若按高速公路最大超高（10%）、单个车辆按最大高度通过弯道时的情况进行计算，根据图4-4可得高速公路超高路段车辆占用的路面宽度为：

$$b = h_{\max} \times 10\% \tag{4-3}$$

式中：b——由于车辆倾斜引起的路面加宽；

$h_{\max}$——车辆的最大高度，高速公路取最大净高5m。

由此可知，当行车带为一个车道时，超高倾斜引起的车辆顶端加宽可不在路面中考虑，但当行车带的车道数为2条及以上时，由于车辆倾斜引起的车辆顶端加宽值，必然要影响相邻车道行驶车辆的路面宽度。高速公路的行车道通常多于两条，因此，对高速公路而言，要考虑由于超高倾斜引起的空间加宽，也要增加路面宽度，否则，可能

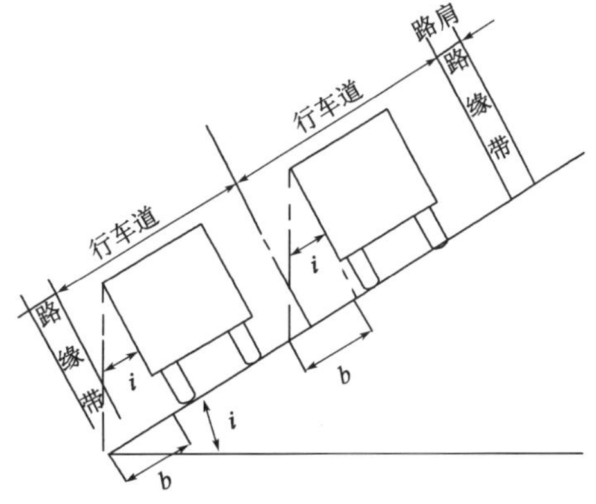

图4-4　超高路段车辆占用路面宽度示意

影响车辆的正常行驶。从前式可知，对双向分隔行驶的四车道公路，每条行车道在最大超高时，至少路面要加宽 0.5m，六车道公路要加宽 1m，八车道公路则应加宽 1.5m。

三、纵面线形

沿道路中线竖直剖切然后展开即为路线纵断面。由于自然因素的影响以及经济性要求，路线纵断面总是一条有起伏的空间线。纵断面设计的主要任务就是根据汽车的动力特性、道路等级、当地的自然地理条件以及工程经济性等，研究起伏空间线几何构成的大小及长度，以便达到行车安全迅速、运输经济合理及乘客感觉舒适的目的。纵断面由直线坡段和竖曲线组成。直线坡段的坡度及其长度影响着汽车的行驶速度以及运输的经济和安全，因此，减少纵坡路段的事故率，保证汽车行驶安全、迅速、舒适与经济，是纵断面设计的基本原则之一。

1. 坡度及坡长

确定最大纵坡值要综合考虑货车的爬坡能力、公路通行能力、下坡制动安全性、交通事故率、油耗、环境保护、工程投资等多种因素，及地形、交通结构差异、经济发展等。现行技术标准规定了高速公路纵坡设计指标的取值，见表 4-17。

最 大 纵 坡 表 4-17

设计速度(km/h)	120	100	80	60
最大纵坡(%)	3	4	5	6

(1)设计速度为 120km/h、100km/h、80km/h 的高速公路，受地形条件或其他特殊情况限制时，经技术经济论证，最大纵坡可增加 1%。

(2)越岭路线连续上坡(或下坡)路段，相对高差为 200～500m 时，平均纵坡不应大于 5.5%；相对高差大于 500m 时，平均纵坡不应大于 5%。任意连续 3km 路段的平均纵坡不应大于 5.5%。

现行标准规范关于高速公路不同设计速度、纵坡条件下的最大坡长取值见表 4-18。

不同纵坡最大坡长 表 4-18

设计速度(km/h)		120	100	80	60
纵坡坡度(%)	3	900	1 000	1 100	1 200
	4	700	800	900	1 000
	5	—	600	700	800
	6	—	—	500	600
	7	—	—	—	—
	8	—	—	—	—
	9	—	—	—	—
	10	—	—	—	—

公路连续上坡或下坡时，应在不大于表 4-18 规定的纵坡长度之间设置缓和坡段。缓和坡段的纵坡应不大于 3%，一般情况缓和坡段宜采用小于或等于 2.5%的坡度，其长度应符合纵坡长度的规定。

在纵坡与行车安全的关系方面，根据交通事故统计结果，有坡度的道路上交通事故非常多。据调查，发生在道路坡度路段的交通事故在平原地区占 7%，在丘陵地区占 18%，在山区占 25%。前苏联的统计资料表明，纵坡坡度越大，交通事故率越高。

国内外的研究表明，道路纵坡对交通安全影响较大，主要是纵坡影响车辆的运行速度和速度差，从而影响事故的严重程度和事故率。车速与交通事故的关系十分密切，车辆速度与平均车速的差值越大，即车速分布越离散，事故率就会越高。通过我国部分公路平均车速、车速标准离差与事故的统计数据，对车速标准离差与亿车公里事故率进行回归分析，可得到下式：

$$AR = 9.5839e^{0.0553\sigma} \quad (4\text{-}4)$$

式中：AR——事故率，次/亿车公里；

σ——车速标准离差，km/h。

图 4-5 为车速标准离差与亿车公里事故率的关系曲线。从图中可以看出，事故率随着车速标准离差的增大而呈指数增长。

图 4-6（横坐标为正表示上坡，为负表示下坡）为德国交通事故率 AR 与纵坡坡度的关系曲线。从图中可知，当纵坡小于 2%时，上、下坡事故率基本相同，且数值较小；当纵坡在 2%～4%之间时，下坡事故率开始大于上坡，而且下坡事故率曲线迅速上升；当纵坡大于 6%时，上坡事故率上升缓慢，下坡事故率迅速上升，而且成倍增加。由此可见，下坡路段比上坡路段更危险，下坡路段的坡度越陡，事故率越高。

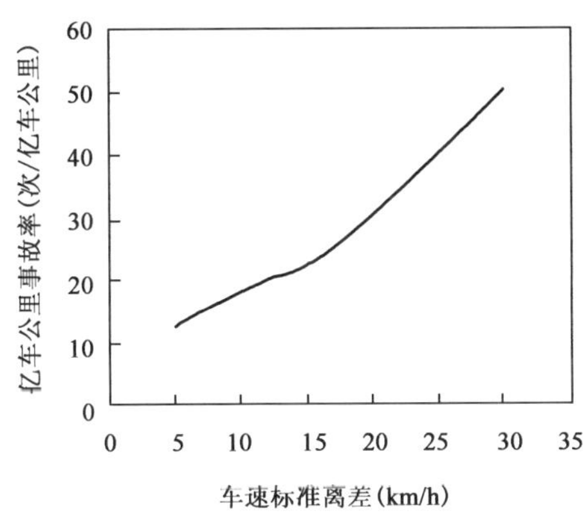

图 4-5　车速标准离差与亿车公里事故率关系曲线

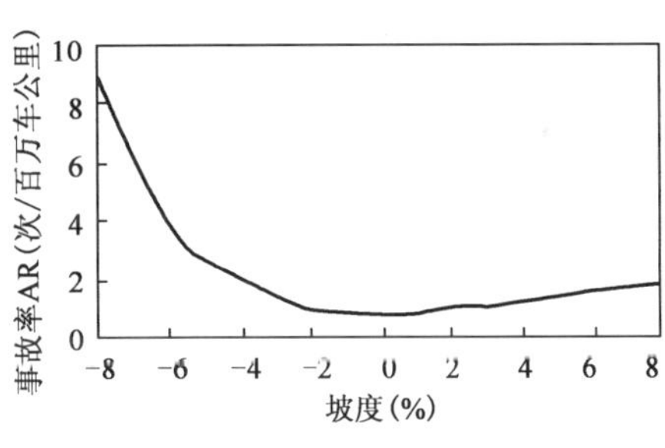

图 4-6　坡度与事故率关系图（德国）

根据美国的经验，在上坡路段，载货车的速度降低值与事故率的关系如图 4-7 所示。从图中可以看出，速度降低值为 25km/h 时的事故率是速度降低值为 16km/h 时事故率的 2.4 倍。基于此，可用速度降低值为 16km/h 作为上坡路段设计及安全设施设置的控制指标。

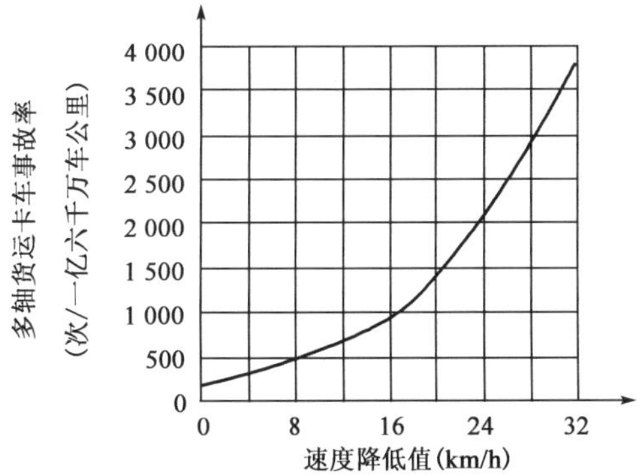

图 4-7　速度降低值与交通事故率的关系

美国 Elzer Mountain 地区 7.2km 长的山区路段，在采取安全保障措施之前，下坡事故数要比上坡事故数大很多。1969 年双向增加车道后，上下坡事故数均有所减少，尤其是下坡事故数下降显著;1972年设置限速的标志后,下坡事故数又有大幅度下降,上坡事故数也有所下降;1973年增设自动雷达车速控制系统后,总体交通事故数下降。在20世纪70年代末,下坡交通事故数相对稳定下来,并且在绝对数值和相对趋势上与上坡交通事故数保持一致。由此可见,在纵坡路段采取增加车道、设置安全标志等交通改善措施对于促进道路交通安全非常有必要。

在坡长方面,几乎所有的小客车都能爬上坡度为7%~8%的陡坡而不至于比平坡公路上的速度有明显的降低;载货汽车在同样坡度相对较短的坡段上行驶,运行速度受坡度影响明显大于受坡长影响,但在相对较长的纵坡上行驶,坡长对载货车的影响尤为明显。

汽车在上坡路段行驶时,根据纵坡坡度、坡长的不同,行车操作变化很大。大多数中、重载货车在上坡时需要频繁换挡,增加了驾驶员的负担,易形成低速车辆"压道"行驶、后车盲目超车而造成交通事故。

汽车在连续长大下坡道路上行驶时,为了保持安全行驶速度,驾驶员必须持续不断地实施制动,长时间地使用行车制动使得制动器温度急剧上升,制动热衰退现象突出,严重时会使制动能力完全丧失,酿成交通事故,因此可以说,连续长大下坡路段直接导致的安全问题是车辆制动系统失灵,进而引起车辆失控。交通事故的统计资料也表明,连续长大下坡路段是交通事故多发路段。

根据上述理论分析可知,坡度大于3%时,不论上坡还是下坡,较长的坡长会严重影响车辆的运行速度和驾车的操作规范,对行车安全十分不利。由此可知,坡长也是车辆运行速度的影响因素之一。

美国AASHTO按照典型货车("质量/功率"为120kg/kW)的爬坡性能曲线,高速公路按照不同的设计速度、分地形给出了全国性应用的最大纵坡控制值(表4-19)。

美国各级公路最大纵坡控制表 表4-19

设计速度(km/h)	120			100			80		
地形	平原	丘陵	山岭	平原	丘陵	山岭	平原	丘陵	山岭
最大纵坡(%)	3%	4%	5%	3%	4%	6%	4%	5%	7%

日本对高速公路的纵坡坡度及坡长要求见表4-20。根据设计车速,纵坡坡度要采用小于左栏所示的标准最大纵坡值。但当地形及其他原因不得已时,可以用到右栏所示的绝对最大纵坡值;而在寒冷积雪地区,绝对最大纵坡坡度要小于括号内的数值。此外,对于超出标准最大纵坡的路段,其坡长限制见表4-21。

《日本高速公路设计要领》纵坡坡度及坡长标准表 表4-20

设计速度(km/h)	最大容许纵坡(%)	
	标准最大纵坡(%)	绝对最大纵坡(%)
120	2	5(4)
100	3	6(5)
80	4	7(6)
60	5	8(6)

注:括号内为寒冷地区采用的数值。

采用标准最大纵坡以上的坡度时的坡长限制表 表 4-21

设计车速(km/h)	坡度值(%)	坡长限制值(m)	设计车速(km/h)	坡度值(%)	坡长限制值(m)
120	3 4 5	800 500 400	80*	5 6 7	600 500 400
100	4 5 6	700 500 400	60*	6 7 8	500 400 300

注:* 设计车速 80km/h、60km/h 时,容许最小速度不是设计速度的 1/2,而分别是 45km/h、40km/h。

联邦德国关于事故与纵坡长度关系的调查研究表明:在单方向行车的公路上,下坡方向的事故数要比上坡多,而且当纵坡坡度大于 6%时,行车事故明显超出平均事故数。因此,在其道路设计规范中,从经济性与安全性出发,对允许的最大纵坡进行了如表 4-22 所示的规定。

联邦德国的最大纵坡设计标准表 表 4-22

设计车速(km/h)	60	70	80	90	100	120
最大纵坡(%)	8	7	6	5	4.5	4

东盟公路的设计标准按公路等级进行划分,对重要公路和一级公路最大纵坡的控制见表 4-23。

东盟公路最大纵坡控制表 表 4-23

公路分类	重要公路			一级公路		
地形分类	平原	丘陵	山岭	平原	丘陵	山岭
设计速度(km/h)	100~120	80~100	60~80	80~110	60~80	50~70
最大纵坡(%)	4	5	6	5	6	7

除上述研究外,Polus 等通过限制小客车和大货车的速度差在一定的阈值(25~35km/h)内,确定了不同设计速度下的关键坡度值,见表 4-24。

不同设计速度的关键坡度值 表 4-24

设计速度(km/h)	60	70	80	90	100	110	120	130	140
关键坡度值(%)	8.0	6.5	4.5	3.5	3.0	2.5	2.0	2.0	2.0

注:当纵坡坡度小于关键坡度时,其长度将不受到限制。

Bitzel 根据德国高速公路上的事故资料,确定了纵坡坡度与事故率的关系,见表 4-25。从表中可以看出,随着纵坡坡度的增加,事故率明显提高。

纵坡坡度与事故率的关系　　表 4-25

纵坡坡度(%)	事故率(事故次数/百万车英里)	纵坡坡度(%)	事故率(事故次数/百万车英里)
0～1.9	0.75	4～5.9	3.06
2～3.9	1.09	6～8	3.39

注:1 英里=1.609km。

因此,对于货车比例较高的路段,应尽量采用平缓的纵坡,不应轻易采用极限值。统计表明,坡度大于 3%的路段的事故率是平缓路段事故率的 2～3 倍,且随着坡度的增加,油耗急剧增加,环境污染随之加重。

对于以行驶小客车为主的公路,当采用较大纵坡可明显减少工程造价时,可采用规定指标或者适当突破指标。对于设计速度较低的改建工程,经技术经济论证可以在规定值基础上增加 1%。

2. 竖曲线

竖曲线用于在纵断面上的两个坡段的转折处,以便于车辆在不同坡段间行驶的顺适过渡。竖曲线的形式可采用抛物线或圆曲线,在使用范围内二者几乎没有差别,但在设计和计算上,抛物线比圆曲线更方便。在纵断面设计中,竖曲线的设计受众多因素的限制,其中缓和冲击、时间行程不过短、满足视距的要求三个限制因素决定着竖曲线的最小半径和最小长度。凸形竖曲线的长度以满足视距要求为主。凹形竖曲线的最小长度,应满足两种视距的要求:一是保证夜间行车安全,前灯照明应有足够的距离;二是保证跨线桥下行车有足够的视距。

我国竖曲线最小半径分为"一般值"和"极限值"。"极限值"是汽车在纵坡变更处行驶时,为了缓和冲击和保证视距所需的最小半径的计算值,该值在受地形等特殊情况约束时方可采用。竖曲线半径"一般值"是竖曲线最小半径"极限值"的 1.5～2.0 倍。我国标准规范中对高速公路竖曲线最小半径与长度的规定见表 4-26。

竖曲线最小半径与竖曲线长度　　表 4-26

设计速度(km/h)		120	100	80	60
凸形竖曲线最小半径(m)	一般值	17 000	10 000	4 500	2 000
	极限值	11 000	6 500	3 000	1 400
凹形竖曲线最小半径(m)	一般值	6 000	4 500	3 000	1 500
	极限值	4 000	3 000	2 000	1 000
竖曲线长度(m)	一般值	250	210	170	120
	极限值	100	85	70	50

根据国外的经验,凸形竖曲线的交通事故率要比直坡段大。研究表明,小半径凸形竖曲线的事故率要比经过改善设计后的竖曲线路段事故率高很多。另外,位于陡坡(即纵坡坡度大于 6%)路段上的凸曲线发生交通事故的可能性更高。竖曲线的频繁变换会影响行车视距,通过对视距的分析可知,这将严重降低道路的安全性能,尤其在凸形竖曲线路段,视距受限会大大增加交通事故率,例如在凸曲线后面如果存在一个急弯,由于凸形竖曲线遮挡视线,驾驶员来

不及反应，极易造成交通事故。在白天或夜晚照明充足的情况下，凹形竖曲线的视距并不是影响交通安全的关键因素。但是在夜晚没有照明的道路上，在与平曲线结合时，设凹形竖曲线必须考虑到视距问题，因为道路线形的水平曲率会使车头灯光不能沿路线线形的前进方向照射，仅能侧向照射路面。

竖曲线半径对交通安全的影响主要体现在以下方面：

(1)对行车视距产生影响。半径越大，提供的行车视距就越大，小半径竖曲线往往不能满足视距要求。在任何道路上，可获得的视距均应大于或等于停车视距。小半径竖曲线易造成平、纵组合不合理而使视线不连续。Olson 等在 1984 年通过数据分析指出，在凸曲线上由于视距不足导致的事故率高达 52%。

(2)汽车在小半径竖曲线上行驶时，受到的竖向离心力会使驾驶员产生过大的超重或失重感，易造成驾驶失控。离心力的影响还会造成车辆与路面间的摩擦系数减小，影响交通安全。在小半径凹曲线底部可能会出现排水不畅问题。通过分析公路设计资料和事故资料发现，坡度大于 6%的陡坡路段上凸曲线发生交通事故的可能性较大。在相同的半径条件下，发生在凸曲线上的事故率比凹曲线大，而平曲线与竖曲线组合的路段事故率明显偏高。

因此，在进行竖曲线设计时应注意以下要求：

(1)对于设计速度大于或等于 60km/h 的公路，竖曲线设计宜采用长的竖曲线和长直线坡段的组合。有条件时宜采用大于或等于表 4-27 所列视觉所需要的竖曲线半径值，特别是位于隧道洞口过渡段和桥梁引线段的竖曲线。

视距所需要的最小竖曲线半径值　　　表 4-27

设计速度(km/h)	竖曲线半径(m)	
	凸形	凹形
120	20 000	12 000
100	16 000	10 000
80	12 000	8 000
60	9 000	6 000

(2)竖曲线应选用较大的半径。当条件受限制时，宜采用大于或接近于竖曲线最小半径的“一般值”；地形条件特殊困难而不得已时，方可采用竖曲线最小半径的“极限值”。

(3)同向竖曲线间，特别是同向凹形竖曲线之间，如直线坡段接近或达到最小坡长时，宜合并设置为单曲线或复曲线。

3. 合成坡度

现行标准规范对高速公路最大合成坡度值规定见表 4-28。

高速公路最大合成坡度　　　表 4-28

设计速度(km/h)	120	100	80
合成坡度值(%)	10.0	10.0	10.5

当陡坡与小半径圆曲线相重叠时，宜采用较小的合成坡度。特别是下述情况，其合成坡度必须小于 8%：

(1)冬季路面有积雪、结冰的地区;

(2)自然横坡较陡峻的傍山路段;

(3)非汽车交通量较大的路段。

在超高过渡段,合成坡度不应设计为0%。当合成坡度小于0.5%时,应采取综合排水措施,保证路面排水通畅。

由于合成坡度是由纵向坡度与横向坡度组合而成的,其坡度值比原路线纵坡大,汽车在设超高的坡道上行驶时,不仅要受坡度阻力的影响,而且还要受离心力的影响。尤其是当纵坡大而平曲线半径小时,合成坡度大,由于合成坡度的影响而使汽车重心发生偏移,给汽车行驶带来危险。所以,当平曲线与坡度组合时,为了防止汽车沿合成坡度方向滑移,应将超高横坡与纵坡的组合控制在适当的范围以内。

4.平纵组合

平面线形与纵断面线形的组合设计,是线形设计的关键。公路线形设计经过路线规划、选线、平面线形设计、纵面线形设计和平纵面组合设计几个阶段最终以平、纵组合的立体线形展现在驾驶员眼前。如果只按平面、纵面线形标准分别设计,而不将两者综合起来考虑,最终不可能得到好的设计。因此在线形设计中,注重平纵面线形的组合设计显得尤为重要。平、纵线形的组合设计不仅要满足汽车运动学和力学要求,还要满足视觉和心理方面的连续、舒适,以及与周围环境的协调。因此,对组合线形的技术要求一方面是力学上的,主要反映在行车安全和舒适条件上;另一方面是视觉和心理上的,主要反映在驾驶员的舒适感和愉快感上。两者不可分割,互为影响。

对于高速公路中的任一个路段均不能作为独立元素来研究和评价。其前后相连路段的作用和景观也应进行综合考虑。如道路凸曲线半径就与视距和视高有关。一个路段可以分为以下几种基本形式:空间直线、平曲线与纵坡、竖曲线与平直线、组合曲线(平面和纵面均为曲线)。空间直线在平面上与纵面上均为直线,存在景观单调、驾驶员易疲劳、可视性差等缺点。

行车安全性的大小与不同线形之间的组合有着密切的关系,不良的线形组合往往是导致交通事故的主要原因。如在长直线上设置陡坡,当汽车在长直线上行驶时,驾驶员容易高速驾驶汽车,加之设置陡坡,汽车的行驶速度会远远高于设计速度,这样极易造成交通事故;短直线介于两个同向弯曲的圆曲线之间形成所谓的“断背”曲线,这种道路线形容易使驾驶员产生错觉,把短直线看成是反向曲线,而发生操作错误,酿成事故;在直线路段的凹形纵断面路段上,驾驶员位于下坡段看对面的上坡段,也容易产生错觉,把上坡的坡度看得比实际坡度大,驾驶员就有可能采取加速以便冲上对面的上坡路段;在下坡路段驾驶员看上坡车时,觉察不出自己是在下坡,因而可能发生交通事故;在凸形竖曲线的顶部或凹形竖曲线底部插入急转弯的平曲线,前者因视线小于停车视距而导致急打转向盘,后者在超出汽车设计速度的地方仍然要急打转向盘,这些都容易引起交通事故的发生;转弯半径较小的平曲线与陡坡组合在一起时,则会使事故剧增。故设计合成坡度应该注意不设计急弯和陡坡相重叠的线形;平竖曲线重叠时,平曲线应该稍长于竖曲线做到平包纵;凸形竖曲线顶部和凹形竖曲线底部不应设计小半径平曲线,若接近极限值应考虑在小半径平曲线上设置较大高度的导向设施以弥补视距不足;凸形竖曲线顶部和凹形竖曲线底部应防止出现反向平曲线的拐点;直线上的纵断面线形防止出现驼峰、暗凹、跳跃等使驾驶员视线中断的线形,曲线超高值要与设计速度、曲线半径、路面类型及气候条件取得力学上的平衡，山区陡坡、山沟的明弯路段应设计反超高，以防止路面冰冻时轮胎横向滑溜危险；北方有积雪的路段超高设计时应考虑车辆可能的最低运行速度对应的超高需求，防止出现冰雪天气车辆在弯道低速行驶或临时停车时侧滑；超高缓和段的超高及其渐变率应符合安全行车与舒适性的要求；选择超高横断面旋转轴时应注意路基边缘纵断面的视觉诱导和排水要求；曲线段加宽值应该与交通组成中比例最大的车辆相适应；曲线内侧加宽不应太多，防止有的驾驶员把超宽的路面部分当超车道或行车道。

在进行平纵线形设计时，除满足路线设计规范中所提到的平纵组合的基本要求外，还需要注意以下几点：

(1)要强调线形设计应在视觉上能够自然地诱导驾驶员的视线；

(2)技术指标应大小均衡，使线形在视觉上、心理上保持协调，并保持视觉连续性；

(3)有利于路基路面排水。

从安全角度考虑，在进行平纵组合设计时，应尽可能避免出现以下情况：

(1)较小凸形竖曲线(小于 2 倍最小值)顶部或凹形竖曲线底部，出现平曲线的拐点；

(2)直线上的纵面线形出现驼峰、暗凹、跳跃等使驾驶员视觉中断的线形；

(3)直线段内设短的竖曲线；

(4)平纵组合不理想的状态下出现较小竖曲线半径(竖曲线半径小于 2 倍最小值)；

(5)在长直线上设置陡坡及曲线长度短、半径小的凹形竖曲线。

对于平纵组合设计中提出的平竖曲线一一对应，在实际应用过程中通常存在两种偏差：一种情况下是机械地、毫无灵活性地执行上述原则；另一种情况是在特殊条件下放松对平纵组合要求时，对灵活运用的条件掌握不够恰当。因此，对于平纵组合设计提出以下参考性做法：

(1)平竖曲线一一对应、平包竖是比较理想的组合状态，如果其他条件允许或者稍做调整可以达到时，应尽量灵活处置。

(2)设计速度越高(例如大于 60km/h)，对平纵组合的要求越低。但这并不意味着不考虑平纵组合设计。

(3)当平、纵面指标较低、坡度反向且坡差较大时，应强调平、纵组合设计；当平面半径大于 4 000m，坡差小于 1.5%，条件限制严格时，平纵组合可从宽掌握；当平曲线半径大于 6 000m，纵面坡差小于 1%(尤其是同方向坡)，受其他条件限制时，可不考虑平纵组合要求。

(4)对于一个平曲线内包含竖曲线个数的把握。一般驾驶员同时看到两个或多于两个竖曲线时，会感到紧张。如果视野(表 4-29)不是特别开阔，则驾驶员正常的视野范围内不会出现多个竖曲线的情况。因此，一般情况下，一个平曲线包含多个竖曲线于车辆运行无大妨碍。

驾驶员行驶视野表　　　　表 4-29

运行速度(km/h)	120	100	80	60
行驶视野(m)	675	575	450	325

四、横断面

高速公路横断面是指中线上各点沿法向的垂直剖面，由横断面设计线和地面线组成。横断面设计线包括行车道、路肩、分隔带、边沟、边坡、截水沟、护坡道等。各部分的尺寸应根据规划交通量、交通组成、设计速度、地形条件等因素确定。除此以外，还有以下与横断面有关的因素影响行车安全：

1. 超高

设计超高是为了抵消车辆在平曲线路段上行驶时所产生的离心力，而将路面做成外侧高内侧低的单向横坡形式。超高除符合规范外，在特殊地段还应根据实际情况适当调整。其超高过渡段应在回旋线全长范围内进行设置，其超高过渡段的纵向渐变率不得小于 1/330。全超高断面宜设在缓圆点或圆缓点处。

2. 行车视距

为了行车安全，驾驶员应能随时看到汽车前面相当远的一段路程，一旦发现前方路面上有障碍物或迎面来车，能及时采取相应措施，避免发生交通事故。对于横断设计，最明显的属挖方路段的曲线，因此在视距检查时应重点注意。如果边坡妨碍了视线，则应按所需净距绘制包络线开挖视距台。

横断面设计应结合沿线地面横坡、自然条件、工程地质条件等布设。自然横坡较缓时，采用整体式路基断面。在横坡较陡、工程地质复杂时，高速公路可采用分离式路基断面。典型的高速公路路基横断面如图 4-8 所示。

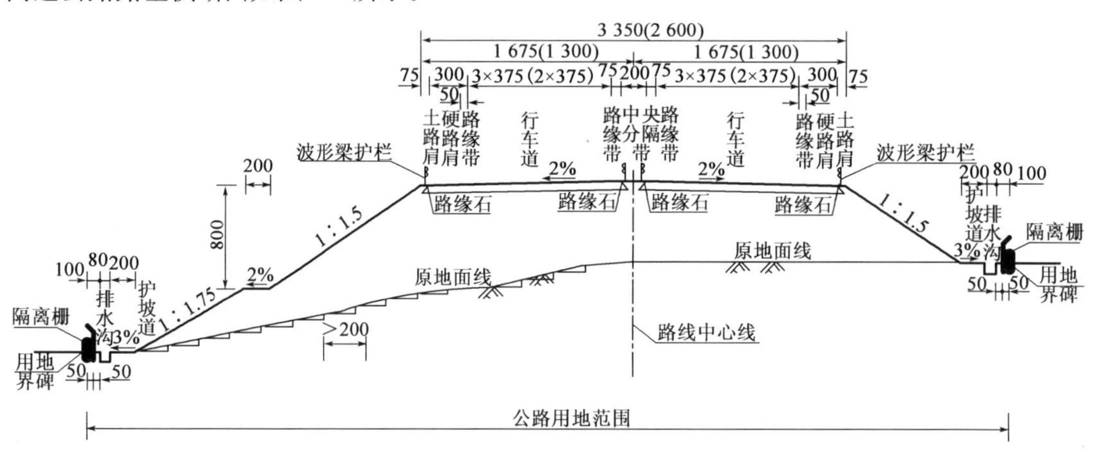

图 4-8　典型高速公路路基横断面布置(尺寸单位:cm)

在公路设计时，应最大限度地降低路堤高度，放缓路基边坡，做好防护、排水、取土、弃土等设计，减少对沿线生态的影响，防止水土流失，使公路融入自然；高速公路横断面设计时，应尽量提供足够宽地路侧安全净空区，让驶出路外的车辆能恢复正常行驶，如达不到要求，则须设置防护设施。路基边坡应根据自然、生态、地质等情况采用相适宜的坡率，且随地形、地势变化，边坡坡度尽量缓于 1 : 6，边坡外形和周围环境融为一体。

高速公路的排水系统应自成体系，满足要求，路侧安全净空区内的边沟断面应选用浅碟式或漫流方式，否则应加盖板，同时保障盖板的强度能够承载货车的动态负荷；冬季积雪路段、工程地质病害严重路段，可适当加宽路基，改善行车条件，保障行车安全。

行车道是供各种车辆行驶部分的总称，行车道的宽度应根据车辆宽度、设计交通量、交通组成和运行速度来确定。行车道是分配给单一纵列车辆行驶的道路部分，车道宽度是为了交通上的安全和行车上的顺适而设定的道路宽度，它和汽车大小、交通组成、车速高低有关系，车速增加，车道宽度也要增加。一般来说，公路设计车速为 80km/h 或以上时，车道宽度采用 3.75m；设计车速为 60km/h、40km/h 时，车道宽度为 3.5m；设计车速为 20km/h 时，车道宽度为 3.0m。

相关研究表明：在车道宽度范围内（2.75～3.75m），事故概率和频率是随着车道的宽度增加而降低的。美国交通安全专家 Hauer 总结了美国自 19 世纪 50 年代以来关于车道宽度与道路安全的研究成果，认为：车道宽度变化时，会引起许多重要因素随的变化，这使单纯研究道路宽度与安全的关系变得困难。但经验表明，车道宽度增大到 3.55m(11ft)时，似乎并不能增大安全系数，而大于 3.66m(12ft)时，则可能会降低安全系数，因为车道宽度大于 3.66m(12ft)时，车辆的行驶速度也会变大。

从对运行速度的影响方面考虑，路缘带宽度超过 0.5m 后对运行速度影响不大。但较窄的路缘带宽度会造成车辆向外侧车道偏移。根据试验场的试验结果，较窄的路缘带搭配较宽的车道是较为不利的选择，这样只能使车辆更向外侧偏移，不利于车辆与相邻车道车辆保持安全的侧向距离。所以路缘带宽度的选择要与车道宽度的选择相适应，一般认为路缘带宽度应至少不小于 0.5m。

路肩是在公路上行车道外，与行车道直接相邻的部分。设置路肩的目的主要有：给行车道的路面、路基提供一个横向支撑力以及作为紧急停车用，公路养护停车，警察临时停车，应急救援，在平曲线路段增加视距，加强公路表面的排水（一般横坡比行车道大）。同时，路肩还可以作为路侧安全净空区的一部分。

路肩应具有足够的宽度保证其功能的充分发挥，根据功能综合确定硬路肩和土路肩的宽度，见表 4-30。

硬路肩功能与最小宽度　　表 4-30

硬路肩功能		最小宽度(m)
路面侧向支撑		0.5
控制速度		1.0
紧急停车	小客车	2.5
	货车	3.0

根据硬路肩的功能要求，不同设计速度对应的右侧硬路肩宽度和土路肩规定见表 4-31。

右侧路肩宽度　　表 4-31

设计速度(km/h)		高 速 公 路		
		120	100	80
右侧硬路肩宽度(m)	一般值	3.00 或 3.50	3.00	2.50
	最小值	3.00	2.50	1.50
土路肩宽度(m)	一般值	0.75	0.75	0.75
	最小值	0.75	0.75	0.75

五、视距

视距是影响行车安全最主要的因素。驾驶员的驾驶行为取决于驾驶员是否能看清前方的道路及环境，并有足够的距离，以便准确控制方向，避开障碍物，保证交通安全。视距与驾驶员的感知——反应时间密切相关，同时也受道路特性、周围环境和驾驶员对事物的预期等因素的影响。

通俗地讲，视距是指从车道中心线上驾驶员能看到的沿该车道中心线的最远距离。驾驶员的驾驶行为与接收的视觉信息密切相关，视距是驾驶员获得视觉信息量的一种量测方式，也是公路几何线形设计的宏观体现。因此，确保驾驶员视距满足行车安全的要求是保障公路交通安全的基础工作，也是公路设计人员、安全评价人员必须考虑的安全因素。

美国人杨格通过在加利福尼亚州的调查得到了视距与交通事故率的相关关系（表 4-32）。由此可知，线形所提供的视距越短，则交通事故也越频繁。因此，在进行平纵组合线形设计时应首先满足视距的要求。

视距与交通事故率的关系 表 4-32

视距(m)	交通事故率($1/10^6$)	视距(m)	交通事故率($1/10^6$)
＜240	1.5	450～750	0.8
240～450	1.2	＞750	0.7

在高速公路线形设计中，通常以停车视距作为视距设计的标准。汽车在道路上行进，驾驶员突然发现前方路上有障碍，不能绕越，需要及时在障碍前停车时，能保证安全的最短距离，称为停车视距。停车视距由驾驶员在反应时间内车辆仍继续行驶的距离、驾驶员开始制动直至车辆完全停下来的行驶距离和车辆停止后与前方障碍物保持的必要安全距离组成。现行标准规范对高速公路停车视距的规定见表 4-33。

高速公路停车视距 表 4-33

设计速度(km/h)	120	100	80	60
停车视距(m)	210	160	110	75

在进行高速公路线形指标设计时，与视距相关的安全设计的核心为典型代表车型安全行车需要的视距和三维道路线形能够实际提供的有效视距的计算，并在此基础上，在设计过程中对视距进行检验，进而优化平纵组合设计，使其满足特定交通条件下的停车视距要求。

1. *安全行车需要的视距计算方法*

根据停车视距的定义，小客车安全行车需要的视距用下式计算：

$$S_{cal}=\frac{v_{85}t}{3.6}+\frac{(v_{85}/3.6)^2}{2gf} \tag{4-5}$$

式中：S_{cal}——小客车停车视距，m；

v_{85}——预测运行速度或实测运行速度，km/h；

t——反应时间，取 2.5s（判断时间 1.5s，运行 1.0s）；

g——重力加速度，取 9.8m/s^2；

f——纵向摩阻系数，依运行速度和路面状况而定。

货车安全行车需要的视距用下式计算：

$$S_t = \frac{v_{85}t}{3.6} + \frac{(v_{85}/3.6)^2}{2g(f+i)} \tag{4-6}$$

式中：S_t——停车视距，m；

v_{85}——运行速度的计算值，km/h；

t——空驶时间，即反应时间，取 2.5s（判断时间 1.5s，运行 1.0s）；

g——重力加速度，取 9.8m/s^2；

i——路线纵坡度；

f——轮胎与路面的纵向摩阻系数，不论运行速度大小，一律取值为 0.17。

在计算安全行车需要的视距时，当采用路段运行速度计算值计算的停车视距大于设计速度对应的停车视距时，应加大停车视距。

2.有效视距的计算方法

为评价路线设计指标提供的视距能否满足安全行车的视距需求，需要首先计算线形能够提供的有效视距。目前，常用的有效视距计算方法有以下三种：

1）平曲线视距

平曲线内侧可能因半径过小，而受边坡或路侧障碍物影响，导致视距受限。为评价平曲线内侧视距是否能满足停车视距要求，通常根据横净距和平曲线半径计算平曲线能提供的视距，计算公式如下：

$$M = R\left(1 - \cos\frac{28.65S}{R}\right) \tag{4-7}$$

式中：R——平曲线半径，m；

M——平曲线内侧横净距，m；

S——平曲线能提供的视距，m。

2）竖曲线视距

竖曲线半径和长度对驾驶员视距有较大影响，过小的竖曲线半径或者是过短的竖曲线，在凸形竖曲线情况下，坡顶会约束驾驶员视距；在凹形竖曲线情况下，夜间车前灯照射范围有限，不利于行车安全。竖曲线视距计算方法如下：

（1）凸形竖曲线

当曲线长度大于或等于停车视距 S_T 时，满足视距要求的最小曲线长度为 $L_{min} = \frac{S_T\omega}{2(\sqrt{h_1}+\sqrt{h_2})} = \frac{S_T^2\omega}{4}$；当曲线长度小于停车视距 S_T 时，满足视距要求的最小曲线长度为 $L_{min} = 2S_T - \frac{4}{\omega}$。

（2）凹形竖曲线

当曲线长度大于等于停车视距 S_T 时，满足视距要求的最小曲线长度为 $L_{min} = \frac{S_T^2\omega}{2(h+S_T\tan\delta)} = \frac{S_T^2\omega}{1.5+0.0524S_T}$；当曲线长度小于停车视距 S_T 时，满足视距要求的最小曲线长度为 $L_{min} = 2(S_T - \frac{0.75+0.026S_T}{\omega})$。

以上式中：S_T——竖曲线能提供的视距，m；

L_{min}——竖曲线长度，m；

h_1——视高，m；

h_2——物高，m；

ω——坡差，%；

h——车前灯高度，m；

δ——车前灯光束扩散角，(°)。

3）三维动态视距

平曲线和竖曲线视距计算方法是传统的、经典的视距计算方法，但仅从三维空间线形平面投影和竖直面投影角度计算了静态视距，进而评价公路平面或纵断面线形设计的安全性。在平曲线视距评价中主要考虑了平曲线半径和横净距对视距的影响，而在竖曲线视距评价中主要考虑了竖曲线长度、相邻坡段坡差、车前灯高度和车前灯光束扩散角制约因素。相关研究表明，通过投影方式计算视距的方法无法体现公路线形的空间三维特性，不能充分反映驾驶员在车辆行驶过程中的有效视距的变化情况。因此，有必要利用具有空间性和动态性的三维动态视距（图 4-9）来评价空间道路线形的安全性。其定义为：在三维公路线形中，车辆以一定速度行驶时，沿车辆行驶方向，驾驶员能看到的第一个点至第一个不能看到的点沿道路的距离，即为驾驶员在该点、该运行速度下的三维动态视距。

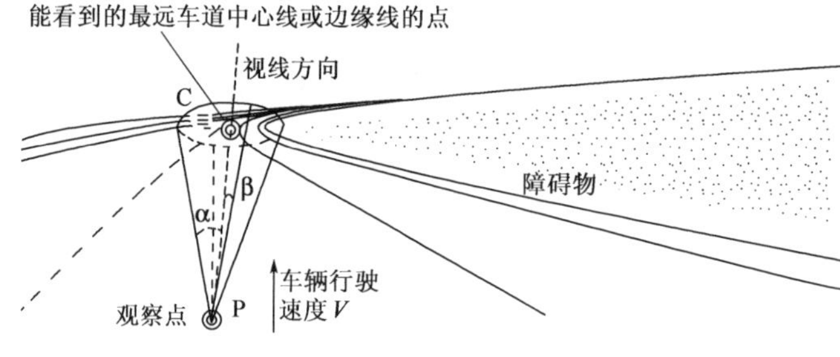

图 4-9　三维动态视距示意图

三维动态视距重点考虑了三维公路线形、驾驶员动态视野、车前灯照射范围等因素，利用空间几何向量关系建立驾驶员视距的空间约束量化条件和视距计算模型，计算驾驶员在各点的三维动态视距，进而实施视距评价。

在三维空间中，假设驾驶员的视野为椭圆锥体（图 4-10）。其中，A 点为驾驶员的位置，C 点为驾驶员竖向能看到的最远点，D 点为驾驶员横向能看到的最远点，Q 点为车辆行驶前方道路中心线上的任一点，B 点为 Q 点对应于驾驶员在该方向上视野的最远可视点，$\overrightarrow{AO}$为视线中心线，B'和 B''分别为 B 点在通过视线中心线且与水平面垂直和平行的平面上的投影。

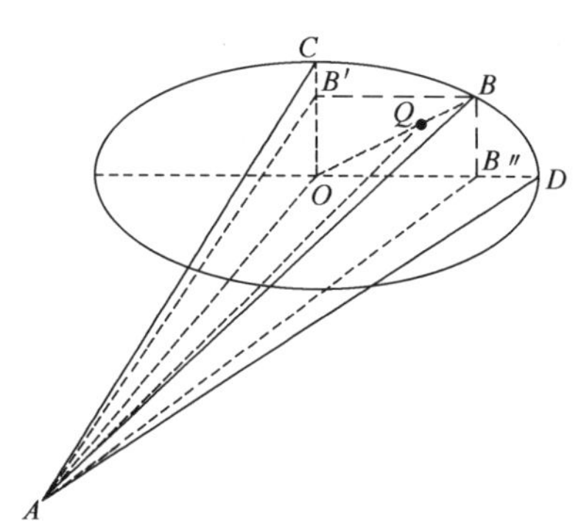

图 4-10　驾驶员视野示意图

$\angle CAO$ 为驾驶员能看到的最大竖向偏角，记为 β；$\angle DAO$ 为驾驶员能看到的最大横向偏角，记为 α。在一定行车速度下，驾驶员的横向和纵向最大视野是一定的，但在其他方向上，驾驶员能看到的横向和纵向角度均小于最大偏角。$\angle OAB$ 为驾驶员在 OQ 方向上能够看到的最大视野范围，记为 θ。$\angle B'AO$ 为$\angle OAB$ 在 CAO 平面内的投影，记为 φ。

计算三维动态视距时，从路线起点开始，依次进行视距计算。对于任一视距计算点 A，从沿车辆行驶方向的第一个驾驶员能看到的点开始进行视距验算，对于视距验算点 Q，通过判断$\overrightarrow{AQ}$与$\overrightarrow{AO}$的夹角 χ 是否在 OQ 方向最大动态视角 θ 内来确定路线上 Q 点相对于 A 点的可视性。若 Q 点与 A 点间所有点均可视，但其下一个验算点不可视，则沿路线的距离 L_{AQ} 即为驾驶员在 A 点的三维动态视距。车辆以速度 v 行驶时不受道路环境制约情况下驾驶员能辨识物体的最远距离记为 S_{max}，则当视距计算点和验算点距离达到 S_{max} 时停止验算，此时该点的动态视距为 S_{max}。三维动态视距计算流程如图 4-11 所示。

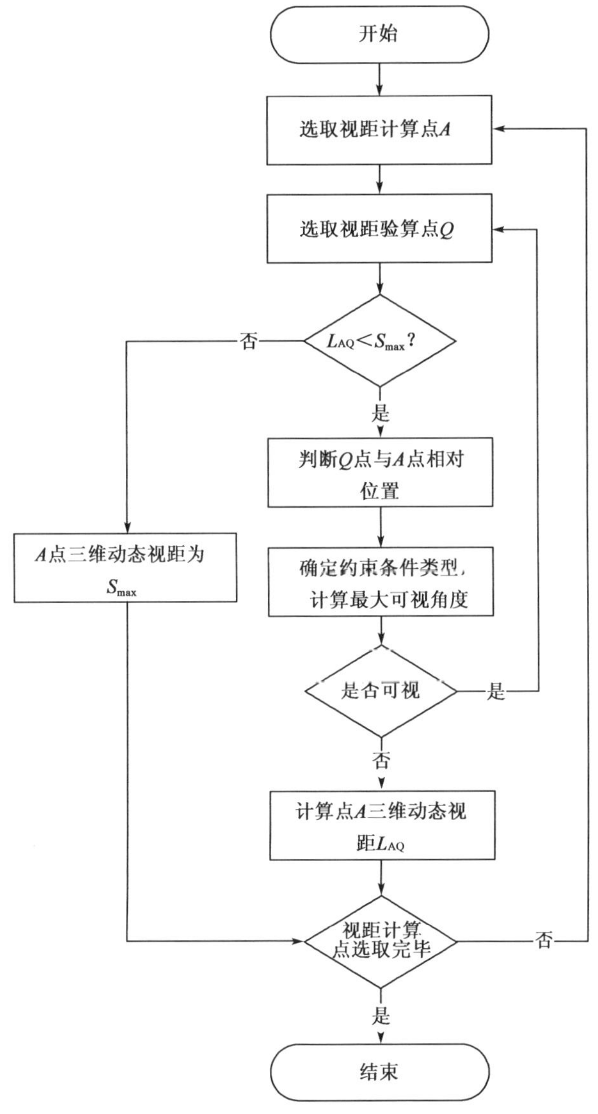

图 4-11　三维动态视距计算流程

三维动态视距的空间约束量化判定条件包括空间约束、竖向约束和横向约束三类。

(1)空间约束条件

当视距验算点位于平纵线形组合路段时，验算点与经过视线中心线的水平面不共面(如图4-10所示)，采用空间约束条件，其临界判定条件如下所示。

$$|\chi-\theta|<\delta \tag{4-8}$$

式中：θ——验算点所在方位驾驶员能看到的最大动态视角；

χ——观察点和验算点构成的向量$\overrightarrow{AQ}$与驾驶员视线中心线$\overrightarrow{AO}$的夹角(用下式计算)；

δ——表示误差限，通常取值为0.001(以下相同)。

$$\chi=\arccos\frac{dx_A(x_Q-x_A)+dy_A(y_Q-y_A)+dz_A(z_Q-z_A)}{\sqrt{dx_A^2+dy_A^2+dz_A^2}\sqrt{(x_Q-x_A)^2+(y_Q-y_A)^2+(z_Q-z_A)^2}} \tag{4-9}$$

根据空间投影关系，验算点所在方位驾驶员能看到的最大动态视角θ与其在竖直面CAO内的投影角φ的关系如下所示。

$$\theta=\arctan\sqrt{\tan^2\alpha-\frac{\tan^2\alpha\tan^2\varphi}{\tan^2\beta}+\tan^2\varphi} \tag{4-10}$$

且在平面CAO内，投影角

$$\varphi=\arccos\frac{|\overrightarrow{AO}|}{|\overrightarrow{AC}|} \tag{4-11}$$

(2)竖向约束条件

当视距验算点与计算点位于同一直线路段时，驾驶员视距主要受纵断面线形、竖直向最大动态视角和车前灯照射范围影响，采用竖向约束判定条件。

①凸曲线

当视距计算点A位于凸曲线路段时，视距的主要限制因素是竖曲线的坡顶点(如图4-12所示)和竖直向动态视角。因此，应首先采用迭代法确定坡顶点，其临界判定条件如下式所示。

$$|\varphi_{PE}-\varphi_E|<\delta \text{ 且 } \varphi_{PM}\leqslant\beta \tag{4-12}$$

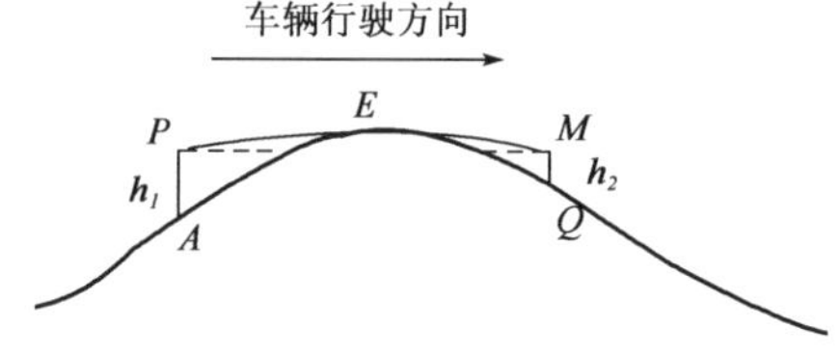

图4-12　凸曲线约束条件示意图

式中：φ_{PE}、φ_{PM}——分别为$\overrightarrow{PE}$、$\overrightarrow{PM}$与水平面的夹角；

φ_E——坡顶点切线与水平面的夹角；

h_1——驾驶员视点高度；

h_2——物体高度；

P——经视高修正后的点；

M——经物高修正后的点。

当视距验算点Q位于坡顶点E至竖曲线终点路段时，临界判定条件如下式所示。

$$|\varphi_{EM}-\varphi_E|<\delta \text{ 且 } \varphi_{PM}\leqslant\beta \tag{4-13}$$

式中：φ_{EM}——$\overrightarrow{EM}$与水平面的夹角；

φ_E——坡顶点切线与水平面的夹角。

以上计算公式中：

$$\varphi_{E} = \tan^{-1} \frac{dz_{E}}{\sqrt{dx_{E}^{2} + dy_{E}^{2}}} \tag{4-14}$$

$$\varphi_{PE} = \tan^{-1} \frac{z_{E} - z_{P}}{\sqrt{(x_{E} - x_{P})^{2} + (y_{E} - y_{P})^{2}}} \tag{4-15}$$

φ_{EM}、φ_{PM}计算方法与φ_{PE}相同。

②凹曲线

当视距计算点A位于凹曲线路段时，视距的主要限制因素是竖直向动态视角和夜晚车前灯的纵向照射范围（如图4-13所示），临界判定条件如下式所示。

$$||\varphi_{HQ} - \varphi_{A}| - \min(\beta, \gamma)| < \delta \tag{4-16}$$

式中：β——驾驶员纵向向上最大视角；

γ——车前灯向上最大照射角度；

φ_{HQ}——$\overrightarrow{HQ}$与水平面的夹角；

φ_{A}——视距计算点A的切线与水平面的夹角；

h_3——车前灯高度；

H——经车前灯高度修正后的点。

(3)横向约束条件

当视距计算点和视距验算点位于同一水平面时，其间所有点的高程均相等，驾驶员视距主要受平面线形影响，采用横向约束判定条件（如图4-14所示）。此时，驾驶员视野仅与横向最大动态视角和车前灯横向最大照射范围有关。临界判定条件如下式所示。

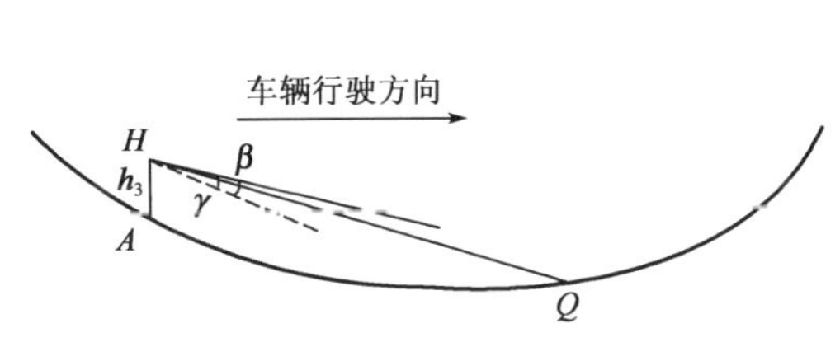

图4-13 凹曲线约束条件示意图

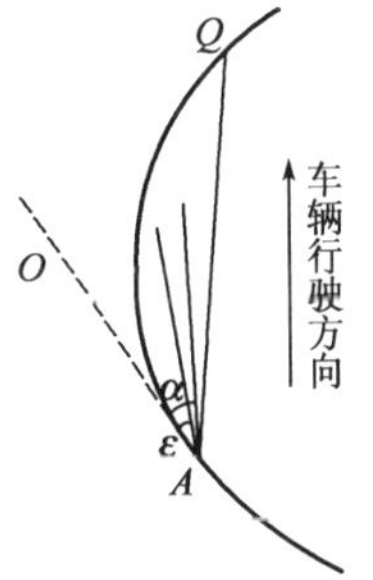

图4-14 横向约束条件示意图

$$|\lambda_{AQ} - \min(\alpha, \varepsilon)| < \delta \tag{4-17}$$

式中：λ_{AQ}——$\overrightarrow{AQ}$与视线中心线$\overrightarrow{AO}$的夹角；

α——驾驶员横向最大视角；

ε——车前灯横向最大照射角度。

确定空间约束、竖向约束和横向约束的临界判定条件和适用范围后，对于任一视距计算点，根据与验算点的相对位置关系，选择约束条件类型，采用迭代法搜索临界点桩号，以获取该点的三维动态视距。三维动态视距计算模型如下式所示。

$$S = \min\left[S_{\max}, \sum_{k=i}^{j-1}\sqrt{(x_{k+1} - x_{k})^{2} + (y_{k+1} - y_{k})^{2} + (z_{k+1} - z_{k})^{2}}\right] \tag{4-18}$$

且满足条件：

$$\begin{cases}\theta_{i,j} \leqslant \theta_{\max} \\ \theta_{i,j+1} > \theta_{\max} \\ j > m\end{cases} \tag{4-19}$$

式中：$S_{\max}$——理想行车条件下驾驶员能辨识物体的最远距离，通常为400m；

i——视距计算点的标号；

j——视距验算点的标号；

m——满足以下条件的第一个能看到的点的标号：

$$\begin{cases}\theta_{i,k} > \theta_{\max}, \forall k \in [1, m-1] \\ \theta_{i,m} \leqslant \theta_{\max}\end{cases} \tag{4-20}$$

$\theta_{i,j}$——视距计算点和验算点连线与视线中心线的夹角；

$\theta_{\max} = f(G, F, H, T)$——视距验算点方向上驾驶员的最大动态视角；

G——三维公路线形影响因子；

F——驾驶员动态视野影响因子；

H——车前灯照射范围影响因子；

T——约束条件类型，判断方法流程如图4-15所示。

为更准确地计算车辆行驶过程中驾驶员的动态视距，评价平纵几何线形组合设计的安全性，主要按以下过程实施三维动态视距评价：

(1)获取平纵线形设计基础数据。平面线形数据主要包括交点桩号、交点坐标、直缓点、缓圆点、圆缓点、缓直点桩号等，纵断面线形数据主要包括变坡点桩号、变坡点高程、竖曲线起点、竖曲线终点、竖曲线半径、纵坡等。

(2)推算线形控制点三维坐标。在获取线形基础数据后，根据设定的步长等参数，推算路线上各点三维坐标，形成三维线形控制点序列。

(3)生成三维线形。在获取线形基础数据后，即可推算路线上各点三维坐标，进而生成三维公路线形，绘制三维公路线形示意图。

(4)计算三维动态视距。设置计算参数(主要包括驾驶员视高、物高、横向视角、纵向视角、车前灯横向和纵向照射角度、极限视距等)后，在三维空间中依次计算驾驶员在行驶过程中的三维动态视距，并给出视距受限原因。

(5)三维动态视距评价。在计算驾驶员三维动态视距的基础上，绘制三维动态视距图，并根据相关标准规范要求，确定视距不良路段。分析不利交通安全因素，提出安全完善建议。

3.视距评价

利用前述有效视距的计算方法，可计算出任一几何设计对应的平曲线视距、竖曲线视距和平纵线形组合设计能够提供的三维动态视距。利用车辆的运行速度即可根据前式计算出安全行车需要的停车视距。进而通过实际有效视距值和要求的视距值的对比分析即可确定视距不良路段。标准规范中的指标有主次之分。主要指标是指对安全、功能有重大影响的指标，如最

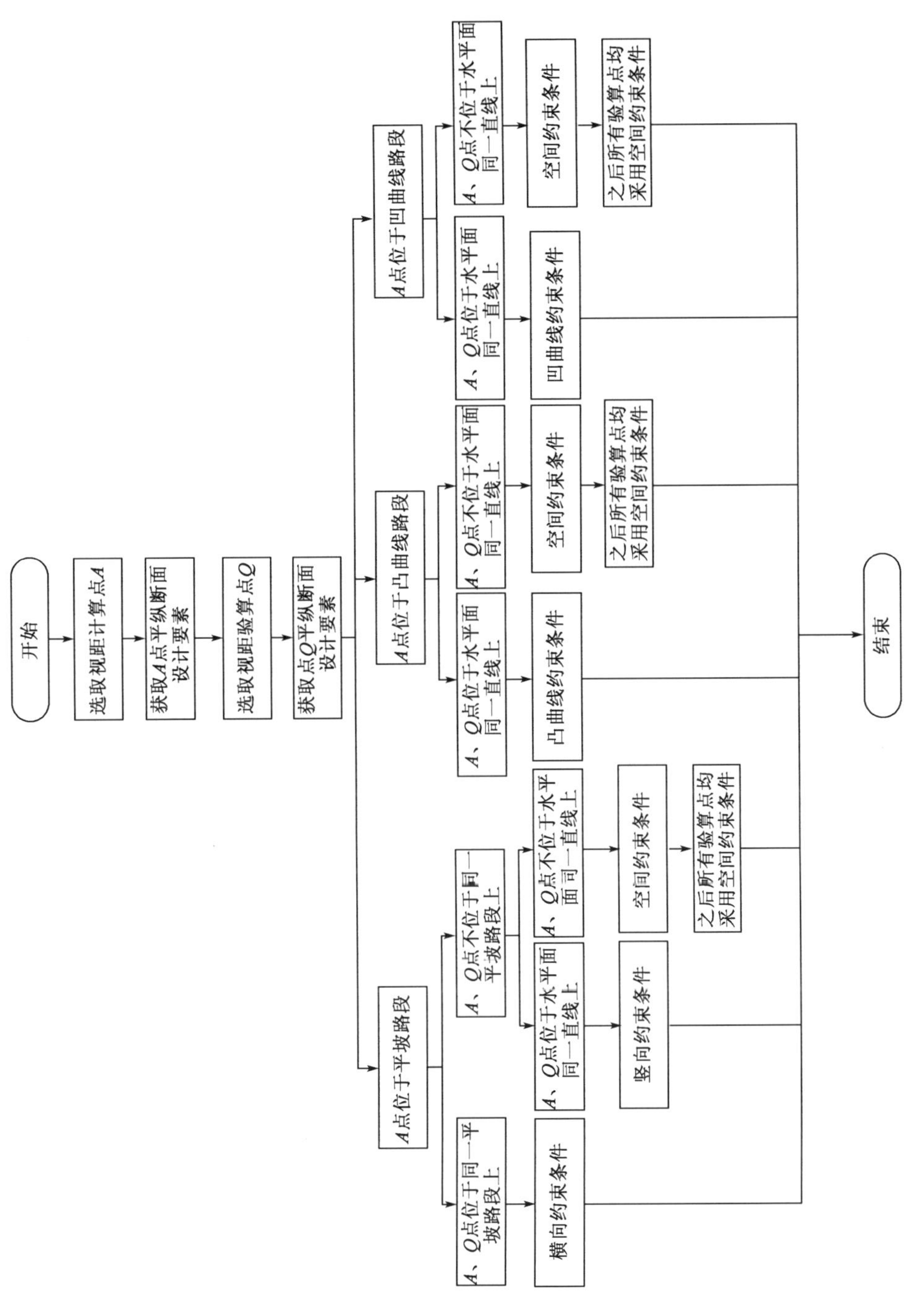

图4-15　视距计算约束条件判断方法流程

小圆曲线半径、最大纵坡、视距等;次要指标是指在满足安全的前提下,主要影响美学或舒适性的指标,如曲线间直线长度等。在设计中原则上应保证满足主要指标的要求。视距通常是设计中的控制性要素,因此,视距评价时应综合考虑三类视距的评价结果。

考虑到三维动态视距与平曲线视距和竖曲线视距相比,能够更客观地反映车辆行驶过程中驾驶员有效视距的变化情况。因此,平纵线形设计应首先满足三维动态视距的要求,在条件受限时必须采取交通工程措施,加强视线诱导,结合强制减速措施,将车辆行驶速度控制在线形能提供的视距范围内。

第五章　路侧安全设计

第一节　路 侧 设 计

路侧是指从车道外边缘到道路红线边界的这一范围，路侧事故就是指发生在这一区域范围内的事故。据不完全统计，路侧事故数约占全部道路交通事故的 1/3，不同的国家、地区以及不同等级道路其具体比例会有所差异，而且路侧事故所造成的伤亡人数比重要明显高于路侧事故数比重。由此可见，路侧事故相比其他类型的事故更具严重性。在我国，在一次死亡 3 人以上的重特大恶性事故中，由于车辆冲出路外坠落陡崖或高桥的路侧事故约占重大恶性交通事故的一半。

一、典型路侧安全问题

虽然我国交通安全问题尤其是路侧安全问题日益严重，但是由于技术标准与用地特征的不同，长期以来并没有在规范层面沿用路侧净区的概念，对路侧事故的特点与路侧防护方法的专项系统研究较少，在路侧安全方面，还存在许多问题（图 5-1～图 5-4）。具体说来包括：

(1)路侧防护设施设置等级、类型与路侧特征不相符，其防护性能和可靠度均不能满足实际的使用要求。如路侧无安全防护设施或防护能力不足。

(2)由于用地条件的限制，我国公路多采用高路基形式，路侧边坡、边沟设计不规范、不合理，存在较大的安全隐患。

(3)我国人口众多，土地资源相对不足，路侧净区没有保证。

(4)交通标志立柱、灯杆位于路侧净区内，低等级公路几乎未设置解体消能设施。

(5)护栏端头未进行特殊处理。

(6)施工区的防护无明确规范。

图 5-1　危险路肩边坎

图 5-2　护栏防护能力不足

图 5-3　宽大危险边沟

图 5-4　无任何处治的坚硬桥墩

由此可见，针对路侧安全问题，提出系统的路侧安全改善对策与理念，提高路侧安全设计水平，减少车辆冲出路外而引发的路侧交通事故，对于改善道路的安全性，缓解当前交通安全所面临的严峻形势具有十分重要的现实意义。

二、路侧安全设计理念

路侧设计是对路肩外边缘与征地界限之间的地带进行的设计，设计目的是使驶出路外的车辆安全返回或安全停靠，设计任务为如何在这些情况下最大限度地保障驾乘人员安全，即宽容公路的设计理念。

路侧安全设计的核心是在路侧设计过程中体现宽容设计理念，即容错能力设计，需要设计人员提供尽可能减少事故发生或降低事故严重程度的设计对策，即：不管什么原因致使车辆驶出路外，路侧环境都应该尽可能为驾驶员提供一个平缓的且无障碍物的路侧净区，以有效提供路侧安全性。理想的路侧安全环境应该对冲出路外车辆提供充分的安全保证，既不会在边坡上发生翻车，也不会与危险物发生碰撞，即便是不可避免地与危险物发生碰撞，仍应保证碰撞的后果最轻。

路侧设计的对象或要素主要包括：路肩（路肩振动带）、排水设施（边沟、涵洞等）、边坡、护栏（路侧护栏、中央分隔带护栏、桥梁护栏等）、行道树、各种杆柱（标志杆、电线杆、通信设施杆等）以及解体消能设施等。路侧安全设计的中心内容就是如何达到侧向净区的要求。

第二节　路侧净区设置

路侧安全净区是指行车道外边缘往外的一定的区域，这个区域里应无任何危险障碍物、相对平坦，可供失控车辆重新受控，这个区域包括硬路肩、土路肩以及可控制行车的边坡，其宽度根据预测交通量、运行速度以及道路的几何指标而定，如图 5-5 所示。

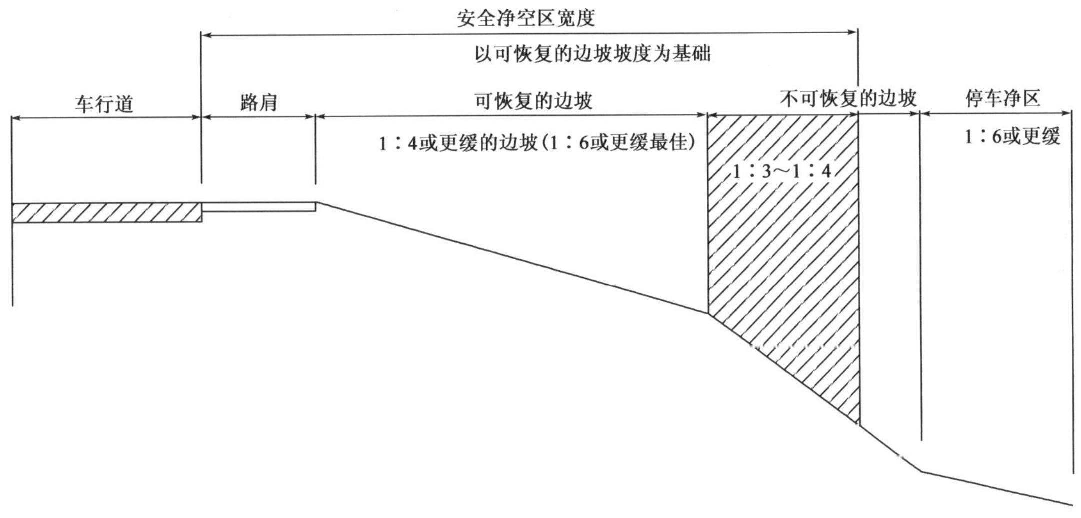

图 5-5　路侧安全净区

注：由于必需的路侧安全净区内有一部分为不可恢复的边坡（图中阴影部分），需要附加的停车净区，其宽度等于阴影部分的宽度。

在实际条件许可的情况下，路侧设计必须满足侧向净空要求。即路侧空间必须可穿越，而且不可有任何会对失控车辆造成严重伤害的障碍物（如树木、立柱、涵洞端墙和陡坡等）。

美国 AASHTO《路侧设计指南》（2002 版）指出，高速公路行车道边缘以外不少于 9m 的宽度可使 80％的失控车辆得到恢复，大多数公路按照不少于 9m 的宽度来设置无障碍区。净空区大小取决于交通速度、路侧的几何形状、交通量以及安全、经济、环境之间的综合考虑，见表 5-1。

不同条件下的路侧安全净区宽度值　表 5-1

设计速度	日均交通量	前坡比率		后坡比率		
		≤1V∶6H	1V∶5H～1V∶4H	1V∶3H	1V∶5H～1V∶4H	≤1V∶6H
≤60	≤750	2.0～3.0	2.0～3.0	2.0～3.0	2.0～3.0	2.0～3.0
	750～1 500	3.0～3.5	3.5～4.5	3.0～3.5	3.0～3.5	3.0～3.5
	1 500～6 000	3.5～4.5	4.5～5.0	3.5～4.5	3.5～4.5	3.5～4.5
	>6 000	4.5～5.0	5.0～5.5	4.5～5.0	4.5～5.0	4.5～5.0
70～80	≤750	3.0～3.5	3.5～4.5	2.0～3.0	2.5～3.0	3.0～3.5
	750～1 500	4.5～5.0	5.0～6.0	3.0～3.5	3.5～4.5	4.5～5.0
	1 500～6 000	5.0～5.5	6.0～8.0	3.5～4.5	4.5～5.0	5.0～5.5
	>6 000	6.0～6.5	7.5～8.5	4.5～5.0	5.5～6.0	6.0～6.5
90	≤750	3.5～4.5	4.5～5.5	2.5～3.0	3.0～3.5	3.0～3.5
	750～1 500	5.0～5.5	6.0～7.5	3.0～3.5	4.5～5.0	5.0～5.5
	1 500～6 000	6.0～6.5	7.5～9.0	4.5～5.0	5.0～5.5	6.0～6.5
	>6 000	6.5～7.5	8.0～10.0	5.0～5.5	6.0～6.5	6.5～7.5
100	≤750	5.0～5.5	6.0～7.5	3.0～3.5	3.5～4.5	4.5～5.0
	750～1 500	6.0～7.5	8.0～10.0	3.5～4.5	5.0～5.5	6.0～6.5
	1 500～6 000	8.0～9.0	10.0～12.0	4.5～5.5	5.5～6.5	7.5～8.0
	>6 000	9.0～10.0	11.0～13.5	6.0～6.5	7.5～8.0	8.0～8.5
110	≤750	5.5～6.0	6.0～8.0	3.0～3.5	4.5～5.0	4.5～5.0
	750～1 500	7.5～8.0	8.5～11.0	3.5～5.0	5.5～6.0	6.0～6.5
	1 500～6 000	8.5～10.0	10.5～13.0	5.0～6.0	6.5～7.5	8.0～8.5
	>6 000	9.0～10.5	11.5～14.0	6.5～7.5	8.0～9.0	8.5～9.0

对位于路侧安全净区内的各类行车障碍物，应按下列顺序进行处置以保证足够的路侧安全净区。

(1)去除净区内的障碍物；

(2)重新设计障碍物，使其能安全穿越；

(3)将障碍物移至不被撞出的位置；

(4)通过采用解体消能设施来减少车辆撞击障碍物的事故严重程度；

(5)采用纵向护栏保护障碍物或在障碍物前设置防撞缓冲设施；

(6)如果因条件限制不能实施上述方案，则应对障碍物加以视线诱导。

第三节　路侧安全设计内容

确保车辆在正常的车道内行驶是防止和减少路侧事故的最根本措施，是设计人员进行路侧安全设计时应优先考虑的，通常防止车辆驶出路外的措施也是最为经济有效的。其设计内容如下：

(1)尽量使车辆保持在正常车道内行驶。可采取合理设置标志、标线等设施，加强诱导等设计。

(2)及时提醒驶离车道即将冲出路外的车辆返回。可采取设置振动标线和路肩振动带等设计。

(3)降低冲出路外的车辆发生侧翻或与障碍物发生危险碰撞的可能性。可采取的设计方法主要有:放缓边坡,路肩硬化,消除路基边缘边坎,改宽大矩形边沟为浅碟形边沟,提供更宽的路侧净区等。

(4)当冲出路外车辆不可避免地发生碰撞事故时应尽可能减轻事故严重程度。可采取设置护栏,缓冲消能设施,进行标志、公用设施杆柱可解体设计等设计。

根据上述路侧安全设计对策,可将其分为主动防护与被动防护两个方面。

一、主动预防设计

我国目前的国情下,由于土地资源或地形条件限制,多数情况下难以设置满足要求的路侧净区。然而设计人员可通过硬化路肩、放缓路基边坡、设置可逾越的排水设施、消除紧邻路侧范围内的危险物等技术手段来尽可能提供充足的路侧净区。

1. 交通标志标线的设置

尽管路肩表面材料与行车道不同,但由于路肩的不同功能没有明确指出,行驶车道和路肩没有明显的划分,致使路肩经常被机动车辆当行车道使用。因此最简单的解决方法是设置标志、标线或振动带以区分行车道与路肩,从视觉、听觉、触觉方面提醒驾驶员,驾驶员就会意识到危险而远离边沟返回行车道。

振动标线可以明显改善夜晚和雨天交通安全,当驾驶员因疲劳打瞌睡时,飞驰的车辆在冲出公路前碾压在此类标线上时,会产生共振摇晃并发出一种低沉的"轰隆"声,使驾驶员惊醒,提醒驾驶员车轮已压线,防止行车中驾驶员瞌睡和越线行驶,可有效避免车辆冲出路外的事故。振动标线可设置在道路中心线或车道边缘线处,图 5-6 为北京门头沟 109 国道道路中心使用的黄色振动标线。

设置大型、醒目的交通标志。大型、醒目的人性化标志具有版面尺寸大、图文并茂、生动形象等特点,一方面提高了标志的视认性,使驾驶员能在更远的地方辨识标志,增加了驾驶员反应操作的时间,在恶劣的天气条件下,此类标志仍能提供良好的视认性;另一方面,标志提供的信息量更大,使驾驶员更能获知前方路况的具体特点,便于采取针对性的操作。此外,此类标志还可能具备卡通的效果,在一定程度上能起到放松心情、消除驾驶疲劳的作用,在急弯、陡坡或不良线形组合路段,避免车辆冲出路外,如图 5-7 所示。

图 5-6　道路振动标线

图 5-7　大型“急弯下坡”标志

2.设置合理的视线诱导设施

视线诱导设施是指沿车行道两侧设置，用于明示道路线形、方向、车行道边界及危险路段位置，诱导驾驶员视线的设施。它可以在白天、黑夜诱导驾驶员的视线，标明道路轮廓，保证行车安全。主要包括以指示道路线形轮廓为主要目标的轮廓标，以指示交通流分合为主要目标的合流诱导标，以指示或警告改变行驶方向为主要目标的线形诱导标等。

1)线形诱导标

线形诱导标用于引导或警告驾驶员前方公路平面线形的变化，使其根据线形适当改变行车方向，促使安全运行。线形诱导标分为指示性线形诱导标和警告性线形诱导标两类。指示性线形诱导标为蓝、白相间(图 5-8)，一般设置在小半径曲线路段、匝道、急弯路段或通视较差，对行车安全不利的曲线外侧。警告性线形诱导标颜色为红、白相间(图 5-9)，一般设置在因道路施工或维修作业而需临时改变行车方向，提醒驾驶员注意前方作业的路段。线形诱导标的设置应和线形一致，并垂直于车辆的行驶方向，至少在 150m 远处就能看见，其设置间距保证驾驶员至少能看到 3 块线形诱导标或能辨明前方进入弯道运行。在曲线半径较小的匝道上，驾驶员应连续看到不少于 3 块线形诱导标。

2)示警墩(桩)

示警墩(桩)可起到提高驾驶员视认性、警示道路线形的作用，一般都是红白相间。示警墩(桩)在起到诱导视线作用的同时，也会起到一定的防护作用。示警桩一般设置于路侧有一定宽度净区，视距良好的路段，如图 5-10 所示。示警墩一般设置于路侧净区较小，视距良好，路侧有一定危险程度，但危险程度不大的路段，如图 5-11 所示。

图 5-8　指示性线形诱导标

图 5-9　警告性线形诱导标

图 5-10　示警桩

图 5-11　示警墩

3)设置凸面反光镜

在急转弯、视距不良的阳坡路段，设置凸面反光镜，有利于驾乘人员看见对面的交通流并及时采取措施，减少交通事故的发生，如图 5-12 所示。实践证明，合理设置凸面反光镜，对于保障转弯处路侧安全有着显著效果。

4)合理设置轮廓标

如图 5-13 所示线形条件为下坡接小半径曲线,路侧不是很险要,但存在高低不整的绿化植被,路线的边界和轮廓显得不清晰,尤其是在夜间行驶时表现得更为突出,有必要设置轮廓标以标识线形轮廓防止车辆冲出路外。轮廓标设置于道路边缘,通常用以指示道路的方向、车行道的边界。轮廓标在公路前进方向左、右侧或对称设置。在视线不良、急弯、车道数或车道宽度有变化以及连续急弯陡坡等路段应设置轮廓标。可以提醒驾驶员正行驶在弯道上,减慢车速,有效避免事故发生。

图 5-12　凸面反光镜

图 5-13　柱式轮廓标

3.路肩处理

除了无障碍区域路侧、安全护栏和对路侧障碍物设置解体消能设施外,合理的路肩处理亦能有效降低路侧的交通事故。

路肩是位于行车道外缘到路基边缘,具有一定宽度的部分。路肩一般由硬路肩(含路缘带)、土路肩组成。路肩可为遇到紧急情况需要临时停车的车辆提供空间。同时,在车行道之外的路肩,可以使车辆远离路侧障碍物,使驾驶员从视觉上、心理上消除紧张感。路肩处理包括设置硬路肩、土路肩和路肩振动带等措施。路肩的合理设置对于保障路侧行车安全有着重要意义。

1)硬路肩

硬路肩是与行车道相邻的道路组成部分,供临时停车和紧急情况使用,同时也为路面提供支撑。设置一定宽度的硬路肩可以实现下列功能:

(1)为遇到机械故障或紧急情况的车辆提供在车道外停车的空间;

(2)为需要临时停车的驾驶员提供空间;

(3)为避免事故隐患或减轻事故严重性而提供空间;

(4)宽敞的路肩提供一种开阔的感觉,使驾驶员轻松驾驶,避免紧张;

(5)改善挖方路段的视距并因此而改善交通安全;

(6)提高公路通行能力并促使车速更趋平稳;

(7)为道路养护提供空间;

(8)使雨水能够在远离行车道的位置排放,最大限度地减少行车道的渗透,从而减少对路面的损坏;

(9)为路面提供结构支撑;

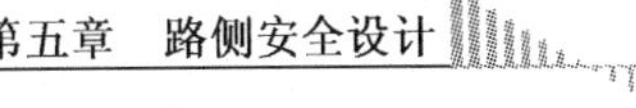

(10)为行人和自行车提供空间。

硬路肩实现不同功能的最小宽度见表5-2。

硬路肩最小宽度　　表5-2

功　能	最小宽度(m)	功　能	最小宽度(m)
为行车道路面提供结构支撑	0.5	供小客车紧急停靠	2.5
保障路面排水	1	供大型车紧急停靠	3

设置一定宽度的硬路肩,能有效降低单车冲出行车道的交通事故和车辆正面碰撞事故。美国、澳大利亚学者研究认为,硬路肩对减少交通事故的效果比土路肩好得多。理想情况下至少要保证2m宽的硬路肩,极端情况下也不得少于0.6m;另外,还认为只有在交通量不低于500辆/d的道路上设置硬路肩,其安全方面的成本效益比才划算。

从我国现行各等级公路路肩宽度表(表5-3)中可以看出,只有高速公路和一级公路设置了硬路肩,而二级及其以下公路均不设硬路肩。根据《公路工程技术标准》(JTG B01—2003),各级公路到远景设计年限年平均昼夜交通量均超过了国外的标准,仅双车道四级公路远景设计年限的年平均昼夜交通量就已经达到了1500辆/d,如果折算成小客车,这个数据还要大得多。因此,现行标准对交通安全的考虑不够,对路侧安全采取硬路肩措施时需加以改善,即保持高速公路和一级公路现状不变,对二、三级公路的硬路肩一般值取2m,低限值取1.25m;设计速度为80km/h的二级公路土路肩取1.25m;对四级公路设计速度为40km/h的硬路肩取0.60m,土路肩取0.4m或1.40m。

我国现行各等级公路路肩宽度　　表5-3

公路等级	设计速度(km/h)	硬路肩宽度(m)		土路肩宽度(m)
		一般值	低限值	一般值
高速公路	120	3.25或3.50	3.00	0.75
	100	3.00	2.75	0.75
	80	2.75	2.50	0.75
	60	2.50	1.50	0.50
一级公路	100	3.00	2.75	0.75
	60	2.50	1.50	0.50
二级公路	80	—	—	1.50
	40	—	—	0.75
三级公路	60	—	—	0.75
	30	—	—	0.75
四级公路	40	—	—	0.50或1.50
	20	—	—	

不论宽度如何,路肩均应该连续设置,除非驾驶员能够从任意一点离开行车道,否则路肩的作用将得不到充分发挥。当路肩连续时,几乎所有驾驶员都能离开行车道实施紧急停车。

当设计的是间断式的路肩时，有时驾驶员就不得不在行车道上停车，这样便会带来危险。当无法提供连续式的路肩时，较窄的或间断式的路肩仍然比不设路肩的情况要好一些。

构造物上的左侧和右侧路肩，均应与其引道路肩同宽。无论窄路肩还是没有路肩，特别是在结构物上，都可能带来严重的营运安全问题。

2)土路肩

土路肩是指紧邻硬路肩或者紧邻没有硬路肩的车道的道路组成部分。土路肩除起到保护路面和路基的作用外，还提供侧向余宽，对路侧安全有着重要影响。

在没有硬路肩的公路上，土路肩的主要作用是：提供临时停车的位置；为临时停车提供硬实稳定且与行车道保持一定安全距离的表面；养护和紧急停车使用；横向支撑路面；承载道路设施，包括防护栅；改善水平视距。在有硬路肩的地方，土路肩主要起承载道路设施和改善水平视距的作用。

土路肩的设置要求如下：

土路肩宽度一般为0.5～0.75m。需要指出的是，土路肩的“土”字并非一定要用土作为表面材料，有条件的都应绿化或加固。土路肩表面应做成弧形曲线，并进行适当加固，以防止表面产生冲刷。通常有三种加固方式：植草、空心混凝土预制块加植草、实心混凝土预制或天然石材。不同加固方式的适用条件是不同的，设计时应结合路表排水方式、路堤边坡防护设施、土质抗冲刷能力、项目所处地区的气候等因素，灵活选用，使土路肩外形美观，线形流畅，并与整个路基形态和周围环境相适应。

为保证行车安全，进行交通诱导以及防止土路肩冲刷，在路面边缘常设置路缘石。高速公路和一级公路右侧应设置0.5m宽的路缘石。路缘石(含拦水带)的形式有平式、斜式和曲线式等几种。

设置矩形盖板边沟的路堑段，土路肩的功能可由盖板边沟代替，设计可灵活掌握。设置宽浅形边沟的路堑段，土路肩可与边沟、碎落台一并考虑，使边沟同时具有土路肩、边沟和碎落台的功能。

3)路肩加宽与硬化

路肩一般由硬路肩(含路缘带)、土路肩组成，起到保护路面和路基的作用，并提供侧向余宽，侧向余宽为驶出路外车辆提供容错空间。路肩如果加宽，路肩与边沟、边坡的组合设计就会更合理，就可以为车辆提供更大的路侧净区。路肩上设置振动带为驶出路外的驾驶员提供警告信息，及时纠正错误从而使车辆重新回到正常行驶车道。这些措施都将有效降低侵入路侧事故的发生概率。

多数条件下路肩加宽涉及路基的拓宽，在项目资金有限的条件下并不是一个十分经济的对策，尤其是对于山岭重丘区的公路更是如此，而且路肩拓宽往往需要与大、中修计划相配合，与之相比，路肩硬化措施则显得更为经济、快捷。路肩硬化是增加路面宽度的一种最有效的方式，尤其是在山区公路等路面宽度较小时，能起到提高通行能力、行车安全性的目的。如图5-14所示，在山区弯路、路窄陡坡路段，或是有停车需求的路段，采用砂浆栽砌的路肩硬

图5-14 路肩加宽与硬化

化方式。

4)路肩振动带

路肩振动带通过车辆在上面行驶时产生的振动和噪声提示驾驶员采取措施返回正常行驶车道,对于因驾驶员疲劳驾驶、瞌睡、分神等原因导致路侧事故的降低非常有效,国外普遍采用这一工程措施。

按施工方法,振动带可分为四种:

铣刨式:使用铣刨机在现有的路面行车道两侧铣刨出平滑、均匀、间隔连续的弧形沟槽,因便于施工、对路面结构影响小,是目前用得最多的一种。铣刨式振动带的横向宽度 400mm,纵向宽度 180mm,与行车道边缘线间距为 300~400mm,槽深 13mm 左右。

碾压式:使用在振动轮上焊接钢管或钢筋的压路机碾压热铺沥青混凝土路肩,形成具有一定间隔的,深 32mm、宽 40mm 的圆形或 V 形沟槽。

磨压式:使用波纹状模版压在新浇注的水泥混凝土路面,形成凹槽,规格与碾压式相近。

突起式:在路肩上粘贴突起路标、标志带或用沥青混合料铺筑突起埂,高度为 6~13mm,适用于不必除雪的气候温暖地区。

路肩振动带具有维护费用低、可在现有或者新建的路面使用、效益/成本比高等优点。路肩振动带被证实可以有效地警告驾驶员他们正在驶离或即将驶离正常行驶车道。美国联邦公路局的多项研究估计,路肩振动带可使冲出路外事故减少 20%~50%。

路肩振动带对于减少因超速行驶、避免碰撞事故而采取的突然猛拐及以较大角度侵入路侧的单车事故作用不大。由于路肩振动带设置的目的是提醒那些"漂移"(以较小的驶出角度,逐渐驶出路外)出路外的驾驶员,因此,当道路具有相对较宽的路肩,且振动带设置于车道边缘线附近时会更有效。如图 5-15 所示,路侧地形平坦,有很大余宽,线形平直,适宜设置路肩振动带,具备较高的投资效益比。相对长直的路段可能是最适宜实施路肩振动带的备选对象,因为车辆在长直路段上行驶时,驾驶员的操作负荷很小,容易引起驾驶疲劳或注意力分散,从而驶出路外。路肩振动带的另外一个重要作用是在不利的天气条件下,帮助驾驶员定位到行驶车道。大雨或降雪时,可能导致路面标线辨识不清。在视认性较差或有限的条件下,路肩振动带能帮助驾驶员保持在正确的行驶车道上。

图 5-15 路肩振动带

4. 减速设施

1)减速丘

减速丘是指在路幅宽度范围内较正常路面高度隆起的强制性减速措施。原理是利用自身对行车的阻碍,强制大、中型重载车辆的驾驶员在长下坡路段行驶时使用低速挡位,采用发动机辅助制动来减轻行车制动器的负荷强度,从而降低车辆失控的可能性。

减速丘一般设置在山区双车道公路的急弯陡坡、连续长大陡坡路段上或交叉口前,以及公路穿越城镇、村庄的路段，用以强制降低车速，设置时应全断面铺设，并设置相应的减速丘标志和标线。可以根据过城镇、村庄路段的限制车速，在减速丘前设置相应的限速标志。根据道路和车速条件在进入弯道(或村庄)前的路段上设置，宜设置于转弯处和长大下坡的下半部。

2)减速标线

减速标线一般设置在长下坡路段(下坡方向车道)、小半径曲线段(曲线外侧车道)、上坡凸形竖曲线前方视距不足路段(上坡方向车道)等处，提示车辆减速，降低车辆驶出路外的概率，如图 5-16 所示。

3)速度反馈标志

速度反馈标志的工作原理是：当车辆与安装在标志板上的雷达测速器接近距离达到有效范围时，雷达测速器即可获得驶来车辆的当前速度，并将测速值传递给标志板的显示控制器，并按照事先规定的逻辑将速度值信息或其他辅助信息显示在屏幕上。速度反馈标志一般用于村镇、学校、公园等人流密集的道路，也适合公路上的危险路段，尤其是因车速过快而频发事故的路段，如冲出路外事故较多的弯道处。相关研究显示，设置速度反馈标志可使车速降低8%～25%，同时遵守限速的驾驶员比率也上升 50%。

4)视觉、心理减速措施

错觉标线是一种减少交通隐患的新型标线，通过改善视觉效果，达到降低车速的目的。当驾驶员行驶在有这种标线的路段时，从心理上感觉道路越走越窄，从视觉上感到前方将是一条狭窄的道路，由于这种强烈的视觉冲击，驾驶员会不由自主地制动减速。图 5-17 所示为山东105 国道上设置的“梳子”样式的视觉减速标线。

图 5-16　组块间隔设置的减速标线

图 5-17　视觉减速标线

5.改善线形

改善线形对于提高路侧运行安全是一种投资大、实施周期长，但可能是最为根本的改善方法。对于现有道路交通事故多发的不良线形组合路段，运用运行车速理论，改善线形，提高行驶安全性。图 5-18 为大半径曲线接小半径曲线的连续 S 形曲线，时有发生车辆冲出路外的交通事故。在实际中采用了裁弯取直的措施来改善线形，改善效果如图 5-19 所示。

二、减少翻车与碰撞的安全设计

防止冲出路外车辆发生碰撞和侧翻事故的主要设计内容归纳见表 5-4。

图 5-18 改善前

图 5-19 改善后

主要技术对策归纳 表 5-4

防护技术	说明
充分的路侧净区	路堤边坡设计
	路堑边坡设计
排水设施设计	边沟设计
	涵洞设计
路侧危险物轮廓标识	在危险物前方设置警示标志
	涂刷反光漆或粘贴反光膜

1.边坡

边坡设计应保证公路的稳定性并为失控车辆安全返回提供适当的机会。宽容路侧设计理念要求边坡在设计时,要尽量使其有利于车辆的安全行驶。当路侧有一定宽度的净区、填土高度较低时,可以适当放缓边坡。这样,车辆驶出路外顺着坡面下滑,翻车的可能性很小。驾驶员在车辆不失控的情况下,就能重新返回车道上,如图 5-20 所示。如果满足净区的要求,前坡坡度是 1V∶4H 或更缓,车辆驶出行车道后,可以安全地返回车道,不会发生事故。坡度越缓,越易于割草或养护,越容易满足安全要求。

除了要满足安全的前坡坡度和净区宽度之外,还要注意坡顶和坡角的圆滑处理。理想的圆滑坡顶可以使越界车辆仍能保持和路面接触,坡底也要圆滑以使车辆顺利跨越,如图 5-21 所示。

如果前坡坡度在 1V∶3H 和 1V∶4H 之间,并且平缓没有固定物体,这种前坡被认为是可穿越的。但是,车辆却不能够驶回车道。坡度大于 1V∶3H 的前坡是危险的,可导致驶出车辆倾覆。

图 5-20 或 5-21 给出的理想值的排水边沟横截面,其本身不会构成危险,也无须建在净区外。如果建在安全前坡上,则认为对边坡的安全性没有影响。

1)路堤边坡设计

路堤边坡设计应保证公路的稳定性并为失控车辆安全返回提供适当的机会。在评价安全方面,路侧的三个地带是最重要的:边坡顶(转折点)、填方边坡和边坡脚。车辆横越转折点时容易失去驾驶控制,因为这时车辆易呈悬空状态。在高边坡设计中尤其重要,当车辆冲入边沟之前,驾驶员试图采取救险动作或降低车速。在很多情况下,边坡坡脚位于路侧净区以内,而且很可能延伸到边沟;在这种情况下,应在路侧边坡地带设置安全过渡带。在车辆开出道外的

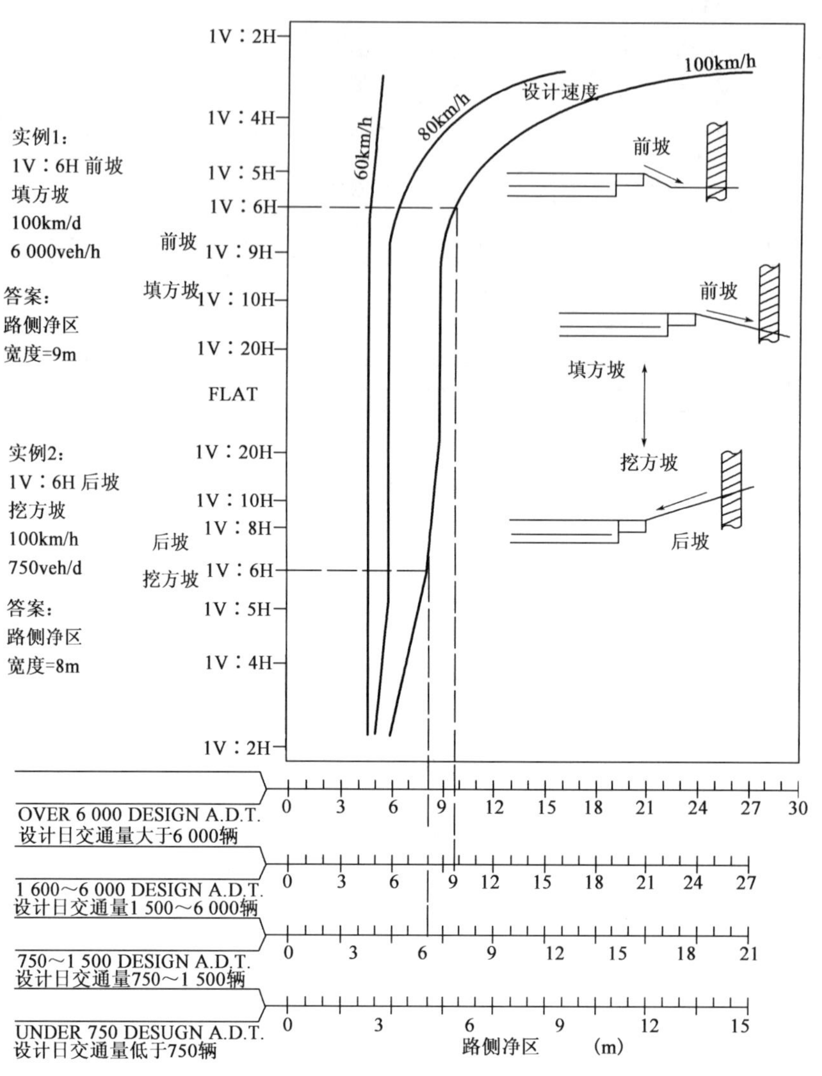

图 5-20 安全边坡及安全净空

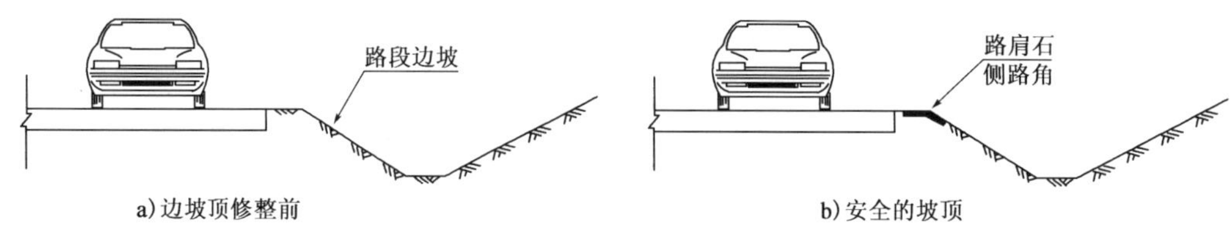

a)边坡顶修整前　　b)安全的坡顶

图 5-21 边坡坡顶圆滑处理示意图

地方，如果路旁相当平缓、平顺且没有固定物，就可防止许多潜在的碰撞事故。有关研究成果表明，路堤边坡缓于 1∶6 时，车辆即可越过，并有良好的救险机会；边坡缓于 1∶4 时，车辆开到边坡上也不至于完全失去控制；当边坡坡度在 1∶4 和 1∶3 之间时，车辆将不能返回，但是可以横穿；当边坡坡度大于 1∶3 时，驶出路外的车辆将有翻车的危险，1∶3 是影响行车安全的一个临界值。流线型路堤边坡如图 5-22、图 5-23 所示。

图 5-22　流线型路堤边坡示例 1

图 5-23　流线型路堤边坡示例 2

2)路堑边坡设计

在选择路堑边坡时，应保证边坡长期稳定性，因地制宜设置碎落台，为滚落的岩石提供安全净区。并且，要考虑边坡的坡度、形式，使其有利于车辆安全行驶。同时，应考虑边坡形状对周围环境景观的影响，边坡形状应与边坡岩土的自然属性相一致，以使公路尽可能融入自然环境，提高道路景观美感，减轻驾驶员心理压力，为其创造一个舒适、优美的行车环境。图 5-24 为路堑边坡设置实例。

图 5-24　路堑边坡示例

2.排水设施

路侧排水设施主要包括路缘石、边沟、涵洞等排水结构物。有效的排水设施设计是路侧安全设计的关键内容之一,其设计和建造需要考虑对路侧自然环境带来的影响。

排水设施的设计总体应遵循如下原则:

(1)在满足排水的条件下,去除不必要的排水结构物。

(2)在满足排水的条件下,将产生危险的排水结构物移至更远处。

(3)在无法去除和移走结构物时,应保证车辆能安全穿越排水结构物,不会直接冲撞结构物或因不可穿越而侧翻,保障车辆仍能安全地驶回公路。

(4)边沟应根据具体情况、路侧安全以及美观的要求进行评估后,灵活设置,尽量做到宽、浅、绿、隐(远)。

(5)在满足排水的条件下,倡导设置路侧浅碟式或暗埋式排水沟,尽量避免设置外露式路侧矩形或梯形边沟。

(6)当浅边沟不能满足排水要求时,如对于山区多雨和填挖工程量大的地区,可采取封盖边沟的方法,但要对封盖边沟的建设和养护进行经济分析,对盖板的强度进行重车荷载验算。

1)边沟

良好的边沟设计,在满足排水要求的同时,应尽量做到不导致驶出路外车辆翻入沟中或与边沟发生后果严重的碰撞。我国等级公路上设置的边沟通常具有宽、深、大的显著特点,大量的工程实践表明,传统设计的边沟即使在我国南方的暴雨期间,大部分边沟的流水量也没达到其设计流量。基于此,设计人员应根据沿线地形地貌、路基填挖高度、实际汇水量、排水能力、工程造价与养护便利性以及对行车安全与环境景观的影响程度等方面综合考虑,采用灵活自然的断面形式和尺寸。

在选择边沟形式和设置边沟时应注意:

(1)高速及一级公路,为避免车辆驶离路面时造成安全事故,宜采用浅三角形或碟形横断面;而在过水面积较大时,为减少开挖量,可采用设置带泄水孔板盖的矩形横断面。

(2)安保工程实践表明,矩形盖板边沟和浅碟形边沟是常用的两种形式。带泄水孔盖板的矩形边沟具有路基视觉增宽、防止车轮卡陷和边坡碎落堵塞等功能。而在公路用地受限制较小的地段,应考虑设置浅碟形边沟。

(3)浅挖方路段,宜选用浅碟形边沟;深挖方路段,宜选用矩形加盖板边沟;环境景观较好的路段,宜采用暗埋式。从安全和景观角度,浅碟形边沟或放缓边坡漫流排水形式对于地形平坦、纵坡平缓的低填、浅挖路段适应性较好。边沟可与原地面舒缓自然衔接,应克服沿路基边缘设置规则深排水边沟所带来的安全隐患,同时应形成流畅优美的视觉效果。

(4)在满足排水的条件下,可将边沟修成浅边沟或碟形边沟,使驶出路外的车辆能够驶回公路或不侧翻;当浅边沟不能满足排水要求时,可采取封盖边沟的方法,避免车辆驶入路侧大边沟发生事故。

(5)边沟的位置一般设置于土路肩外侧,当采用加泄水孔盖板的矩形横断面或浅坦三角形、皿形边沟与埋置的圆管断面时,应根据路堑段土路肩功能较小的特点,并结合碎落台宽度,设于土路肩处,使之同时具有土路肩、边沟、碎落台的功能,可减少路侧挖方工程量。

(6)对加盖板的矩形边沟,应对其盖板进行结构强度验算,确保在车辆的冲击荷载作用下不会破坏。

(7)对浅碟形边沟可以植草绿化,既保护了边沟,又绿化了环境。

(8)应注意对边沟的养护,及时清理淤积,使其排水顺畅。如果道路所在地区雨水充沛,应防止流水对边沟的冲刷作用。

浅碟形边沟是目前国内比较提倡的一种边沟形式,与传统的矩形、梯形边沟相比其在安全、经济、环保方面具有一定优势。在满足排水的条件下,可将边沟修建成浅碟形边沟,使驶出路外的车辆能驶回公路或不侧翻。应用浅碟形边沟的关键在于结合地形和路侧实际情况采取灵活的标准进行设计。

如图 5-25 所示,公路地处平原区,交通量很大,且行道树距离车道较远,将路侧边沟设置成植草的浅碟形边沟,加之路肩较宽,因此,路侧净区基本得到了保证,路侧安全状况良好。如图 5-26 所示,该边沟是国外工程实践中的一个案例,路侧地形平坦,排水量不大,排水采用路面和缓边坡漫排的方式,边沟位于远离车道的地方,边沟被不规则的、带棱角的大块石头填平,使上口与边坡坡面相吻合,水在边沟中石块间的空隙流动,处置措施简洁、安全且个性十足。但排水效率可能是个潜在问题,对于排水量小的地区也不失为一种选择。

图 5-25 浅碟形边沟

图 5-26 “孔隙式”边沟

2)涵洞

涵洞在路侧安全中同样也是不容忽视的一个因素。其主要体现在进出口的结构特征上,结构较大的端部包括混凝土端墙和翼墙，而较小的管道则具有斜面形的端部。虽然这种设计可以在排水通畅的同时保证设施的抗侵蚀能力，但在驾驶员驶出路面时，这些结构就很可能对驾驶员产生不利影响。

如图 5-27 所示，弯道内侧的涵洞口设置了钢条制作的箅子，使前后净区宽度保持连续，提高了行车的安全性。图 5-28 给出的是国外对边坡上的涵洞口（大型排水管口）的安全处置案例，将涵洞口或水管口设计成与边坡平行，取消涵洞的端墙或翼墙，同时覆盖钢制格栅，使涵洞口或水管口成为车辆可穿越的形式。

图 5-27　设置钢条的洞口

图 5-28　“可穿越式”涵洞设计

三、被动防护设计

路侧安全被动防护设计主要表现在减轻冲出路外车辆发生碰撞事故后的严重性，主要设计内容有：

（1）设置防护栏。

（2）在出口三角区、中央分隔带护栏起始处等设防撞桶等缓冲消能设施。

（3）设置可解体杆柱设施，如可解体交通标志立柱、可解体公用设施杆柱等。

1. 路侧护栏

路侧护栏是指设置于道路横断面两边土路肩上的护栏，用来防止失控车辆越出路外，防护路边构造物和其他设施，也可以保护行人、非机动车等弱势交通群体的安全。

1）设置条件

护栏的防撞机理是通过护栏和车辆的弹塑性变形、摩擦、车体变位来吸收车辆碰撞能量，从而达到保护驾驶员和乘客生命安全的目的。护栏与其他安全设施的显著区别是以护栏和车辆自身的破坏（变形）来防止更严重的伤害事故发生。在设置护栏避免车辆与其他危险物碰撞时，应把护栏当成危险物看待。例如，在某一平缓、低填方的路段，车辆越出路堤的事故严重度比车辆碰撞护栏的事故严重度小，即使在此路段上发生过一次乃至几百次以上的车辆越出路外事故，也不能采用护栏保护该路段，而是应采取其他安全措施。需要注意的是，并非路侧危险物的事故严重程度只要大于护栏的事故严重程度就要设置护栏，而是应考虑该路段发生事故的概率、车辆驶出路外的可能性、路侧危险等级及路侧障碍物的情况，否则就会导致把大量的资金投到发生事故可能性很小的路段上。

具体说来，护栏设置条件如下：

(1)护栏本身也是一种障碍物，应首先采用宽容设计理念对路侧净区内的障碍物进行妥善处理；

(2)路侧安全净区的宽度得不到满足时，失控车辆越出路外产生的事故严重度高于碰撞护栏的严重度时，应按护栏设置原则进行安全处理；

(3)不同形式的路基护栏之间或路基护栏与桥梁护栏之间应进行过渡处理。

2)设置原则

(1)车辆驶出路外有可能造成二次特大事故的路段必须设置路侧护栏。

(2)凡符合下列情况之一，车辆驶出路外有可能造成单车特大事故或二次重大事故的路段必须设置路侧护栏：

①二级及以上等级公路边坡坡度和路堤高度在图 5-29 的 I 区方格阴影范围之内的路段。

②路侧有江、河、湖、海、沼泽、航道等水域的路段。

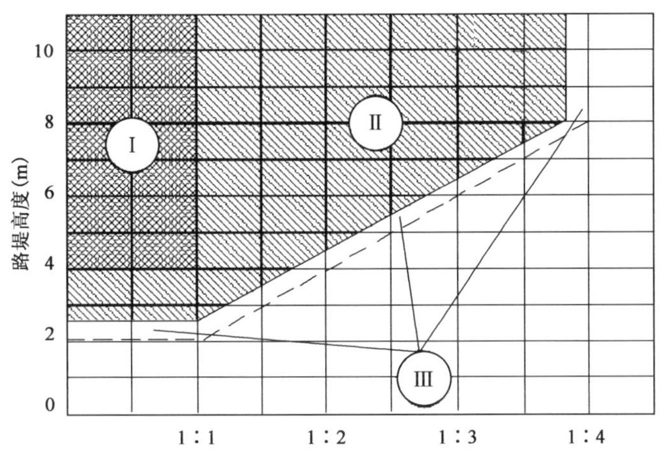

图 5-29　边坡、路堤高度与设置护栏的关系

(3)凡符合下列情况之一，车辆驶出路外有可能造成重大事故的路段，应设置路侧护栏：

①二级及以上等级公路边坡坡度和路堤高度在图 5-29 的 II 区斜线阴影范围以内的路段。

②高速公路、一级公路路侧安全净区内设有车辆不能安全穿越的照明灯、摄像机、可变信息标志、交通标志、路堑支撑壁、声屏障、上跨桥梁的桥墩或桥台等设施的路段。

③二级及以上等级公路路侧边沟无盖板、车辆无法安全穿越的挖方路段。

④三、四级公路路侧有悬崖、深谷、深沟等的路段。

(4)凡符合下列情况之一，经论证车辆驶出路外有可能造成一般或重大事故的路段宜设置路侧护栏：

①二级及以上等级公路边坡坡度在图 5-29 中 III 区内的路段，三、四级公路边坡坡度和路堤高度在图 5-29 中 I 区内。

②二级及以上等级公路纵坡大于或等于现行《公路工程技术标准》(JTG B01)规定的最大纵坡值的下坡路段和连续长下坡路段。

③二级及以上等级公路平曲线半径小于现行《公路工程技术标准》(JTG B01)一般最小半径的路段外侧。

④在高速公路、一级公路用地范围内存在粗糙的石方开挖断面、高出路面 30cm 以上的混凝土基础、挡土墙或大孤石等障碍物时。

⑤高速公路、一级公路互通式立体交叉口匝道的三角地带及匝道小半径圆曲线外侧。

⑥根据车辆驶出路外有可能造成的交通事故等级，应按表 5-5 的规定选取路侧护栏的防撞等级。因公路线形、运行速度、填土高度、交通量和车辆构成等因素易造成更严重碰撞后果的路段，应在表 5-5 的基础上提高护栏的防撞等级。

路基护栏防撞等级的适用条件 表 5-5

<table>
<tr><th rowspan="2">公路等级</th><th rowspan="2">设计速度
(km/h)</th><th colspan="3">车辆驶出路外或进入对向车道可能造成的交通事故等级</th></tr>
<tr><th>一般事故或重大事故</th><th>单车特大事故或二次重大事故</th><th>二次特大事故</th></tr>
<tr><td rowspan="2">高速公路</td><td>120</td><td rowspan="3">A、Am</td><td rowspan="2">SB、SBm</td><td>SS</td></tr>
<tr><td>100、80</td><td>SA、SAm</td></tr>
<tr><td>一级公路</td><td>60</td><td>A、Am</td><td>SB、SBm</td></tr>
<tr><td>二级公路</td><td>80、60</td><td rowspan="3">B</td><td>A</td><td>SB</td></tr>
<tr><td>三级公路</td><td>40、30</td><td rowspan="2">B</td><td rowspan="2">A</td></tr>
<tr><td>四级公路</td><td>20</td></tr>
</table>

⑦路侧护栏最小设置长度应符合表 5-6 的规定，相邻两段路侧护栏的间距小于表中规定的最小长度时宜连续设置。

路侧护栏最小设置长度 表 5-6

<table>
<tr><th>公路等级</th><th>护栏类型</th><th>最小长度(m)</th></tr>
<tr><td rowspan="3">高速公路、一级公路</td><td>波形梁护栏</td><td>70</td></tr>
<tr><td>混凝土护栏</td><td>36</td></tr>
<tr><td>缆索护栏</td><td>300</td></tr>
<tr><td rowspan="3">二级公路</td><td>波形梁护栏</td><td>48</td></tr>
<tr><td>混凝土护栏</td><td>24</td></tr>
<tr><td>缆索护栏</td><td>120</td></tr>
<tr><td rowspan="3">三、四级公路</td><td>波形梁护栏</td><td>28</td></tr>
<tr><td>混凝土护栏</td><td>12</td></tr>
<tr><td>缆索护栏</td><td>120</td></tr>
</table>

3)护栏形式选择

当确定要设置护栏后，接着就要选择护栏形式。这个选择过程没有客观的标准，但仍有一些一般规则可依循。理想的护栏形式应既能达到要求的防撞强度，又能使成本相对较低。护栏形式的选择，应针对具体情况充分比较各种护栏的性能，分析行驶安全感、压迫感、视线诱导、瞭望的舒适性，考虑与公路周围环境的协调，并结合经济性、施工条件及养护维修等因素，在综合分析的基础上确定。选择护栏形式应考虑的因素见表 5-7。

选择护栏形式考虑因素　　表 5-7

<table>
<tr><th>序　号</th><th colspan="2">考虑因素</th><th>说　明</th></tr>
<tr><td>1</td><td colspan="2">防撞等级</td><td>护栏在结构上必须能阻挡并使设计车辆转向。选择防撞等级时，应综合考虑道路条件（平纵线形、中央分隔带宽度、边坡坡度、路侧障碍物等）和交通条件（车型构成、交通量、运行车速等）</td></tr>
<tr><td>2</td><td colspan="2">变形量</td><td>护栏的变形量不应超过容许的变形距离。如果护栏与被保护物体间距较大，则可选择对车辆和乘员产生冲击力最小的方案。如障碍物正好临近护栏，则只能选择半刚性或刚性护栏。大多数护栏可通过增加立柱或增加板的强度来提高整体强度。4.5m 以下宽度的中央分隔带不宜设置柔性护栏</td></tr>
<tr><td>3</td><td colspan="2">现场条件</td><td>边坡坡度、距行车道的距离可能会限制某些护栏的使用：在边坡上设置护栏时，如边坡坡度陡于 1∶10，则应采用柔性或半刚性护栏；如边坡坡度陡于 1∶6，则任何护栏均不应在边坡上设置。如果土路肩较窄，立柱所受土压力减少，则需要增加埋深、缩短柱距或途中增加钢板</td></tr>
<tr><td>4</td><td colspan="2">材料的通用性</td><td>护栏及其端头、与其他形式护栏的过渡处理宜采用标准化材料，保证护栏材料的通用性</td></tr>
<tr><td>5</td><td colspan="2">全寿命周期成本</td><td>在最终确定设计方案时，考虑最多的可能是各种方案的初期建设成本和将来的养护成本。一般情况下，护栏的初期建设成本低，则随后的养护成本会大大增加。发生事故后，柔性或半刚性护栏比刚性护栏或高强度护栏需要更多的养护。交通量大、事故频发的路段，事故养护成本将成为必须考虑的因素，刚性护栏是较好的选择方案</td></tr>
<tr><td rowspan="4">6</td><td rowspan="4">养护</td><td>(1)常规养护</td><td>各种护栏均不需要大量的常规养护</td></tr>
<tr><td>(2)事故养护</td><td>一般情况下，事故后柔性或半刚性护栏比刚性或高强度护栏需要更多的养护。在交通量相当大、事故频率较高处，事故养护成本可能会变为最需要考虑的因素，这种情况通常发生在城市高速公路沿线。在这种位置处，刚性护栏（如混凝土护栏）通常作为选择方案</td></tr>
<tr><td>(3)材料储备</td><td>种类越少，所需要的库存类别和存储需求越少</td></tr>
<tr><td>(4)方便性</td><td>设计越简单，成本越低，则越便于现场人员准确修复</td></tr>
<tr><td>7</td><td colspan="2">美观、环境因素</td><td>美观通常不是选择护栏形式的控制因素，但旅游公路或对景观要求高的公路除外。这种情况下，可选择外观自然、能与周边环境融为一体而又具有相应防撞等级的护栏形式。护栏的选择还要考虑沿线的环境腐蚀程度、气象条件和其对视距的影响等，如积雪地区应考虑除雪的方便性</td></tr>
<tr><td>8</td><td colspan="2">实践经验</td><td>应对现有护栏的性能和养护需求进行监测，以确定是否需要通过改变护栏形式来减少或消除已发现的问题</td></tr>
</table>

2. 中央分隔带护栏设置原则

(1)当整体式断面中间带宽度小于或等于 12m 时，必须设置中央分隔带护栏；大于 12m 时，应分段确定是否设置中央分隔带护栏。

(2)公路采用分离式断面时，行车方向左侧应按路侧护栏设置；上、下行路基高差大于 2m 时，可只在路基较高的一侧按路侧护栏设置。

(3)高速公路和禁止车辆掉头的一级公路中央分隔带开口处，必须设置活动护栏。

(4)根据车辆驶入对向车道有可能造成的交通事故等级，应按表 5-5 的规定选取中央分隔带护栏的防撞等级。因公路线形、运行速度、填土高度、交通量和车辆构成等因素易造成更严重碰撞后果的路段，应在表 5-5 的基础上提高护栏的防撞等级。

3. 护栏设置时需处理的几个问题

1）护栏端头处理

护栏端头是指护栏标准段开始端或结束端所设置的端部结构。车辆撞到未经特殊处置的护栏端头时，由于碰撞角度大（基本上相当于正面相撞），对车辆的导向作用不显著，缓冲时间短，加速度大，因此，通常会对车辆和乘员造成严重危害。此外，护栏端头还可能刺穿车辆，或者导致车辆倾覆，其后果比车辆与护栏标准段碰撞相比更具危险性。需要通过护栏端头处理（图 5-30）、消能设计（图 5-31）等来逐渐缓冲减速，从而降低事故的严重程度。

图 5-30 外展式护栏端头

图 5-31 吸能式护栏端头

2）护栏过渡段处理

护栏过渡段是指两种不同护栏断面结构形式之间平滑连接并进行刚度或强度过渡的专门结构段，大多设置在路基与桥梁连接处。不同形式、不同刚度的护栏之间均应进行过渡处理，以保持护栏强度的连续性，防止事故车辆在护栏不连续的地方穿过。通过过渡段的设置保证了护栏整体刚度的逐渐过渡，避免了大刚度护栏成为路侧障碍物。图 5-32、图 5-33 为护栏过渡段处理示例。

图 5-32 护栏过渡段处理示例 1

图 5-33 护栏过渡段处理示例 2

3）桥梁护栏及过渡段设计

一般情况下，桥梁的外侧危险性明显比路段的危险性高，车辆越出桥外会造成车毁人亡的重大恶性交通事故。因此，桥梁原则上都要设置护栏。但由于桥梁护栏和路基护栏的强度往往不连续，设计人员需要进行过渡段处理才能使两者强度协调，外形美观。

4)隧道洞口处理

一般情况下，路基与隧道的横向宽度和布置是不一致的，隧道宽度较路基宽度要窄。在隧道与洞外连接道路之间，设置有一定长度的过渡段，使车辆能够顺利驶入隧道。该连接线的路基宽度一般仍按公路标准设计，通过护栏实现过渡，如图 5-34 所示。在有积雪的地区，为清除积雪等管理的方便，护栏可设置能够拆卸的防撞装置。

4. 缓冲消能设施

防撞桶一般设置在公路转弯路段的平曲线外侧、互通立交、服务区出入口三角带端头、桥梁护栏端头、上跨桥桥墩处、收费站入门车道收费岛岛头前等存在严重安全隐患的地点，起警示和缓冲的作用。通常在防撞桶上粘贴红、白相间的高强级反光膜，桶内装 2/3 桶高的细沙以增加防撞桶的重量。应视使用地点的情况，尽可能地多设几个防撞桶，并以钢带或其他形式联结成一体。

设置防撞桶的作用如下：

(1)防撞桶色彩鲜明，能引起驾驶员注意危险三角地带，并起到诱导驾驶员视线的良好作用，保证行车安全。

(2)对碰撞车辆有很好的吸收能量、衰减缓冲的作用，减轻交通事故中车辆的损坏和事故的损失。

在高速公路匝道出入口处，收费岛前、分离式路基断面入口以及交叉口等地带的护栏，由于车辆要在此分流，其碰撞护栏的危险性更大，概率更高。为了减少事故发生，降低事故严重程度，除了要对危险三角地带进行端部处理外，还应在迎车方向的三角地带范围内设置防撞桶等缓冲设施，如图 5-35 所示。

图 5-34　隧道洞口护栏设置

图 5-35　三角地带设置防撞桶

5. 可解体杆柱设施

伴随着路侧安全设计理念的建立，美国提高路侧安全的设计原则与现实环境出现了一定偏差。即：路侧安全空间范围内不可避免地需要设置一些道路交通设施，例如交通标志、路灯、交通信号灯、道路标志、求救设施、电线杆柱等设施，当发生驾驶过失而驶入路侧区域的失控车辆与这些路侧设施发生碰撞，屡屡引发严重的交通事故。因此，如何提高失控车辆驶入此类路侧区域的安全性，降低冲出行车道的车辆与这些路侧设施发生碰撞的可能性或减轻其对失控车辆的伤害程度，成为备受关注的安全问题。路侧解体消能设施的设计理念由此而诞生。所谓“解体消能结构”，是指各类标志立柱、照明灯杆、紧急电话机箱、交通信号灯柱等能抵抗风载和冰载，在受到车辆等的撞击时，通过自身的解体吸收能量，从而达到减轻交通事故严重性的目的。解体消能设施在受到撞击后，通过弯曲、剪切或断裂实现解体，允许车辆通过，而设施的残留部分不会形成行车障碍。

从路侧安全角度出发，标志立柱是一种路侧障碍物。为了减少驶出车辆碰撞标志立柱的事故和降低这类事故的严重度，应避免标志设置在车辆容易驶出路外的地点，不可避免时，可以采用解体消能结构或用护栏进行防护。图 5-36 为一个利用滑动解体原理设计的小型交通标志立柱，基础一般是三角形的，当车辆从任何一个方向撞击立柱时，经过特殊设计底部连接法兰盘能够滑动解体，从而起到缓冲的作用，减轻碰撞的剧烈程度。同时，也能防止标志戳进挡风玻璃，伤害乘员。图 5-37 所示是在北美地区广泛使用的小型交通标志立柱，方钢立柱的四面被密集地钻孔，目的是使其更容易弯曲。需要指出的是，立柱应能满足当地最大设计风载。

图 5-36　解体消能标志立柱

图 5-37　方刚立柱标志立柱

解体消能结构在我国应用非常有限，交通标志的立柱、灯杆位于路侧净区内，基本没有采用解体消能装置，也没有使用护栏进行防护。设置解体消能设施是提高标志柱路侧安全的一个好方法。随着我国社会经济的发展和以人为本理念的进一步强化，相信会有越来越多的应用。

第六章 桥隧安全设计

第一节 桥 梁

一、桥梁宽度及引线

1. 桥梁宽度

美国联邦公路局(FHWA)1992 年发表的调查研究报告认为,影响公路桥梁交通安全最重要的因素是相对桥梁宽度(桥宽一行车道宽),并以此为函数,通过 2087 起桥梁撞车事故建立了事故模型,如图 6-1 所示。按照这个模型,随着相对桥梁宽度的增加,每百万辆车的事故数随之减少,建议桥宽应比行车道宽度宽出 1.8m,即在桥梁的车行道两侧应各设 0.9m 宽的路肩。

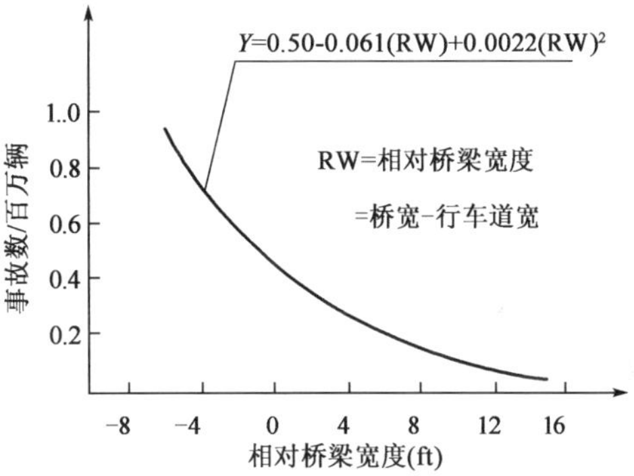

图 6-1 相对桥梁宽度与事故数量的关系

注:1ft=0.304 8m。

2. 桥梁引线

桥梁两端引线线形应与桥上线形相配合,应考虑车辆行驶的安全舒适性以及驾驶员的视觉和心理反应,引导驾驶员的视线。桥头两端不能有急弯陡坡,桥台尾部应有足够的直线段,并有良好的视距,确保行车安全。

在设计桥梁时,应对引线路段进行车辆运行的安全性评价。其评价指标为桥梁段设计速度与引线路段运行速度的差值。桥梁段设计速度按批准的项目技术指标采用;桥梁两端引线路段运行速度按两端引线路段加无桥梁状态下的相同技术指标的等长路段连续计算,并根据《公路项目安全性评价指南》(JTG/T B05—2004)运行速度预测方法对引线路段的线形特征点(直线起终点、平曲线起终点及中点、竖曲线变坡点)进行双向运行速度预测。

当桥梁设计速度与引线路段的运行速度差小于 10km/h 时,运行速度协调性好;当桥梁设计速度与引线路段的运行速度差为 10～20km/h 时,运行速度协调性较好,条件允许时,可适当调整引线路段平面、纵断面和横断面技术指标,使桥梁设计速度与引线路段的运行速度差小于 10km/h;当桥梁设计速度与引线路段的运行速度差大于 20km/h 时,运行速度协调性不良,需调整引线路段的设计,条件困难时,可在引线路段采取设立警告标志及减速设施等交通工程措施。

二、特大桥梁紧急停车带

紧急停车带指的是在公路上供车辆临时发生故障或其他原因紧急停车使用的临时停车地带。对于等级比较高的公路如高速公路和一级公路，当右侧硬路肩宽度较小、不能满足车辆因事故等临时紧急停车的需要时，应设置紧急停车带。桥梁长度较小时，可仅在桥梁以外路段设置紧急停车带。但对于特大桥梁，当桥梁总长超过紧急停车带最大间距的要求时，为保证桥上发生故障的车辆能尽快离开车道避让其他车辆，必须设置紧急停车带。

《公路桥涵设计通用规范》(JTG D60—2004)第 3.3.1 条规定：高速公路、一级公路上桥梁的右侧路肩宽度小于 2.50m 且桥长超过 500m 时，宜设置紧急停车带，紧急停车带宽度包括路肩在内为 3.50m，有效长度不应小于 30m，间距不宜大于 500m。

《公路工程技术标准》(JTG B01—2003)第 3.0.6 条规定：高速公路、一级公路的右侧硬路肩宽度小于 2.50m 时，应设置紧急停车带。紧急停车带宽度应为 3.50m，有效长度不应小于 30m，间距不宜大于 500m。

《公路桥涵设计通用规范》(JTG D60—2004)中关于桥梁紧急停车带的规定和《公路工程技术标准》(JTG B01—2003)中关于公路紧急停车带的规定完全一致。

《公路路线设计规范》(JTG D20—2006)按交公便字〔2006〕162 号文对原规范规定的紧急停车带间距规模偏小的意见，对紧急停车带的设置间距、宽度等进行了相应的调整。其中第 6.4.3 条规定，高速公路、一级公路的右侧硬路肩宽度小于 2.5m 时，应设紧急停车带。紧急停车带的间距不宜大于 2km，宽度一般为 5.00m，有效长度一般为 50m，并设置 100m 和 150m 左右的过渡段。高速公路、一级公路的特长桥梁、隧道，根据需要可设置紧急停车带，其间距不宜大于 750m。二级公路根据需要可设置紧急停车带，其间距按实际情况确定。

车辆在公路上无障碍地行驶，尤其在高速公路和一级公路上，这是现代交通最基本的要求。“宽桥窄路”或者“宽路窄桥”都将带来很大的安全隐患。这种情况下，当车辆驶离或驶入桥梁路段时，驾驶员会产生有效行车宽度突然收缩减窄的感觉，对行车安全极为不利。因此，桥梁路面宽度宜同路线保持一致。对于特大桥梁的紧急停车带设置，建议按照《公路路线设计规范》(JTG D20—2006)的相关规定执行。

根据《公路桥涵设计通用规范》(JTG/T D60—2004)的规定：桥梁多孔跨径总长超过 1 000m时，为特大桥。结合《公路路线设计规范》(JTG D20—2006)的规定，对于特大桥建议设置紧急停车带。

三、桥梁最大纵坡

桥梁作为公路的一个组成部分，其纵坡首先应满足路线相关技术指标的要求；其次，设置桥梁纵坡时还应考虑桥面排水、桥梁本身的安全等因素。对于桥梁最大纵坡限值，我国规范有明确规定，具体如下。

《公路桥涵设计通用规范》(JTG D60—2004)第 3.4.1 条规定：桥上及桥头引道的线形应与路线布设相互协调，各项技术指标应符合路线布设的规定。桥上纵坡不宜大于 4%，桥头引道纵坡不宜大于 5%；位于市镇混合交通繁忙处，桥上纵坡和桥头引道纵坡不得大于 3%。桥头两端引道线形应与桥上线形相配合。该规定与《公路工程技术标准》(JTG B01—2003)中第

5.0.7 条对桥梁纵坡的规定基本相同。《公路桥涵设计通用规范》(JTG D60—2004)中未对桥梁纵坡长度作出规定，桥梁纵坡长度应满足《公路工程技术标准》(JTG B01—2003)的相关要求。

《公路工程技术标准》(JTG B01—2003)第 3.0.16 条规定，路线纵坡应符合表 6-1 的规定。

设计速度为 120km/h、100km/h、80km/h 的高速公路受地形条件或其他特殊情况限制时，经技术经济论证，最大纵坡可增加 1%。

公路改建中，设计速度为 40km/h、30km/h、20km/h 的利用原有公路的路段，经技术经济论证，最大纵坡可增加 1%。

越岭路线连续上坡(或下坡)路段，相对高差为 200～500m 时，平均纵坡不应大于 5.5%；相对高差大于 500m 时，平均纵坡不应大于 5%。任意连续 3km 路段的平均纵坡不应大于 5.5%。

最大纵坡表　　表 6-1

设计速度(km/h)	120	100	80	60	40	30	20
最大纵坡(%)	3	4	5	6	7	8	9

另外，《公路工程技术标准》(JTG B01—2003)还对最小坡长和最大坡长做出了规定。

与我国规范不同，美国规范对桥梁纵坡仅考虑为桥面能顺畅排水之用，对纵坡限值没有具体规定。

日本规范基于行车安全性考虑，规定可设置桥梁纵坡满足桥面排水要求，但是未对纵坡限值进行规定。

以下从桥面排水、桥面结冰对桥梁行车安全性影响、桥梁自身结构安全三个方面对桥梁纵坡的安全性进行了分析。

1. 桥面排水

桥梁纵坡设置主要目的是为迅速排除雨水，防止或减少雨水对铺装层的渗透，以保护行车道板，延长桥梁的使用寿命，保持桥梁结构的安全耐久性。另外，桥面积水也会对行驶车辆造成一定影响，比如打滑等，致使车辆发生失稳、刮蹭、追尾等交通事故，不利于行车安全。

因此，如果仅仅针对桥梁结构来说，桥面上纵坡的设置应首先有利于排水，并且一般做成双向纵坡，在桥中心设置曲线，纵坡一般以不超过 3%为宜。桥长小于 50m 时，通常当桥面纵坡大于 2%即可满足排水要求；而桥长大于 50m 时，桥面纵坡应大于 2%，并且需另设泄水管以满足排水要求。

但是，对于山区公路桥梁来说，桥梁纵坡设置则应首先满足路线纵断面设计要求。对于路线来说，一般为使公路上行车快速、安全和畅通，希望公路纵坡设计得小一些，但是，在长路堑低填方以及其他横向排水不畅通的地段，防止积水渗入路基而影响其稳定，规定各级公路的长路堑路段及其他横向排水不畅的路段，均应采用不小于 0.3%的纵坡。当必须设计水平坡(0%)或小于 0.3%的纵坡时，边沟排水设计应与纵坡一起综合考虑，其边沟应作纵向排水设计。则此时对应的桥梁最小纵坡应以满足排水要求进行设计，桥长小于 50m 时，桥面纵坡不宜小于 2%；桥长大于 50m 时，应设置排水系统。

所以，当路线不设纵坡或纵坡较小的平顺情况下，桥梁纵坡设计应主要考虑满足排水要求，宜设置为双向纵坡，以保护桥梁结构的安全耐久和桥面行车的安全性。在不设置排水系统的情况下，桥长小于50m时，桥面纵坡不宜小于2%；桥长大于50m时，应设置排水系统。

2.桥面结冰对桥梁行车安全性影响

公路结冰对行驶车辆的安全威胁尤为严重，公路路面结冰的特点是容易在晚上形成，因为冬季昼夜温差较大，如果温度达到冰点以下，就很容易形成结冰。而对于桥梁结构来说，由于其结构和材料与道路不同，往往较其他路段更容易结冰，对路上行车安全造成很大的影响。

主要有以下两个原因导致在寒冷的雨天桥面的结冰速度比道路上其他路段要快得多：

(1)结构散热快。由于梁体悬空架设，桥面及桥下气流较大，在严寒天气下，桥梁整体暴露在空气中，冷空气从上下包围梁体，热量不但从桥面散失，并且也从梁底及侧面等各面散失，而公路只从路面散失热量，所以，与公路相比，桥梁散热速度更快。当气温降到冰点以下时，即使路面的温度在下降，路基的热量还能使路面保持足够的温度而不结冰。而桥梁不能保留热量，会不断地降温，所以在气温降到冰点后，会迅速结冰。

(2)材料散热快。绝大多数桥梁采用钢和混凝土材料建造，钢和混凝土都是良好的热导材料，在外界低温的情况下，桥梁体内的热量会通过钢或混凝土传到桥面，并进一步散失到体外。而对于沥青路面来说，沥青的导热性能与钢材和混凝土相比较差，因此也降低了道路散失热量的速度。

总之，桥面的温度将紧跟着气温的变化而变化。如果气温降到了冰点以下，桥表面的温度也会非常迅速地降到冰点以下。因此，桥梁往往较其他路段更容易结冰，恶劣气象条件下，桥面结冰导致交通安全事故的风险更大。

出于桥面结冰对行车安全的考虑，在桥面高程满足路线纵断面设计总体要求的前提下，桥梁结构所在的局部路段纵坡设计应以满足桥梁纵坡要求为主，此时，桥梁纵坡的设计可采用低于该处路线纵断面坡度，建议不宜大于3%，桥头引道纵坡设计需与桥梁设计纵坡相协调。

3.桥梁自身结构安全

简支多跨梁桥施工简单方便，在公路桥梁中广泛得到使用。在山区丘陵地带架设简支多跨梁桥时，常常由于河流两岸高差相对较大而被迫架设较大纵坡简支梁桥。由于纵坡的存在，使一部分桥面重力转化为水平推力作用在柔性桥墩上，这一水平推力在设计中不应忽略。随着桥梁施工进展，水平推力导致桥墩内力不断变化，因此对桥梁自身结构受力和安全产生影响，在设计和施工过程中需采取措施尽量降低其不利影响。

在桥梁两头设置滑板支座可有效改善由纵坡引起的梁体对墩台产生的作用力。改进施工方法可以降低或抵消由纵坡引起的梁体对墩台产生的作用力。

另外，桥梁纵坡较大时，由汽车冲击力造成的支座剪应力也会增大，容易造成支座的剪切破坏，进一步影响结构安全。采用较大吨位的支座能够降低或避免大纵坡时车辆冲击造成的剪切破坏作用，但同时也增加了桥梁造价。

从桥梁自身结构考虑，虽然设置纵坡不会对结构安全产生破坏性的影响，并且在设计、施工过程中通过采用一定的手段可以降低或避免其产生的不利作用，但总不如坡度较小的情况下对结构更为有利。因此，除非在不得已的情况下，桥梁结构应避免采用大纵坡。

综合以上分析，建议桥梁纵坡设计应符合下列规定：

(1)小桥与涵洞处的纵坡应随路线纵坡设计。

(2)桥梁及其引道的平、纵、横技术指标应与路线总体布设相协调，各项技术指标应符合路线布设的规定。大桥的纵坡不宜大于4%，桥头引道纵坡不宜大于5%；引道紧接桥头部分的线形应与桥上线形相配合。

(3)位于市镇附近非汽车交通量大的路段，桥上及桥头引道纵坡不得大于3%。

(4)桥梁纵坡设计应考虑雨、雪天行车安全需求，提出设计或管理措施。

(5)桥梁纵坡应根据桥梁所处环境，考虑冬季结冰等因素的影响，不宜大于3%。

四、跨线桥净空高度

立体交叉跨线桥梁是道路交通事故的一个多发点(图6-2)，事故形式主要表现为：

(1)跨线桥桥下净空高度不足，行驶在下穿公路上的车辆撞击上跨桥梁的上部结构。

(2)车辆撞击上跨桥桥墩。

(3)上跨桥梁上行驶的失事车辆越出桥外，对下穿公路造成的二次重大事故等。

图6-2　立体交叉跨线桥梁典型交通事故

1.国内外规范规定

我国《公路桥涵设计通用规范》(JTG D60—2004)第3.3.1条规定：对于桥涵净空高度，高速公路和一级、二级公路上的桥梁应为5.0m，三、四级公路上的桥梁应为4.5m。

《公路桥涵设计通用规范》(JTG D60—2004)第3.3.4条规定，立体交叉跨线桥桥下净空应符合下列规定：

(1)公路与公路立体交叉的跨线桥桥下净空及布孔除应符合本规范第3.3.1条桥涵净空的规定外，还应满足桥下公路的视距和前方信息识别的要求，其结构形式应与周围环境相协调。

(2)铁路从公路上跨越通过时，其跨线桥桥下净空及布孔除应符合本规范第3.3.1条桥涵净空的规定外，还应满足桥下公路的视距和前方信息识别的要求。

(3)农村道路与公路立体交叉的跨线桥桥下净空为：

①当农村道路从公路上面跨越时，跨线桥桥下净空应符合本规范第3.3.1条建筑限界的规定；

②当农村道路从公路下面穿过时，其净空可根据当地通行的车辆和交叉情况而定，人行通道的净高应大于或等于2.2m，净宽应大于或等于4.0m；

③畜力车及拖拉机通道的净高应大于或等于 2.7m，净宽应大于或等于 4.0m；

④农用汽车通道的净高应大于或等于 3.2m，并根据交通量和通行农业机械的类型选用净宽，但应大于或等于 4.0m；

⑤汽车通道的净高应大于或等于 3.5m；净宽应大于或等于 6.0m。

《公路工程技术标准》(JTG B01—2003)关于桥梁净空的规定与《公路桥涵设计通用规范》(JTG D60—2004)基本一致。

美国对于桥下公路的净高值的规定是按照道路上的建筑限界所决定的，而控制道路几何设计的关键因素是行驶车辆的几何尺寸及相关性能，其中车辆的外廓尺寸对于道路上建筑限界的规定有着深远的影响。

美国 AASHTO 的《公路和街道的几何设计政策》(2004)规定，同一个路线一般确定一个净空高度，净高受公路系统的政策控制。美国大部分车辆的高度限值都在 4m 左右，而各州允许的车辆装载高度在 4.1～4.4m 之间，考虑其竖向净空至少比车辆的高度高 0.3m，同时考虑到重新铺装、冰雪堆积以及偶尔的超高车辆的影响，其道路的最小净高值见表 6-2。

美国 AASHTO 竖向净空标准 表 6-2

道路类别	净　高　值	备　注
地方道路	4.3m	适用于城市道路和乡村道路
集散道路	4.3m	适用于城市道路和乡村道路
主干路	新建为 4.9m，已有上跨构筑物的改建工程为 4.3m	位于高度发展的市中心区如有其他净高为 4.9m 的道路可以到达，可采用 4.3m
高速公路	新建为 4.9m，已有上跨构筑物的改建工程为 4.3m	位于高度发展的市中心区如有其他净高为 4.9m 的道路可以到达，可采用 4.3m；信号标志结构物和人行构筑物需要 5.1m；在净高小于 4.9m 的城市道路中信号标志需比其他构筑物的最小净高大 0.3m

与美国规范不同，欧盟 DMRB 标准对于跨线桥下净空高度的规定是根据建筑物的具体类型而定的，在考虑到超高车辆撞击影响和欧洲部分公路不限速的情况下，取值较高。具体数值见表 6-3。表 6-3 中 S 代表挠度曲线补偿，取值见表 6-4。

欧盟 DMRB 桥下净空高度标准 表 6-3

建筑物类型	新建结构的净高(m)	已有上跨构筑物的改建工程净高(m)
跨线桥	5.30+S	5.03+S
人行天桥、信号标志结构物及其他易受车辆撞击的结构	5.7+S	5.41+S
独立的临时性建筑物	N/A	5.41+S
道路上永久建筑物	6.45+S	6.18+S

挠度曲线补偿 表 6-4

挠曲线半径(m)	附加净空 S(mm)	挠曲线半径(m)	附加净空 S(mm)
1 000	80	3 000	25
1 200	70	6 000	15
1 500	55	>6 000	0
2 000	45		

日本道路协会《道路构造令》(2004)对立体交叉跨线桥梁桥下净高的规定见表6-5。日本关于车辆外廓尺寸的最大高度为3.8m,考虑到将来加铺罩面等影响,普通道路一般在4.7m以上,小型道路为3.2m。

日本《道路构造令》竖向净空标准 表6-5

道路类别	净高值(m)	道路类别	净高值(m)
普通道路	4.5	人行道和自行车道	2.5
小型道路	3.0		

横向对比欧、美、日等西方发达国家和地区的标准,我国的净空高度取值是比较适中的,略高于美国和日本,而低于欧盟,但考虑到大多数欧洲国家对于车辆行驶速度要求较宽,而我国则对于各级道路制定了比较严格的限速标准,因此,可以认为欧盟与我国的净空高度标准大致相当。

2.桥梁净空高度合理性分析

各国道路竖向净空标准均是以车辆外轮廓尺寸作为基本依据的。《道路车辆外廓尺寸、轴荷及质量限值》(GB 1589—2004)是我国对于汽车、挂车及汽车列车的外廓尺寸、轴荷及质量的限制规定,它规定了我国车辆的外廓尺寸应不超过表6-6规定的最大值。

我国汽车、挂车及汽车列车外廓尺寸的最大限值 表6-6

<table>
<tr><th colspan="4">车辆类型</th><th>车长(mm)</th><th>车宽(mm)</th><th>车高(mm)</th></tr>
<tr><td rowspan="12">汽车</td><td colspan="3">三轮汽车</td><td>4 600</td><td>1 600</td><td>2 000</td></tr>
<tr><td rowspan="8">货车及半挂牵引车</td><td colspan="2">最高设计车速小于70km/h的四轮货车</td><td>6 000</td><td>2 000</td><td>2 500</td></tr>
<tr><td rowspan="4">二轴</td><td>最大设计总质量≤3 500kg</td><td>6 000</td><td rowspan="5">2 500</td><td rowspan="5">4 000</td></tr>
<tr><td>最大设计总质量>3 500kg,且≤8 000kg</td><td>7 000</td></tr>
<tr><td>最大设计总质量>8 000kg,且≤12 000kg</td><td>8 000</td></tr>
<tr><td>最大设计总质量>12 000kg</td><td>9 000</td></tr>
<tr><td rowspan="2">三轴</td><td>最大设计总质量≤20 000kg</td><td>11 000</td></tr>
<tr><td>最大设计总质量>20 000kg</td><td>12 000</td><td rowspan="5">2 500</td><td rowspan="5">4 000</td></tr>
<tr><td colspan="2">四轴</td><td>12 000</td></tr>
<tr><td rowspan="3">乘用车及客车</td><td colspan="2">乘用车及二轴客车</td><td>12 000</td></tr>
<tr><td colspan="2">三轴客车</td><td>13 700</td></tr>
<tr><td colspan="2">单铰接客车</td><td>18 000</td></tr>
<tr><td rowspan="6">挂车</td><td rowspan="3">半挂车</td><td colspan="2">一轴</td><td>8 600</td><td rowspan="6">2 500</td><td rowspan="6">4 000</td></tr>
<tr><td colspan="2">二轴</td><td>10 000</td></tr>
<tr><td colspan="2">三轴</td><td>13 000</td></tr>
<tr><td colspan="3">中置轴(旅居)挂车</td><td>8 000</td></tr>
<tr><td rowspan="2">其他挂车</td><td colspan="2">最大设计总质量≤10 000kg</td><td>7 000</td></tr>
<tr><td colspan="2">最大设计总质量>10 000kg</td><td>8 000</td></tr>
<tr><td rowspan="2">汽车列车</td><td colspan="3">铰接列车</td><td>16 500</td><td rowspan="2">2 500</td><td rowspan="2">4 000</td></tr>
<tr><td colspan="3">货车列车</td><td>20 000</td></tr>
</table>

由表 6-6 可以看出，我国车辆外廓尺寸规定的最大高度为 4.0m。当汽车的顶窗、换气装置等处于开启状态时不得超过车高 300mm，定线行驶的双层客车车高最大限值为 4.2m。

我国车辆外廓尺寸的最大高度为 4.0m，汽车装载高度的限制也是 4.0m，加上 0.5m 的安全高度，一般 4.5m 的净高基本可以符合要求。同时，考虑到路面积雪、路面加铺和大件运输的可能，以及高速公路、一级公路、二级公路设计的行车速度较高，在高速下撞击影响较大，高速公路和一级、二级公路上的桥梁净高取为 5.0m。因此，《公路桥涵设计通用规范》(JTG D60—2004)中目前所采用的桥梁净高标准是基本合适的。

对于立体交叉跨线桥梁桥下净空高度，现行规范中采用与一般环境相同的净空标准。通过对国内外规范进行深入对比分析，并结合对于我国各级道路建设、运营状况的调研，认为我国现行的净空标准中存在以下几个主要问题：

(1)车辆撞击上跨桥梁上部结构的事故后果一般比较严重，宜提高安全裕量。

在我国高速公路上所发生的各类重大事故中，由于超高车辆撞击上跨桥梁的事故占据了相当的比例，并且这类事故的后果往往比较严重，轻则造成车辆损坏、人员受伤，重则导致桥毁人亡、交通中断。例如 2010 年渝武高速公路上发生的事故：2010 年 3 月 14 日，渝武高速公路缙云山收费站出口处，一座横跨高速公路的水泥人行天桥，被一辆大货车突然伸起的货斗撞垮，事故造成交通中断 24 个多小时。图 6-3 为事故现场图片。

图 6-3　车辆撞垮人行天桥

在这类事故中，桥梁被撞垮塌的大多是人行天桥，这主要是因为人行天桥的抗撞击承受能力较弱。人行天桥的设计荷载通常低于通行车辆的跨线桥，一般是后者的 0.7～0.8 倍，因此这类跨线桥的抗撞击承受能力较弱，受到超高车辆的撞击后也更容易发生垮塌，并一步导致砸、压桥下车辆、人员的重大事故。查阅美国和欧盟相关标准，均针对人行天桥制定了更高的净高指标。美国 AASHTO 标准中，人行天桥的净空高度较一般值提高了 0.3m；欧盟 DMRB 标准中，则提高了约 0.4m。结合我国的实际情况，认为针对人行天桥等抗撞击承受能力较弱、撞击后易发生垮塌的上跨构筑物适当提高净高指标，留有更多的安全裕量是必要的。综合考量安全性和经济性，建议这一取值参照美国 AASHTO 标准，取 0.3m。

对于车行跨线桥来说，虽然其抗撞击能力较人行桥强，但车行跨线桥被撞垮塌所导致的事故后果比人行跨线桥更为严重。车行跨线桥被撞后，首先可能对桥上通行的车辆带来严重的危害，造成重大人员伤亡；另一方面，车行跨线桥的维修和更换时间更长，交通中断所带来的影响更大。因此，对于车行跨线桥，也建议提高净高指标，即采用与人行跨线桥相同的净空高度。

(2)现有规范对于施工、养护期与正常营运期的跨线桥桥下净空采用同一标准，实用性不佳，执行起来存在困难，往往造成跨线桥施工、养护时，桥下净空标准执行混乱，构成了较大的安全隐患(图 6-4)。

我国《公路工程技术标准》(JTG B01—2003)、《公路桥涵设计通用规范》(JTG D60—2004)中，均未专门针对处于施工、养护期的跨线桥的桥下净空单独制定标准，而是沿用“高速公路、一级公路、二级公路的净高应为 5.00m，三级公路、四级公路的净高应为 4.50m”的公路净高标准。这显然是不够合理的：一方面，桥梁施工只是短时期内的状态，持续时间有限，若严格执行此标准，势必会造成工程造价的增加，而其达到的实用效果则是有限的，这样做费用效益比不高；另一方面，对于原有跨线桥的养护施工，因搭建脚手架等原因，要满足规范要求的净空标准，几乎是不可能的。因此，我国现行净高标准在跨线桥进行施工、养护时，不可避免地会遭遇到执行难的问题，反而造成了工程实际中的混乱状况，因桥下净空不足导致车辆撞击桥下施工脚手架的事故频频发生。

图 6-4　处于施工、养护阶段的跨线桥

基于上述原因，以我国车辆外廓限制尺寸和装载限制尺寸为基本依据，专门针对施工、养护期的跨线桥净空标准进行了深入、细致的研究。研究表明，跨线桥处于施工、养护阶段时，桥下净高可在原标准基础上降低 0.50m，但不应小于 4.5m。我国汽车运输载货高度限制为 4.0m，汽车的外廓尺寸规定最大高度也为 4.0m，另外再加 0.5m 的安全高度，因此一般采用 4.5m是可以的。

此外，鉴于我国仍存在车辆超限装载的现象，为充分保障桥下行车安全，建议设置清晰、充分的限高标志预告，并可同时考虑设置其他的辅助设施进行警告、提示或防护。

3.跨线桥桥墩

桥墩是桥梁结构的重要组成部分，桥墩安全，才能保证桥梁上部结构及桥上行车的安全。随着公路运输事业的不断发展，大型、新型的公路立体交叉越来越多，车辆撞击桥墩的事件时有发生，轻者事故车辆受损，重者人员伤亡、桥梁倒塌。

2006 年 7 月 11 日凌晨 2 时许，一辆运煤大货车在渝黔高速公路巴南区界石段，将一座人行天桥挂垮，导致渝黔高速公路双向交通因此中断 7h，堵车队伍长达数公里，如图 6-5 所示。事故原因是大货车左侧车头撞上中央分隔带护栏和桥墩后，尾部挂住桥墩将其拖垮，导致人行天桥竖在中央隔离带的桥墩倒在地上，桥墩两侧的桥面垮塌，整座天桥已断裂呈倒“八”字。

2009 年 4 月 17 日凌晨 5 时，郴州市郴资桂公路与京珠高速公路交叉处，一辆水泥槽罐车发生交通事故，撞上京珠高速主线横跨郴资桂大桥的立柱，如图 6-6 所示。其中两根立柱当即断裂，一根立柱受损，大桥横梁塌落，往北方向的桥面塌陷，京珠高速良田至郴州段中断，郴资桂公路往资兴方向交通封闭。整个交通事故造成损失巨大，车内3人，2死1伤，车辆报废，高架桥半幅桥梁拆除重建，京珠高速及郴资公路交通管制57d。

图6-5　渝黔高速公路巴南区界石段一上跨人行桥桥墩被撞

图6-6　京珠高速公路上跨郴资桂公路桥梁桥墩被撞

类似的事故还有很多。设置在公路中央或邻近路边的桥墩是交通安全的一大隐患。在所收集整理的大量桥下交通事故中，因车辆撞击跨线桥的桥墩而导致重大人员伤亡、桥体严重受损的事故约占总数的60％～70％。

通过进一步分析事故成因，认为除疲劳驾驶、超速行驶、醉酒驾车等主观原因外，桥墩的位置设置不合理、缺少必要的防撞设施和警示标志，以及防撞设施选型不合理等都是造成此类事故频发的重要客观原因。究其更深层次的原因，则是由于我国的相关标准和规范中没有针对跨线桥的桥墩设置、安全保障措施等作出明确的条文规定。针对这一问题，以桥下路侧净区和护栏防撞特性研究作为基础，遵循"主动的预防和容错措施为主，被动的防护为辅"的原则，明确提出了对于跨线桥的桥墩设置和安全保障措施等的要求。

1)桥下路侧安全净区

路侧安全净区是指从行车道外边缘算起，用来保障冲出路侧车辆安全的区域，也就是车辆行驶在行车道上发生意外情况时，从行车道边缘冲出后仍能够安全返回行车道所需的距离。

欧、美等西方发达国家早在20世纪六七十年代就已经着手开展路侧安全净区方面的研究，目前均已形成了比较成熟的理论体系。

通过对比分析美国AASHTO和欧盟RISER路侧安全净区的标准，前者综合考虑了设计速度、设计平均日交通量、边坡坡度及平曲线半径等四个因素，且边坡坡度划分为1∶6、1∶5～1∶4、1∶3等多种情形，其工程适用性要优于欧盟标准，因为欧盟的RISER标准所设定的部分条件在工程实践中实现起来相对困难，例如：边坡为平地。综上所述，美国AASHTO路侧安全净区标准在计算要素的选择、工程适用条件的设定等方面都更为科学和合理。

2)护栏碰撞特性

路侧护栏的动态变形量是指护栏在受到撞击后其自身的变形距离。这是护栏设置时必须考虑的一个重要因素。特别当护栏所防护的是一个坚硬的刚性物体时，护栏的动态变形量不够会导致严重的后果。因此护栏与障碍物之间的距离要大于护栏的最大动态变形量。《高速公路护栏安全性能评价标准》(JTG/T F83-01—2004)给出了各种刚度护栏的最大动态变形量，见表6-7。

护栏最大动态变形量　　表 6-7

护栏形式	最大动态变形量(mm)	护栏形式	最大动态变形量(mm)
刚性护栏	100	半刚性双波形梁护栏	1 000
半刚性三波形梁护栏	750	缆索护栏	1 000

3)跨线桥桥墩设置及安全保障措施

道路应具有一定的容错性，驾驶员的过错不应以生命为代价，这种“以人为本、安全至上”的理念目前已被业内所广泛认同。它同样适用于桥下行车安全设计，因此，合理设置跨线桥的桥墩以及配套相关的安全保障措施应该始终贯彻“以主动的预防和容错措施为主，以被动的防护为辅”的指导思想。在“主动”的预防措施中，将跨线桥的桥墩设置在桥下路侧安全净区之外，提供宽容和人性化的路侧安全净区应该成为设计的首选。而以护栏为代表的安保工程，则只能是客观条件受限时的权宜之选，因为它实质上是一种“被动性”防护措施，是挽救驾乘人员生命的底线。从特定角度来看，一旦安保工程发挥作用，也就意味着交通事故已经发生，损失已经出现，同时不当的安保工程自身也可能成为引发事故的诱因。因此，对于跨线桥的桥墩设置和安全保障措施，建议：

(1)根据我国现行《公路工程技术标准》(JTG B01)，高速公路、一级公路整体式断面必须设置中间带，中间带由两条左侧路缘带和中央分隔带组成。其中，各级设计车速下的中央分隔带宽度见表 6-8。根据规范条文说明，表中一般值是指正常状况下的取值，最小值是指特殊情况下经技术经济论证后可采用的取值，且由于我国土地资源供给紧张，从节约用地考虑，我国道路中央分隔带的宽度均会控制在一般值以下。因此，当跨线桥在中央分隔带内落墩时，是无法保证桥下路侧安全净区宽度的，只能通过设置护栏及警示标志等采用被动防护方式，因此建议优先考虑一跨通过的桥梁布孔方式，不在中分带内设置桥墩。确因条件所限，经充分的技术经济比较后，需要落墩时，桥墩结构应考虑汽车的撞击作用，并应在桥墩附近设置必要的防撞设施及警示标志。

中央分隔带宽度　　表 6-8

设计速度(km/h)		120	100	80	60
中央分隔带宽度(m)	一般值	3.00	2.00	2.00	2.00
	最小值	2.00	2.00	1.00	1.00

(2)当跨线桥在桥下公路的路侧落墩时，若桥墩处于桥下路侧安全净区之外，则可以通过放缓路基边坡，在边坡上铺筑碎石、煤渣等增加其摩擦系数的方式构造符合相关标准要求的桥下路侧安全净区，即采取“主动”的预防和容错措施，降低事故发生概率。若条件所限，桥墩落于路侧安全净区之内时，则必须采用护栏防护的方式，桥墩内侧与护栏之间的距离应满足护栏最大动态变形量的要求，并宜增加 20～40cm 的安全裕量。

五、桥梁防撞护栏

桥梁是为跨越天然或人工障碍物而修建的建筑物，因此，桥梁路段路侧一般均比较危险，设置路侧桥梁护栏对保护桥上车辆和行人的安全是极为重要的。

1. 桥梁护栏设置原则

关于桥梁护栏的设置原则,《公路桥涵设计通用规范》(JTG D60—2004)、《公路工程技术标准》(JTG B01—2003)和《公路交通安全设施设计规范》(JTG D81—2006)中均作了规定。

《公路桥涵设计通用规范》(JTG D60—2004)第 3.3.1 条第 6 款规定:高速公路、一级公路上的桥梁必须设置护栏。二、三、四级公路上特大、大、中桥应设护栏或栏杆和安全带,小桥和涵洞可仅设缘石或栏杆。不设人行道的漫水桥和过水路面应设标杆或护栏。

《公路工程技术标准》(JTG B01—2003)第 9.0.2 条规定:高速公路以及作为干线公路的一级公路和二级公路上的桥梁必须设置路侧护栏;作为集散公路的一级公路和二级公路上的桥梁应设置路侧护栏;三、四级公路上的桥梁,路侧有悬崖、深谷、深沟、江河湖泊等路段应设置护栏。

《公路交通安全设施设计规范》(JTG D81—2006)第 5.2 节规定:高速公路桥梁的外侧必须设置桥梁护栏。作为干线公路的一级、二级公路桥梁必须设置路侧护栏。作为集散公路的一级、二级公路桥梁应设置路侧护栏。跨越深谷、深沟、江河湖泊的三、四级公路桥梁应设置路侧护栏,位于其他路段经综合论证可不设置护栏的桥梁应设置视线诱导设施或人行栏杆。

根据对桥梁防撞护栏设置情况的调研,目前我国高速公路和一级公路上的桥梁基本都安装了护栏,我国高等级公路护栏安全问题不大。例如,苏通大桥、杭州湾大桥、西堠门大桥、坝陵河大桥等近几年新建的特大桥的护栏一般均经过专门设计,护栏高度、防撞能力和安全性都比较高。

但是,占全国公路里程 85%以上的三、四级公路和等外公路的桥梁护栏则存在很多问题,部分二级公路桥梁护栏也存在一些问题。目前我国低等级公路桥梁护栏存在的问主要题有:桥梁护栏、栏杆缺失,桥梁护栏防护能力不足,护栏损坏后未及时更换,等等。例如,图 6-7 为浙江省某县一座通行客车的公路桥梁,由于建成时间较早,没有设置护栏,工作人员正在进行测量,拟增加护栏。图 6-8 为陕西省某市一座公路桥梁,护栏完全缺失,据不完全统计,2006~2007 年两年里已发生事故 20 余起,致多人伤亡。图 6-9 所示为 G323 线某桥的护栏情况,其高度仅为 50cm 左右。图 6-10 所示为 G319 线某桥采用的混凝土栏杆。图 6-11 所示为 G326 线某路段被撞坏的护栏,该处护栏基本完全缺失,汽车仍旧照常通行。若该处再次发生事故,车辆很可能直接驶出路外,造成严重的经济损失和人员伤亡。

图 6-7 浙江省某县一座未设护栏的公路桥梁

图 6-8 陕西省某市一座护栏缺失的公路桥梁

图 6-9 G323 线某桥护栏高度严重不足

图 6-10 G319 线某桥混凝土栏杆

与其他各种因素相比，人的生命总是放在第一位的。公路交通安全设施应坚持“以人为本、安全至上”的原则，融入宽容容错安全理念。而桥梁一般跨越深谷、河流等障碍，其路侧危险程度较高，护栏是保证桥上车辆和行人安全的一个重要屏障。因此，对于桥梁护栏的设置建议：

图 6-11 G326 线某路段被车辆撞坏的护栏

(1)一级公路无论是干线公路还是集散公路，都必须设置桥梁护栏。

(2)桥梁护栏的设置与否，不以公路功能作为划分标准，而是基于车辆驶出桥外可能造成事故的严重程度来决定，更能体现“以人为本、安全至上”的原则。

(3)不设置桥梁护栏，应经过综合论证。

2.护栏与桥面板的连接

桥梁护栏与桥面板的牢固连接是保证桥梁护栏有效发挥作用的前提条件，《公路桥涵设计通用规范》(JTG D60—2004)中没有对此作出相关规定。《公路交通安全设施设计规范》(JTG D81—2006)和《公路交通安全设施设计细则》(JTG/T D81—2006)只对桥梁护栏与桥面板的连接方式与连接要求从原则上进行了规定。

桥梁护栏与桥面板连接的构造和计算应在桥梁设计阶段进行统一考虑，且桥梁护栏与桥面板应进行可靠连接。

3.偶然作用中的汽车碰撞荷载

桥面板必须有足够的承载能力，使得汽车与桥梁护栏发生碰撞后，破坏范围位于桥梁护栏而不延伸至桥面。桥梁护栏的相关计算理论均基于这一假设。桥面板悬臂端承载能力极限状态计算中必须考虑汽车与桥梁护栏的撞击作用，不得忽略。汽车与桥梁护栏发生碰撞后，由桥梁护栏传递到桥面板悬臂端的荷载大小，通过对桥梁护栏的极限强度分析确定。

AASHTO 桥梁设计规范将汽车与桥梁护栏的撞击作用纳入极端事件极限状态范围内，并规定桥面板悬臂端必须考虑汽车与桥梁护栏的碰撞所产生的荷载。

《公路桥涵设计通用规范》(JTG D60—2004)第 4.4.3 条中所规定的汽车撞击作用，只针对汽车与桥梁结构的撞击，没有规定汽车与桥梁护栏的碰撞荷载。这一荷载在《公路交通安全设施设计规范》(JTG D81—2006)中进行了规定。相关的规范条文如下。

《公路桥涵设计通用规范》(JTG D60—2004)第4.4.3条规定:桥梁结构必要时可考虑汽车的撞击作用。汽车撞击力标准值在车辆行驶方向取1 000kN,在车辆行驶垂直方向取500kN,两个方向的撞击力不同时考虑,撞击力作用于行车道以上1.2m处,直接分布于撞击涉及的构件上。

对于设有防撞设施的结构构件,可视防撞设施的防撞能力,对汽车撞击力标准值予以折减,但折减后汽车撞击力标准值不应低于上述规定值的1/6。

《公路交通安全设施设计规范》(JTG D81—2006)第5.1.2条规定:作用于桥梁护栏上的碰撞荷载,其大小和作用点分布可按表5.1.2(本书见表6-9)和图5.1.2的规定确定。

桥梁护栏碰撞荷载 表6-9

防撞等级	碰撞力(kN)		防撞等级	碰撞力(kN)	
	Z=0m	Z=0.3~0.6m		Z=0m	Z=0.3~0.6m
B	95	75~60	SA、SAm	430	360~310
A、Am	210	170~140	SS	520	435~375
SB、SBm	365	295~250			

六、桥梁路缘石

一般情况下,路缘石设置在公路上主要起两方面左右:限制车辆只能在车道上行驶,以便分离人群与车辆,诱导视线;集中排水。

对于高速公路上的桥梁,由于一般不设人行道,因而也不设置路缘石。一、二、三、四级公路上的桥梁,当设高起的人行道或自行车道时,在人行道或自行车道与机动车道之间将设置路缘石;部分小桥和涵洞有时也不设护栏或栏杆,仅设置路缘石。

在目前的设计中,一般不考虑桥梁路缘石对车辆的防撞作用,设置路缘石仅是为了起到视线诱导、排水和警示的作用。但是,如果路缘石能够对失控车辆起到第一道防护作用,则能更有效地降低事故严重程度,保护行人和车辆安全,降低事故损失。

1.相关规范规定

《公路桥涵设计通用规范》(JTG D60—2004)第3.3.1条规定:当公路桥梁设路缘石时,路缘石高度可取用0.25~0.35m。不考虑路缘石的防撞作用,也未对其防撞性能提出要求。

美国规范认为,路缘石主要应用于城市和城郊的道路,其主要功能为:排水控制、勾画出道路轮廓、减少道路用地、增加美感、区分人行道、减少维护工序、辅助路旁设施发展。AASHTO桥梁设计规范中规定:当公路引道的车行道上采用路缘石和边沟时,桥上高起的人行道的路缘石高度不应大于200mm。如果要求设有护栅路缘石,则路缘石高度应不小于150mm。如果桥上路缘石的高度与离开桥以后的路缘石的高度不一致,则它应在大于或等于高度变化的20倍距离内均匀地过渡。AASHTO的《公路和街道的几何设计政策》推荐仅对70km/h或更低的速度时采用栏式缘石。对于80km/h或更大的速度,应当用隔开的交通护栅保护行人。美国规范认为,在车速较低的时候,可以采用缘石保护行人;且通过近年对人行道做的试验,一般已接受了人行道缘石的最大高度为200mm。但当车速较高时,应采用栏杆等设置隔离机动车道与非机动车道，不可采用缘石。

前苏联《公路、铁路、城市道路桥涵设计规范》规定桥上路缘石的高度应为，四和五级公路的桥梁不小于0.35m，内部经济道跨的桥梁不小于0.30m。

2.桥梁路缘石合理高度分析

本章主要从路缘石对车辆所起的拦护作用方面考虑，基于车辆动态仿真试验对公路桥梁路缘石合理高度进行了研究。

1)仿真模型中路缘石与车辆类型的确定

研究目的是确定公路桥梁路缘石的合理高度，研究思路是通过变化路缘石的高度来反映其对车辆行驶状况的影响。路缘石高度是本次研究中的唯一变量，因为只有通过固定的路缘石类型和车型，才能反映高度对两者之间碰撞的影响。本次试验的路缘石类型选择了最普通的直线形路缘石。

选择碰撞车型时，要充分考虑目前路上行驶车流的组成。据统计，截至2008年，小型车辆占汽车保有量的比例已达83.7%，并且未来小型车辆所占比例将越来越大。因此，研究应以量大面广的小型车为对象。

选择小型车除考虑到其数量占总数量的绝大多数外，还有下述两个原因：首先，路缘石对偏驶车辆的拦护作用仅是其辅助功能，且路缘石高度有限，对于大型车辆而言，由于其底盘高度大，路缘石对其行驶情况的影响也是有限的，如果要顾及到这部分车辆，则桥梁路缘石的高度要大幅度增加，这样路缘石即取代了主要起防护功能的护栏，形成了“刚性水泥护栏”，导致外侧护栏的作用无法发挥，造成了不必要的浪费，此外，这类拦护设施与车辆相撞后往往会造成车辆损毁，达不到预期的效果；其次，小型车辆由于质量小、速度快，与路缘石碰撞、刮蹭后易出现翻车或偏驶状况，造成与后方车辆及相邻车道车辆发生相撞的二次事故概率增大，对行车安全不利。因此，通过小型车辆与路缘石的碰撞分析，确定合理的高度以降低这种不安全状况的出现是本项研究的主要目的。

2)路缘石碰撞仿真试验结果

研究旨在研究不同车速、不同碰撞角度、不同路缘石高度条件的路缘石碰撞特性，碰撞仿真试验设计车速的选择上，考虑到低速情况下车辆与桥梁路缘石的碰撞引起交通安全事故的可能性较低，试验不能充分反映路缘石对行车安全的影响，因此，将碰撞速度分别定为60km/h、80km/h、100km/h，选取100km/h的碰撞速度则是为了考虑某些突发的高速情况。碰撞角度分别选取10°、20°、30°，碰撞角度通过改变路缘石的位置实现，路缘石高度范围较规范规定值有所扩大，以全面反映不同高度的影响，选取的路缘石高度分别为15cm、20cm、25cm、30cm、35cm、40cm，在上述条件进行无重复交叉试验，试验次数总计54次。试验结果见表6-10。

车辆—路缘石碰撞试验结果汇总 表6-10

路缘石高度(cm)	碰撞速度(km/h)	碰撞角度(°)	车辆行驶状态					
			安全拦护	偏驶	车身摆动	首尾翻转	跳车	翻车
15	60	10	●					
		20					●	
		30					●	

续上表

路缘石高度（cm）	碰撞速度（km/h）	碰撞角度（°）	车辆行驶状态					
			安全拦护	偏驶	车身摆动	首尾翻转	跳车	翻车
15	80	10	●		●			
		20					●	
		30						●
	100	10	●		●			
		20					●	
		30				●	●	
20	60	10	●					
		20	●					
		30						●
	80	10	●		●			
		20					●	
		30				★	●	
	100	10				●		
		20						●
		30				●	●	
25	60	10	●					
		20	●		●			
		30	●					
	80	10	●	←				
		20						●
		30				●	●	
	100	10	●	→				
		20						●
		30				★	●	
30	60	10	●	←				
		20	●		●			
		30	●					
	80	10				●		
		20						●
		30	●					
	100	10	●					
		20				●		
		30				★		

续上表

路缘石高度(cm)	碰撞速度(km/h)	碰撞角度(°)	车辆行驶状态					
			安全拦护	偏驶	车身摆动	首尾翻转	跳车	翻车
35	60	10	●	←				
		20	●					
		30	●	←				
	80	10	●					
		20	●		●			
		30	●		●			
	100	10	●	←				
		20						●
		30				●	●	
40	60	10	●		●			
		20	●					
		30				●	●	
	80	10	●	←				
		20				●		
		30				●	●	
	80	10	●	←				
		20						●
		30						●

注:●表示车辆的行驶状态,★表示该状态较为严重,←表示左偏,→表示右偏。

仿真试验中路缘石的拦护效果比较见表6-11。

不同高度路缘石的拦护效果　　表6-11

路缘石高度(cm)	15	20	25	30	35	40
安全拦护次数	3	3	5	5	7	4
翻车事故次数	1	2	2	1	1	2
保证率(%)	33.3	33.3	55.5	55.5	77.7	44.4

由上述比较可见,路缘石高度较低时,由于车辆与路缘石相撞后易发生跳车现象,对行车安全不利;而路缘石较高时,车辆与之相撞后易对车辆造成较严重的损坏,对乘员安全也是不利的。路缘石对偏驶车辆的拦护效果优劣程度为35cm>30cm>25cm>40cm>15cm>20cm,与《公路桥涵设计通用规范》(JTG D60—2004)路缘石高度可取用25~35cm的规定基本吻合,但由于实际工程中很多情况都未采用规范值,导致路缘石对偏驶车辆的拦护作用并未充分发挥,若采用合理的路缘石高度,则可有效拦护偏驶车辆,降低安全事故。

3)实践经验

2005~2007年,重庆桥梁上发生了多起车辆驶出桥梁的特大交通事故,包括2005年沙湾特大桥事故、2006年石门大桥事故等,后果均非常严重。

2005 年 4 月 19 日，重庆汽车运输集团黔江运输有限公司一辆大型卧铺客车，由重庆市朝天门车站开往黔江，行经黔江区境内沙湾特大桥时，坠于 89m 高的沙湾特大桥下，造成 27 人死亡，轻重伤 4 人(图 6-12)。

2006 年 10 月 1 日，重庆市沙坪坝区一辆满载乘客的 711 公交客车在行驶至石门大桥时突然冲出桥栏，坠落到桥下 30 多米的平地，造成 30 人死亡，20 人受伤(图 6-13)。

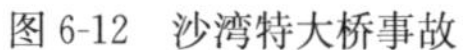

图 6-12　沙湾特大桥事故

图 6-13　石门大桥事故

2007 年 4 月 23 日，重庆渝运集团北碚分公司一辆中型客车从渝北开往北碚途中，在北碚区水土镇长生桥处，冲断左侧护栏翻下近 13m 高的公路桥，导致 26 人死亡、6 人受伤。

针对这一问题，重庆市开展了《国省道公路桥梁防护加强工程关键技术研究》。研究过程中发现，很多山区桥梁的路缘石高度并未达到规范的要求，为此，重庆市交通委员会在充分研究的基础上将大桥人行道的路缘石高度提高到 0.35～0.40m(图 6-14)。项目实施后，产生了巨大的经济效益和社会效益。仅以 G319 线为例，该路线桥梁的防护系统加强后，短短一年的时间内挽救了 28 起车辆坠桥交通事故，挽回的直接经济损失达 7 020 万元。

图 6-14　重庆某桥路缘石加高

七、桥头搭板

1. 相关规范规定

《公路桥涵设计通用规范》(JTG D60—2004)第 3.4.4 条规定：高速公路、一级公路和二级公路的桥头宜设置搭板。搭板厚度不宜小于 0.25m，长度不宜小于 5m。

AASHTO 桥梁设计规范规定：为防止桥台背面水的侵入，桥头搭板应与桥台(而不是翼墙)直接相连，并应采取适当的措施排除积水。

前苏联《公路、铁路、城市道路桥涵设计规范》规定：公路桥和城市桥与路堤相接处，一般应铺设钢筋混凝土搭板，其长度应根据板下土体的预期沉降量确定，一般不大于 8m。如桥台直接依靠路基(埋置式桥台)，则搭板的长度应采用 2m。搭板下的砾石砂垫层，其全部面积均应铺在透水的土基上或铺在冰冻深度以下的土基上。若路基土为弱黏土时，搭板底梁的埋设应考虑本身沉降为路基高度的 0.5%～0.7%。

2.桥头搭板合理设计

随着我国公路建设迅速发展，特别是高等级公路的迅速增加，汽车行驶速度不断提高，对行车舒适性、安全性的要求越来越高，然而桥头跳车问题却日益凸显，直接影响公路的使用性能和运输效益的发挥，已经成为目前公路建设发展中的“拦路虎”，是难以根治的通病之一，一直困扰着广大的路桥工程技术人员及研究学者。桥头跳车问题一方面对桥梁结构的工作状况和路面使用品质产生不利的影响，导致公路和桥梁养护费用增加，另一方面将增加行车风险甚至造成交通事故，影响行车的高速、舒适和经济性，而且也增加了车辆对桥头的冲击力，对桥和路具有较大的破坏力。

在路桥过渡段设置桥头搭板是目前常用的一种处理桥头跳车的方法。混凝土搭板起到刚柔过渡的作用，可以起一定的效果来预防不均匀沉降。

1)搭板长度

合理确定桥头搭板长度要根据实际工程具体情况，一般从以下几个方面考虑：①保证搭板的工后沉降坡差小于容许值；②保证搭板长度稍大于台背后填土缺口的上口宽度；③保证搭板长度稍大于台后路堤破坏棱体的长度；④考虑搭板受力的需要。

在以上四个方面问题中，主要矛盾首先是要保证搭板的工后沉降坡差 Δi 小于其容许值，其次是保证搭板长度大于台背后填土缺口的上口宽度，至于台后破裂棱体长度所决定的搭板长度以及内力有效长度这两条一般情况均较前两者影响小，不是控制条件。故在确定桥头搭板长度时主要从搭板沉降坡差和台背后填土缺口的上口宽度这两个方面来考虑搭板长度问题。

(1)根据搭板的工后沉降坡差确定桥头搭板长度

桥台的工后沉降量一般远小于台后路堤的工后沉降量，因而搭板的两端必将产生工后沉降量差值 ΔS_{as}，由此引起搭板纵坡的变化 Δi_{as}，其相关关系可由下式求得：

$$\Delta i_{\mathrm{as}} = \frac{\Delta S_{\mathrm{as}}}{L_{\mathrm{as}}} \tag{6-1}$$

式中：Δi_{as}——搭板的沉降坡差；

ΔS_{as}——搭板两端沉降量差值，m；

L_{as}——搭板长度，m。

①应保证搭板的工后沉降坡差小于容许工后沉降坡差，即：$\Delta i_{\mathrm{as}} < [\Delta i_{\mathrm{as}}]$。

②根据《公路桥涵设计通用规范》(JTG D60—2004)规定，相邻墩台均匀总沉降量(不包括施工中的沉降)不超过 $1.0\sqrt{L}$cm(L 为相邻墩台最小跨径长度，以 m 计，当 $L \leqslant 25$m 时，仍按

25m 计算)。当跨径 $L=10\text{m}$ 时,则相邻的容许工后沉降坡差 $[\Delta i]=\frac{10\sqrt{25}}{10\times100}=\frac{1}{200}$,在计算时通常建议取搭板的容许工后沉降坡差 $[\Delta i_{as}]=[\Delta i]$。

③目前,国内外桥台与路堤间容许工后沉降差值 $[\Delta S]$ 虽不尽相同,但大多数取 $[\Delta S]$ 为 10cm。如将该值作为搭板两端的容许工后沉降差值,则搭板的长度将达到 20m,这从行车安全和经济上考虑都是不合适的。因此,为缩短搭板的长度,必须使搭板两端的容许工后沉降差值 $[\Delta S_{as}]$ 减小。根据相关经验计算时可以取 $[\Delta S_{as}]=\frac{1}{2}[\Delta S]\sim\frac{1}{3}[\Delta S]$。

④容许搭板长度 $L_{as}=\frac{[\Delta S_{as}]}{[\Delta i_{as}]}$。

由上便可得相邻墩台最小跨径不同情况下容许搭板长度,如当相邻的容许工后沉降坡差 $[\Delta i]$ 为 1/200 时,则容许搭板长度 L_{as} 为 6.7~10m。

(2)根据台背后填土缺口的上口宽度确定搭板长度

对于先筑路堤、后做桥台的情况,在台背和路堤之间存在需要后填的缺口,则可通过下式来确定搭板的长度:

$$L_{as}\geqslant mh_3+b+C_1+C_2 \tag{6-2}$$

式中:m——台后填土的自然坡度比,其值一般取为 $m=0.75\sim1.5$;

b——后填缺口底部宽度,m;一般取 $b=1\text{m}$;

h_3——路堤破坏棱体的高度,m;$h_3=H-h_1-h_2$;

H——路堤填土高度,m;

h_1——搭板顶面的路面结构层厚度,m;

h_2——搭板的厚度,m;

θ——路堤破坏棱体的破裂面与竖直线间的夹角;

C_1——搭板支承于桥台牛腿的长度,取值一般为 30~40cm;

C_2——搭板在破坏棱体后的支承长度,取值一般为 75~100cm。

各数值具体表示情况如图 6-15 所示。

由此可对搭板长度进行估算,取 $b+C_1+C_2=2m$,路面结构层厚度为 70cm,搭板厚度为 30cm,$m=1$,则搭板长度 $L_{as}\geqslant H+1$。于是可知,当路堤填土高度 $H=3\sim5\text{m}$ 时,搭板长度应至少不低于 4~6m;当路堤填土高度 H 大于 5m 时,搭板长度应至少不低于 6m。

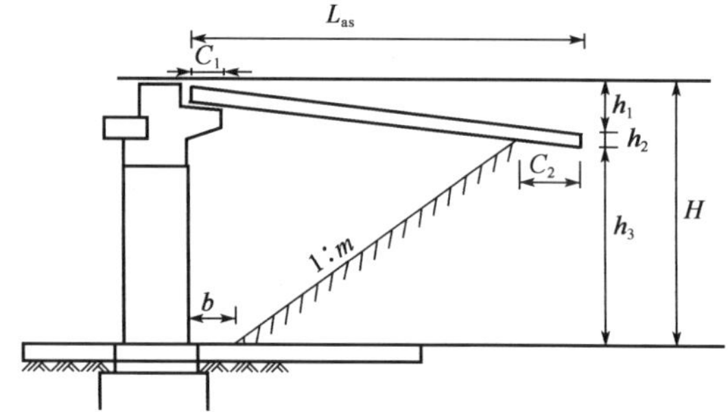

图 6-15 搭板长度与台后路堤破坏棱体的长度关系示意图

综合上述由搭板的工后沉降坡差和台背后填土缺口的上口宽度来确定搭板长度的方法可得出以下结论,对于中小型桥梁,跨径较小,桥台高度一般小于 5m,对于大桥及特大桥,桥台高度一般大于 5m,台后填土高度亦如此,同时考虑工程实际经验,因此得出对搭板长度确定的建议为:桥台高度小于 5m 时搭板长度不宜小于 5m,桥台高度大于 5m 时搭板长度不宜小于 8m。

2)搭板宽度

搭板的宽度,其影响因素较少。从搭板的受力看,当车轮直接压在搭板的纵向边缘时,对搭板的受力是不利的,因此搭板做宽点对受力有利。同时,为避免行车道范围内由于搭板宽度不足导致差异沉降,影响行车安全,搭板宽度不应小于行车道宽度。国外经验一般将搭板宽度做到两侧与缘石边缘相齐,并用柔性材料隔离。因此得出对搭板宽度确定的建议为:搭板宽度宜与桥台侧墙内缘相齐,并用柔性材料隔离,最小宽度不应小于行车道宽度。

3)搭板厚度

搭板的厚度是决定搭板强度和刚度的重要参数。影响搭板厚度的主要因素有板长、板宽、脱空长度、荷载大小以及搭板的支承状况等。在这些影响搭板厚度的因素中,最主要的是根据受力要求来确定搭板的厚度。搭板的受力要求可分为强度要求和变形要求。但是,由于搭板受力复杂,要简单地确定受力是不可能的,因而通常采用的处理方法是将搭板换算为等效简支板,找出搭板长度与计算跨径之间的关系,大致研究出各种板长的相应计算跨径,以此按简支板的方法确定板的厚度。等效简支板计算跨径估算出之后,则根据一般的经验值确定板的厚度 h,一般按下式进行估算:$h=\left(\frac{1}{8}\sim\frac{1}{12}\right)l=\left(\frac{1}{16}\sim\frac{1}{24}\right)L_{as}$,见表 6-12。因此得出对搭板厚度确定的建议为:长度不超过 6m(含 6m)的搭板,其厚度不宜小于 0.25m;长度 6m 以上的搭板,其厚度不宜小于 0.30m。

搭板厚度 h 值的估算表　　表 6-12

L_{as}(m)	h(m)	h/L_{as}
3	0.2～0.22	1/15～1/13.6
4	0.22～0.25	1/18～1/16
5	0.25～0.28	1/20～1/18
6	0.28～0.30	1/21～1/20
8	0.30～0.32	1/26～1/25
10	0.32～0.35	1/31～1/28

4)路桥过渡段差异沉降控制

路桥过渡段的差异沉降量过大对行车安全不利,驾驶员容易采取紧急制动或变道行为甚至驶入对向车道,这些都使交通事故发生的概率增大。

同时,一定车速下,随路桥过渡段的差异沉降量增大,人体舒适性则逐渐下降,当沉降量增大到一定程度,就会对行车安全产生影响。制定路桥过渡段差异沉降量的容许标准,需综合考虑技术与经济两个方面。理想的情况是当车辆驶过路桥过渡段时乘客感觉不出有跳车现象,这就要求路桥过渡段稍有沉降就要采取养护维修措施,这样势必增加建设费用。因此,合理的思路是在满足驾乘人员舒适性的前提下,以最小的养护费用为原则,制定路桥过渡段安全行车的标准值。以基于凹形竖曲线处的离心加速度控制指标为基准,得出路桥过渡段的差异沉降建议为:设置桥头搭板后路桥过渡段的差异沉降,高速公路和一级公路不宜大于 3cm,二级公路和三级公路不宜大于 5cm。

不同等级公路路桥过渡段行车安全性差异沉降控制计算情况见表 6-13 和表 6-14。

高速公路及一级公路路桥过渡段行车安全性差异沉降控制标准　表 6-13

行车所测人体最大竖向加速度(m/s^2)	人体是否感觉不适	设计时选用的搭板长度(m)		是否影响行车安全	影响行车安全时路桥过渡段差异沉降限值(cm)
$a \leqslant 0.25$	否	—		否	—
$0.25 < a \leqslant 0.5$	有感觉	中桥、小桥	5	视情况而定	1.4
			6		1.6
		特大桥、大桥	8		2.2
			10		2.7
			12		3.2
$a > 0.5$	明显感觉	中桥、小桥	5	是	1.4
			6		1.6
		特大桥、大桥	8		2.2
			10		2.7
			12		3.2

二、三级公路路桥过渡段行车安全性差异沉降控制标准　表 6-14

行车所测人体最大竖向加速度(m/s^2)	人体是否感觉不适	设计时选用的搭板长度(m)		是否影响行车安全	影响行车安全时路桥过渡段差异沉降限值(cm)
$a \leqslant 0.25$	否	—		否	—
$0.25 < a \leqslant 0.5$	有感觉	中桥、小桥	5	视情况而定	3.0
			6		3.6
		特大桥、大桥	8		4.9
			10		6.1
			12		7.3
$a > 0.5$	明显感觉	中桥、小桥	5	是	3.0
			6		3.6
		特大桥、大桥	8		4.9
			10		6.1
			12		7.3

第二节　隧　　道

一、隧道纵坡

1. 隧道纵坡的作用和影响

设置隧道纵坡利于路隧顺畅衔接、隧道排水通畅以及满足路线展线要求，中、短隧道等一般随路坡，相对独立的特长、长隧道等一般应控制其纵坡；为满足山区地形及路线要求，隧道常需随路而设置长、大纵坡。作为道路的主要构造物之一，长、大纵坡隧道结构对于公路交通安全的影响也不能完全忽略（事故后果严重、偶发重特大交通事故）。实践表明，纵坡不大于3%时，一般对机动车正常行驶基本无影响；若大于3%，可能影响机动车的行驶性能——加速、制动、转向等。

目前，国外公路隧道线形设计多以公路设计规范为基准，在隧道规范中并无太多硬性规定，根据地质、公路等级以及造价等综合考虑。

美国、加拿大隧道设计手册规定：承载重型车辆交通的上坡隧道纵坡最好控制在3.5%以内；对于双线双向行车隧道为维持合理的行车速度纵坡最好控制在3%以内；对于下坡隧道，4%或更大的纵坡是可行的；对于轻载交通的隧道纵坡可用到5%～6%。

德国隧道规范规定设计车速为80km/h时，隧道最大纵坡可为6%。

挪威先后建成20多座海底隧道，多为单洞双线大纵坡（7%～10%）。

2. 我国规范规定

《公路工程技术标准》（JTG B01—2003）规定：隧道内纵坡应小于3%，但短于100m的隧道不受此限。

《公路路线设计规范》（JTG D20—2006）规定：

（1）隧道内纵坡应大于0.3%并小于3%，但短于100m的隧道不受此限。

（2）高速公路、一级公路的中短隧道，当条件受限制时，经技术经济论证后最大纵坡可适当加大，但不宜大于4%。

（3）隧道内的纵坡宜设置成单向坡；地下水发育的隧道及特长、长隧道宜采用人字坡。

《公路隧道设计规范》（JTG D70—2004）规定：隧道内纵面线形应考虑行车安全性、营运通风规模、施工作业效率和排水要求，隧道纵坡不应小于0.3%，一般情况下不应大于3%；受地形条件限制时，高速公路、一级公路的中短隧道可适当加大，但不宜大于4%；短于100m的隧道纵坡可与该公路隧道外路线指标相同。当采用较大纵坡时，必须对行车安全性、通风设备和营运费用、施工效率的影响等做充分的技术经济综合论证。

《公路工程技术标准》（JTG B01—2003）、《公路路线设计规范》（JTG D20—2006）和《公路隧道设计规范》（JTG D70—2004）等关于隧道纵坡的规定均是考虑行车安全性、营运通风规模、施工作业效率和排水要求。从行车安全性考虑，限制纵坡的做法是适宜的。

3. 纵坡安全性论证

1）爬坡能力

各级公路的最大纵坡主要考虑载货汽车的爬坡能力和公路通行能力。一般公路偏重于考虑爬坡能力，高等级公路偏重于快速通行能力。

仅仅从车辆爬坡能力考虑，现行规范的最大纵坡规定（表6-15）小于公路最大纵坡规定，不存在爬坡能力问题。

不同设计速度下的最大纵坡值　　表6-15

设计速度（km/h）	120	100	80	60	40	30	20
最大纵坡（%）	3	4	5	6	7	8	9

为保证公路通行安全和通行能力，载货汽车在上坡道上的运行速度损失应控制在一定限度内。保持设计速度50%～60%，或取速度差15～25km/h作为最大纵坡设置依据。

从图6-16可见，小于或等于3%的纵坡对载货汽车运行速度影响不大，因此小于3%的纵坡不限制坡长，适用于长、特长隧道。

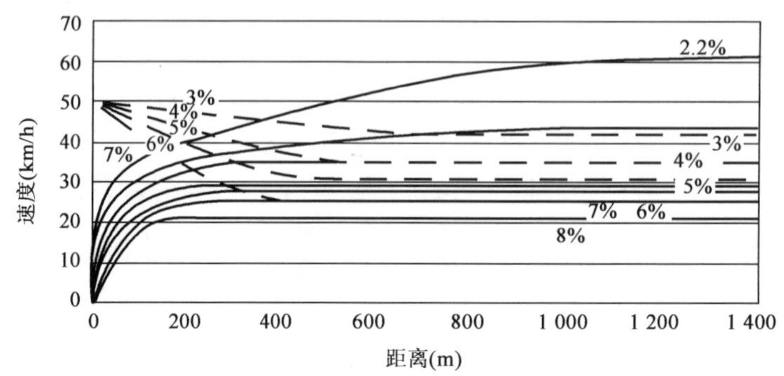

图6-16 典型载货汽车在上坡道上的速度—距离曲线图

载货汽车在4%～8%纵坡上达到稳定速度的坡长在200～300m之间，在稳定坡长内，速度已降低到较低值。大于4%的纵坡，坡长限制在1 000m以下，适用于中、短隧道。各设计速度对应的不同坡长限制建议值见表6-16。

各设计速度对应的不同坡长限制建议值(m)　表6-16

设计速度(km/h)	纵坡坡度(%)							
	3	4	5	6	7	8	9	10
120	900	700						
100	1 000	800	600					
80	1 100	900	700	500				
60	1 200	1 000	800	600	500			
40		1 100	900	700	500	300		
30		1 100	900	700	500	300	200	
20		1 200	1 000	800	600	400	300	200

但在高海拔山区，车辆动力性能受到影响，普通柴油车海拔每上升1 000m其动力性能降低8%～12%，最大纵坡应当按照海拔予以折减。

2)下坡安全性

国内外事故资料显示：下坡路段的事故数量要比上坡多1～2倍，是由于紧急制动时下坡制动距离要比上坡长，而更重要的是越靠近坡底、制动器发生故障、制动失灵的概率越高。如果线形不协调，安全问题更严重。

近年来，车辆制动性能有了大幅提高。柴油载重车采用排气制动后，对于平均纵坡在6%以下的各种连续下坡路段，制动器温度均控制在200℃以内，随行驶距离加长，趋于稳定。

大量综合研究表明：平均纵坡4%的长下坡，制动器温度升高接近300℃的路程长度在7～

8km；平均纵坡5%的长下坡，制动器温度升高接近300℃的路程长度在5km左右。

有研究表明：在高原山区，车辆制动性能会下降。海拔3 000～4 000m，平均纵坡5%的长下坡，制动器温度升高接近300℃的路程长度在3km左右。

在现行规范的最大纵坡规定下，车辆在隧道内的长下坡制动性能是有保证的。

3）隧道通风

研究表明：在某特定车速下，其他条件不变，随着纵坡增加，系数 f_{iv} 增大，特别是考虑烟雾的 f_{iv}(VI)值增加明显（图6-17），即柴油车烟雾排放量显著增加，说明隧道通风的需风量增大。

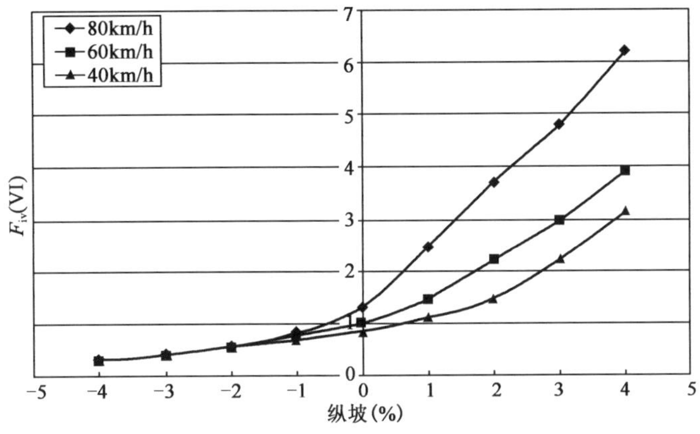

图6-17　考虑烟雾的纵坡—车速系数曲线

据国外试验和实测，纵坡超过3%时柴油车的烟尘排放将急剧上升，会导致通风设备的增加（图6-18）。隧道需风量与交通量和车型比例关系很大。

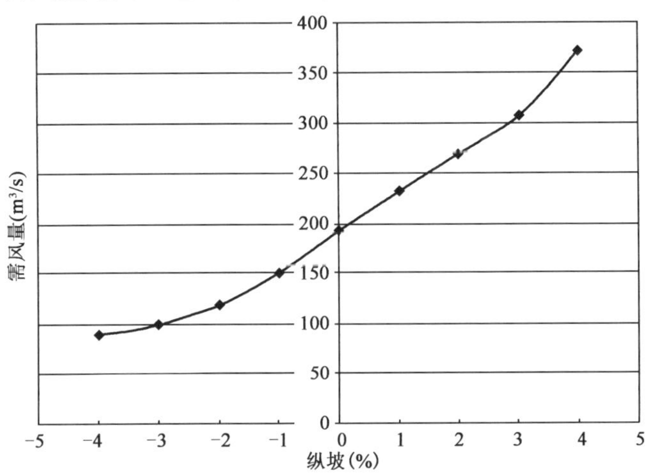

图6-18　某隧道纵坡—需风量关系曲线

设计经验表明，中、短隧道（$L\leqslant 1\ 000$m）的纵坡不受烟雾浓度的制约。长隧道在控制纵坡3%以下时，其通风受防灾排烟控制；特长隧道随着纵坡增大，其通风规模增长很快，其纵坡宜控制在2%～2.5%以下。

基于通风的隧道内最大纵坡推荐值见表6-17。

4)施工作业效率

目前的施工机械在现行隧道最大纵坡标准下能够良好运行;增大隧道纵坡,大型机械特别是柴油运输车,排烟量增加,导致施工通风成本增加。特别是涌水量较大的长大隧道设置单面坡,势必会增加施工的成本与风险。故不宜加大特长隧道设计纵坡。

基于通风的隧道内最大纵坡推荐值 表 6-17

设计速度(km/h)		100	80	60
隧道外最大纵坡(%)		4	5	6
隧道内最大纵坡(%)	隧道长度			
	≤500	4	5	6
	500～1 000	4	4	5
	1 000～3 000	3	3	4
	≥3 000	2	2.5	3

5)纵坡与线形

高速公路和一级公路上的车辆速度快,隧道进出口行车视线差,路隧衔接必须顺畅才能满足行车要求。因此隧道洞口附近在选择大纵坡时必须与平、纵线形相配合。

二、隧道出入口平纵线形

在地形条件相对较好的低山丘陵区,隧道一般相对独立,通过路线的反复调整,能够在工程规模变化不大的情况下,较容易做到所想要的线形。而对于地形和地质条件复杂的山区,隧道的设置受隧道长度、隧道前后连接线的工程规模、隧道进出口位置选择等诸多因素制约,所采用的线形符合直线或圆曲线线形比较困难,特别是对于设置隧道群的路段。

1.线形一致的影响

若隧道洞口 3s 行程必须采用直线或圆曲线线形,则往往出现以下情况:

(1)出现采取降低洞口连接线,甚至降低隧道内平面线形指标的方法来满足隧道洞口 3s 行程的线形要求,可能出现更不利于行车安全的情况。

例如:在某山区高速公路项目勘察设计时,隧道洞口内外 3s 行程线形采用缓和曲线,行车视距均大于规范规定的 110m 要求,通过运行速度检验,该路段运行速度的协调性较好,行车安全有保证。但在审查时专家提出洞口内外 3s 行程线形不满足规范规定要求(必须保证为直线),认为存在安全问题,提出将隧道前后平曲线半径一个从 900m 减小为 600m,超高值由 3% 增大为 5%,线形调整后成为长下坡末尾接小半径平曲线;另一个平曲线半径由 500m 改为 450m,而 450m 半径不满足规范对停车视距的要求。该意见实际上是将安全的线形设计改为不利于安全的线形。

(2)隧道洞口连接线线形与自然环境不协调,出现高边坡或高架桥,导致隧道洞口连接线的工程规模增加,或对自然环境影响增大。

(3)对于隧道群路段,易出现公路整体线形因需要满足隧道洞口 3s 行程要求,而调整曲线半径大小或改变隧道群之间的曲线组合，使线形设计很僵硬，与自然环境不协调，或使前后线形指标不均衡、不顺畅。

(4)隧道洞口位置不是预先选定的，而是为了确保洞口内外3s行程处于直线或圆曲线上，后通过画图调整“调”出来的，这样的设计很难选择到最佳洞口位置。

(5)已建隧道洞口内外3s行程线形不满足直线或圆曲线情况较多，若存在安全问题，需要改建，许多隧道改建困难。

若隧道洞口3s行程可采用缓和曲线等线形，则灵活设计将得以体现：隧道洞口线形设计时，若能采用各种曲线线形布设，就能最大限度地顺应地形，与复杂的山区自然条件相协调，使总体方案做到最合理，使洞口位置做到最佳选择，使工程造价得到有效降低，灵活设计得以体现。隧道洞口“线形应一致”的不同理解，对工程规模、环境影响以及行车条件将产生很大影响。例如青兰高速邯郸至涉县段鼓山隧道为三车道隧道，设计车速120km/h，为满足3s要求，不得不调整隧道进洞位置，使隧道洞口边仰坡增高。

2. 线形对安全性的影响

隧道洞内及洞口附近易出现交通事故，对隧道洞内及洞口附近线形提出一些设计要求是必要的。

从几何线形因素、非几何线形因素，以及运行速度与交通安全的关系等三个方面进行分析研究，找出影响隧道洞内及洞口附近交通安全的主要因素，提出隧道洞口平纵面线形设计建议。

1)几何线形因素

(1)平面线形

①不同线形及组合线形的影响

平面线形主要有直线、圆曲线、缓和曲线3种，组合线形主要有直线与缓和曲线、缓和曲线与圆曲线、缓和曲线与缓和曲线(S形曲线)、圆曲线与圆曲线(大圆半径R与小圆半径r的比值小于1.5)4种。

这些线形只要符合规范的要求，就应该是安全的设计，存在安全问题的原因关键在于影响通视条件的曲线半径大小，以及前后线形指标的均衡情况。

②平曲线半径大小的影响

平曲线半径的大小对行车安全影响大。曲线半径小，则使行车视距不足，通视条件差，存在安全问题；只有当曲线半径大到一定程度时，通视条件才能满足行车要求，安全才有保证。

不同运行速度相应需要采用多大曲线半径是既安全又经济的，以及前后线形指标差异多大是均衡的，还需进一步研究。

(2)纵面线形

①纵坡大小的影响

纵坡大，大车上坡速度往往偏慢，小车下坡速度往往偏快，都易造成追尾，或超车时由于速度差距大，容易引起交通事故。平面指标高、长大纵坡下坡接隧道进洞，车速往往偏高，由于隧道洞口内外行驶条件差异大，易发生交通事故。洞内平面指标高、长大纵坡下坡出洞，出洞后由于行驶条件的改善，驾驶员往往会习惯性(条件反射性)地加速，车速也易偏高，若隧道洞口外连接线指标偏低，易发生交通事故。

②竖曲线半径大小的影响

竖曲线半径太小，视觉效果差，甚至影响通视条件，对行车安全有影响。

(3)超高设置

超高设置不合理，超高值与运行速度不匹配，重载车易引起翻车。在隧道洞口附近超高过渡太急，渐变率过大，易发生交通事故。

(4)平面宽度

避免宽度突变，避免采用需设加宽的圆曲线半径，保证平面宽度对于安全行车是十分必要的。

2)非几何线形因素

(1)隧道洞内外光线亮度不同的影响

在车辆由隧道外进洞的过程中发生交通事故较多，主要是由于隧道洞内外的光线亮度差异大，明暗度变化过于急骤，驾驶员视觉功能不适应，车辆在高速进入隧道过程产生“黑洞”现象，本能地过猛制动，产生“甩尾”，造成方向失控，发生撞击隧道壁或前后车辆追尾的事故。而车辆由隧道内出洞口过程发生交通事故较少，主要是由于车辆在隧道内的运行速度相对低些，出洞过程行驶条件逐渐转好的缘故。

(2)隧道洞内光线差、能见度低的影响

隧道洞内光线比较差，加之烟雾浓度高，使能见度降低，是诱发隧道内交通事故的主要原因。驾驶员在环境单调的隧道内行驶时，由于光线差、能见度低，容易出现判断失误，造成追尾或侧向相碰的交通事故。同时，车辆在隧道洞内超车现象还较普遍，增加了交通事故发生的可能性。

(3)隧道洞内湿度大、尘埃多，路面摩擦系数降低的影响

隧道洞内由于是相对封闭的特殊环境，得不到雨水冲洗、阳光的暴晒，油渍和尘埃附着在路面上，洞内湿度大，降低了路面的摩擦系数，增大了交通事故发生的概率。

3.速度对安全性的影响

通过陕西省铜(川)黄(帝陵)高速公路、黄延(安)高速公路、连霍高速公路西安—郑州段、京珠高速公路广东省境内段、晋(城)焦(作)高速公路、广东省清(远)连(州)一级公路等自驾车体验，以及调查访问部分专业驾驶员，对速度与交通安全之间的关系主要有以下几点体会。

1)超速行驶

高速公路限速往往按设计车速定，有限速却无人监管，实际运行速度一般超速25%～60%。如设计车速为60km/h路段，实际驾驶速度视平面线形为75～100km/h；设计车速为80km/h路段，实际运行速度为100～130km/h；设计车速为100km/h路段，实际运行速度为125～150km/h，甚至更高。目前，小车超速运行是极普遍现象，大多数路段超速在30%以内且运行速度不超过120km/h，则总体感到是安全的，但超速在30%以上或运行速度超过120km/h，则行车安全性明显降低。隧道内运行速度一般较低，多数车辆运行速度与设计速度一致，超速也在30%之内，但隧道内超速行驶的总体感觉是不安全。

2)限速行驶

若按设计车速或交通管理部门的限制车速运行，明显感觉车速偏低，运行速度过低也易使人过于放松，出现驾驶时精力不够集中或麻痹思想，存在交通不安全的隐患。最佳运行速度除

特殊路段外，在设计速度基础上增加 25%～30%是可行的(小车)。即：设计速度为 60km/h 时，更多路段限制车速为 80km/h；设计车速为 80km/h 时，限制车速为 100km/h；设计车速为 100km/h 时，限制车速为 120km/h。这样规定符合车辆性能的实际情况，较科学，也与国外车速限制基本一致。对于大型车辆应按设计速度限制，特别是长大下坡路段更要严格限制车速，隧道也应按设计速度进行限速。

3)超车行驶

高速公路、一级公路均为分离的双向四车道以上行驶条件，内外侧车道按理不应叫超车道和行车道，而应按“快速车道”与“慢速车道”来标志，并限制相应车速。实际驾驶过程中往往超车道被占，行车道闲置，速度快的车在行车道上行驶，经常超过“超车道慢车”。许多车辆时而按正常超车驾驶，时而按“各行其道”超车驾驶，在交通量较大、大货车较多、慢车较多，同时又有较多超速行驶的小车时，实际埋下了安全隐患，重大交通事故发生就在所难免了。高速行驶中的超车过程最不安全，特别是在隧道内超车。

4)运行速度与平纵线形

运行速度的高低关键在于通视条件，而通视条件主要取决于平面线形指标。所以，驾驶员在行驶过程中主要依据平面线形指标掌握运行速度高低，纵坡大小与上下坡不同对运行速度起到助加速与限加速作用，其他条件对车速影响较小。行驶前方平面指标高，运行速度在加快，运行速度达到驾驶员心理最高车速时，保持相对高速运行；行驶前方平面指标低，立即减速，减到安全速度，保持相对低速运行。如此不断重复，完成出行路程。平纵面线形指标变化突然，在短距离内出现速度差过大(大于 20km/h)，易出现交通事故。隧道洞口内外行驶条件差异大，最易出现速度差大于 20km/h 的情况，故隧道进出口附近最易发生交通事故，特别是长大下坡后的隧道进口附近。

5)运行速度与曲线超高

运行速度的高低与超高设置是否合理有一定关系。由于小车往往超速，车辆容易出现失重与打滑；大型车辆又往往速度偏慢，容易出现失衡而翻车。运行速度与超高值是否相匹配对行车安全影响较大。

6)运行速度与隧道照明亮度

一般在隧道进洞前 6s 行程距离，驾驶员已开始依据洞口平面线形指标适度减速；在隧道进洞前 3s 行程距离，依据洞口平面宽度的变化、洞内外光线亮度，进一步合理掌握运行速度。若在洞口前速度过快，进洞光线明暗反差大，易出现交通事故。出隧道时，在出洞口之前往往已开始加速，若在洞内速度偏高，洞口外光线太亮，平纵面线形指标偏低，易发生交通事故；白天隧道洞内照明亮度应符合要求，晚上亮度较白天照明亮度可低些，没有照明也可以(服务水平低些)；洞内正常照明路段亮度不足，存在交通安全隐患，超车(应禁止)时更不安全。隧道洞内正常路段运行速度一般为 80～100km/h，照明亮度低、交通量大时运行速度更低。隧道洞内运行速度超过 100km/h 时，不管线形指标高低、洞内亮度如何，均存在交通安全隐患。

根据以上自驾车体会及调查访问部分驾驶员，认为不同行驶条件下采用不同运行速度是保证交通安全的前提，超速行驶、超车行驶和隧道照明亮度不足是交通肇事的主要原因。设计不够合理是诱发交通事故的因素，如曲线超高设置与运行速度不匹配，长大下坡问题，隧道洞口过渡段照明亮度不足，引导标志、提示性标志设置不合理等。

4.隧道洞口安全设计

1)线形一致分析

(1)研究发现,线形不一致,出现突变构成行车安全隐患。所谓突变是指:

①隧道洞口前连接的平面线形指标过高,甚至是长直线,纵面是大纵坡下坡,洞口附近又是小半径平面线形和小半径凹形竖曲线的情况;

②出隧道洞口后连接的平面线形指标过低,且纵坡大、坡差大、凸形竖曲线半径小,而隧道内为平面线形指标高、纵坡较大一路下坡的情况;

③隧道洞口采用缓和曲线时曲线超高渐变率过急。

(2)对隧道及洞口线形安全性分析研究表明,隧道洞口附近采用曲线线形时,当平曲线半径大到一定值,曲线超高渐变率采用较小值,行车视距达到一定长度,满足规范要求的长度或更长时,正常行车安全就有保证。事实上不论采用何种线形,或距曲线要素点需要多远的位置,驾驶员都需要不断调整转向盘,修正行驶轨迹,才能保证行驶方向是一致的。为了提高驾驶员的行车舒适性,确保行车安全,需要有足够的行车视距。

(3)曲线隧道有助于控制洞内车速,提高驾驶员的注意力,而且能够比直线隧道更好地解决光过渡和眼睛的适应问题,所以隧道线形设计应服从路线布设的需要,采用曲线隧道是合理的、安全的,无须回避,也很难避免。

(4)在线形设计符合"线形应一致"的基本要求下,洞口附近线形应与隧道及连接线的总体方案尽量做到整体最优。在确保洞口一定距离内行车视距良好的条件下,对于地形地质条件复杂路段,更要保持线形与地形相协调,选择最佳洞口位置,避开不良地质,避免或减轻偏压,从如何才能选用更大的曲线半径、更小的超高值、具有更远的行车视距以及降低工程造价等方面综合考虑,其线形设计才是最合理的。避免采用的线形是指标突变的线形。

(5)对于隧道洞口纵面线形问题,则体现在纵面行车视距是否满足要求、视觉效果是否良好等方面。设计应避免将隧道洞口置于小半径凸形竖曲线顶点处,应保证洞口前后视线连续,并具有足够长的行车视距。因此,一般情况下宜采取大半径竖曲线,变坡点不宜设在洞口;在满足视距情况下,竖曲线起终点置于洞口附近是允许的,与平面线形相比更不存在安全问题。

(6)对隧道内外行驶条件差异判别时间采用 3s 为极限值,为减轻驾驶员对环境条件变化的心理压力,避免或减少交通事故,洞口附近线形指标宜尽可能长地保持均衡,尽可能采用较高的技术指标。

2)安全设计建议

根据上述分析结论,对隧道洞口平纵面线形设计提出以下几点建议:

(1)隧道内平面线形采用小半径的平曲线应慎重。为保证行车视距并控制超高值在 4%之内,高速公路最小平曲线半径应大于 600m(80km/h),一般情况宜大于 850m。

(2)洞口内外各 3s 设计速度行程长度范围平面线形应保持一致:

①避免线形指标突变。

②洞口附近线形应与隧道及连接线的总体方案尽量做到整体最优。

③特殊情况下洞内外接线 3s 线形难以保持一致的情况下,应采取相关的交通安全措施,保证行车安全,设置减速标志、视线诱导标志,采取照明过渡措施等。

(3)进洞之前的隧道连接线平纵面线形应尽量满足以下要求:

①通视条件要满足行车视距要求。

②进洞之前 5s 行程距离的纵坡宜小于 3%，不应大于 4%。

③洞口内外 3s 行程距离超高渐变率宜不大于 1/200(边线旋转轴)。

④避免平面线形高指标、长大纵坡进洞，如平曲线半径大于 5 倍一般最小值半径时，纵坡大于 3%、坡长大于 600m 的情况；避免在进洞口洞外段设置较长、较大的下坡，在洞口设置小半径的平曲线进洞。

(4)出洞之后的隧道连接线平纵面线形应尽量满足以下要求：

①通视条件满足行车视距要求。

②出洞之后 3s 行程距离纵坡宜小于 3%，不应大于 4%，竖曲线半径宜大于 2 倍一般最小值。

③洞口内外 3s 行程距离超高渐变率宜不大于 1/200(边线旋转轴)。

④避免隧道内长下坡，坡度大于 3%的情况，避免在隧道出洞口洞内纵坡较大，而洞口设置小半径的平曲线出洞；当洞口内 3s 行程距离和洞外 6s 行程距离为小半径平面曲线(最小值半径)时，建议连接线平曲线半径大于 2 倍一般最小半径。

(5)从行驶舒适性考虑，隧道洞口连接线 5s 行程距离线形指标应满足以下要求：

①平曲线半径宜尽量大于一般最小半径的 2 倍，有条件时采用满足视觉要求的竖曲线半径。

②行车视距宜尽量大于停车视距规定值的 2 倍。

③纵面下坡进洞和出洞下坡宜尽量采用小于 3%的纵坡。为了保证在纵面上有较好的视觉效果，竖曲线半径宜大于一般最小半径的 2 倍。

三、隧道建筑限界

1. 国内外隧道限界现状

世界各国现有的公路隧道工程，隧道限界的各组成部分基本相同，主要包括限界高度和限界横向宽度等几何尺寸，如图 6-19 所示。

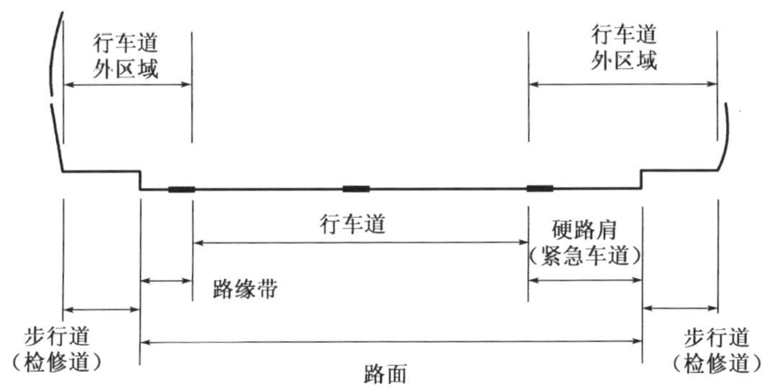

图 6-19　隧道横向宽度组成部分

在限界的各参数中，对于限界高度的争议较少，原因是由于车辆制造有明确的标准(表 6-18)，同时可以通过交通管制(如设置限高门框等)对交通车辆高度进行限制。如《公路隧道设计规范》(JTG D70—2004)第4.4.1条及《公路工程技术标准》(JTG B01—2003)均指出"高速公路、一级公路、二级公路的净高应为5.00m"。因此限界高度对隧道安全性、经济性而言，其影响程度远小于限界横向宽度，也非控制性因素。

车辆外廓尺寸 表6-18

车辆类型	总长(m)	总宽(m)	总高(m)
小客车	6	1.8	2
载货汽车	12	2.5	4
鞍式列车	16	2.5	4

限界横向宽度主要由行车道区域和行车道外区域两大区域构成，其中行车道外区域包括外侧车道线、硬路肩、检修道、步行道、紧急车道等。根据调研资料，世界各国对行车道宽度尺寸的使用情况有着相同或相似的认识，但对行车道外宽度尺寸的标准却不统一。

根据世界道路委员会(PIARC)撰写的隧道横断面几何尺寸报告，世界上主要几个代表性国家的指南和标准中规定的隧道横断面的宽度组成和尺寸参数可详见表6-19～表6-23。

各国车道宽度表 表6-19

国家	指南名称	设计速度或推荐速度(km/h)	车道宽度(m)	车道标线宽度(m)	行车道宽度(m)
澳大利亚	RVS 9.232	80～100	3.50	0.15	7.00
丹麦	(实际)	90～20	3.60	0.10	7.20
法国	CETU	80～100	3.50		7.00
日本	公路结构公团	80～120 60	3.50 3.25		7.0 6.5
挪威	隧道设计指南	80～100	3.45	0.10	6.90
西班牙		90～120	3.50	0.10	7.00
瑞典	隧道99	70 90 110	3.50 3.75 3.75	0.10/0.15 0.15 0.15	7.00 7.50 7.50
瑞士	矩形隧道	80～120	3.50～3.75	0.20	7.75
	SN 640201	80～120	3.50～3.75	0.20	7.75
英国	TD27 (DMRB6.1.2)	110	3.65	0.10	7.30
美国	AASHTO		3.6		7.20

不设紧急车道时毗邻行车道一侧的尺寸(直线段) 表6-20

国家	设计速度(km/h)	硬路肩宽度(m)	人行道宽(m)	行车道外宽度(m)
澳大利亚	80～100	>0.25	1.00	>1.25
丹麦	90～120	0.50	1.00	1.50

续上表

国家	设计速度 (km/h)	硬路肩宽度 (m)	人行道宽 (m)	行车道外宽度 (m)
法国	80～120	1.00 0.30①	0.75	1.75 1.05①
日本	80～120 60～80	1.00 0.75	0.50 0.25	1.50 1.00
挪威	80～100	0.30	0.75② 1.25③	1.05 1.55③
西班牙	90～120	1.00	0.75	1.75
瑞士	80～120	—	1.00	1.00
英国	110	1.00	0.70	1.70
美国	无规定	0～1.50	0.50～0.70	0.50～2.20

注:①表示特殊情况;

②表示抬高的人行道和行车道之间用低缘石隔开;

③表示在短的隧道内(<500m)。

设紧急车道时毗邻行车道一侧的尺寸(直线段)　　表 6-21

国家	设计速度 (km/h)	硬路肩宽度 (m)	人行道宽 (m)	行车道外宽度 (m)
丹麦	90～120	3.00	1.00	4.00
日本	80～120	—	—	2.50
挪威	80～100	无紧急车道	—	无紧急车道
西班牙	90～120	2.50	0.75	3.25
瑞士(矩形)	80～120	3.00	—	4.00
瑞士(椭圆形)	80～120	无紧急车道	—	无紧急车道
英国	110	3.30 2.00	0.70 (0.10+0.60)	4.00 2.70
美国	无规定	3.00	0.70	3.70

毗邻超车道的一侧的尺寸(直线段)　　表 6-22

国家	设计速度 (km/h)	硬路肩/路缘带 宽度(m)	人行道宽 (m)	行车道外宽度 (m)
澳大利亚	80～100	>0.25	1.00 (0.30+0.70)	>1.25
丹麦	90～120	0.50	1.00	1.50

续上表

国家	设计速度(km/h)	硬路肩/路缘带宽度(m)	人行道宽(m)	行车道外宽度(m)
日本	80～120 60～80	1.00 0.75	0.50 无规定	1.50
挪威	100	0.25	0.75	1.00
西班牙	90～120	1.00 0.50*	0.75	1.75 1.25*
瑞士(矩形)	80～120	—	1.00	1.00
瑞士(椭圆形)	80～120	—	—	无紧急车道
英国	110	0.30	0.70 (0.10+0.60)	1.00
美国	无规定	0～1.5	0.50～0.70	0.50～2.20

注：* 表示特殊情况。

各国步行道尺寸比较 表 6-23

国家	人行道高度(m)	人行道宽度(m)	安全限界宽度(m)	步行车道宽度(m)
澳大利亚	0.18	1.00	0.30	0.70
丹麦	—	1.00	—	1.00
法国	max 0.25	min 0.66(底部)	0.06	min 0.66(底部)
德国	0.07	1.00	—	1.00
日本	0.25	0.25 或 0.50	—	0.25 或 0.50
挪威	0.10	0.75	—	0.75
西班牙	0.15～0.20	0.75	—	0.75
瑞典	—	1.00	—	1.00
瑞士(矩形)	0.18	min 1.00	0.30	0.70
英国	0.075	1.00	—	1.00
美国	—	0.50～0.70	—	0.50～0.70

综上所述，国内外隧道建筑限界横向宽度的主要组成及几何尺寸汇总见表 6-24。

国内外隧道限界宽度汇总表(以双车道为例) 表 6-24

国家	设计速度(km/h)	车道宽度(m)	行车道宽度(m)	行车道外宽度(m)	超车道外宽度(m)	隧道限界宽度(m)
澳大利亚	80～100	3.50	7.00	>1.25	>1.25	9.50
丹麦	90～120	3.60	7.20	1.5	1.50	10.20

续上表

国家	设计速度（km/h）	车道宽度（m）	行车道宽度（m）	行车道外宽度（m）	超车道外宽度（m）	隧道限界宽度（m）
法国	100	3.50	7.00	1.75	0.50 0.30#	8.35～9.25
日本	80～120 60～80	3.50 3.25	7.00 6.50	1.50 1.00	1.50	8.50～10.00
挪威	80～100	3.45	6.90	1.05	1.00	8.95～9.70
西班牙	90～120	3.50	7.00	1.75	1.75	10.50
瑞士（矩形）	80～120	3.50～3.75	7.75	1.00	1.00	9.75
瑞士（椭圆形）	80～120	3.50～3.75	7.75	1.00	1.00	9.75
英国	110	3.65	7.30	1.70	1.00	10.00
美国	无规定	3.60	7.20	0.50～2.20	0.50～2.20	8.20～11.60
中国	120 100 80 60	3.75 3.75 3.75 3.50	7.50 7.50 7.50 7.00	2.00 1.50 1.25 1.25	1.50 1.50 1.50 1.50	11.00 10.50 10.25 10.00

注：# 表示常用情况。

根据对以上资料分析，可得到以下结论：

（1）大多数国家隧道限界横向组成为：检修道（或安全障碍物）＋路缘带（硬路肩）＋行车道＋路缘带（硬路肩）＋检修道（或安全障碍物），爱尔兰未设检修道，瑞士未设路缘带（硬路肩）。我国《公路工程技术标准》（JTG B01—2003）与《公路隧道设计规范》（JTG D70—2004）的规定是，检修道或人行道（J 或 R）＋侧向宽度（$L_{左}$，含余宽 C）＋行车道（W）＋侧向宽度（$L_{右}$，含余宽 C）＋检修道或人行道（J 或 R），与大多数国家相一致。

（2）各国隧道的宽度基本依据设计速度或推荐速度而确定。说明在不同的技术标准下，工程建设的经济性也十分重要。

（3）各国行车道宽度不尽相同，车道多在 3.5～3.75m 之间，爱尔兰、日本在较低设计车速的城市高速公路上使用 3.25m 的车道宽度。这一结论十分重要，说明车道宽度对行车安全不是必然的因素，而重要的是交通安全管理与驾驶员的行为与习惯。我国采用 3.75m 的行车道宽度（80km/h 时速时），在世界范围内为最大值，行车舒适性也理应最高。

（4）在大多数国家，隧道内行驶速度一般被限定在 100km/h 或更小。

（5）许多国家设计指南提议在隧道中应该设紧急车道，但由于费用问题，往往紧急车道的宽度比较窄。

（6）路缘带宽度、步道宽度，各国也不尽相同，说明对于步道的功能、作用，世界各国理解均不一致。同时,也没有资料表明,路缘带宽度与隧道内行车安全性有重要和必然的联系。

(7)就隧道限界横向宽度而言,与12个欧美发达国家相比,中国的横向宽度处于第四位,属较宽之列。

(8)从隧道限界的横向布置来看,有的是对称布置,有的是非对称布置。前者主要包括澳大利亚、丹麦、日本、爱尔兰、西班牙、瑞士、美国等七国,非对称布置的国家是法国、德国、英国、瑞典、挪威和中国等国家。我国是非对称性偏差较小的国家,左右侧向总宽度差值为0.5～0.25m,而法国差值为1.25m、德国为1.25m、瑞典为1.00m、英国为0.70m、挪威为0.05m。

(9)隧道横断面对称设置的国家中,侧向宽度最大的是美国标准,其值为0.50～2.20m,其中路缘带(硬路肩)尺寸为0～1.5m,检修道(或安全障碍物)尺寸0.50～0.70m。其次分别是西班牙标准,其值为1.75m,其中路缘带(硬路肩)尺寸为1.0m,检修道(或安全障碍物)尺寸0.7m;爱尔兰标准为1.50m,其中路缘带(硬路肩)尺寸为1.5m,安全障碍物尺寸0.25m;丹麦标准为1.50m;其中路缘带(硬路肩)尺寸为0.5m,检修道(或安全障碍物)尺寸1.50m;日本标准为1.0～1.5m;澳大利亚标准为1.25m,其中路缘带(硬路肩)尺寸为0.25m,检修道(或安全障碍物)尺寸1.0m;瑞士标准为1.0m,无路缘带(硬路肩),检修道(或安全障碍物)尺寸1.0m。

(10)隧道横断面非对称设置的国家中,毗邻行车道一侧的侧向宽度最大的是中国,其次分别是瑞典、德国、法国、英国和挪威,其宽度尺寸一般为1.70m(路缘带1.0m+检修道0.7m)左右,比我国《公路路线设计规范》(JTG D20—2006)规定的尺寸约小0.3m。挪威的侧向宽度尺寸最小,为1.05m,其中路缘带(硬路肩)尺寸为0.30m,检修道(或安全障碍物)尺寸0.75m。毗邻超车道一侧的侧向宽度最大的是中国和瑞典,其次分别是德国、法国、英国和挪威,其宽度尺寸一般为1.50～1.25m。

2.国内外研究情况

对于隧道限界宽度究竟如何设置,国内外均有相关的研究,特别近年来是“公路隧道横断面宽度”专题研究报告(标准修订专题项目)及“隧道行车速度及限界论证研究”等课题均做了较深入的研究,主要集中在以下几个方面:

1)隧道内的车辆驾驶特性

由于公路隧道是有别于基本路段的特殊构造,因而在隧道内行驶车辆的驾驶特性也相应不同,存在不利和有利两个方面。

不利方面是:由于隧道内行车道外侧向宽度比基本路段窄,受隧道内“墙效应”、照明等诸多因素的影响,车辆一般都会降低其运行速度,降低的幅度一般在10～20km/h之间,与隧道前视距、线形和驾驶员对隧道的熟悉程度有关;由于隧道内“墙效应”的影响,驾驶员会下意识地偏向隧道中线行驶,唯恐与边墙相撞,使相邻车道无形中宽度被压缩,有时会干扰正常行车秩序,增加了不安全因素。

有利方面是:由于隧道内的环境给驾驶员造成了一定的压力,使得驾驶员在隧道内注意力高度集中,格外遵守交通规则,驾驶的随意性较小,速度较低,在一定程度上也提高了车辆在隧道内行驶的安全性。事实上,随着驾驶员越来越习惯于穿行隧道,这就使隧道内外的驾驶行为会渐趋于一致。因此如果能采取一些设计措施(如照明、色彩、墙面设计、信号等),可以有助于降低车速、增加注意力和安全感,达到隧道内轻松行驶的目的。

2)驾驶舒适性与横断面尺寸的关系

通过调查发现，车辆穿越隧道时由于隧道内外环境的不同，驾驶员将会做出相应的调整，大致可分为3个阶段：进入隧道一端的调整期、隧道中部的适应期和驶出隧道另一端的调整期。大型车和小型车的典型三阶段示意图如图6-20所示。

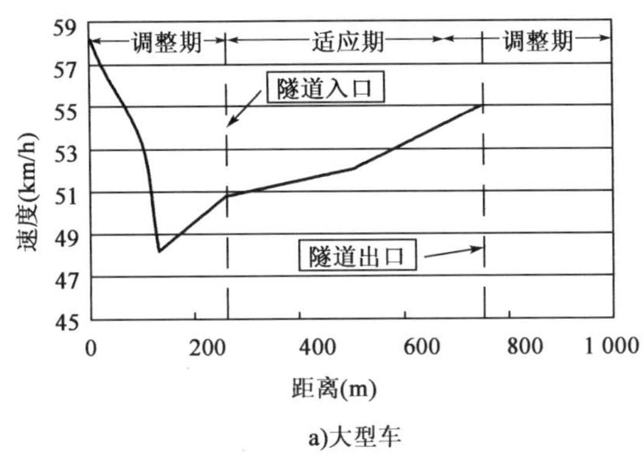

a)大型车

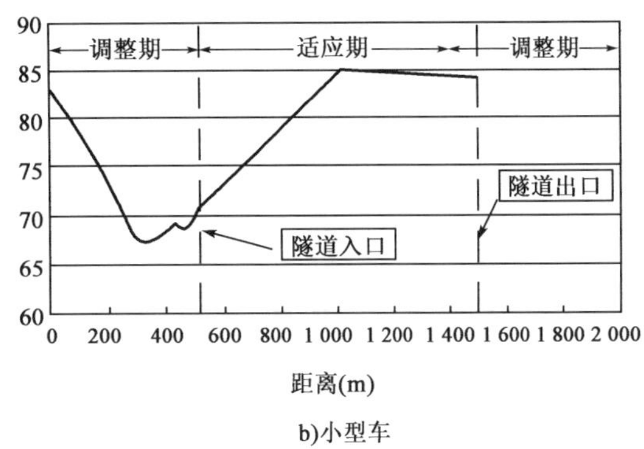

b)小型车

图6-20　隧道内、外车辆行驶速度变化

隧道前调整期：车辆在进入隧道前因隧道和基本路段构造的不同而会降低其运行速度，以便适应新的驾驶环境，速度降低的幅度基本上在7%～20%之间，相对于其他两个阶段，速度变化幅度比较剧烈。与此同时，驾驶员也会出于对隧道的恐惧感和灯光等因素的影响，将车辆的横向位置向路中心偏移。总之，驾驶员在进入隧道前会根据隧道前视距、线形、隧道口情况和驾驶员对隧道的熟悉程度调整车辆的速度和横向位置，以最为安全的方式进入隧道。由于在这一阶段驾驶员的驾驶行为会发生较大的变化，与洞内运行相比，从安全方面来说不利于行车安全。法国的一项调查研究发现，视距不足再加上速度过快是隧道事故发生的主要原因。挪威的一项研究也表明，隧道入口前50m和出口100m附近区域是最危险的。

隧道中适应期：由于在隧道入口段车辆已经完成了对隧道内部适应性的调整，进入隧道后基本会保持现有的车辆速度和横向位置。随着对隧道内部环境的逐渐适应，驾驶员会逐渐提高车辆的运行速度，提高的幅度与隧道横断面的组成以及隧道的长度有关。对于车辆的横向位置，由于在隧道内驾驶员的眼球转动角度较小，其更喜欢离隧道墙(或步行道、防撞护栏等)有一定距离，尤其是隧道内侧向净距距离小于毗邻隧道外公路的侧向净距时，驾驶员一般会保持在隧道前调整期中对车辆横向位置做出的调节，随着车辆速度的提高，横向偏移值会逐渐增大。但对于较长隧道(2km以上)来说，由于驾驶员在隧道内行驶的时间较长，对隧道内环境已充分适应，会将车辆的横向位置向墙一侧靠拢，但车辆的中线仍然不会与车道中线重合，车辆仍偏向中间行驶，只是偏移的幅度有所降低。由于隧道内的环境给驾驶员造成了一定的压力，使得驾驶员在隧道内注意力高度集中，格外遵守交通规则，驾驶随意性较小，速度相对较低，在一定程度上也提高了单一车辆在隧道内行驶的安全性。但车辆向内侧的横向偏移会使超车间距大为缩小，降低了车辆在超车过程中的安全性。

隧道末调整期：随着车辆即将驶出隧道，面临隧道内外环境的转换，对于速度较高的小型车辆来说，这时车辆速度的上升幅度将减小，其运行速度可能会出现一定的降低。对于长度较短的隧道，车辆的横向偏移将会与进入隧道时保持一致。对于较长隧道(2km 以上)，车辆的横向偏移将会恢复到与进入隧道时相同的情况。由于车辆面对两种环境的又一次转换，受线形、视距、亮度等多方面因素的影响，车辆的安全性有所下降。

3)隧道内车辆横向偏移

由于隧道外公路提供了足够的侧向距离，车辆可基本沿车道中心线行驶。在隧道内部，由于提供的侧向净距较小，驾驶员更喜欢离隧道墙(或步行道、防撞护栏等)有一定距离，在自由流条件下，车辆会向隧道中心靠拢，发生横向偏移(隧道内车辆中心线与车道中心线的距离)，如图 6-21 所示。

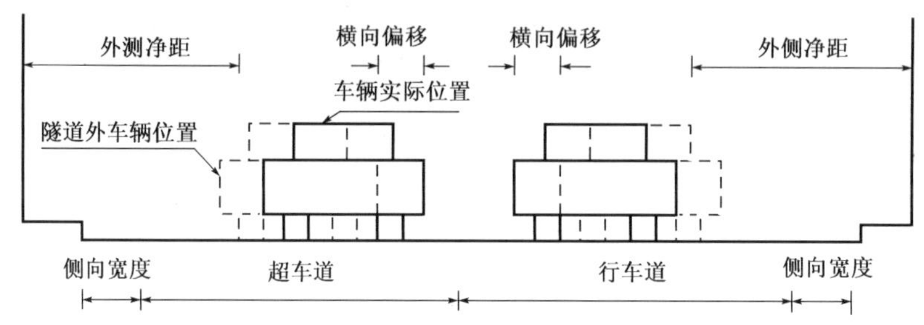

图 6-21　隧道内车辆实际横向位置

对于中短隧道，在隧道内随着车辆相对速度的增加，横向偏移将逐渐增大。对于长或特长隧道，在隧道的中段，横向偏移将会有所减小。

行车道外侧净距(指车身外侧与隧道墙的距离)：大型车辆保持在 2.6m 左右，小型车辆保持在 3m 左右，中型车辆介于两者之间。无论大型车还是小型车在隧道内行驶时，车体中心线距离隧道墙的距离基本一致。说明，隧道墙对驾驶员的心理影响非常明显，保持和距离隧道墙足够的距离能让驾驶员在心理上感到很安全和舒适。

超车道外侧净距：大型车辆的保持在 2.6m 左右，小型车辆保持在 2.6m 左右。对于超车道，由于大型车辆较少，应主要考虑小型车辆的侧向净距值。

由于经济和安全方面的原因，隧道内的设计速度不可能总是和它衔接的公路采用相同的设计速度。一般情况下，隧道内的设计速度低 10～20km/h。这也可使隧道内行车道外的侧向净距适当减少。对不同的设计速度可以采取不同的侧向净距值。

4)隧道内交通安全与限界尺寸的关系

国外关于隧道安全方面的调查研究，隧道内的交通安全性比洞外公路要好一些。德国出版的关于隧道内紧急车道对交通安全的影响报告，也证实了隧道内事故要比洞外公路少一些。

国内关于隧道内安全方面的研究很少，但总体来说隧道内的事故比洞外公路上少。另外，目前对隧道内发生的事故原因研究的不多。影响事故的因素很多，如隧道照明、通风、平纵面线形以及驾驶员的主观原因等，还没有针对横断面尺寸造成的事故原因进行统计分析。

根据《京珠高速公路韶关段隧道群交通运行环境评价研究》，引发该路段及隧道交通事故的原因是多种多样的，包含了人、车、路、环境等各方面的因素(图 6-22)。从统计结果来看，在所有的事故原因中以车和人的因素较为突出。车辆因素：机械故障、爆胎、失控等；人的因素：

驾驶不当、疲劳驾驶等。在所有原因中，紧急避让所占比例最高，约占总数的34%，其次是机械故障，约占总数的24%。隧道横断面宽度并不在事故原因之中。该研究结果认为，与隧道有关的交通事故主要发生于隧道出入口范围，其中天气、环境、路面等因素是主因。

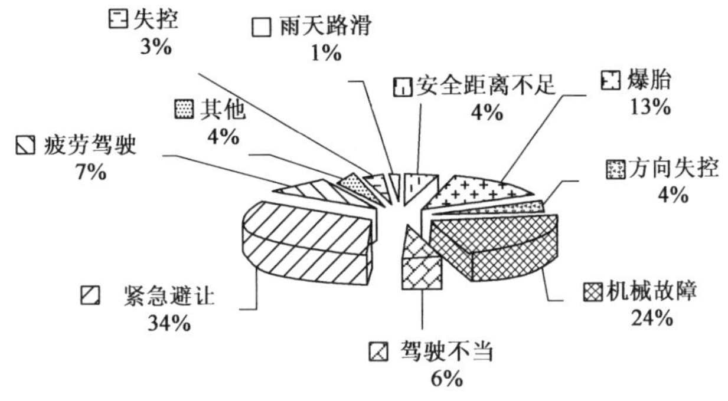

图6-22　京珠南隧道群段交通事故原因比例图

3.隧道建筑限界研究总结

(1)《公路工程技术标准》(JTG B01—2003)及《公路隧道设计规范》(JTG D70—2004)所提出的隧道建筑限界最小宽度是安全、经济、合理的。

(2)目前与公路隧道有关的交通安全事故主要以车和人的因素较为突出。车辆因素为机械故障、爆胎、失控等；而人的因素为驾驶不当、疲劳驾驶等。

(3)隧道出入口范围是交通事故的易发区，天气、环境、路面等因素是主因。

四、隧道横通道

1.横通道功能

根据横通道的布置形式，以及与隧道的关系，总体来说，横通道的功能主要体现于以下3点：

1)为人员逃生、车辆疏散和救援提供通道

由于隧道属于半封闭空间，迂回空间有限，隧道内的事故处理比较困难，中断交通时间较长；若发生火灾或重大交通事故，危险性更大，疏散和救援更加困难。因此，设置横通道可尽快地疏散洞内的车辆和人员，防止二次事故的发生，减少人员伤亡和财产损失，营造安全、舒适、畅通的交通环境。

2)为隧道快速施工创造条件

施工过程中，除了提高技术水平、改进施工工艺以外，只要人力和设备资源充足，充分利用横通道，可迅速增加掌子面，有效加快隧道的施工进度。此外，在遇到大型溶洞、大涌水等严重不良地质时，利用横通道从不良地质段的前方再反向开挖进行处治，也有利于减小工期滞后影响。

3)为隧道施工通风创造条件

随着隧道单向掘进长度的不断增加，采用风管的压入式常规通风方式往往难以满足施工通风的要求，因此，合理利用横通道采用巷道式通风是特长隧道施工通风的有效手段之一。

其中，为人员逃生、车辆疏散和救援提供通道是横通道最重要的功能，而后两者则为对横通道的合理利用。鉴于此，横通道的各项设计均应首先确保防灾和救援功能的需求。

2. 相关规范条文

作为人员逃生、车辆疏散和救援提供通道的横通道分为车行横通道和人行横通道两类。

对隧道内横通道设置有明文规定的规范有：《公路隧道设计规范》(JTG D70—2004)、《公路隧道交通工程设计规范》(JTG/T D71—2004)、《建筑设计防火规范》(GB 50016—2010)等。

《公路隧道设计规范》(JTG D70—2004)规定：人行横通道的设置间距可取 250m，并不大于 500m。车行横通道的设置间距可取 750m，并不行大于 1 000m；长 1 000～1 500m 的隧道宜设 1 处，中短隧道可不设。

《建筑设计防火规范》(GB 50016—2010)对隧道内车行横通道相关规定较为详细，主要分为以下几方面：

(1)一、二、三类通行机动车的双孔隧道，其车行横通道或车行疏散通道应按下列规定设置：

①水底隧道宜设置车行横通道或车行疏散通道。车行横通道间隔及隧道通向车行疏散通道的入口间隔，宜为 500～1 500m。

②非水底隧道应设置车行横通道或车行疏散通道。车行横通道间隔及隧道通向车行疏散通道的入口间隔，宜为 200～500m。

③车行横通道应沿垂直隧道长度方向设置，并应通向相邻隧道；车行疏散通道应沿隧道长度方向在双孔中间设置，并应直通隧道外。

④车行横通道和车行疏散通道的净宽度不应小于 4. 0m，净高度不应小于 4. 5m。

⑤隧道与车行横通道或车行疏散通道的连通处，应采取防火分隔措施。

(2)二、三类通行机动车的双孔隧道，其人行横通道或人行疏散通道应按下列规定设置：

①隧道应设置人行横通道或人行疏散通道。人行横通道间隔及隧道通向人行疏散通道的入口间隔，宜为 250～300m。

②人行疏散横通道应沿垂直双孔隧道长度方向设置，并应通向相邻隧道。人行疏散通道应在双孔中间沿隧道长度方向设置，并应直通隧道外。

③双孔隧道内的人行横通道可利用车行横通道。

④人行横通道或人行疏散通道的净宽度不应小于 2. 0m，净高度不应小于 2. 2m。

⑤隧道与人行横通道或人行疏散通道的连通处，应采取防火分隔措施。

(3)一、二、三类采用纵向通风方式的单孔隧道或一、二类水底隧道，应根据实际情况设置直通室外的人员疏散出口或独立避难所等避难设施。

(4)隧道内的变电所、管廊、专用疏散通道、通风机房及其他辅助用房等，与车行隧道之间应采取防火分隔措施。

《公路隧道交通工程设计规范》(JTG/T D71—2004)将人行横洞和车行横洞统称为避难通道并作以下规定：

(1)双洞上下分离的公路隧道之间应设置避难设施，并符合表 6-25 规定。

横洞设置要求 表 6-25

名称	净空尺寸(m)	基本间距(m)	特殊情况
人行横洞	宽 2m 高 2.5m	250m,最大 不超过 400m	隧道长度 500m 以下不设,在 500～800m 之间宜设置一处
车行横洞	如图 6-23 所示	750m,最大 不超过 1 000m	隧道长度 1 000m 以下,不设车行横洞;长度在 1 000～1 500m之间宜设一处

(2)人行横洞:

①人行横洞应有良好的防排水措施,路面应具有防滑功能。

②人行横洞纵坡大于 15%时,宜设置踏步台阶,边墙两侧宜设扶手,扶手高度为 0.9m。

③人行横洞内应设置具有自动感应开闭功能照明装置,其路面亮度不小于 2cd/m^2。

④人行横洞的两端应设甲级防火门,防火门应具有向内推开和自动关闭功能。

⑤人行横洞内部应设置疏散指示标志,间距应不大于 20m。

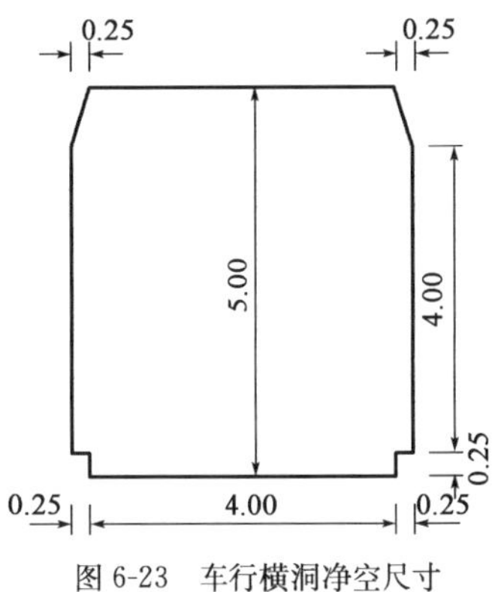

图 6-23 车行横洞净空尺寸
(尺寸单位:m)

⑥人行横洞内与行车横洞兼用时,距缘石边应设栏杆,栏杆高 1.05m,人行横洞与车行横洞门应独立设置。

(3)车行横洞(图 6-23):

①车行横洞的纵坡应不大于 5%。

②车行横洞的洞口应设自动门,自动门宜具备现场和远程控制开闭功能。

③车行横洞应设置具有与门联动开闭功能的照明装置,其路面亮度不小于 7 cd/m^2。

3.安全性分析

在公路隧道横通道的设置上,除了《建筑设计防火规范》(GB 50016—2010)明文规定:“车行、人行疏散横通道应沿垂直双孔隧道长度方向设置”外,其他规范均未明确横通道设置的平面布置形式。而在实际设计中,车行横通道与隧道 60°左右相交,人行横通道与连接隧道垂直相交的工程实例比比皆是。此外,车行横通道是否应与紧急停车带配合设置,是各自分开布置还是将车行横通道布设在紧急停车带中部,均应深入探讨和明确。

1)车辆进出车行横洞时通行状况分析

为进一步了解车辆通过车行横洞时的通行状况,以《重庆市城市道路交通规划及路线设计规范》(DBJ 50-064—2006)提供的轿车、卡车、客车车辆最小转弯轮迹为依据,对车辆在不进行倒车的情况下顺利通过车行横洞时的车道宽及与主洞相交角度关系进行分析。

图 6-24 为车辆最小转弯轨迹图,表 6-26 为车动车设计车辆外轮廓尺寸表,表 6-27 为各类汽车的最小转弯半径。

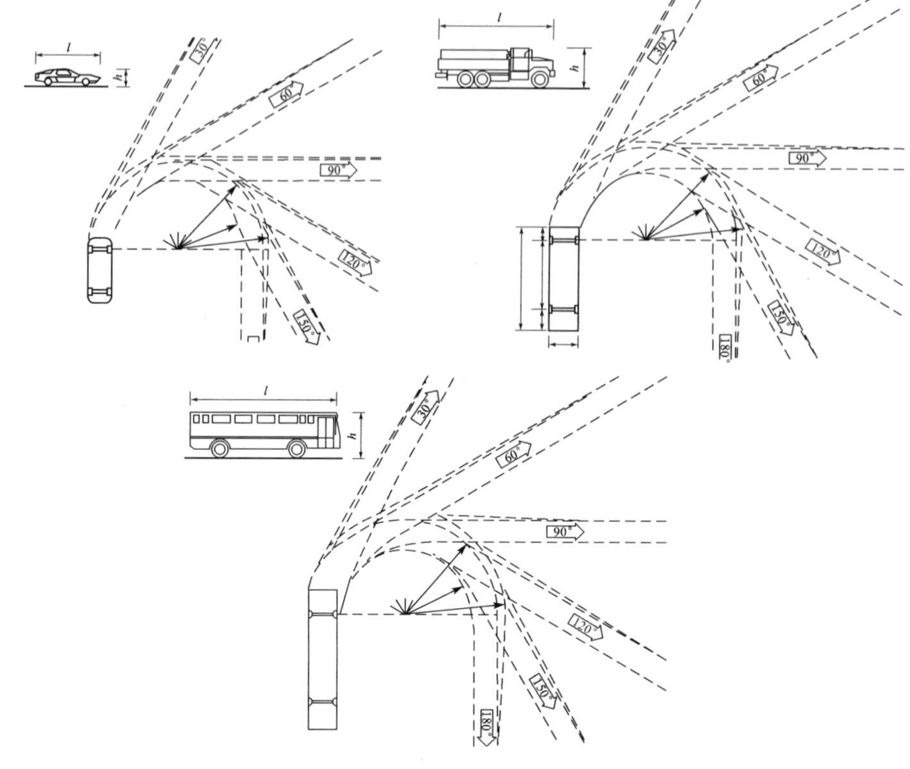

图 6-24　车辆最小转弯轨迹图

机动车设计车辆外轮廓尺寸(m)　　表 6-26

车辆类别	项目						
	总长	总宽	总高	前悬	轴距	后悬	R_{min}
小型汽车	5.5	2.1	1.6	0.9	3.3	1.3	4.94
货车	9.0	2.5	4.1	1.2	6.0	1.8	9.04
公共汽车	12	2.5	4.1	1.5	7.5	2.4	8.16

各类汽车的最小转弯半径表　　表 6-27

车　　型	级　　别	R_{min}(m)	备　　注
货车	30～60kN	5.0～7.0	总重量
	60～90kN	5.5～8.0	
	90～120kN	6.0～9.0	
	＞120kN	6.9～10.5	
矿用自卸车	＜450kN	7.5～9.5	载重量
	＞450kN	9.0～12.0	

续上表

车型	级别	R_{min}(m)	备注
轿车	微型	4.0～6.0	
	轻型	4.5～6.5	
	中级	5.0～7.0	
	高级	5.8～7.5	
大客车	小型	5.0～6.5	
	中型	7.0～10.0	
	大型	8.5～11.0	

标准的轿车、货车、客车车辆顺利通过车行横洞轮迹线研究如图 6-25、图 6-26 所示，相关结论见表 6-28、表 6-29。

车行横洞与主洞垂直相交时车辆进出状况一览表 表 6-28

车辆类型	横洞垂直主洞		
	进洞	出洞	车辆参数
小车	可不占用另一车道实现顺利进入横洞	可不占用另一车道实现顺利驶出横洞	长 5.5m，宽 2.1m，内侧轮最小转弯半径 4.94m
卡车	主洞为两车道时，在利用紧急停车带宽度情况下可顺利进入横洞；主洞为三车道时，可不利用紧急停车带进洞	主洞为两车道时，利用紧急停车带情况下，车行横洞行车道宽度应大于 4.48m；三车道时 4m 宽横洞满足要求。如不利用紧急停车带，三车道时车行横洞行车道宽度应大于 4.3m	长 12m，宽 2.5m，内侧轮最小转弯半径 9.04m
客车	主洞为两车道时，在利用紧急停车带宽度情况下可顺利进入横洞；主洞为三车道时，可不利用紧急停车带进洞	主洞为两车道时，利用紧急停车带情况下，车行横洞行车道宽度应大于 5.94m；三车道时 4m 宽行车道满足要求。如不利用紧急停车带，三车道时车行横洞行车道宽度应大于 5.71m	长 12m，宽 2.5m，内侧轮最小转弯半径 8.16m

横洞与主洞 60°相交时车辆进出状况一览表 表 6-29

车辆类型	横洞与主洞 60°相交		
	进洞	出洞	
		顺时针方向	逆时针方向
小车	可不占用另一车道实现顺利进入横洞，横洞行车道宽度有 1.5m 富余	可不占用另一车道实现顺利驶出横洞，横洞行车道宽度有 0.94m 富余	如要不占用另一车道实现顺利驶出横洞，横洞行车道宽度应大于 6.05m
卡车	在占用两车道且不利用紧急停车带宽度情况下可顺利进入横洞，如要不占用另一车道，行车道左侧应至少加宽 1.44m	主洞为两车道时，利用紧急停车带情况下，车行横洞行车道宽度应大于 3.93m；主洞为三车道时，不利用紧急停车带，可实现顺利驶出横洞	主洞为两车道时，利用紧急停车带情况下，车行横洞行车道宽度应大于 6.61m；主洞为三车道时，利用紧急停车带情况下，车行横洞行车道宽度应大于 5.14m，如不利用紧急停车带，车行横洞行车道宽度应大于 5.65m

续上表

车辆类型	横洞与主洞60°相交		
	进洞	出洞	
		顺时针方向	逆时针方向
客车	在占用两车道且不利用紧急停车带宽度情况下可顺利进入横洞，如要不占用另一车道，行车道左侧应至少加宽2.86m	主洞为两车道时，利用紧急停车带情况下，车行横洞行车道宽度应大于3.93m，不利用紧急停车带时，车行横洞行车道宽度应大于5.18m，主洞为三车道时，4m宽车行横洞可实现顺利驶出横洞	主洞为两车道时，利用紧急停车带情况下，车行横洞行车道宽度应大于7.01m，不利用紧急停车带时，车行横洞行车道宽度应大于8.63m，主洞为三车道时，利用紧急停车带情况下，车行横洞行车道宽度应大于6.32m，不利用紧急停车带时，车行横洞行车道宽度应大于6.63m

注：本表车辆类型各参数同表6-27。

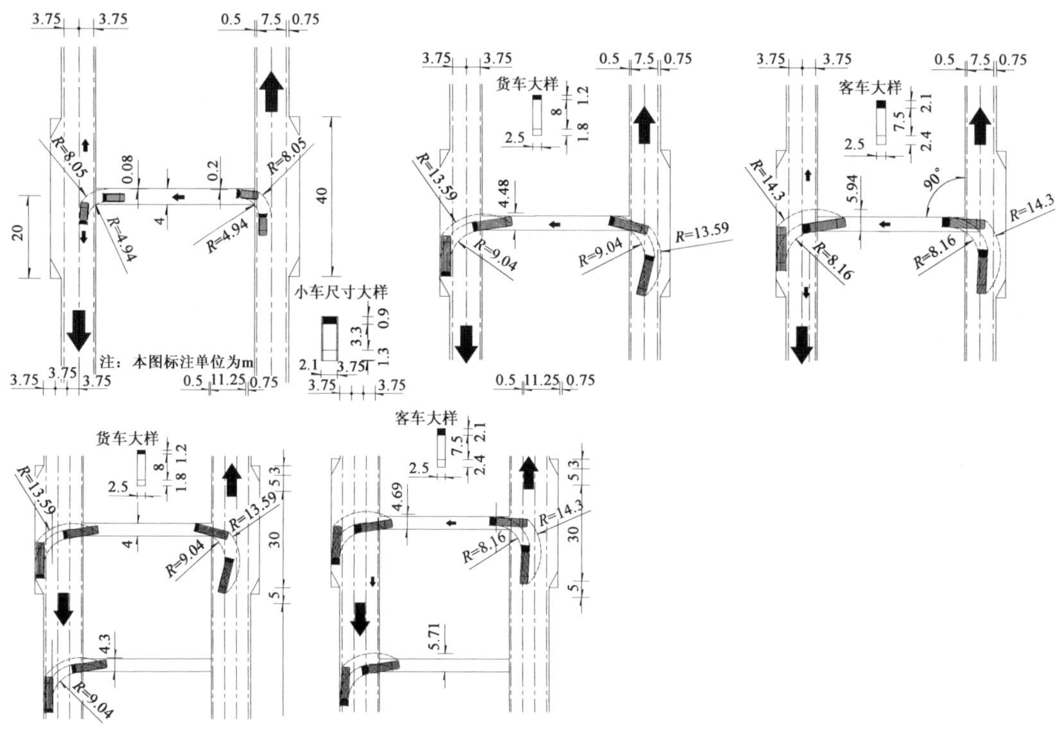

图6-25　车辆通过与主洞垂直相交的车道车行横洞时轮迹线示意图（尺寸单位：m）

以上轮迹线研究结论是建立在一种简化的进出洞路线方案上得出的，特别是对于三车道隧道出洞方案，建立在以最大角度直线出洞到最大距离后以最转弯小半径转弯这种方案上，没有考虑在出洞过程中的直线段，经验丰富的驾驶员可能还会不断修正方向，采用非直线方式出洞。同时，由于不同的车型、不同经验的驾驶员，在车行通道这样的通行条件及交通疏散这种特殊背景下，进出车行横洞（特别是出洞）轮迹方案可能差异很大。因此，基于目前这种轮迹线研究得到的车行横通道宽度理论数据还应通过试验统计最终验证。

2）车辆进出车行横洞时交通组织分析

如果车行横洞用于紧急情况下的交通疏解，对于普通的长、特长隧道可能存在的交通组织

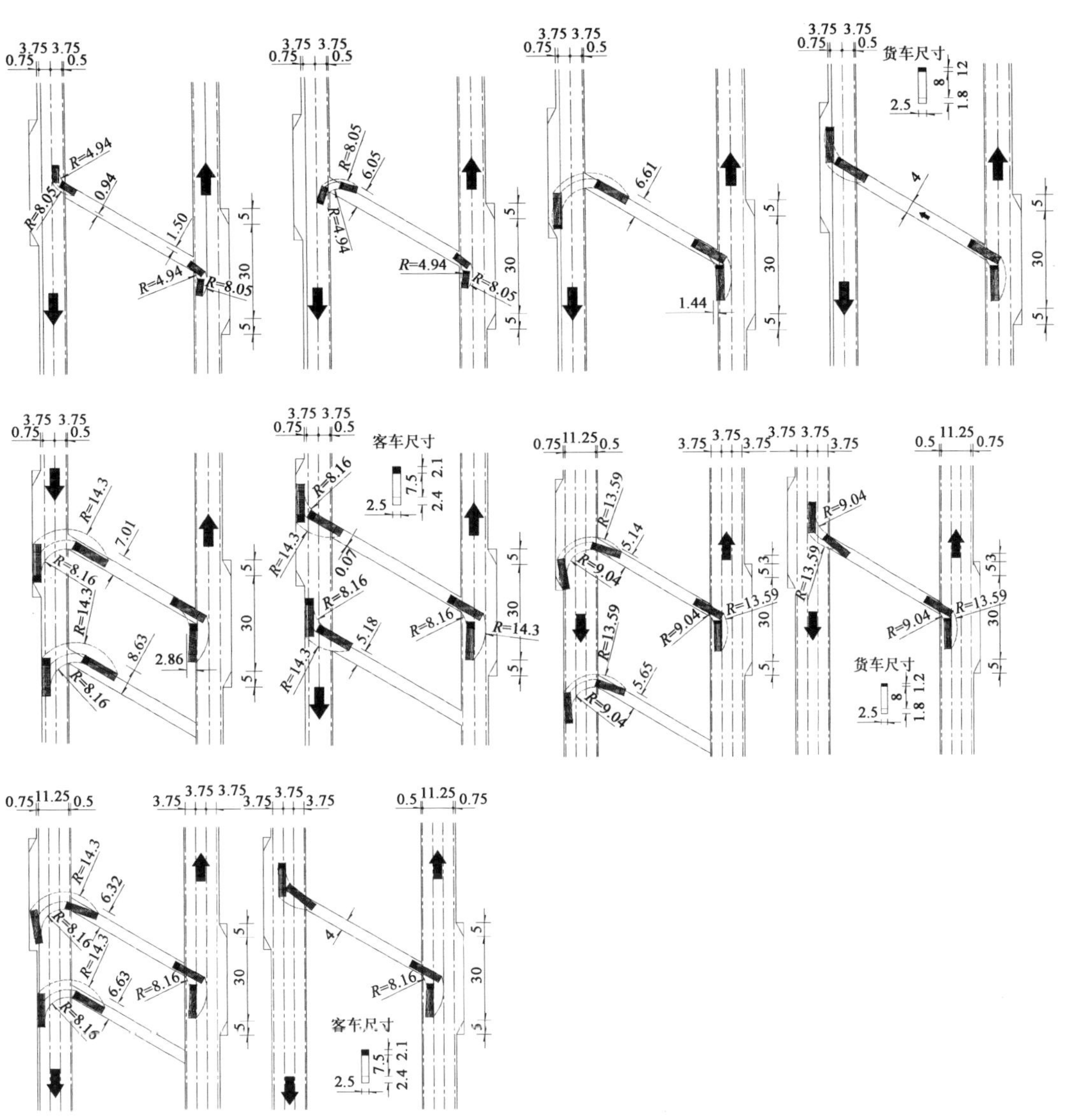

图 6-26　车辆通过与主洞 60°相交的车道车行横洞时轮迹线示意图(尺寸单位:m)

有以下 4 种方式,如图 6-27 所示(以车行横洞与主洞垂直相交为例)。

配合前述车辆进出车行横洞的轮迹分析结果,可得到如表 6-30 的分析结论。

各疏解方案存在问题一览表　　表 6-30

方式	疏散方案	存在问题	
		A(与主洞垂直相交)	B(与主洞 60°相交)
方式一	将事故 A 洞车辆通过车行横洞导向相邻 B 洞,并导向 B 洞出口方向,B 洞在洞中或洞口要做暂时交通管制	利用紧急停车带情况下,主洞为两车道时,车行横洞行车道宽度应大于 5.94m;主洞为三车道时,车行横洞行车道宽度 4m 满足要求	利用紧急停车带情况下,主洞为两车道时,车行横洞行车道宽度应大于 7.01m 主洞为三车道时,车行横洞行车道宽度应大于 6.32m

续上表

方式	疏散方案	存在问题	
		A(与主洞垂直相交)	B(与主洞60°相交)
方式二	将事故A洞车辆通过车行横洞导向相邻B洞,并导向B洞进口方向,通过洞口联络道,回到A洞出口端正常车道上。B洞在洞中或洞口要做暂时交通管制	利用紧急停车带情况下,主洞为两车道时,车行横洞行车道宽度应大于5.94m;主洞为三车道时,车行横洞行车道宽度4m满足要求	利用紧急停车带情况下,主洞为两车道时,车行横洞行车道宽度4 m满足要求,主洞为三车道时,4m宽车行横洞条件下,可不用紧急停车带实现顺利驶出横洞
方式三	将事故A洞车辆通过车行横洞导向相邻B洞,B洞内路中设隔离墩至B洞进口联络道处,B洞内暂时实行单洞双向交通,原A洞车辆经B洞进口联络道,回到A洞出口端正常车道上	因货车与客车在转弯时要占用另一车道,因此不能实现两车道同时对向通行,危险性高	因货车与客车在转弯时要占用另一车道,因此不能实现两车道同时对向通行,危险性高
方式四	将事故A洞车辆通过车行横洞导向相邻B洞,B洞内设隔离墩,原A洞车辆经B洞出口返回原A洞进口方向	因货车与客车在转弯时要占用另一车道,因此不能实现两车道同时同向通行	因货车与客车在转弯时要占用另一车道,因此不能实现两车道同时同向通行

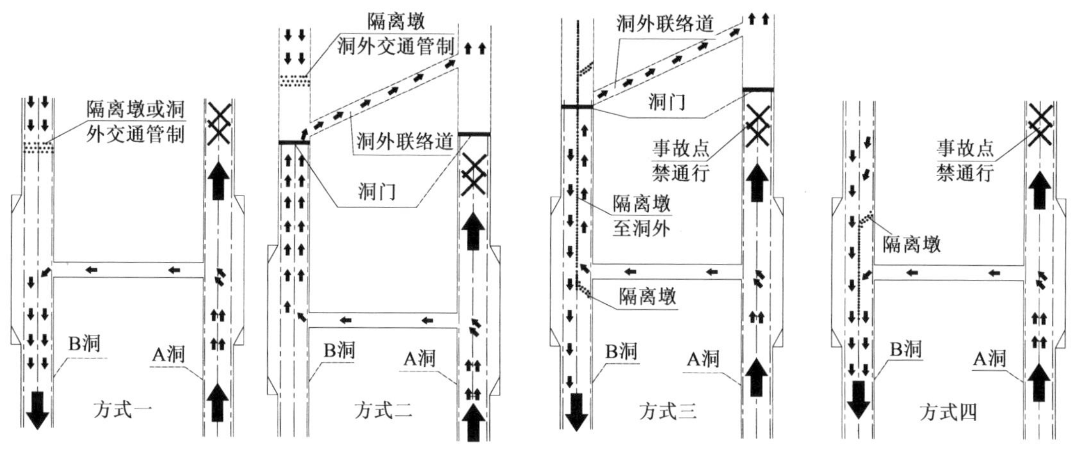

图6-27 利用车行通道进行交通疏解时的几种方式示意图

因此,利用车行横通道进行交通疏解,可能采用的方式只能是方式一(A)和方式二(B)两种。从交通的顺畅性而言,方式二(B)优于方式一(A)。

3)交通疏解时间分析

如果隧道内车行横洞车头间距取750m,按两个车道排队,车头间距取7m,则可能阻塞的车队内车辆数目最多为:750×2/7=214辆。按每辆车通过车行横洞时间为0.5min计(考虑到有大型车辆的平均时间),疏散时间为214×0.5=107min,约1.5h。

如果隧道内车行横洞车头间距取750m,按3个车道排队,车头间距取7 m,则可能阻塞的车队内车辆数目最多为:750×3/7=322辆。按每辆车通过车行横洞时间为0.5min计,疏散时间为 322×0.5＝161min，约 2.5h。

因此，若利用车行横通洞进行交通疏解，非事故洞将中断交通的时间较长。对于交通量较大的路段，这种疏解方式将会带来较大的负面影响。

4)车行通道的经济性

车行横洞与主洞相交角度不同，在两主洞间距(L)一定的情况下，与主洞 60°相交的车行横洞长度同垂直主洞设置的车行横洞长度(L)存在 1/sin60°(1.155)倍的比例关系。

四种行车道宽度情况下车行横洞的主要工程量及延米建安费按估算见表 6-31。

主要延米工程量及造价比较表 表 6-31

车行横洞行车道宽度	开挖 (m³)	喷射混凝土 (m³)	ϕ22mm 砂浆锚杆 (kg)	ϕ6.5mm 钢筋网 (kg)	二衬混凝土 (m³)	延米建安费 (万元)	与长度 L,行车道宽 4m 的车行横洞建设费相比较	
							垂直相交	60°相交
4.0m	37.25	1.74	67.1	36.5	4.98	1.38		115%
4.5m	41.01	1.8	82	37.73	5.16	1.52		127%
6.0m	55.89	2.44	111.8	42.74	6.81	2.05	149%	
6.5m	59.92	2.51	126.7	43.83	7.00	2.20	159%	

注：本表延米工程量按 IV 级围岩拟定，横洞实际宽度为行车道宽度加 0.5m。

对比分析显示，如果车行横洞行车道最小宽度由现在规范规定的 4m 改为 4.5m，延米建安工程费将仅增加约 10%。采用垂直设置 6.5m 宽(总宽 7m)的行车道车行横洞，比采用 60°设置行车道宽 4.5m(总宽 5m)的车行横洞建安费高约 25%。

4.安全设计建议

(1)如要利用车行横洞进行交通疏解，只能是方式一(A)或方式二(B)，其中方式二(B)优于方式一(A)。

(2)利用车行横洞进行交通疏解，非事故洞进口端洞口在事故发生时必须进行交通管制，疏解时间较长，存在的影响较大，车行横洞实际使用情况调查表明，车行横洞利用率低，极少数情况下用于维修车辆出入，对于洞口两端设有联络道的普通长隧道而言，建设车行横洞的意义不大。

(3)双洞四车道隧道中，为确保车辆能顺利(不通过反复倒车方式)通过横洞，紧急停车带必须与车行横洞配合设置。双洞六车道隧道中，如果车行横洞与主洞垂直相交设置，紧急停车带也应与车行横洞配合设置为宜。

(4)在紧急停车带与车行横洞配合设置的情况下，双洞四车道隧道中，车行横洞与主洞 60°相交时，车行横洞车道宽度 4.0m 基本能够满足车辆顺利通行要求，但由于 3.98m 的最小理论宽度比 4.0m 仅小 2cm，实际应用中恐难实现，建议按 4.5m 设置。车行横洞与主洞垂直相交时，车行横洞车道宽度应大于 6.12m，建议按 6.5m 设置。双洞六车道中，与主洞垂直相交设置的车行横洞行车道宽度也应大于 5.77m，建议按 6m 设置。

(5)对不同断面横洞建安造价分析可知，与主洞 60°相交设置车行横洞比垂直主洞设置车行横洞建安费约高 15.5%；设置与主洞垂直相交的行车道 6.5m 宽(总宽 7m)车行横洞，比设置与主洞 60°相交行车道宽 4m(总宽 4.5m)的车行横洞建安费高约 38%，比宽 4.5m(总宽

5m)的车行横洞建安费高约25%。因此,两车道时,在满足相同功能的条件下,车行横洞与主洞60%相交设置更经济。

五、隧道路面

1.路面安全性原因分析

结合大量发生在洞口的公路隧道交通事故案例,对其初步的事故致因进行分析,归纳起来主要有以下主要的直接原因:

(1)隧道路面摩阻系数的降低和突变。采用水泥混凝土路面的隧道,长期使用后路面凹槽被磨平,降低了纵、横向摩阻系数,导致车辆在进洞口失控;目前隧道多渗漏水,降低了路面的摩阻系数,导致隧道路面摩阻系数突变,极易引发交通事故。

(2)隧道进出口平面线形差。洞口线形的突变、多弯、纵坡大、通视条件差,都极易引发道路交通事故。

(3)隧道洞口段照明。公路隧道内外存在巨大较大明暗差异,如果隧道照明系统设计失误、设置不足、灯具布置不合理或管理不善,容易造成驾驶员的视觉上的不适应,从而引发交通事故。

本部分主要对路面设计的安全性进行分析,提出建议。从以上原因分析可以看出,提高隧道的安全性,可以从两个方面入手:提高路面抗滑性能;提高路面亮度或改变路面颜色。

2.路面抗滑性能

关于隧道路面,在欧洲几乎所有的隧道都采用沥青路面,而日本隧道则采用水泥混凝土路面。根据我国各地的工程实践,总体上讲普通公路隧道采用水泥混凝土路面效果是良好的,不仅施工方便,造价低,耐久性好,而且浅色路面有利于照明,防水效果好。我国目前已建成的绝大部分二、三、四级公路隧道及大部分一级公路、高速公路隧道多采用水泥混凝土路面。但近年来越来越多的高速公路隧道采用了铺设沥青上面层的复合路面。

1)事故分析

对于高速公路隧道而言,一些地区(如浙江)调查研究表明,高速公路隧道的交通事故率远大于洞外路段,如2001年调查全浙江省通车高速公路里程707.9km,隧道共31座,长约32.857km,隧道占总里程的4.6%,其中水泥混凝土路面24座,沥青路面7座。全省隧道交通事故率占全省高速公路交通事故率的13.7%。事故发生率达到13.18起/km,远远高于其他路段4.14起/km的事故发生率。2001年全浙江省高速公路隧道共发生事故433起。有关交通事故发生特点总结如下:

(1)调查的所有隧道交通事故均发生在水泥混凝土路面上,沥青路面几乎无事故发生。

(2)交通事故多发生在入口处200~400m路段,占总事故的78.8%(341起),并有70.4%(共305起)发生在白天。

(3)雨天事故高发,占84.7%(367起),而洞外其他路段为34.2%;事故多发在下雨6~10h之内,下雨16h后一般不再发生。

(4)事故集中在长隧道中,长度在1000m以上隧道占总事故的83.1%(共360起)。

(5)事故多以车辆侧滑撞墙(占42.3%)和侧滑撞车(38.7%)为主,占总事故的81%。

(6)事故多发生在超速行驶的小客车和小型货车上，占 82.1%。

分析其事故发生原因，除超速行驶及隧道营运排风照明设施开启不足等原因外，主要原因为：

(1)洞内水泥混凝土路面摩擦系数过低。洞外采用的沥青路面与洞内采用的水泥混凝土路面在干、湿状两种状态下的路面摩擦系数实测数据见表 6-32。洞外为沥青路面时，纵/横向附着系数无明显差异，而洞内水泥路面，纵/横向附着系数有明显差异，且在湿状态下下降一半。

水泥混凝土路面在干、湿状两种状态下路面摩擦系数　　表 6-32

测　区	隧道外路段(沥青路面)	洞内 150～250m		隧 道 中 段	
状态	干	干	湿	干	湿
纵向附着系数	0.74	0.58	0.37	0.53	0.36
横向附着系数比	100	75	50	70	48

(2)水泥混凝土路面附着系数下降原因分析及其对交通事故的影响：

①由于过往车辆尾气中的微小颗粒在隧道路面中的沉积，加上车辆行驶中滴漏的燃油、机油等物质，会在隧道路面上形成滑腻性薄膜层，从而使隧道路面的附着系数下降。

②中、短隧道由于自然通风好，此类物质不易在路面上积聚，而长隧道受此影响严重。

③当路面干燥时，此类物质对路面附着系数尚不构成明显影响，而当路面处在潮湿状态下，此物质形成一层“滑膜”，使路面附着系数明显下降。

④无论是干或湿状态，此物质仅对水泥混凝土路面的附着系数均构成影响，而对沥青路面不构成影响。

⑤路面附着系数下降后，对交通安全有一定影响，但不是主要的。造成隧道内事故高发的最直接原因是隧道入口处两种路面工况(洞外为沥青路面，洞内为水泥混凝土路面)附着系数的巨大差异，车辆在高速公路进入隧道的时候，由于路面附着系数瞬间发生差异，对行车的适应性带来巨大影响，从而造成车辆侧滑发生事故。

调查研究表明，高速公路隧道使用水泥混凝土路面存在事故率高的特点，中短隧道其次。洞口段洞外与洞内的路面类型不同，造成附着系数的区别，这是造成高事故的另一个主要原因。

根据对现有水泥路面进行改造的经验，有以下几点经验：

(1)对隧道路面进行纵向刻槽，对侧向防滑有利，交通事故明显下降。

(2)对路面人工凿毛制造糙面：从几座隧道试验来看，路面人工打毛，效果较为理想，洞内事故率明显下降(从 17.7 起/km 下降到 6.4 起/km)。

(3)混凝土面层沥青微表处理：在金丽温高速公路金华段二期工程共 21 座连拱隧道、2 座分离隧道、7 座棚洞中，通车一年后在原水泥混凝土路面层上加铺 1cm 厚含玄武岩集料的沥青混凝土层，从使用效果看洞内事故率明显下降。

但是以上措施均存在一个耐久性问题。从国内公路隧道水泥混凝土路面调查研究来看，由于隧道施工条件差，水泥混凝土普遍存在一些病害，如剥落、断板、接缝破坏、抗滑性能差、平整度低、噪声大等问题。特别是对高速公路、一级公路而言，由于车辆行驶速度高，存在以下几个突出问题:行车舒适性较差;通行能力下降;路面刻槽抗滑性能衰减很快,行车安全性降低;一旦损坏,养护维修困难,对交通影响很大。

综上所述,一级公路、高速公路隧道路面,从技术性、适用性等角度,建议推广下面层为水泥混凝土而上面层为沥青的复合式路面。但鉴于国内地域辽阔、地区差异大,发展不平衡,交通量和运输状况就同等级的公路在东部沿海与西部等存在明显的差异,要求也不同,因此建议:各级公路隧道可采用水泥混凝土路面、沥青混合料上面层与水泥混凝土下面层组成的复合式路面;高速公路、一级公路隧道宜采用沥青混合料上面层与连续配筋混凝土下面层组成的复合式路面。

2)提高水泥混凝土路面抗滑性措施

水泥混凝土路面应采用刻槽、压槽、拉毛或凿毛等方法制作,构造深度在使用初期应满足表 6-33 要求。表面构造采用刻槽时,宜采用纵向刻槽,或同时采用纵向和横向刻槽。

各级公路水泥混凝土路面面层的表面构造深度要求 表 6-33

公路等级	高速、一级公路	二、三、四级公路,汽车横向通道
构造深度(mm)	0.8~1.2	0.6~1.0

注:①采用复合式路面时,作为下面层的水泥混凝土,其表面构造除外;
②对特重交通、重交通及急弯、连续长、陡纵坡路段应采用较大值。

水泥混凝土表面构造的规定,部分参照了《公路水泥混凝土路面设计规范》(JTG D40—2011)。近年来公路隧道水泥混凝土路面反映的主要问题是表面抗滑能力不足,表面附着系数(摩擦系数)低,由侧滑造成交通事故率高。过去水泥混凝土面层表面构造多采用拉毛、压槽方法制作;近几年来多数隧道施工多采用刻槽方法制作。

研究和实测表明,纵向刻槽主要增大横向滑动或转向摩擦力,可防止侧滑;横向刻槽主要增大纵向制动摩擦力,缩短制动距离。国内多数公路隧道常采用横向刻槽这种构造,从高速公路、一级公路通车后调查资料来看,抗滑能力不足。故对二级及以下公路隧道一般路段可采用横向刻槽,在弯道处、大纵坡段,高速公路、一级公路隧道路面宜采用纵向刻槽或横向槽和纵向刻槽结合使用的方法提高抗滑能力。

表 6-33 规定了各级水泥路面面层的表面构造深度要求,依照《公路水泥混凝土路面设计规范》(JTG D40—2011)对路面"特殊路段"的要求制定。同时,研究和实测也表明,交通量大及急弯、连续长、陡纵坡路段的隧道,其路面抗滑性能衰减很快,事故率高,对抗滑性能要求更高,故规定"对特重交通、重交通及急弯、连续长、陡纵坡路段应采用较大值"。

3)采用抗滑路面

对抗滑性能不足的高速公路、一级公路、二级公路混凝土路面及其他等级"白改黑"的公路隧道路面,可以采用微表处和稀浆封层作为各等级公路隧道旧路面的罩面,以提高行车安全性。微表处和稀浆封层的具体类型、厚度、矿料级配、稀浆混合料技术指标等应符合现行《公路沥青路面设计规范》(JTG D50—2006)中的有关规定。

隧道路面加铺层主要针对抗滑性能不足的高速公路、一级公路隧道路面,以及其他等级公路隧道的旧路改造。

4)洞内外路面衔接

洞内外路面面层类型不一致时,面层抗滑性能不一致,易危及行车安全。洞口又是行车最易发生交通事故的路段，尤其是当洞内采用水泥混凝土路面而洞外采用沥青路面时，事故最严重。浙江省高速公路隧道水泥混凝土路面交通事故调查结果如下：

(1)交通事故多发生在入口处200～400m路段，占总事故的78.8%(341件)，并有70.4%(共305起)发生在白天。

(2)造成隧道内事故高发的最主要的原因是隧道入口处两种路面工况(洞外为沥青路面，洞内为水泥混凝土路面)附着系数的巨大差异，车辆从隧道外驶入隧道内的时候，由于路面附着系数瞬间发生差异，对行车的适应性带来巨大影响，从而造成车辆侧滑发生事故；以及隧道洞口段内外亮度的巨大差异产生的“黑洞、白洞效应”使驾驶员心理和行为发生了较大的变化，容易引起交通事故。

(3)事故集中在长隧道中，长度在1 000m以上隧道占总事故的83.1%。因此，当洞内外路面结构不同时，应保持洞内外一定段落路面结构的连续性，以降低路面附着系数差异，减少事故因子。

①对于一级公路和高速公路长特长隧道规定洞内侧一段路面宜与洞外路段保持一致。其长度不小于《公路隧道通风照明设计规范》(JTJ 026.1—1999)对隧道照明引入段、适应段和过渡段的长度的规定且不小于300m。这比《公路工程技术标准》(JTG B01—2003)对隧道洞口两端平纵线形规定要求高。

②普通公路隧道及一级公路、高速公路中～短隧道规定与洞口相接的洞外侧一段路面宜与隧道内保持一致。其长度不小于3s的设计速度行程距离且不小于50m。这与《公路工程技术标准》(JTG B01—2003)对隧道打开两端平纵线形规定相一致。

当隧道内采用水泥混凝土面层时，也可在隧道进口300m内铺设薄层反应性树脂抗滑层，厚度5～10mm，构造深度不小于1.2mm，黏结碎石粒径2～6mm，石料磨光值大于或等于50，宜为浅色，该抗滑层与水泥混凝土路面结合力大于或等于2.0MPa(或大于水泥混凝土强度)。

3.路面颜色

世间万物有着丰富多彩的颜色，在各种视觉要素中，色彩属于敏感的、最富表情的要素。色彩对人的心理影响极大，往往会使人产生不同的情绪，暖色给人视网膜的刺激强，冷色给人视网膜的刺激弱。一旦视觉经验与外来色彩刺激发生一定的呼应时，就会在人的心理上引起某种反应。例如红色能促使人的心埋活动兴奋，蓝色可使情绪镇静，绿色对心理的活动有缓和作用。路面彩色化使人们在“黑白”路面之外对道路颜色有了新的选择，由于路面颜色能影响驾驶员的情绪从而对行车安全造成影响，因此应对隧道进出口部分路面的颜色进行特殊选择。

驾驶员大脑，提醒驾驶员注意谨慎行车，缓解驾车疲劳程度、降低事故隐患，从而增强行车的安全性。此外，红色为亮色系，它具有明视度高，提高隧道内路面的亮度的作用，在隧道进出口路段使用红色路面不仅可以使得驾驶员在较远地方据相关报道显示，红色在交通标识中是一种较为常用的警示色，它能刺激也能看清，还具有显著提高隧道内照明效果的能力，所以在隧道进出口路段采用红色路面能够提高隧道内行车的安全性，如瑞典在某些特别危险的路段涂上了红颜色，结果交通事故减少了85%～90%。综上所述，不管是从对驾驶员提出警示还是提高路面亮度方面进行考虑，在隧道进出口路段铺筑红色路面都能提高行车安全性，所以隧道进出口部分建议铺装红色路面。

1)国内外主要彩色路面形式

纵观国内外现状,彩色路面根据选用的材料和施工工艺不同,可以分为以下几种形式:

(1)掺入彩色颜料的彩色沥青路面

此种彩色路面分为两种情况:即着色沥青路面和浅色沥青路面。着色沥青路面是在普通沥青混合料中加入一定数量的无机颜料,使之改变沥青混合料本来的黑色,成为彩色路面的一种工艺。浅色沥青是一种新型的铺路材料,主要用于彩色路面铺装,它可以任意匹配不同的颜色。

(2)使用彩色集料的彩色沥青路面

使用彩色集料的彩色沥青路面多为热碾式沥青混合料路面表层,在路面碾压时将装饰性彩色碎石嵌压在表面。经常使用的彩色集料有彩色碎石和人工烧制并破碎得到的彩色人工陶粒。

(3)彩色水泥灌浆沥青混凝土路面

彩色水泥灌浆沥青混凝土路面是将浸透性水泥胶浆中掺入颜料进行着色,然后将水泥胶浆灌入到开级配沥青混合料的空隙中,经过养生后,即形成彩色水泥灌浆路面。

(4)慢裂快凝乳化沥青稀浆封层

慢裂快凝乳化沥青稀浆封层是将彩色沥青与稀浆封层技术结合在一起的彩色稀浆封层铺设。

(5)彩色表面处治

彩色表面处治是在沥青路面撒布黏结力强的树脂,再撒布有色集料使其黏结。其突出的优点是强度很高,高温抗变形能力很强,抗渗性好,耐久且抗油蚀性好。

2)推荐方案

由于使用彩色沥青路面需要专用的施工设备,对于在隧道口这样短距离的施工显得很不经济和实用,而采用普通的彩色稀浆封层技术使用耐久性又很难得到保证。从施工便捷性、技术成熟度与使用耐久性比较进行综合考虑后,推荐采用CRM薄层环氧抗滑层。CRM薄层环氧抗滑层材料是一种防水、防滑、耐油、耐磨的新型路面材料,特别适用于隧道进出口。它是一种不含任何溶剂的多组分系统,主要成分是环氧基料和矿物填料、固化剂、阻燃剂及其他助剂。各组分按一定的比例和一定的顺序拌和均匀后形成均质的、半流体状砂浆。砂浆基体呈黑色,路面的最后颜色取决于所选集料的颜色。砂浆摊铺均匀后,再撒上所选定的集料,轻微碾压,即形成了一个自重轻、抗弯拉、耐油防水的防滑层。与传统的沥青混合料相比,CRM薄层抗滑层材料具备如下特点:

(1)抗滑性好。CRM的BPN可以达到62.8,其抗滑性能优于普通沥青混凝土。

(2)路面颜色可调。路面颜色由表面的防滑石料决定的,可以通过选择石料的颜色来改变路面的颜色。

(3)耐磨性好。薄层环氧抗滑层表面防滑石料具有很高的耐磨性。

(4)耐腐蚀性好。对煤油、汽油、二甲苯等剂及酸碱溶液显示良好的化学惰性。

(5)阻燃性好。薄层环氧抗滑层材料在空中自身不燃烧,经煤油或汽油浸泡后的薄层抗滑层材料,也很难着火,并且着火后具有自熄性。

(6)黏结强度高。与水泥混凝土的黏结强度高,可达2.0MPa以上。

(7)自重轻。有利于材料的运输与施工。

(8)施工方便。该材料采取人工摊铺方式施工，并且几乎是在常温施工，所以没有任何烟产生，既节约能源，又有利于环保。

(9)厚度很薄。其铺装厚度可以在 3～8mm 之间，几乎不影响原有路面设计高程。

3)薄层环氧抗滑层铺装结构

薄层环氧抗滑层铺装结构是在借鉴国外先进的相关技术，根据隧道内特殊的环境和结构研发的，其结构示意图如图 6-28 所示。

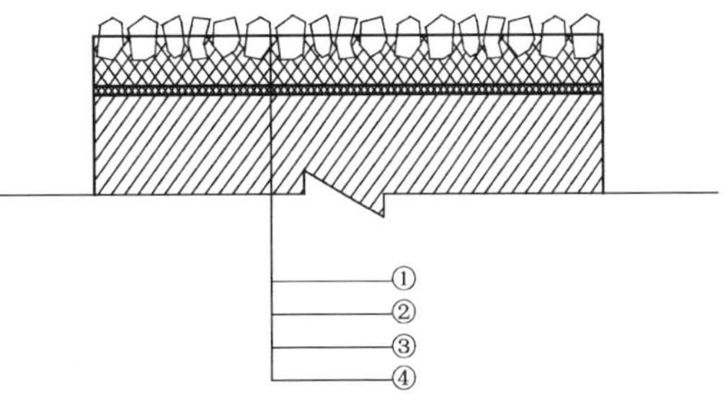

图 6-28　薄层环氧抗滑层铺装结构示意图

①—耐磨碎石(粒径 2～4mm)；②—薄层抗滑层材料(3～5mm)；③—防水黏结剂(0.2～0.3mm)；④—沥青混凝土或水泥混凝土路面

4)设置距离

从制动的角度出发，隧道全路段均使用 CRM 薄层环氧抗滑层虽然能提高路面的抗滑性从而提高安全性，但是过多地使用会对汽车轮胎造成过大的磨损，同时也会显得不经济(CRM 薄层环氧抗滑层比一般路面材料造价高)。

车前的视野和视距对车辆在公路上安全和有效运行极为重要。车的速度和行车方向选择取决于驾驶员是否看清前方道路及周围环境，并有足够远的视距，以便准确控制方向，避开障碍物，保证行车安全。行车视距是否充分，直接关系到行车安全与车速，它是公路使用质量评价的一项重要指标。高速公路和一级公路只需评价停车视距。停车视距是指汽车在公路上行驶，如前方遇到障碍物，又不可能驶入邻近车道绕避时，只有采取制动措施，使汽车在障碍物前完全停住所必须保证的最短距离。停车视距是汽车安全行驶的重要保障条件之一，也是公路几何设计的主要依据。按《公路工程技术标准》(JTG B01—2003)规定，高速公路停车视距见表 6-34。

我国规范中并没有对隧道洞口处的停车视距进行特别的规定，但是由于洞口明暗交界处容易对驾驶员产生眩光等不良影响，这就增加了驾驶员的反应时间。所以需要有比常规路段更长的停车视距。参照道路中停车视距要求，同时也考虑到使用的经济性，推荐在洞口 400m(洞内 200m，洞外 200m)的地方设置 CRM 薄层环氧抗滑层。

高速公路停车视距要求　　表 6-34

设计速度(km/h)	停车视距(m)	货车停车视距(m)
120	210	245
100	160	180
80	110	125
60	75	85

4.路面结构防排水

近几十年来，美国、日本、法国、英国和德国等发达国家在路基路面综合排水设计方面已做了不少研究。路面内部排水系统作为一项常用措施，在西方国家道路建设中得到广泛应用。同时科研工作者还在继续对路面内部排水系统的设计、施工、养护和使用效果以及排水材料的规格、试验方法和参数值等，进行着长期的观测、调查、试验和研究工作。

我国在这方面起步较晚，对于路面结构内部排水系统的研究工作始于 1990 年，同济大学和重庆交通科研设计院、中南大学铁道学院等开展了相应研究。

继 1997 年 8 月我国颁布《公路排水设计规范》(JTJ 018—96)，路面内部排水系统越来越受到重视。但是必须注意到，虽然排水设计规范对路面内部排水系统有了一个较为统一的认识，但是，规范主要致力于路面排水(包括路肩排水)、中央分隔带排水和路基排水，而对于路面结构内部排水系统仅作了一些定性的规定，对于基层材料和结构尚未进行系统研究。更没有涉及隧道内路面结构排水系统，因此将此规范思路应用于隧道工程中，还需要做大量的研究工作。

隧道路面防排水的关键是设置路面结构内排水系统，排出进入路面结构内的自由水；其次，为阻止毛细水、蒸发水和渗水由下而上进入沥青面层，设置路面结构内防水层也是隧道防排水系统有别于其他的一个特点。

1)隧道路面结构防排水体系的拟定原则

新的隧道路面结构防排水体系的拟定原则是：

(1)路面结构防排水措施要体现"防、排、截、堵"相结合，"多道设防"的原则。

(2)各种排水设施应具有足够的泄水能力，排出渗入路面结构内的自由水。

(3)自由水在路面结构内的渗流时间不能太久，渗流路径不能太长。路面饱水时间越长，寿命越短。

(4)排水设施耐久性。各种排水设施必须考虑反滤措施阻止细粒随水渗入，同时，所设计的设施要便于进行经常性的检查、清扫或疏通。

2)高速公路隧道沥青复合式路面铺装结构

目前在建高速公路隧道工程采用的沥青复合式路面铺装结构一般组成：双层沥青面层＋防水黏结层＋普通水泥混凝土面板＋贫混凝土垫层＋超挖回填层，如图 6-29 所示。

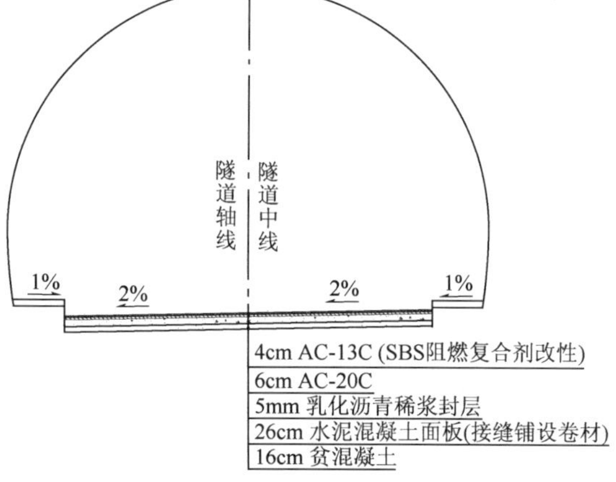

图 6-29　典型沥青复合式路面铺装结构

下面的讨论均是针对以上典型沥青复合式路面结构而提出的。

3)隧道沥青复合式路面防排水系统结构形式

综合考虑路面防排水系统、隧道路面结构和隧道自身地下水环境特点，参考已有沥青复合式路面防排水实践经验，拟定了如图 6-30 所示的高速公路沥青复合式路面结构防排水体系。其主要的特点是：在混凝土面板上、下两侧分别设了一层防水层；设置了多道排水设施：路基横向排水管、透水垫层(基层)及其中的横向渗水管、垫层顶部横向透水盲沟、沥青面层纵向透水盲沟等。

(1)原隧道衬砌防排水系统

原隧道防排水设计已经形成了一个完整的防排水体系。其主要防水设施有：防水层(含无

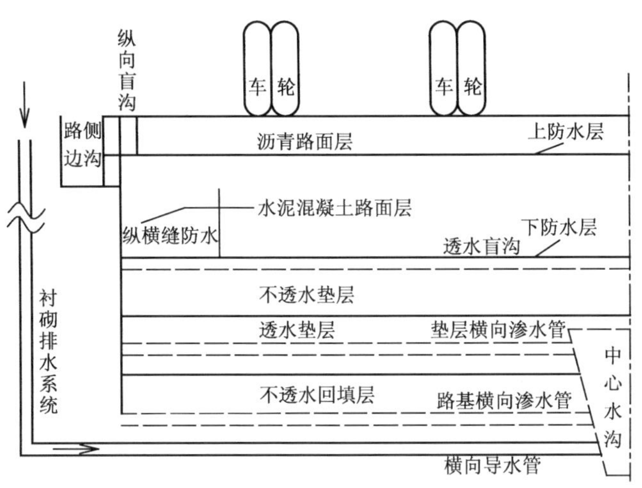

图 6-30　隧道沥青复合式路面防排水体系结构示意图

纺布)、防水衬砌、止水带等;主要排水设施有:中心水(管)沟、纵向盲管、竖向导水盲管(沟)、环向导水盲管(沟)、横向导水管、路侧边沟等;主要堵水措施有:围岩体内压注水泥浆或其他化学浆液,设止水墙等。

在新拟定的路面防排水结构体系中,仍然保留原有隧道衬砌防排水体系,让其继续发挥疏导衬砌围岩地下水压力的作用。其中,中心水(管)沟、路侧边沟也仍是路面防排水结构中最主要的纵向排水通道,将渗入路面结构中的自由水最终排出隧道的纵向通道。

(2)路基横向导水管

原隧道横向导水管为疏导衬砌地下水到中心水沟设置的。在这种设置中,路基中的集中出水点没有直接的导引通道,很容易通过垫层中的裂缝进入路面结构中,并留存在各个结构界面中,不能有效地进入中心水沟(管)。针对这种情况,有必要在路基与底垫层(回填层、整平层)之间设置集中收水和导水的管道,将水导入中心水沟。

由于中心水沟本身也起到了收集路基水的作用,所以只在路基有集中出水点或路基水量大的路段增设这种横向的集中导水管,缩短地下水在路基中的存留时间,减小其进入路面结构的概率。

这种横向排水管的运用是灵活的,不仅用在无仰拱段,如果在有仰拱段施工过程中,由于各种原因导致仰拱底部或回填材料中水量丰富,也可以设置横向排水管。

(3)不透水回填层

隧道防排水采用的是防排结合的原则,不主张无限制排放地下水。因为大量排放地下水将引起地下水流失,造成当地农田灌溉和生活用水减少,造成围岩颗粒流失,形成地下空洞,甚至地表塌陷,降低围岩稳定性,改变当地的自然生态环境。

基于此种考虑,排水之前首先要堵水、防水,防止水流出围岩、进入隧道内,因此在有仰拱段,需要设置防水性仰拱;在无仰拱段,需要设置不透水回填层。这种设置不仅可以减少进入隧道底部的地下水量,还可以降低进入隧道底部的地下水压力。

(4)排水垫层

该层是路面防排水结构体系中最重要,最核心的一层,也是承上启下的一层。其作用是收集进入路面结构中的自由水，将其导入中心水沟，降低路面结构中的地下水水位及地下水压力，阻止毛细水上升。

该层所用材料首先要有充足的排水性能，其次要有一定的力学强度和抗冲刷性能。如果其强度不能满足路用基层要求，就只能作为排水底垫层使用，其上还需设置垫层；如果其强度满足路用基层要求，其上就不必增设垫层。

为确保路面结构排水通畅，该层排水耐久性要求高，必须设置反滤措施，防止通道堵塞。

为缩短地下水在该层中的流动长度和时间，建议在该层中设置一定间隔的横向渗水管，集中拦截和排泄地下水。

(5)上、下防水层

考虑到地下工程的隐蔽性、复杂性，以及防水措施容易失效、难以检修的特点，为防止路面结构内毛细水、蒸发水上升到沥青面层中，建议有条件时，在混凝土面板上、下两侧均设置防水层；条件不允许时，至少设置一层防水。

(6)沥青面层纵向排水盲沟

在阻止了地下水从下而上进入沥青面层后，沥青面层还会受到来至隧道内衬砌渗漏水和路面清洗水的渗透。在沥青面层下坡缘沿纵向设置盲沟，有利于沥青面层中水经过渗透排出沥青面层，降低沥青面层含水量。

4)隧道路面结构防排水分级

根据对隧道围岩地下水环境的研究、勘察和施工开挖揭露的围岩富水情况，可以将围岩贫富水构造等级划分为3级，分别为：

(1)富水构造：围岩及其地质构造属于富水型(例如：灰岩、断层等)，且开挖暴露出的地下水为股状水流，水量大。

(2)一般富水构造：围岩及其地质构造属于富水型，但开挖暴露出的地下水为淋状、滴状，水量小；或者围岩及其地质构造属于贫水型(例如：泥岩、页岩、砂岩等)，但开挖暴露出的地下水为股状水流，水量大。

(3)贫水构造：围岩及其地质构造属于贫水型，且开挖暴露出的地下水为淋状、滴状，水量小，甚至无水。

与围岩贫富水等级相对应，隧道路面防排水方案也划分为三种类型，分别为：

(1)富水段方案：垫层横向碎石盲沟设置间距为5m，其内埋设双壁单侧打孔波纹管。

(2)一般富水段方案：垫层横向碎石盲沟设置间距为10m，其内埋设双壁单侧打孔波纹管。

(3)贫水段方案：垫层横向碎石盲沟设置间距为20m。

考虑到隧道仰拱对地下水有较好的隔阻作用，因此在设计时有仰拱段路面防排水等级降一级考虑。另外，为确保进入隧道路面结构内的水不纵向流窜，不从富水段流入贫水段，在设计时，富水等级高的段落向富水等级低的段落延伸10m；有、无仰拱段交界处20m范围内，路面防排水等级升高一级。

5)设计指导方案

结合隧道工程路面铺装设计，根据上述隧道内沥青复合式路面结构防排水体系研究成果，提出两种路面结构防排水设计指导方案。如果采用现行典型沥青复合式路面结构(图6-30)，建议采用方案一。如果采用排水底垫层，由于其一般不能满足高速公路路用基层的强度要求

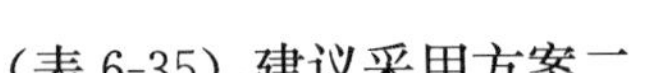

(表 6-35),建议采用方案二。

适宜各交通等级的基层类型　　表 6-35

交通等级	基层类型
特种交通	贫混凝土、碾压混凝土或沥青混凝土
重交通	水泥稳定粒料或沥青稳定碎石
中、轻交通	水泥稳定粒料、石灰粉煤灰稳定级配粒料

(1)设计指导方案一

无仰拱段:10cm 贫混凝土回填层+16cm 贫混凝土垫层+26cm 普通水泥混凝土板+1cm 防水黏结层+沥青面层。

有仰拱段:仰拱回填+16cm 贫混凝土垫层+26cm 普通水泥混凝土板+1cm 防水黏结层+沥青面层。

贫混凝土回填层主要是防止围岩压力水进入到路面结构内部,二衬及仰拱也起到了同样的作用。

贫混凝土上设置盲沟,可以排走隧道路面内部的渗透水,以及在衬砌背后渗漏到隧道内部的水。

在沥青层较低的一侧设置排水盲沟,用来汇集进入到沥青层内的水,并每隔 10～20m 用排水管把盲沟内的水排到边沟内。排水盲沟内填入级配碎石。

①路面铺装结构

对各结构层的设计可分别根据公路水泥和沥青混凝土路面设计等规范的规定,并参照已有设计进行。

②排水结构

隧道底部采用中心水沟式或水管式排水系统,横向导水管采用直径 5～10cm 的双壁单侧打孔波纹管。在无仰拱段,横向导水管宜设置在碎石盲沟内,如图 6-31 所示。特别是在路基有集中出水点或路基水量大的无仰拱路段,必须增设横向导水管盲沟,将地下水直接排入中心水沟。

贫混凝土垫层上,距离混凝土横缝 1m 位置(如能满足强度要求,可以正对横缝下)设置 10cm 宽的横向排水盲沟,盲沟深度与垫层厚度一致(图 6-32),底部做成朝向中心水沟的坡度。在盲沟内填入碎石,并用无纺布包裹,上铺一层 30cm 宽塑料薄膜,防止盲沟堵塞。在富水区域,盲沟内埋入由无纺布包裹的有双壁单侧打孔波纹管,增加排水能力。

盲沟的水可以直接排到中心水沟管,再排出隧道外;如果盲沟高程高于两侧边沟设计最大过水高程,盲沟的水也可以直接排到边沟,再排出隧道外。

在无仰拱段,垫层盲沟与横向导水管盲沟在隧道纵向上应错开布置,不宜重叠设在同一断面上,如图 6-33 所示。

隧道两边设置边沟,沥青面层下坡缘沿纵向设置 5cm 宽的碎石盲沟(图 6-34),每隔 10～20m 设置导管将水排到边沟内。

(2)设计指导方案二

无仰拱段:10cm 贫混凝土回填层(整平层)+10cm 多孔水泥稳定碎石底垫层+10cm 贫混

凝土垫层＋26cm普通水泥混凝土板基层＋1cm防水黏结层＋9cm沥青面层。

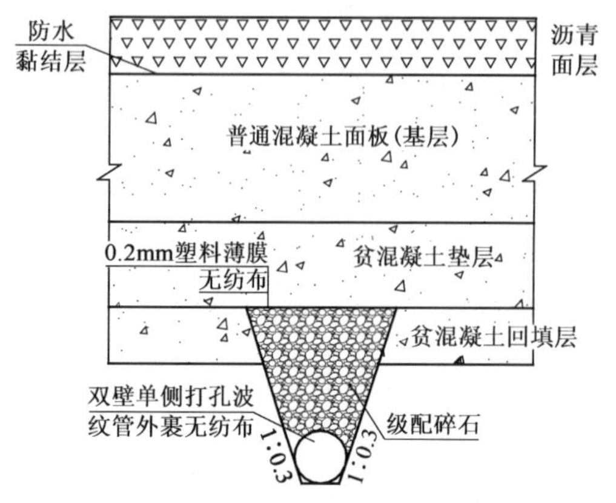

图6-31　方案一无仰拱段横向导水管盲沟布置图

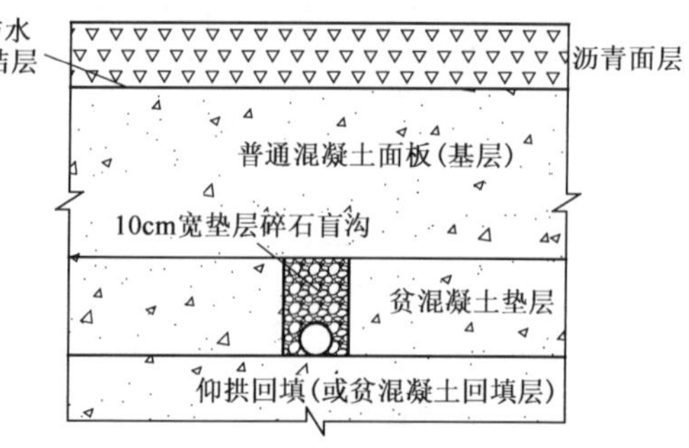

图6-32　方案一垫层横向盲沟布置图

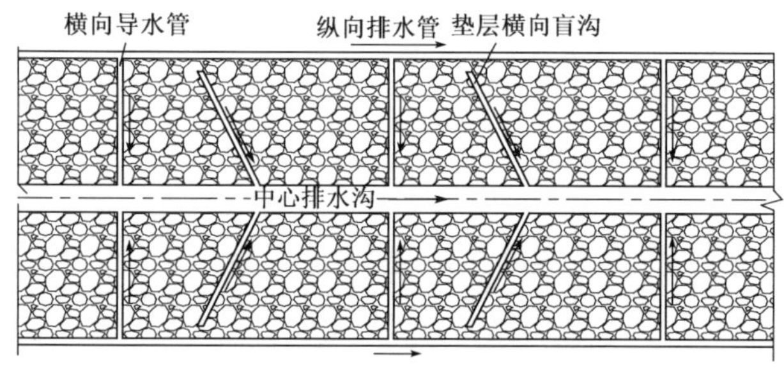

图6-33　路面防排水平面布置图

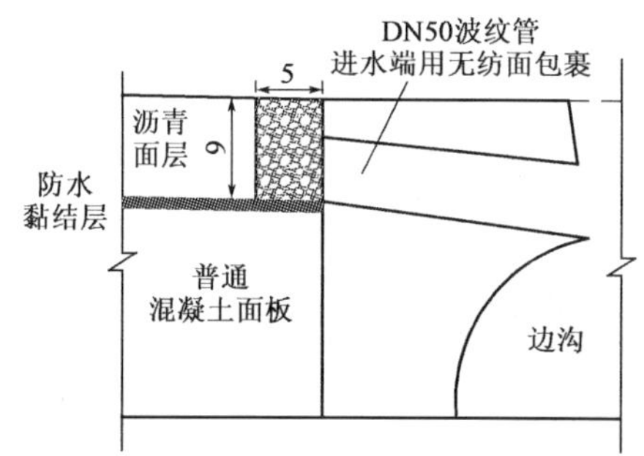

图6-34　沥青面层纵向盲沟布置图(尺寸单位:cm)

有仰拱段:仰拱回填＋10cm多孔水泥稳定碎石底垫层＋10cm贫混凝土垫层＋26cm普通水泥混凝土板＋1cm防水黏结层＋9cm沥青面层。

10cm的贫混凝土回填层(整平层)主要是防止围岩压力水进入到路面结构内部,二衬及仰拱也起到了同样的作用。

多孔水泥稳定碎石层底垫层可以排走隧道底部的渗透水,以及从衬砌背后渗漏到路面结构内部的水。

水泥稳定碎石上铺一层10cm厚的贫混凝土垫层,满足隧道路面强度要求。贫混凝土垫层上设置10cm的排水盲沟(图6-35),其内填入级配碎石,可以集中排除垫层与普通水泥混凝土板基层之间的水。

在沥青层下坡缘纵向设置排水盲沟,用来汇集进入到沥青层内的水,并每隔10～20m用排水管把盲沟内的水排到边沟内。排水盲沟内填入级配碎石。

①路面铺装结构

对各结构层的设计可分别根据公路水泥和沥青混凝土路面设计规范的规定,并参照已有设计进行。

推荐多孔水泥稳定碎石排水层水泥含量为120～170kg/m^3,碎石压碎值应不大于26%,扁平状颗粒含量不超过15%,碎石中不应有黏土块。多孔水泥碎石混合料配合比为水泥∶集料：水＝120kg：1450kg：48kg，混合料的水灰比为 0.40，28d 抗压强度大于 6.0MPa。

②排水结构

排水底垫层下设置盲沟（图 6-36），如弹簧盲沟，盲沟四围用无纺布包裹。在富水区域盲沟间距适当缩小。其他可参照方案一执行。

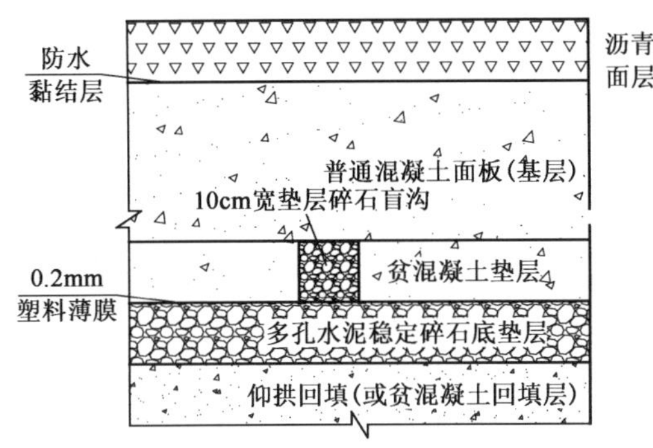

图 6-35　方案二垫层横向盲沟布置图

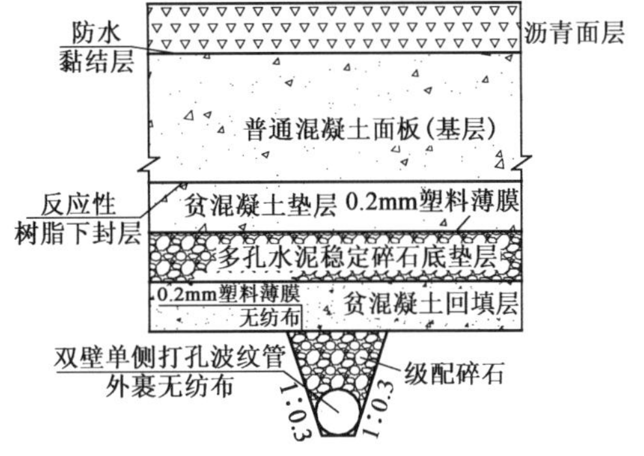

图 6-36　方案二无仰拱段横向导水管盲沟布置图

第七章　平面交叉安全设计

道路与道路(或铁路)在同一平面上相交成为平面交叉,又称交叉口。随着路网的不断形成,道路纵横交错,必然会形成很多交叉口,因此交叉口成为了道路系统的重要组成部分,是道路交通的咽喉。

由于交叉口是相交道路的车辆和行人汇集、通过和转向的聚集点,不同方向的车辆、行人之间会相互干扰,使行车速度降低,阻滞交通,容易引发交通事故。因此,交叉口的合理设计,对于交叉口的通行能力、行车畅通和交通安全都有重要意义。

第一节　交叉口类型及使用范围

平面交叉口的形式取决于道路网的规划和周围地形、用地情况,以及设计速度、通过交通量、交通性质和交通组织等因素。根据平面交叉口的特点,一般可分为四种类型:加辅转角式、扩宽路口式、分道转弯式和环形交叉。

一、加辅转角式

平面交叉口用适当半径的单圆曲线或复圆曲线平顺连接相交道路的路基和路面即为加辅转角式交叉口,如图 7-1 所示。此类交叉口形式简单、占地少、造价低、设计方便,但行车速度低、通行能力小。适用于交通量小、车速低、转弯车辆少的三四级公路或地方道路,设计时主要解决问题是选用合适的转角曲线半径和保证足够的视距。

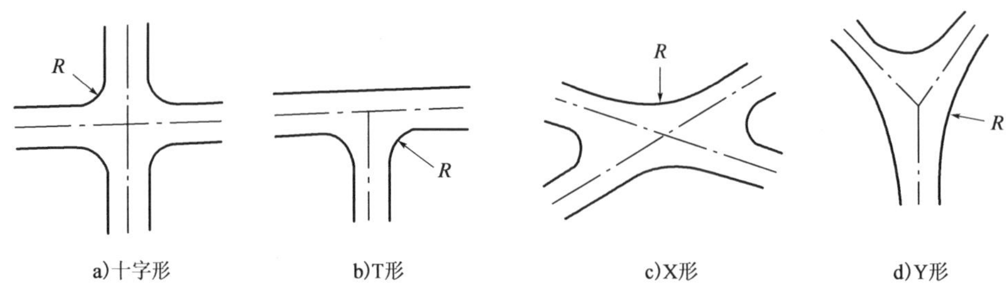

图 7-1　加辅转角式交叉口

二、扩宽路口式

扩宽路口式交叉口指为了使转弯车辆不影响其他车辆的正常行驶,在交叉口连接部增设变速车道和转弯车道的平面交叉,如图 7-2 所示。此类交叉口可减少转弯交通对直行交通的干扰,车速较高、事故率低、通行能力大,但占地多、投资较大。适用于交通量较大,转弯车辆较多的一级公路、二级公路。设计时主要解决扩宽的车道数和位置，同时也要满足视距和转角曲线半径的要求。

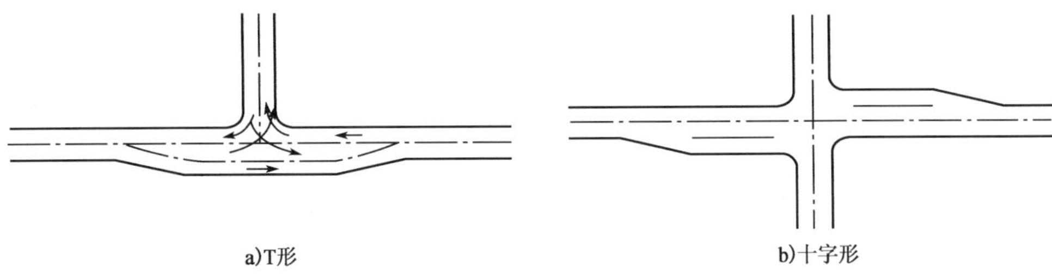

a)T形　　b)十字形

图 7-2　扩宽路口式交叉口

三、分道转弯式

相交公路等级较高或交通量较大的平面交叉，应采用由分隔岛、导流岛来指定各向车流行迳的渠化交叉，如图 7-3 和图 7-4 所示。此类交叉口转弯车辆，尤其是右转弯车辆行驶速度和通行能力都较高。适用于车速较高，转弯车辆较多的一般道路。设计时主要解决分道转弯半径、保证足够的视距和导流岛端部半径的要求。

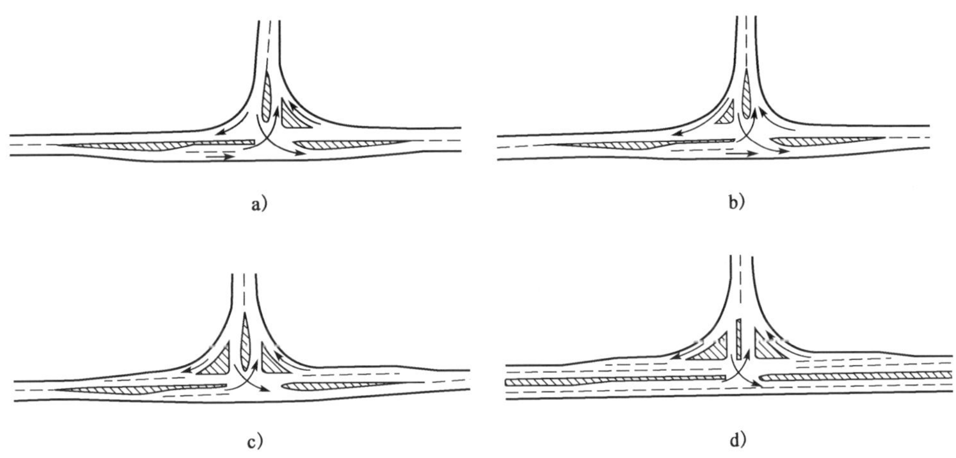

a)　b)　c)　d)

图 7-3　T 形交叉口渠化示意图

除分隔冲突的交通流外，渠化还可以用来：

(1)缩减一般冲突区，即使对向车流以直角(或近似直角)交叉。

(2)以较小角度汇合交通流。

(3)可以通过线形设计控制进入交叉口车辆的速度。

(4)禁止某些转弯动作。

(5)改善并限定主要交通流的路线。

渠化设计不宜采用标准化，应考虑交通量及交通组成、土地情况、行人及非机动车交通、现有公路的布局等因素。同时也应注意布设最少量的交通岛，避免因过度渠化而在路面上形成不合理的障碍，导致路面养护和排水困难，甚至造成交通混乱。

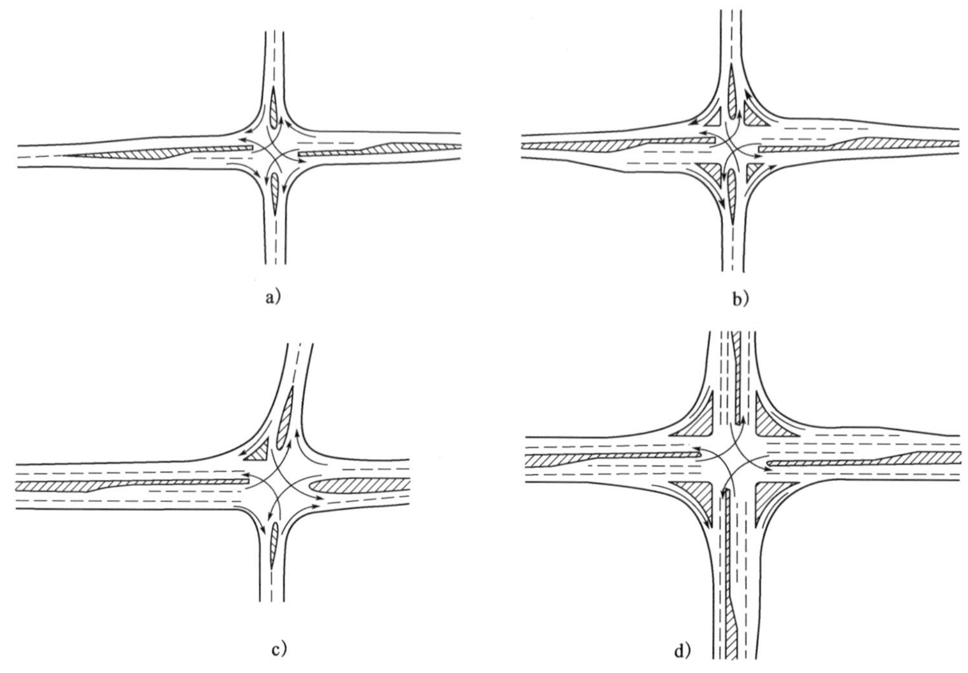

图 7-4　十字形交叉口渠化示意图

四、环形交叉口

环形交叉口指在交叉口中央设置中心岛，用环岛组织渠化交通，使进入环道的车辆一律按逆时针方向绕岛单向行驶，直至所要去的路口离岛驶出平面交叉，如图 7-5 所示。环形交叉作为一类特殊的渠化交叉，适用于交通量适中，经过验算后出、入口间的距离能满足交织长度的要求，或按“入口让路”规则(非交织原理)设计能满足交通量需要的 3～5 岔的交叉。推荐采用图 7-5 所示的采用“入口让行”的行驶规则的形式。环形交叉口设计时主要解决中心岛的形状和半径、环道布置和宽度、交织段长度、交织角、进出口曲线半径和视距等问题。

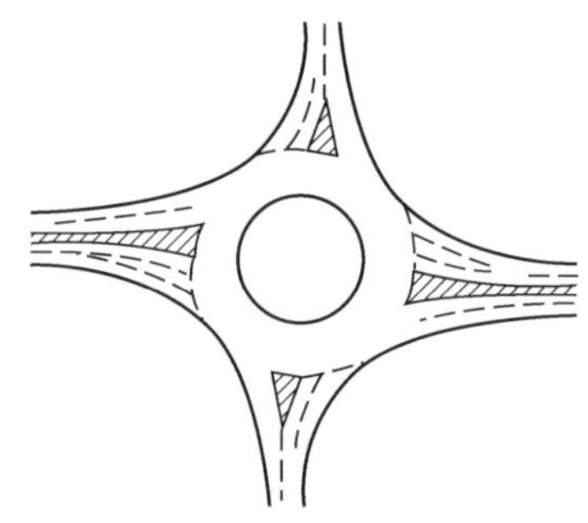
图 7-5　环形交叉口示意图

第二节　平面交叉口功能性划分

一、相交公路决定交叉口功能划分

公路平面交叉口由两条或两条以上公路相互交叉形成，相交公路的功能特性决定了平面交叉口类型。传统类型划分是根据平面交叉口几何特性将其分为十字形、T 形、X 形、Y 形、错位交叉和多路交叉(五条或五条以上道路的交叉口)等几种。这种划分方式仅考虑了外形特征，未涉及相交公路功能特性。根据上一节内容对公路进行的功能性划分等级可以对平面交叉口类型进行初步划分，当相交公路超过两条以上时，将相交公路中功能等级最高的两条作为确定平面交叉口类型的相交公路，划分结果如表 7-1 所示。

平面交叉口功能性等级划分表　　表 7-1

平面交叉口类型 / 相交公路 / 相交公路	主要干线公路	次要干线公路	主要集散公路	次要集散公路
主要干线公路	A1	A2	B1	—
次要干线公路	A2	A3	B2	—
主要集散公路	B1	B2	C	—
次要集散公路	—	—	—	—

两条干线公路相交所形成的平面交叉口为 A 级，其中主要干线公路相交为 A1 级，主要干线公路与次要干线公路相交为 A2 级，次要干线公路相交为 A3 级；以此类推，形成 B1、B2、C 级。

次要集散公路主要提供可达性功能，通行能力最低，运行速度最小。按照交通流在网络中转换循序渐进的原则，低级公路应当与比其高一级的公路相接，在条件受限制时可以与比其高两级的公路相接。因此，在公路网络中，次要集散公路不会与主要干线公路相交。其次考虑包含次要集散公路的平面交叉口规模普遍很小，因此在平面交叉口类型划分中未涉及次要集散公路。

在影响平面交叉口类型划分的因素中除相交公路功能性等级外，还包括相交公路车道数、平面交叉口周边土地利用及地形等。

二、车道数的影响

在车道宽度大致不变的情况下，相交公路车道数的多少直接影响交叉的形式、范围大小及安全性。车道宽度为 3.5m 时，四车道与双车道公路宽度相差 14m，如加上设置的中央分隔带则差异更大。行人步速取 1.2m/s 时通过交叉口的时间相差 12s 以上，这对行人、非机动车等弱势群体的保护提出更高的要求。

车道数还直接与中央分隔带的设置有关，从而进一步影响平面交叉口的大小。根据《公路工程技术标准》(JTG B01—2003)的要求，一级公路必须设置中央分隔带，二级公路必须设置中央隔离措施。

标准中指出：一级公路车道数为四车道或四车道以上，二级、三级公路车道数为双车道，四级公路车道数为双车道或单车道。根据车道数的不同，干线公路、集散公路可以分为四车道及四车道以上的多车道公路、双车道公路、单车道公路。考虑了车道数影响后的平面交叉口功能性划分见表 7-2。

平面交叉口功能性等级划分表(考虑轨道数影响)　　表 7-2

平面交叉口类型 相交公路 \ 相交公路	主要干线公路(M)	次要干线公路(2)	主要集散公路(2/M)
主要干线公路(M)	A1	A2	B1
次要干线公路(2)		A3	B2
主要集散公路(2/M)			C

注:M、2 分别表示车道数为多车道(四车道及四车道以上)、双车道;
A 级,干线公路相交所形成的平面交叉口;
B 级,干线公路与主要集散公路相交所形成的平面交叉口;
C 级,主要集散公路相交所形成的平面交叉口。

三、土地利用及地形的影响

土地利用是可持续发展战略的重要方面,根据平面交叉口所处地区的不同可以将其分为郊区和近郊两种。

城市近郊范围的土地利用根据《中华人民共和国土地管理法》的规定需严格控制,早期修建的公路沿线街道化程度相对较高,路侧干扰大,是交通堵塞的瓶颈地段。近郊平面交叉口机动车、非机动车、行人交通量通常都比较大,控制方式基本采用主路优先控制或信号控制,一般需设置行人过街横道,部分条件允许的地区采用机、非分离措施将机动车、非机动车、行人隔开,提高对弱势群体的保护。

处于郊区的平面交叉口街道化程度较低,机动车运行速度快,非机动车、行人较少,控制方式基本采用主路优先控制,信号控制很少,是需要重点关注安全的区域。

根据平面交叉口所处地形的不同,可以将其分为平原、微丘、山区三种。不论交叉口所处地形为何种,都必须满足交叉口区域地形相对平缓的要求,纵坡坡度需控制在 0.15%~3%的范围内。在山区需重点考虑的是交叉口范围内的视距影响,通视三角形内不得存在障碍物。

四、功能性划分等级

考虑上述因素对平面交叉口功能性划分的影响,根据平面交叉口相交公路车道数的不同,可以将平面交叉口划分为如表 7-3 所示的 10 大类。根据对平面交叉口安全设计的具体要求可以将这 10 大类中的每一类划分为不同地区、不同地形的两小类。

表中“按相交公路车道数划分”一列中字母后所带脚标的含义是指相交公路的车道数,多车道与多车道相交脚标为 M-M,多车道与双车道相交脚标为 M-2,以此类推;交叉口所处地区中字母 S 表示近郊,R 表示郊区;交叉口所处地形中字母 M 表示山区、H 表示微丘区、P 表示平原区。

从表中可以看出按车道划分的方式对 A 级平交路口没有明显影响,这是因为主要干线公路与次要干线公路都有相对确定的车道数,当主要干线公路车道数为四车道以上时需重点关注其平面交叉口安全。

利用表格 7-3,可以确定平面交叉口功能类型,如 $B2_{2\text{-}MRH}$ 表示此交叉口类型为:郊区次要干线公路(2 车道)与主要集散公路(多车道)相交路口,丘陵地形。

考虑车道数、地区、地形影响后的平交路口类型 表 7-3

<table>
<tr><th>功能性划分等级</th><th>按相交公路车道数划分</th><th colspan="6">考虑交叉口所处地区、地形的影响，
可根据需要在脚标后添加如下所示字母</th></tr>
<tr><td>A1</td><td>多车道与多车道相交(M-M)$A1_{M\text{-}M}$</td><td colspan="6" rowspan="2">交叉口所处地区</td></tr>
<tr><td>A2</td><td>多车道与双车道相交(M-2)$A2_{M\text{-}2}$</td></tr>
<tr><td>A3</td><td>双车道与双车道相交(2-2)$A3_{2\text{-}2}$</td><td colspan="3">近郊(Suburban)</td><td colspan="3">郊区(Rural)</td></tr>
<tr><td rowspan="2">B1</td><td>多车道与双车道相交(M-2)$B1_{M\text{-}2}$</td><td colspan="3">S</td><td colspan="3">R</td></tr>
<tr><td>多车道与多车道相交(M-M)$B1_{M\text{-}M}$</td><td colspan="6">交叉口区域所处地形</td></tr>
<tr><td rowspan="2">B2</td><td>双车道与双车道相交(2-2)$B2_{2\text{-}2}$</td><td colspan="2" rowspan="2">山区
(Mountain Terrains)</td><td colspan="2" rowspan="2">丘陵
(Hilly Terrains)</td><td colspan="2" rowspan="2">平原
(Plain)</td></tr>
<tr><td>双车道与多车道相交(2-M)$B2_{2\text{-}M}$</td></tr>
<tr><td rowspan="3">C</td><td>双车道与双车道相交(2-2)$C_{2\text{-}2}$</td><td colspan="2" rowspan="3">M</td><td colspan="2" rowspan="3">H</td><td colspan="2" rowspan="3">P</td></tr>
<tr><td>多车道与双车道相交(M-2)$C_{M\text{-}2}$</td></tr>
<tr><td>多车道与多车道相交(M-M)$C_{M\text{-}M}$</td></tr>
</table>

第三节　平面交叉口选位

公路平面交叉口选位是在公路功能等级划分的基础上开展的。公路平面交叉口选位包括各功能等级公路上平面交叉口间距标准、交叉口定位原则，此部分内容应在公路平面交叉口的规划、设计阶段予以密切关注。

一、公路平面交叉口间距

平面交叉口间距是公路设计中的重要指标，它不仅会影响通行效率，而且对公路的交通安全也会产生非常显著的影响。国内外既有研究成果均表明，平面交叉间距过小、数量过多，是引发交通事故的主要原因之一，当主线是干线公路时尤其是这样。

平面交叉口间距研究的主要内容包括下述两个方面：

(1)建立完善的平面交叉口接入管理策略；

(2)建立不同功能等级公路上平面交叉口的间距(Access Spacing)标准(接入间距、中间带开口形式及间距、信号控制交叉口间距、无信号控制交叉口间距等)。

1.影响因素分析

对特定功能等级的公路主线而言，每增加一新的接入点都会与主线交通流产生冲突。冲突数的增加会导致交通事故发生概率增加，同时会导致主线车辆旅行时间及延误增加。针对此问题，通过实施接入管理，可建立接入道路最小间距标准。以交叉口最小间距标准来规范相关道路的接入，可在通行效率与交通安全之间达到一有效平衡。建立交叉口间距标准时，主要影响因素包括：

1）公路功能等级

功能等级越高的公路，其传送功能越强（如主干线型公路），相对于功能等级低的公路（如集散型公路）而言，其接入道路应更少，相应的接入间距应更长。

2）地区

就公路所穿越的地区而言，包括乡村地区、城市郊区两类。在这两类地区，交通量大小、主路与路侧环境的相互干扰情况、驾驶员行为特征、土地利用规划等均有很大不同，由此，在这两类地区中所确定的交叉口间距标准也不相同。

3）运营车速

车速是评价主路交通冲突、延误及安全性的主要指标。主路交通的直行车速与进入或离开主路的车辆间的速度差是评价所涉及交叉口安全状况的重要指标。某些操作引起的车辆运行距离会随车速的变化而变化，如变换车道、制动等，这同道路部分几何要素的设计、视距的确定等都直接相关。

4）中间带控制类型

对于普通公路中间带而言，现行标准规定一级公路需全线设置中间带，其余等级公路未作规定。一般而言，如果对主线交通流延误、通行能力及安全性影响不显著的话，可以适当在中间带上开口。中间带形式一般包括：未分隔、可跨越的、不可跨越的三种类型，其相应的控制类型包括：无控制、部分控制、完全控制。

此外，在制定交叉口间距标准时，一般还考虑下列因素：

1）交通流

一般而言，公路上交通流随机性较强，当交通量较小时，车辆间车头时距较长，转向车辆不会明显干扰主路直行交通流。然而，当转向或直行交通量较大时，两者之间的冲突会相应变大。

2）冲突点数

公路路段或公路平面交叉口冲突点数的增多，会增加驾驶员操作负担及交通事故发生的概率。

3）冲突区域的分离

将冲突区域进行分离，可以使驾驶员避免应对冲突区域重叠的复杂情形。如此，则减轻了驾驶员的操作负担，并降低了驾驶员误操作的可能性。理想状况下，冲突区域相分离后，驾驶员可每次仅考虑一个冲突区域。与此相应的公路平面交叉口间距是驾驶员感知—反应时间的函数，并随路段车速的增大而增加。

一般而言，交叉口间距标准适用于交叉口的新建及改建。对于既有的平面交叉口，不强制按此标准执行。为保证交叉口处的行车安全，可针对特定交叉口，在渠化、标志（线）等方面作相应改善。

2. 间距标准的制定

基于上述影响因素，交叉口间距标准的制定主要关注下述几个方面。

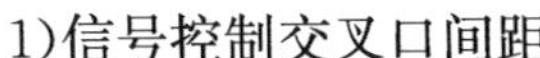

1)信号控制交叉口间距

信号交叉口最优间距的确定依赖于主线运营车速、信号周期长度及交通流量等。就目前应用状况而言，信号周期长度的代表取值为：

(1)90s：郊区干线型公路，典型运营车速为60～80km/h；

(2)60s：乡村地区干线型公路，典型运营车速为70～100km/h。

目前的研究文献，总结了与主线运营车速、信号周期长度相关的最优信号间距，详见表7-4。此表具有参考作用，在制定接入道路间距标准时，以此表为依据，结合多种因素综合考虑，经适当调整后予以确定。

与车速、信号周期长度相关的最优信号间距　　表7-4

周期长度(s)	车速(km/h)						
	40	48	56	64	72	80	88
	间距(m)						
60	330	400	470	530	600	670	730
70	390	470	540	620	700	780	860
80	440	530	620	710	800	890	980
90	500	600	710	800	900	1 000	1 100
100	560	670	780	890	1 000	1 110	1 220
110	610	730	860	980	1 100	1 220	1 340
120	670	800	930	1 070	1 200	1 330	1 470

需要加以说明的是，进行信号交叉口间距及选位时，应同时兼顾近期及中、远期发展规划的要求。信号交叉口以及信号交叉口系统，应能满足远期由于周边地块开发而导致的交通量增长的需求。

2)中间带类型及间距

对于公路中间带设计而言，可选择的控制方式包括：

(1)完全控制：限制左转或U形回转；

(2)部分控制：中间带开口进行选择性的定向渠化处理；

(3)无控制或NA：完全开放，无转向限制。

设置中间带开口时，应基于工程分析及设计确定，尽可能采用统一的处置方案。决策时需考虑的因素包括：现行相关管理规划条文、公路设计相关标准、成本效益分析、公路的功能等级等。

3)接入道路类型及间距

本部分内容关注于无信号交叉口间距。严格来说，接入道路间距包括支路—支路间距，主路—支路间距(Corner Clearance)两类。

接入道路的间距及设计标准，需考虑主路运行车速、进入/驶离交通量、潜在的重叠影响区域、交通安全、视距、对主路交通流的运营影响等因素。接入道路应设置在中间带开口处，并同交叉口转向限制相适应。就工程应用而言，有多种方法可以确定接入道路间距标准，包括：最小停车视距、交叉口功能区长度、右转冲突区域重叠、最大出口通行能力、决策视距等。

(1)最小停车视距

停车视距指标为路线设计中最基础的设计指标之一,我国现行规范中亦以此指标作为重要的设计指标。如表 7-5 所示为现行规范中规定的不同设计车速条件下的停车视距要求。

现行规范中不同车速条件下的停车视距(适用于一、二、三、四级公路) 表 7-5

设计车速(km/h)	100	80	60	40	30	20
停车视距(m)	160	110	75	40	30	20

接入道路间距标准的制定,可依据停车视距指标。如此,当最小停车视距能满足时,则两接入道路间距可满足最小紧急制动距离。

(2)交叉口功能区长度

物理区:指交叉口路牙从直线改为圆弧段以内的部分。

功能区:对于交叉口上游来车说,指驾驶员从开始认识到进入交叉口到实际的排队部分;对交叉口下游离开的车辆来说,功能区指驾驶员从交叉口车速到正常设计车速的部分。一般而言,交叉口功能区面积大于物理区,如图 7-6 所示。

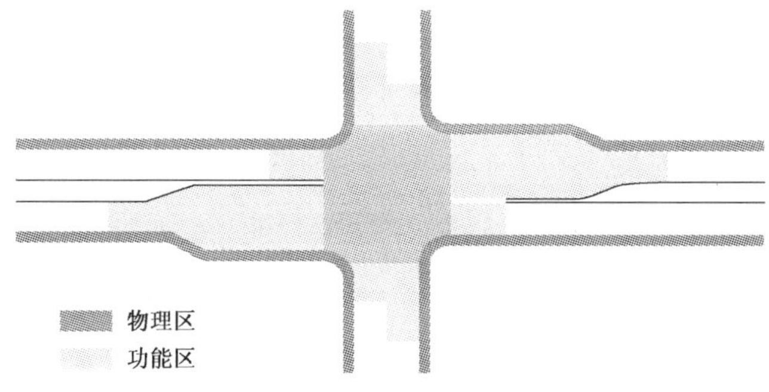

图 7-6 物理区和功能区

功能区最重要的指标是上游功能区长度,这是决定支路和交叉口间距的关键。上游功能区长度包括三个部分,如图 7-7 所示。

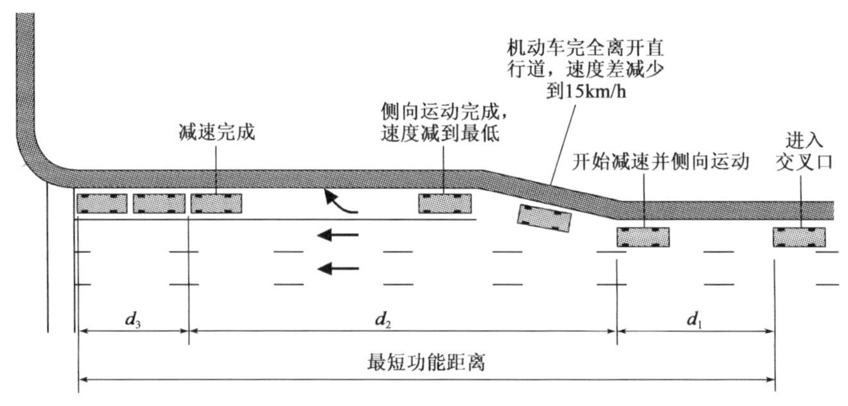

图 7-7 功能区长度计算

d_1:驾驶员进入交叉口的“感知—反应”时间内行驶距离,对于乡村公路,可取 2.5s,对于城市和城郊接合部,可取 1.5s;

d_2:驾车员减速段距离(制动距离);

d_3:交叉口进口道车辆最大排队长度。

对于接入道路交叉口间距而言,应满足上游交叉口出口道功能区与下游交叉口进口道功能区不重叠。即:$S_3 \geqslant F_{上}+F_{下}$,如图 7-8 所示。

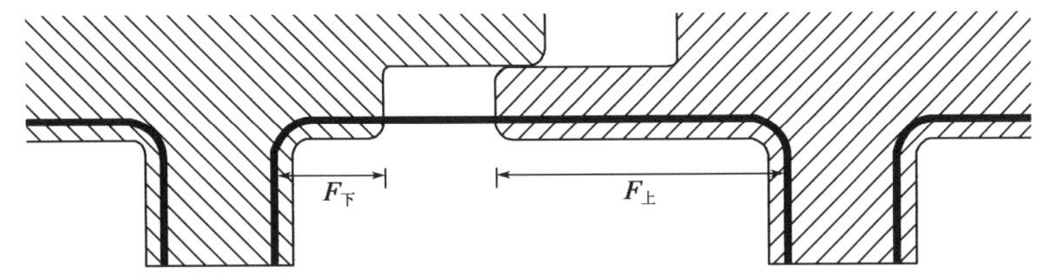

图 7-8　交叉口间距与功能区长度关系

(3)右转冲突区域重叠

本部分实质是分离冲突区域。分离冲突区域可以使驾驶员避免应对冲突区域重叠的复杂情形。理想状况下,冲突区域相分离后,驾驶员可每次仅考虑一个冲突区域,如图 7-9 所示。

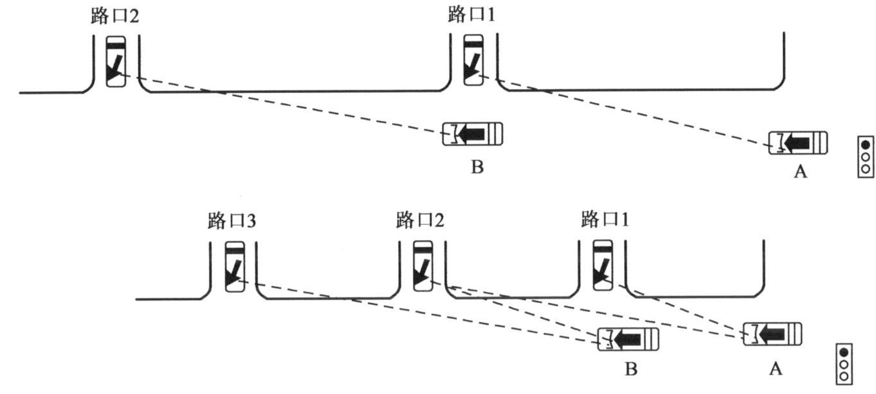

图 7-9　右转冲突区域重叠(上图:单个右转冲突;下图:双右转冲突)

右转冲突距离等同于由特定的感知—反应时间及加速度所确定的停车视距。一般而言,若接入道路可见,则右转冲突不会对主路直行车辆车速造成很大的影响。表 7-6 所示为当接入道路处于单个右转冲突状况时,为减少潜在碰撞的发生概率,所要求的最小接入道路间距。

避免右转冲突区域重叠的接入道路最小间距　　表 7-6

车速(km/h)	接入道路间距(m)	车速(km/h)	接入道路间距(m)
48	30	64	60
56	45	72	90

(4)最大出口通行能力

接入道路间距不小于车辆从 0 加速到主路直行车辆运行车速时所需距离的 1.5 倍。由此可减小延误,提高间隙接受率(Gap Acceptance),能使接入道路车辆更安全、有效的汇入到主路交通流。表 7-7 给出了基于最大出口通行能力的接入道路最小间距。

特定车速条件下提供最大出口通行能力的最小接入道路间距　表 7-7

车速(km/h)	接入道路间距(m)	车速(km/h)	接入道路间距(m)
32	37	64	189
40	58	72	250
48	98	80	343
56	137	88	457

(5)决策视距

决策视距可用以保障主路交通流平稳、安全地运营。同样车速条件下,决策视距长度大于停车视距,决策视距有助于驾驶员提前对突发事件做出判断,从而进行相应的停车或车道变换操作。从而有助于驾驶员安全而平稳的驾驶车辆。表 7-8 给出了乡村地区典型车速条件下的决策视距。

停车或加速/车道变换所需的决策视距　表 7-8

地　区	车速(km/h)	停止(m)	加速/换车道(m)
高度城市化地区	56	189	216
其他(城市地区)	72	195	247
乡村地区	88	180	265

(6)推荐的方法

对于主要干线公路,推荐通行能力与交通安全同时兼顾,故应由出口通行能力及决策视距来确定接入道路间距。对次要干线公路而言,应优先考虑交通安全,故应利用决策视距来确定接入道路间距。对于集散型及地方性公路而言,应采用右转冲突区域重叠判定方法,同时应着重于考虑保障最小停车视距。对于所有功能等级的公路而言,其接入道路间距都应满足功能区长度部分所规定的要求,见表 7-9。

接入间距标准应用时,具体的应用环境应进行针对性分析。接入道路的间距还应考虑道路临近土地利用类型、相关地块的中长期土地利用规划、交通量增长、允许左转道路的接入频率、各车型大小及比例等。

二、公路平面交叉口定位

公路平面交叉口定位指考虑线形、车速、地形、土地利用类型等因素,对公路平面交叉口在主线上的布设位置,给出定性或定量的布置依据。公路平面交叉口定位应满足上述平面交叉口间距要求但不局限于此。公路平面交叉口定位主要影响因素为:公路功能等级、中间带类型、土地利用类型、平面交叉口类型(十字形、T 形、其他)、控制方式(信号控制、无信号控制)等。

1.原则层面

总体而言,公路平面交叉口定位原则既包括定性指导原则,也包括具体的规划、设计方案。我国现行《公路工程技术标准》(JTG B01—2003)中有关公路平面交叉口的定位仅简要地作了定性规定:“平面交叉位置的选择应综合考虑公路网现状和规划、地形和地物等因素”。

普通公路路段平面交叉口间距标准

表 7-9

接入策略	功能等级	车道数	区域	典型车速（km/h）	中间带控制类型	典型的信号间距(m)	中间带开口间距		接入道路间距	
							类型	间距(m)	类型	间距(m)
1	主要干线	双车道	城郊	60	无/部分	800	—	—	专右	—
			乡村	70	无	2000	NA	NA	专右	—
		多车道	城郊	70	完全/部分	800	—	—	专右	—
			乡村	90	完全/部分	2000	—	800	专右	420
2	次要干线	双车道	城郊	60	无/部分	800	—	—	—	—
			乡村	70	无/部分	2000	—	—	—	—
		多车道	城郊	70	完全/部分	800	—	—	—	—
			乡村	90	完全/部分	2000	—	—	—	—
3	主要集散	双车道	城郊	50	无/部分	600	—	—	—	—
			乡村	60	无/部分	1 500	—	—	—	—
		多车道	城郊	60	部分	600	—	—	—	—
			乡村	80	无/部分	1 500	—	—	—	—
4	次要集散	双车道	城郊	45	无/部分	—	—	—	—	—
			乡村	55	无	—	—	—	—	—
		多车道	城郊	55	部分	—	—	—	—	—
			乡村	70	无	—	—	—	—	—
5	地方道路	双车道	城郊	40	无/部分	—	—	—	—	—
			乡村	50	无	—	—	—	—	—

注：①本表为示意图表，表中大多数结论性数据尚需进一步检验；
②“—“表示数据尚未填写。

2. 技术层面

公路平面交叉口定位，在某种程度上而言，就是公路主线相应接入道路的定位问题。关于接入道路的定位，其相关技术及应用场所有许多种。

1)公路平面交叉口与中间带的关系

主路中央分隔带的开口对支路的定位和交通管理影响很大，在设计支路时，必须仔细考虑支路位置和中央分隔带开口的关系。一般有以下几个原则需要把握：

(1)当主路由右转专用道进入支路时，避免主路另一个方向的车流通过主路中央分隔带的开口左转直接进入支路，因为主路的直行车流会遮蔽右转车道上的车辆，使得右转车道的车辆和左转车辆发生碰撞，如图 7-10 所示。

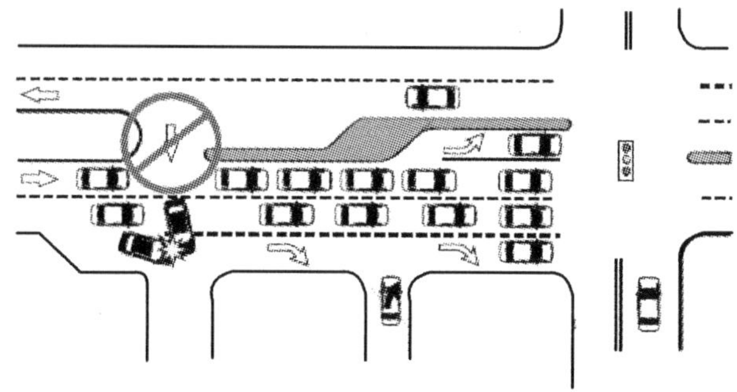

图 7-10　避免中央分隔带的开口和右转专用道冲突

(2)当主路允许车辆通过中央分隔带左转时，避免支路开口正对中央分隔带开口，因为主路另一个方向左转进入支路的车辆容易和左转车辆发生碰撞，如图 7-11 所示。

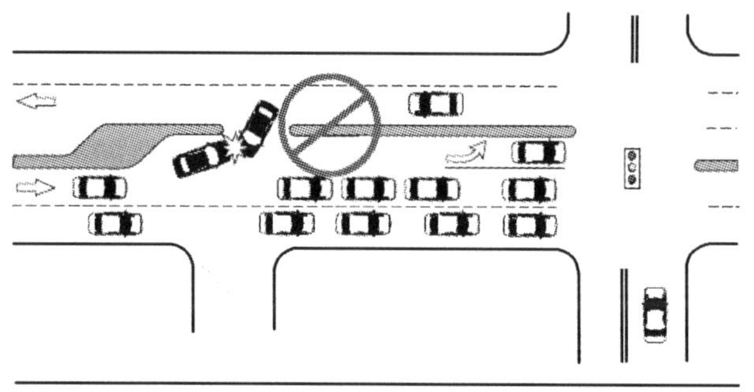

图 7-11　避免中央分隔带开口与左转车道的冲突

(3)对于左转进入支路的情况来说，支路的开口应正对着中央分隔带开口或者在中央分隔带的下游。如果支路开口在中央分隔带的上游，那么距离应至少在 30m 以上，以防止驾驶员逆向行驶，如图 7-12 所示。

(4)对于双向四车道，允许主路车辆通过中央分隔带掉头的情况，考虑到主路往往运行车速较高，需要较大的掉头半径，那么，如果有支路正对着中央分隔带开口，可以考虑扩大支路的开口面积，便于主路车辆的掉头操作，如图 7-13 所示。

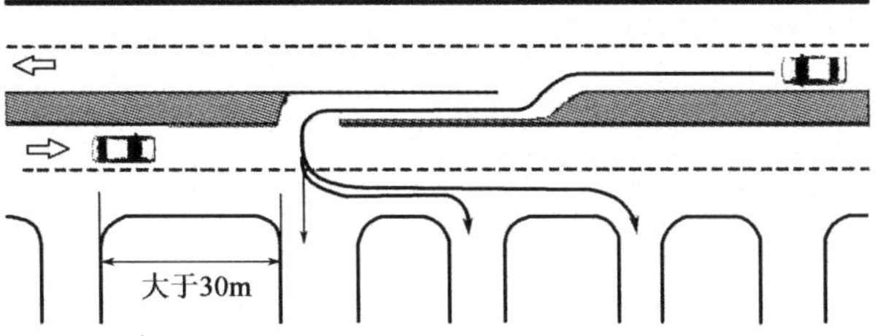

图 7-12　接入道路应在中央分隔带的开口正对面或下游

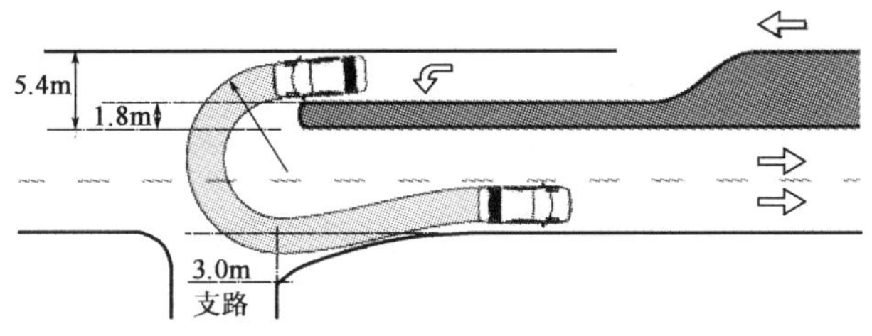

图 7-13　接入道路交叉口面积扩大

2)对向接入道路间距

对于不存在中央分隔带，允许车流穿越中线左转的主路，如果对向支路的间距太小(图7-14)，就会带来很大的运行问题，同时增加了左转的潜在冲突。解决的办法要么是增大对向支路的间距，要么是限制左转进入支路。对向支路交通组织采用加大支路间距的办法，可以同时阻止左转堵塞和消除交通冲突点，好比是拉开的两个丁字形交叉口，见图 7-15。

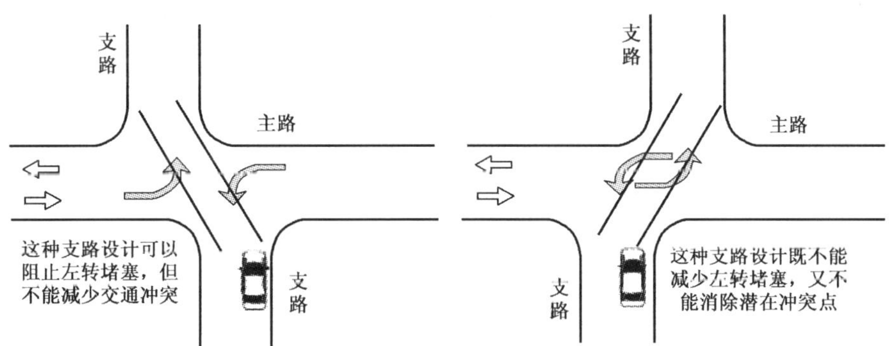

图 7-14　对向接入道路间距过小

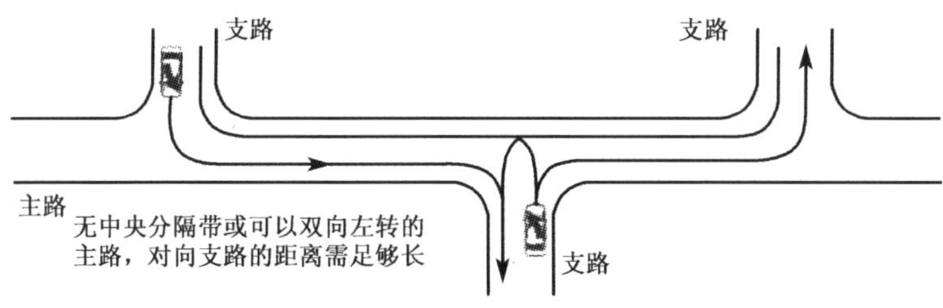

图 7-15　对向接入道路间距拉大

接入道路之间的最低间距随着标牌车速的变化而变化，车速越大，需要的间距越大，见表7-10。

在车流量较小的地段推荐的对向支路间的最短距离　　表7-10

标牌车速(km/h)	对向间距(m)	标牌车速(km/h)	对向间距(m)
40	76.5	64	157.5
48	97.5	72	189.0
56	127.5	80	225.0

注：数据来自“Michigan DOT，Traffic & Safety Division Notes 7.9C”。

3)接入道路靠近立交桥

在公路网范围内，一般只有高速公路和高速公路，或者高速公路和一级公路以及一级公路和一级公路之间相交才会使用立交桥。存在立交桥的地段往往交通量大、转弯多、速度快，并且加速减速频繁。因此，对于靠近立交桥的支路设计，必须特别小心。

立交桥主路上的交通应完全或基本不受支路接入交通的影响。为了保证主路交通运行的畅通和安全，支路应尽可能远离立交桥，如图7-16所示。

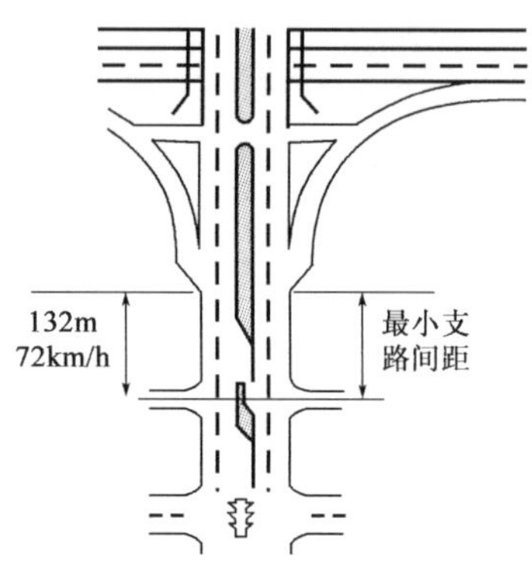

图7-16　立交区域接入道路的定位

主路的运行车速越大，支路和主路匝道的间距需越大，见表7-11。

接入道路和立交桥标牌车速的关系　　表7-11

区域类型	运行车速(km/h)	推荐最小间距(m)
城市	56	229
接合部	72	229～275
乡村	88	275～366

注：数据来自“NCHRP Report 420”。

第四节　平面交叉口设计

一、交叉口安全设计

1.平面线形

平面交叉范围内两相交公路应正交或接近正交，且平面线形宜为直线或大半径曲线，尽量避免采用需设超高的曲线半径。

新建公路与等级较低的既有公路斜交时，应对次要公路在交叉前后一定范围内作局部改线，使交叉的角度不小于70°。

T形交叉中次要公路扭正改线(图7-17a))时，引道曲线与交叉中转弯曲线间应留长度不小于25m的直线。当次要公路为二级公路时，引道曲线的半径应不小于80m；次要公路为三级及三级以下的公路时，此曲线半径应不小于 40～50m。

当按照公路性质和交通量需作渠化处理时，一般可保持钝角右弯车道的基本线形，并通过合理布置交通岛来保证其他转弯车道所需的线形，如图 7-17b)所示。当斜交过大时，钝角右转弯应改为 S 形曲线，以避免过大的导流岛。

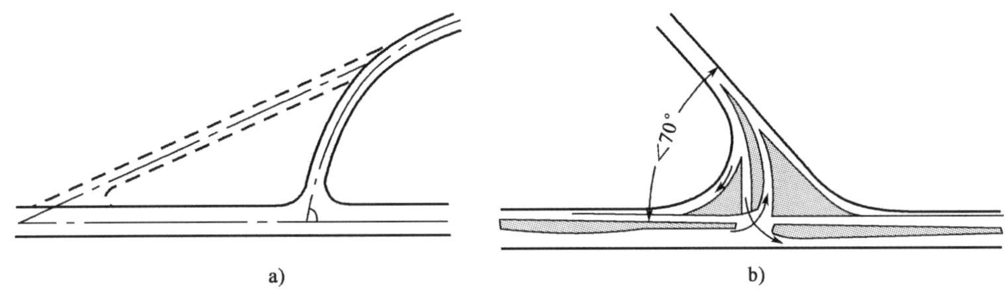

图 7-17　T 形交叉中斜交的扭正

斜交十字交叉中次要公路扭正时，若交点不变，次要公路的每一岔中需增设两个曲线，其中离交叉较远的曲线，其半径应不小于该公路的一般最小半径，并按要求设置缓和曲线；靠近交叉的曲线，其半径应不小于 45m，并在远离交叉一端设置缓和曲线。改移交点时，只在次要公路的一岔上出现 S 形曲线，半径的要求同上。

错位交叉中，交角为 90°，次要公路引道的线形要求与斜交 T 形交叉扭正时相同。

当既有公路提高等级，扩容改建或路面大修时，为扭正交叉的改线应采用较高的线形指标和作较长路段的改移。

2. 纵面线形

平面交叉范围内，两相交公路的纵面应尽量平缓。纵面线形应大于最小停车视距要求。主要公路在交叉范围内的纵坡应在 0.15%～3%的范围内；次要公路上紧接交叉的部分引道应以 0.5%～2.0%的上坡通往交叉，而且此坡段至主要公路的路缘至少 25m，如图 7-18 所示。

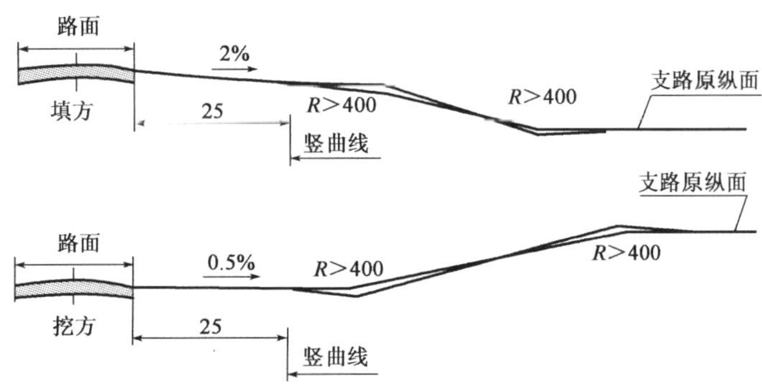

图 7-18　次要公路引道纵坡(尺寸单位：m)

主要公路在交叉范围内是超高曲线的情况下，次要公路的纵坡应服从主要公路的横坡。若次要公路在交叉前后相当长的范围内纵坡的趋势与主要公路的横坡相反，则次要公路在引道的一定范围内应设置 S 形竖曲线。

二、交叉口视距

我国《公路工程技术标准》(JTG B01—2003)要求公路平面交叉口的视距都应满足各自进口道停车视距的标准，即简单地以停车视距来规范交叉口视距。但是不同交通控制类型的交叉口，由于交通运行特征的不同，其对视距的要求也不尽相同。

1. 无控交叉口视距

无控交叉口视距要求的计算过程类似于交叉口进口道停车视距，即车辆从对交叉口其他进口道车辆做出反应到制动停止这一系列操作必须在到达交叉口以前完成。由于无控交叉口交通量较少，因此在实际交通运行中车辆在无控交叉口不会完全停止，只是减速运行。

通过大量的观测，发现车辆在无控交叉口的运行速度大约是其正常运行速度的50%。以路段正常行驶速度的50%作为初速度计算出的停车视距值能够满足交叉口的视距要求，因此无控交叉口视距值小于进口道停车视距值，如图7-19所示。

在无控的公路平面交叉口视距设计中，首先应尽量满足各进口道停车视距，当交叉口周围存在地形限制或障碍物导致不能满足停车视距时，按照50%速度计算的交叉口视距必须得到满足。无控交叉口视距建议值见表7-12。

无控交叉口视距 表7-12

交叉口进口道等级分类	设计速度(km/h)	停车视距(m)	无控交叉口视距(m)
具干线功能的一级公路	100/80	160/110	120/85
具集散功能的一级公路	80/60	110/75	85/60
具干线功能的二级公路	80	110	85
具集散功能的二级公路	60/40	75/40	60/30

2. 次路停控制交叉口视距

在次路停控制交叉口中，次路车辆停于交叉口，等待主路车辆适当的间隙，以完成穿越、左转或者右转。

视距沿次要道路的长度即次路驾驶员眼睛到主要道路边缘的距离，如图7-20所示。通过观测，建议该距离为5m。

在视距设计中，以主路车辆临界间隙 t_c 作为标准值，当主路车辆间隙大于 t_c 时，则能够完成穿越或转向；当主路车辆间隙小于 t_c 时，则不能完成穿越或转向。以主路设计车速和 t_c 的乘积作为视距沿主路的长度。

根据我国交通特征观测到的左转和右转 t_c 值计算得到的次路停控制交叉口视距沿主路的长度见表7-13。

次路停控制交叉口沿主路视距 表7-13

交叉口进口道等级分类	设计速度(km/h)	停车视距(m)	次路停控制交叉口沿主路视距(m)
具干线功能的一级公路	100/80	160/110	210/170
具集散功能的一级公路	80/60	110/75	170/130
具干线功能的二级公路	80	110	170
具集散功能的二级公路	60/40	75/40	130/85

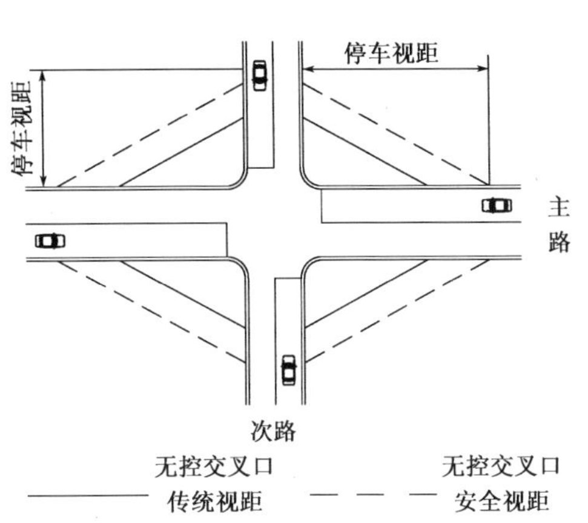

图 7-19　停车视距和无控交叉口视距

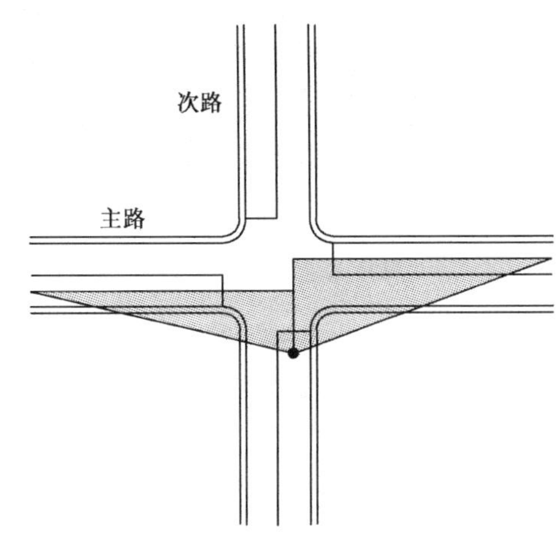

图 7-20　次路停控制交叉口一进口道视距

3. 次路让控制交叉口视距

在次路让控制交叉口中，次路车辆在交叉口前提前减速，到交叉口时等待主路车辆适当的间隙，以完成穿越、左转或者右转。

视距沿次要道路的长度为次路车辆的减速距离，如图 7-21 所示。通过观测，次路车辆到达交叉口时速度减至正常速度的 40%，以此计算得到的视距沿次路长度建议值见表 7-14。

次路让控制交叉口沿次路视距　　表 7-14

交叉口进口道等级分类	设计速度(km/h)	停车视距(m)	次路让控制交叉口沿次路视距(m)
具干线功能的一级公路	100/80	160/110	135/95
具集散功能的一级公路	80/60	110/75	95/65
具干线功能的二级公路	80	110	95
具集散功能的二级公路	60/40	75/40	65/35

与次路停控制交叉口相同，在视距设计中，以主路车辆临界间隙 t_c 作为标准值，当主路车辆间隙大于 t_c 时，则能够完成穿越或转向；当主路车辆间隙小于 t_c 时，则不能完成穿越或转向。以主路设计车速和 t_c 的乘积作为视距沿主路的长度。

根据我国交通特征观测到的左转和右转 t_c 值计算得到的次路让控制交叉口视距沿主路的长度见表 7-15。

次路让控制交叉口沿主路视距　　表 7-15

交叉口进口道等级分类	设计速度(km/h)	停车视距(m)	次路让控制交叉口沿主路视距(m)
具干线功能的一级公路	100/80	160/110	225/180
具集散功能的一级公路	80/60	110/75	180/135
具干线功能的二级公路	80	110	180
具集散功能的二级公路	60/40	75/40	135/90

4. 信号控制交叉口视距

在信号交叉口中，各进口道车辆受信号控制，路权不会产生冲突，所以信号交叉口的视距要求不高：只要满足任一条车道第一辆车能够让其他车道的第一辆车看见即可，如图 7-22 所示。

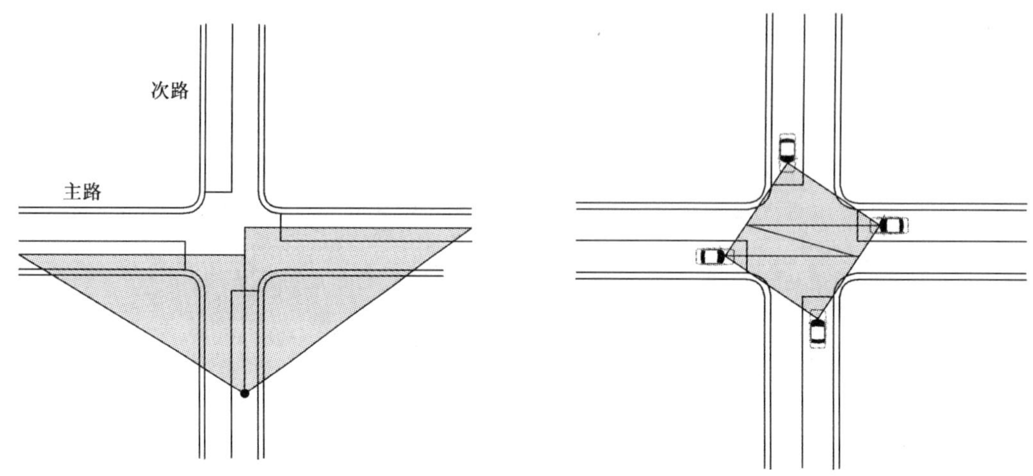

图 7-21　次路让控制交叉口—进口道视距　　　图 7-22　信号控制交叉口视距

在实际设计中，仍然应尽量满足交叉口各进口道停车视距的要求，当受条件限制不能满足停车视距时，信号控制交叉口视距必须得到满足。

5. 全路停控制交叉口视距

全路停控制交叉口较少见，一般在相交道路等级相同或类似的交叉口中可能出现。交叉口各进口道车辆到达交叉口都要停车，以选择合适时机通过。全路停控制交叉口视距要求等同于信号控制交叉口，即只要满足任一条车道第一辆车能够让其他车道的第一辆车看见即可。

同样，在实际设计中，仍然应尽量满足交叉口各进口道停车视距的要求，当受条件限制不能满足停车视距时，全路停控制交叉口视距必须得到满足。

6. 交叉口主路左转视距

交叉口除了满足进口道视距要求外，主路左转视距也要得到满足。左转车辆要等待对向直行车流合适的间隙，以便穿越完成左转。同样以主路车辆临界间隙 t_c 作为标准值，当主路车辆间隙大于 t_c 时，则能够完成左转；当主路车辆间隙小于 t_c 时，则不能完成左转。以主路设计车速和 t_c 的乘积作为视距沿主路的长度。主路左转视距见表 7-16。

主路左转视距　　表 7-16

交叉口进口道等级分类	设计速度(km/h)	主路左转视距(m)
具干线功能的一级公路	100/80	155/125
具集散功能的一级公路	80/60	125/95
具干线功能的二级公路	80	125
具集散功能的二级公路	60/40	95/65

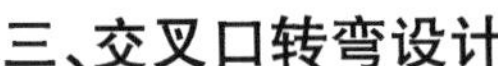

三、交叉口转弯设计

平面交叉转弯曲线的线形及路幅宽度应以车辆转弯时的行迹作为控制进行设计。转弯曲线设计中所采用的设计车型及行驶速度规定如下：

(1)除通往游览、疗养区等专用公路以外的各级公路，均应以16m总长的鞍式列车的行迹进行设计。有特长车辆通行的交叉，经以特长车的行迹检验后作必要的修正，即改移路缘曲线和增设铺面路肩。

(2)左转弯曲线采用5～15km/h的行驶速度；大型车比例很小的公路(如旅游公路)可采用5km/h的鞍式列车控制设计，条件受限时，可采用载货汽车低速行驶时的行迹作为控制。

(3)公路等级低、交通量不大的情况下，右转弯不设专门的行车道，其速度可与左转弯的相同或略高一些。设置分隔的右转弯行车道的情况下，转弯速度不宜大于40km/h；当主要公路设计速度较低(如≤60km/h)时，右转弯速度不宜低于设计速度的50%。

四、交叉口辅助车道

1.左转偏置车道

当交叉口进口道左转流量较大，左转与直行或者左转与对向直行车流冲突较多时应考虑设置左转偏置车道(图7-23)。左转偏置车道长度包括：渐变段长度、减速长度和等待长度。各等级公路左转偏置车道长度建议值见表7-17。

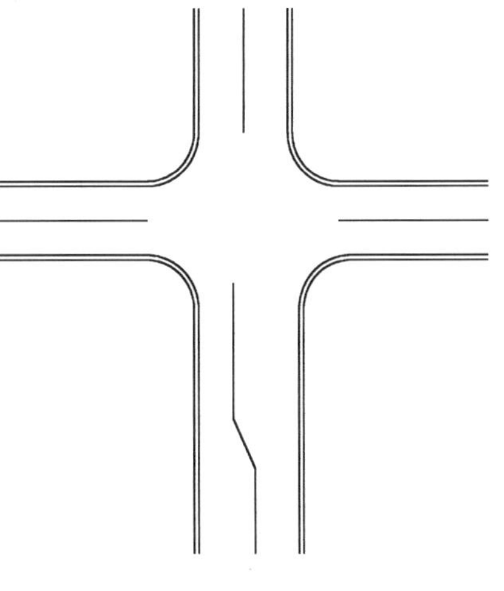

图7-23　左转偏置车道

各等级公路左转偏置车道长度　　表7-17

交叉口进口道等级分类	设计速度(km/h)	总长度(m)	其中渐变段长度(m)
具干线功能的一级公路	100/80	160/130	60/50
具集散功能的一级公路	80/60	130/100	50/40
具干线功能的二级公路	80	130	50
具集散功能的二级公路	60/40	100/70	40/30

2.左转加长车道

当进口道内等待左转车辆与后续车辆产生较多追尾事故时应考虑设置左转加长车道。在道路宽度允许的情况下可以增加一条左转车道，若道路宽度不够则设置左转加长车道。

3.设有隔离的左转偏置车道

为避免由于视距不足造成的左转车流与对向直行车流的潜在冲突，考虑设置有隔离的左转偏置车道(图7-24)。车道设置长度等同左转偏置车道。

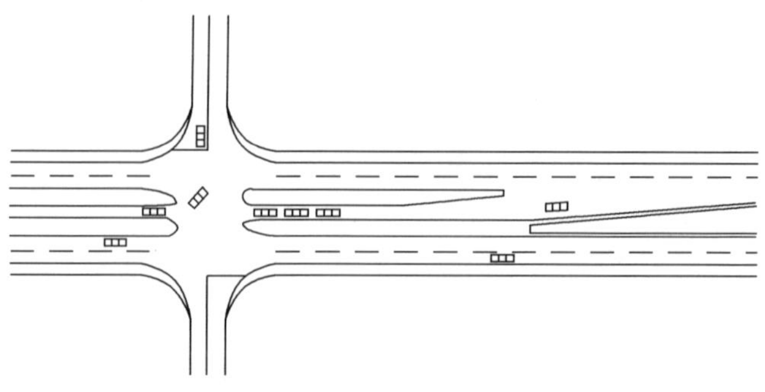

图 7-24　设有隔离的左转偏置车道

4. 左转加速车道

为避免左转车辆对左转进入车道内直行车流的影响(速度差异而造成的潜在追尾事故等),考虑设置左转加速车道(图 7-25),适用于中央分隔带较宽的进口道。左转加速车道长度包括加速长度和渐变段长度。各等级公路左转加速车道长度建议值见表 7-18。

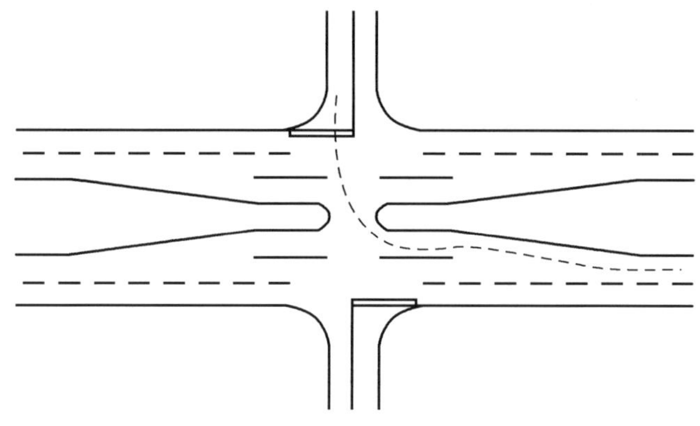

图 7-25　左转加速车道

各等级公路左转加速车道长度　　表 7-18

交叉口进口道等级分类	设计速度(km/h)	总长度(m)	其中渐变段长度(m)
具干线功能的一级公路	100/80	230/120	60/50
具集散功能的一级公路	80/60	120/90	50/40
具干线功能的二级公路	80	120	50
具集散功能的二级公路	60/40	90/60	40/30

5. 右转偏置车道

交通量大、运行速度高的交叉口进口道应考虑设置右转偏置车道(图 7-26),可以减少潜在追尾事故。右转偏置车道长度包括:渐变段长度、减速长度和等待长度。各等级公路右转偏置车道长度建议值见表 7-19。

各等级公路右转偏置车道长度　表 7-19

交叉口进口道等级分类	设计速度(km/h)	总长度(m)	其中渐变段长度(m)
具干线功能的一级公路	100/80	140/110	60/50
具集散功能的一级公路	80/60	110/80	50/40
具干线功能的二级公路	80	110	50
具集散功能的二级公路	60/40	80/50	40/30

6. 右转加长车道

当进口道内等待右转车辆与后续车辆产生较多追尾事故时应考虑设置右转加长车道。在道路宽度允许的情况下可以增加一条右转车道，若道路宽度不够则设置右转加长车道。

7. 设有隔离的右转偏置车道

为避免主路右转车道对次路车辆的不利影响(由于视距问题产生的相互冲突)，考虑设置有隔离的右转偏置车道(图 7-27)。车道设置长度等同右转偏置车道。

8. 右转加速车道

为避免右转车辆对右转进入车道内直行车流的影响(速度差异而造成的潜在追尾事故等)，考虑设置右转加速车道(图 7-28)。右转加速车道长度包括加速长度和渐变段长度。各等级公路右转加速车道长度建议值见表 7-20。

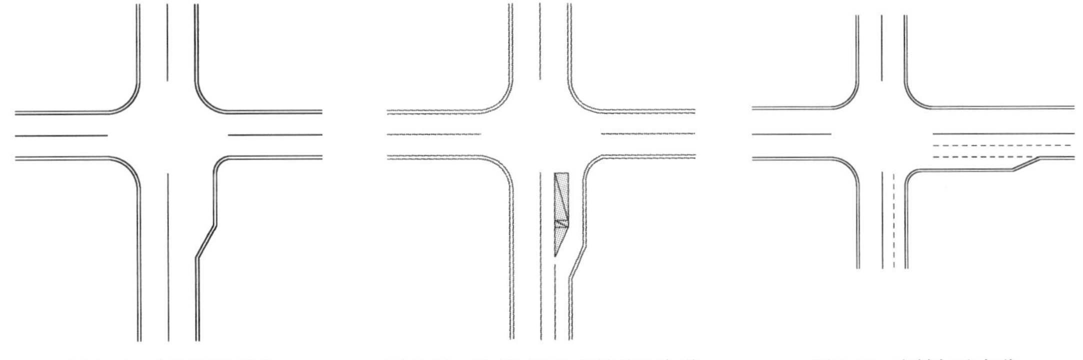

图 7 26　右转偏置车道　　图 7-27　设有隔离的右转偏置车道　　图 7-28　右转加速车道

各等级公路右转加速车道长度　表 7-20

交叉口进口道等级分类	设计速度(km/h)	总长度(m)	其中渐变段长度(m)
具干线功能的一级公路	100/80	210/100	60/50
具集散功能的一级公路	80/60	100/70	50/40
具干线功能的二级公路	80	100	50
具集散功能的二级公路	60/40	70/50	40/30

五、交叉口立面设计

交叉口立面设计的目的主要是解决行车、排水、建筑艺术三方面在立面位置上的要求，使相交道路在交叉口处形成一个平顺的面，保证行车平顺、排水通畅，并与周围建筑物的地面高程协调。

交叉口立面设计主要取决于相交道路的等级、交通量、横断面形状、纵坡的大小和方向以及周围地形等。立面设计的基本要求是首先满足主要道路的行车方便，在不影响主要道路行车平顺的前提下，适当变动主要道路的纵坡和横坡，以照顾次要道路的行车需要。交叉口立面设计的基本类型主要分为六种。

(1)处于凸形地形上，相交道路的纵坡方向均背离交叉口(图 7-29a))。

设计时使交叉口的纵坡与相交道路的纵坡一致，适当调整一下接近交叉口的路段横坡，使雨水流向交叉口四个转角的路基外排出，交叉口内不需设置雨水口。

(2)处于凹形地形上，相交道路的纵坡方向都指向交叉口(图 7-29b))。

这种形式地面水都向交叉口集中，排水比较困难，应尽量避免。若因地形限制无法避免时，应设置地下排水管道排水。为防止雨水汇集到交叉口中心，应适当改变相交道路的纵坡，以抬高交叉口中心高程，并在转角设置雨水口。

(3)处于分水线地形上，有三条道路纵坡方向背离交叉口而一条指向交叉口(图 7-29c))。

设计时应将纵坡指向交叉口的道路路脊在交叉口处分为三个方向，相交道路的断面不变，并在纵坡指向交叉口道路的人行横道线外设雨水口，防止雨水流入交叉口内。

(4)处于谷线地形上，有三条道路纵坡方向指向交叉口而一条背离(图 7-29d))。

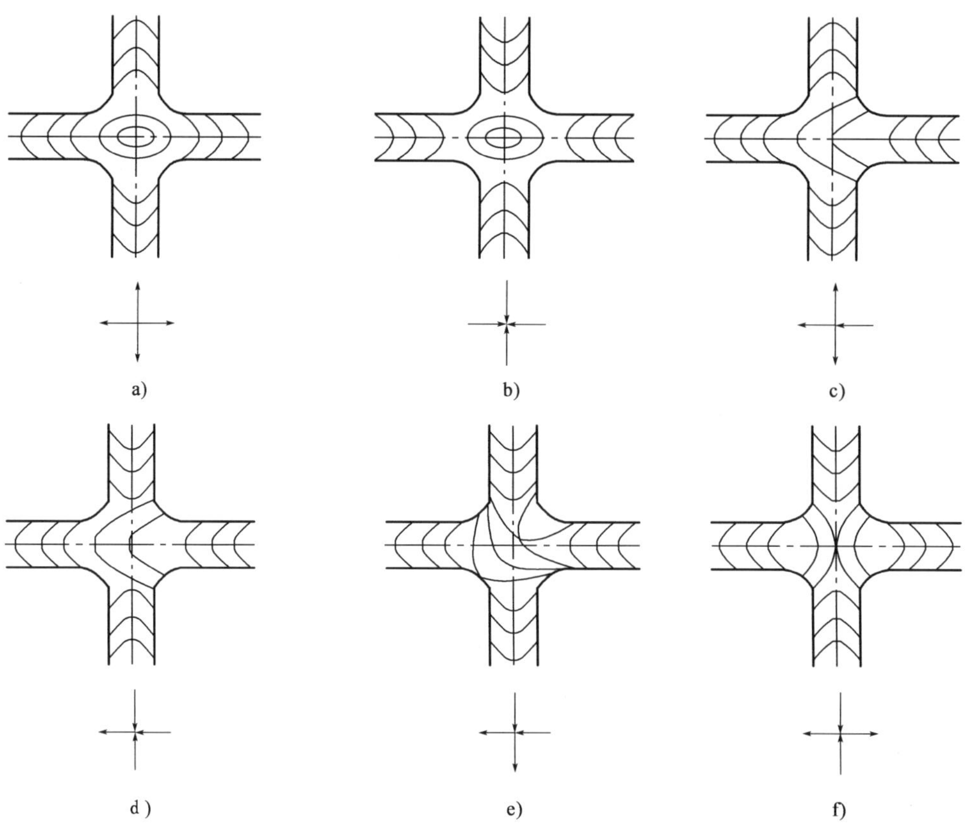

图 7-29　交叉口立面设计的基本形式

设计时，与谷线相交的道路进入交叉口之前，在纵断面上产生转折而形成过街横沟，不利于行车，应尽量使纵坡转折点离交叉口远一些，并在该处插入竖曲线。纵坡指向交叉口道路的人行横道线外应设置雨水口。

(5)处于斜坡地形上，相邻两条道路纵坡指向交叉口而另两条背离(图 7-29e))。

设计时，相交道路的纵坡均不变，而将主要道路的横坡在进入交叉口前逐渐向相交道路的纵坡方向变化，使交叉口上形成一个单向倾斜面，并在纵坡指向交叉口道路的人行横道线外设雨水口。

(6)处于马鞍形地形上，相对两条道路纵坡指向交叉口而另两条背离(图 7-29f))。

设计时，相交道路纵、横坡都可按照自然地形在交叉口内适当调整，并在纵坡指向交叉口的道路两侧设置雨水口。

六、交叉口渠化设计

1.交叉口停车线设置

设置停车线是为了提醒车辆前方交叉口的存在，以便提前减速行驶。在实际中，信号交叉口各方向进口道均设置有停车线，而其他控制类型交叉口则没有明确规定。

基于停车线对车辆减速的提示作用，应对其设置与否作出规定。在次路停控制交叉口和次路让控制交叉口的次要道路上设置停车线，以辅助警示车辆停止或减速；在全路停控制交叉口的各方向进口道设置停车线。

2.机动车导向线设置

设置机动车导向线能够明确地引导各个方向机动车的行驶轨迹，使得整个交叉口的车辆运行不会出现不可预知的情况，避免潜在冲突的出现。通常情况，交叉口面积较大或者形状不规则时建议设置机动车导向线(图 7-30)。

当交叉口是四车道与四车道相交时，建议设置机动车左转导向线；当交叉口任一条相交道路车道数大于 4 时，必须设置机动车左转导向线。

当交叉口的对向进口道出现偏置错位情况时，建议设置机动车直行导向线(图 7-31)，引导直行车辆的运行。

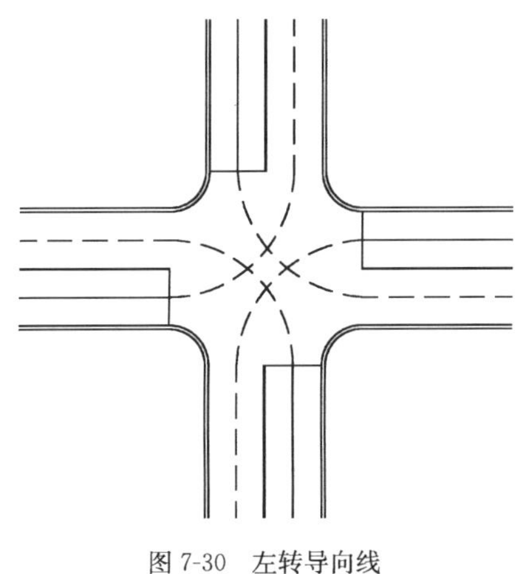

图 7-30　左转导向线

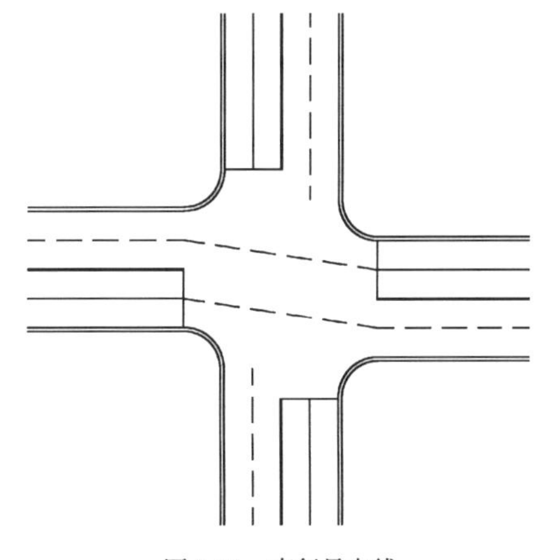

图 7-31　直行导向线

当交叉口为非正交时，若相交角小于 70°，建议设置机动车左转导向线(图 7-32)。

3. 进口道分隔岛设置

对于进口道没有设置中央分隔带的交叉口，根据其交通流特征可以在进口道设置分隔岛(图 7-33)，隔离对向车流，提高安全性能。

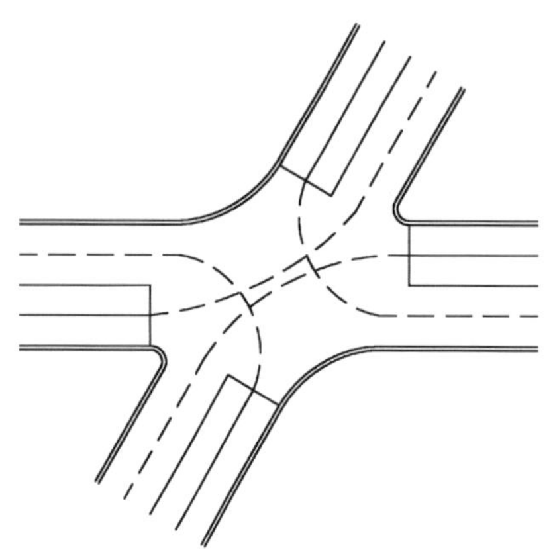

图 7-32　不规则交叉口左转导向线

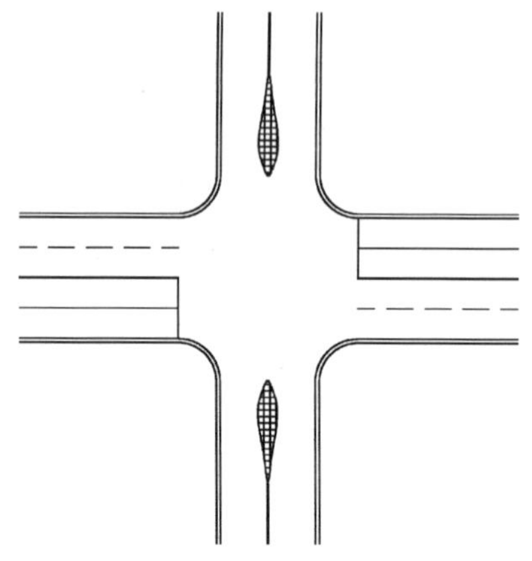

图 7-33　进口道分隔岛

当交叉口主路直行交通量不大，而主路与次路间的转向交通量较大时，建议在次路进口道设置物理分隔岛。当主路直行交通量和主路与次路间的转向交通量都较大时，除了在次路进口道设置物理分隔岛，还要在交叉口范围的主路上设置中央分隔带。

4. 导流岛设置

交叉口设置导流岛可以有效分离左转和右转进入同一进口道的车辆，降低冲突的可能性(图 7-34)。以下类型交叉口建议设置导流岛。

(1)四车道道路相交而成的交叉口，当左转和右转驶入某个进口道的交通量过大，建议在该左转和右转交通流汇合处设置导流岛。

(2)四车道以上道路相交而成的交叉口，建议在各进口道都设置导流岛。

(3)当交叉口某进口道设有专用的偏置右转车道，建议在该处设置导流岛。

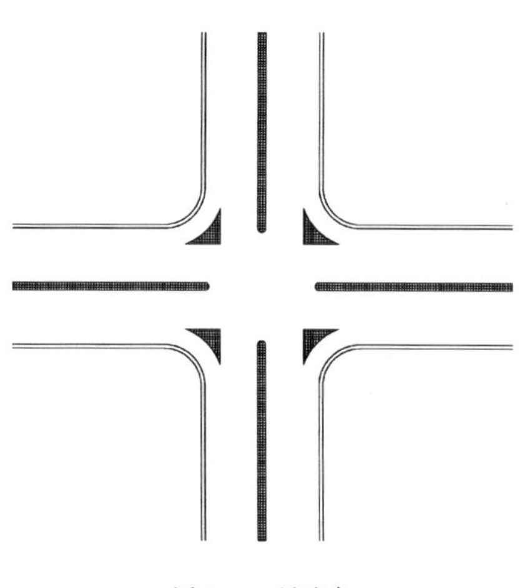

图 7-34　导流岛

七、行人与非机动车

在交叉口，混合交通情况比较严重，人、非机动车与机动车之间的冲突也比较严重。同时，交叉口范围内的行人和非机动车还可能引起或加重机动车之间的事故。改善交叉口范围内的行人和非机动车设施，增强行人的可视范围，使机动车驾驶员能提前注意到前方的行人和非机动车，可以大大降低由行人和非机动车引起的多车事故，尤其是追尾事故，有效改善交叉口的安全性。

行人交通信号灯有助于帮助驾驶员判断行人过街的情况来避让行人，减少车辆碰撞行人的事故。很多研究成果都表明在高流量或高速度的道路上，设置行人信号灯处 90%～100% 的驾驶员都会避让行人。对西雅图的研究表明，协调稳定的信号灯控制可以有效减少车辆与车辆和车辆与行人之间的事故。而加拿大不列颠哥伦比亚省设置的不协调的有些混乱的行人信号灯导致了次要道路停车控制的遵从性降低。美国 TCRP/NCHRP 联合报告“提高非信号交叉口行人安全”(2006 年)得出了相同的结论——在高流量、高速度的道路上，设置行人信号灯可使 90%的车辆避让行人，从而减少交通事故的发生。

闪烁行人信号灯同样有助于驾驶员避让过街行人。间歇式的闪烁行人信号灯(有按钮式和自动检测式两种)只在有行人通过时闪烁，其比持续闪烁的效果更好。车道上方的闪烁行人信号(图 7-35)由于可视性好，其效果也好于设置在路边的信号灯，平均 50%的驾驶员会避让行人(范围从 30%～76%)。美国 TCRP/NCHRP 联合报告“提高非信号交叉口行人安全”(2006 年)对此的研究结果为平均 58%的驾驶员会避让行人(范围 25%～73%)。

车道警告灯是闪烁行人信号灯的一种特殊形式，安装在人行横道附近的路面上，至少突出路面 1.3cm，路侧配合设置标志，如图 7-36 所示。在大多数设置车道警告灯的地点，驾驶员避让行人的行为增加了 50%～90%，第一个制动点与人行横道的距离增大，意味着驾驶员意识到前方存在行人并积极避让。但也有少数地点的驾驶员避让行人的行为没有增加或减少了 30%。当车辆发生排队，车道警告灯的视认效果变差，此时其设置效果比车道上方的闪烁行人信号灯差。

图 7-35　设置于车道上方的闪烁行人信号灯

图 7-36　车道警告灯及其标志

另一种常用的提高交叉口交通安全的措施是设置标志。美国 TCRP/NCHRP 联合报告“提高非信号交叉口行人安全”(2006 年)指出可视性好的交通标志可以使限速为 40～48km/h 的双车道道路上平均 87%的驾驶员避让行人(范围 82%～91%)。

在交叉口范围内标画人行横道是常用的安全措施。人行横道应设置在驾驶员容易看清的位置，标线应醒目，一般可布置在交叉口人行道的延续方向后退 4～5m 的地方。当转角半径较大时可将人行横道设在圆弧段内。原则上人行横道应垂直于道路设置，可使行人过街距离最短；但与道路斜交时，为避免行人不拐直角弯及扩大交叉口交通面积，人行横道可与相交道路平行。

在多车道道路相交的交叉口中设置行人安全岛对提高行人的交通安全十分有效，其安全岛设置宽度不应小于 1m。Zegeer 等进行的人行横道研究中指出多车道设置行人安全岛的交叉口事故是没有设置行人安全岛的$\frac{1}{2}$～$\frac{1}{4}$。

增大缘石半径有助于提高等待穿过马路的行人的可见性，同时减少行人横穿的距离和时间。在夜间，适当的交叉口照明有助于提高行人的安全性。

第五节　交通信号控制

交通控制技术特别是信号控制可以有效减少平交口的交通冲突，减轻冲突的严重程度，从而大幅度地改善平交口的交通安全。

目前国外关于交叉口控制方式选择的研究均针对的是停、让控制交叉口改造为信号控制交叉口的问题，对无信号控制交叉口设置信号灯提出了定量的依据。国内规范仅仅对信号控制进行了定量的规定，事实上交叉口的控制方式可分为三类：停、让控制和信号控制。

国内对于交叉口进行何种控制方式的选择过程中还存在一定的盲目性，多根据经验或估测。然而，交叉口控制方式的选择是一个涉及众多因素的问题，如相交道路的性质、等级、交通量大小、交通组成、流向分布、设计车速、交通安全以及自然地理条件等。交叉口的设置必须满足道路功能、交通量和交通安全等三方面的要求并将其作为交通信号设置的依据，如图 7-37 所示。

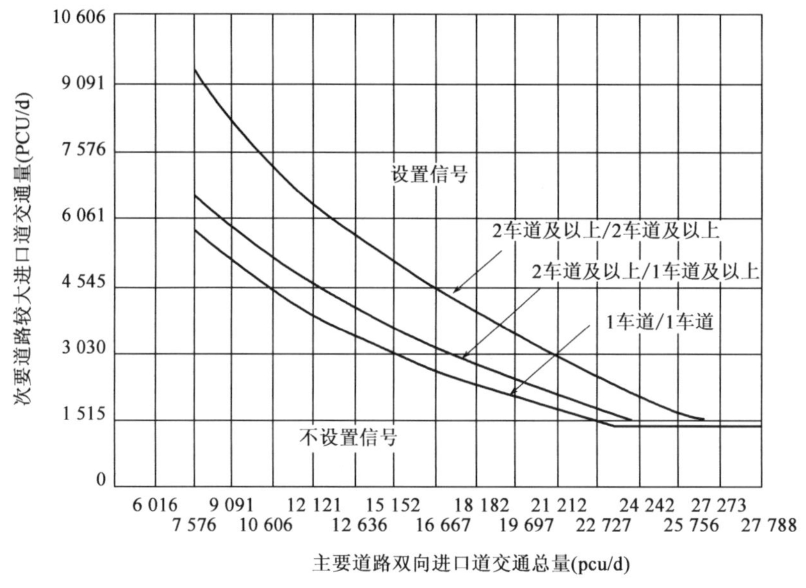

图 7-37　交通信号设置依据示意图

第六节　交叉口标志、标线

交通标志、标线对维护交通秩序、明确路权分配和保障行车安全都有着极其重要的作用，对于公路平交口特别是停车控制和让行控制的平交口的交通安全具有重要意义。

一、标志标线的功能和分类

道路交通标志是用图形符号、文字向驾驶员及行人传递法定信息，用以管制、警告及引导交通的安全设施，在现代道路交通管理中发挥着重要作用。

公路平面交叉口交通标志分为主标志和辅助标志两大类。

1. 主标志

(1)警告标志：警告车辆、行人注意危险地点的标志。
(2)禁令标志：禁止或限制车辆、行人交通行为的标志。
(3)指示标志：指示车辆、行人行进的标志。
(4)指路标志：传递道路方向、地点、距离信息的标志。
(5)道路施工安全标志：通告道路施工区通行的标志。

2. 辅助标志

附设在主标志下，起辅助说明作用的标志。

二、标志标线的设置原则

(1)明确分配交叉口交通参与者的路权，降低机动车、非机动车和行人之间的混杂程度。
(2)减少驾驶员在交叉口操作的复杂程度。
(3)减少冲突点数，降低冲突的恶性程度和冲突区域面积的大小。
(4)使车辆比较平稳的到达交叉口，减少车辆间的速度差。
(5)为弱势群体提供必要的安全设施。

三、标志标线设置需考虑的因素

(1)公路平交口的类型(T 形、十字形)。
(2)各个入口道的车道数。
(3)相交道路的功能(干线、集散)。
(4)交叉口的控制类型(信号控制、停让控制、无控制)。
(5)交叉口附近土地利用的性质(学校区、工业区、居住区、商业区、旅游区)。
(6)交叉口所处地区的地形条件(平原、山区)。

四、标志标线设置应满足的条件

1. 高度的可视性(白天和夜间)

驾驶员对信息输入的反应是把脚从油门踏板移动到制动踏板，人在不同的道路有不同的感知反应时间，低交通量时为 1.5s，高交通量时为 2s。标志的设置应考虑给予驾驶员足够的感应及动作时间；标志的可视性应满足驾驶员的需求，使驾驶员有充分的时间阅读和理解标志、标牌上的信息。标志字体的大小、标牌的尺寸、前置距离都应符合在道路计算行车速度下驾驶员容易阅读辨认且及时采取行动的要求。

2. 足够时间的认读性(标志的视认距离和标志距离交叉口的设置距离)

道路交通标志的认读性是指在规定的时间内被道路使用者正确识别并理解的能力。交通标志设计、设置不仅要考虑到道路交通的实际情况，还应该考虑驾驶员的生理心理因素。

交通标志的识别受多种因素的影响，可将这些影响因素分为两类：交通标志的物理因素和驾驶员自身的因素。

1)交通标志的物理因素

交通标志的认读性受多种因素的影响。首先,交通标志应该醒目可见,能够让驾驶员易于辨识。交通标志是否醒目很大程度上取决于其物理性质,即它的颜色、形状、尺寸、对比度及其周围环境的复杂性。其次,交通标志应使驾驶员易于接受。驾驶员接受信息的好坏与两方面因素有关:①交通标志的曝光度,即在此之前驾驶员看见此标志的次数;②交通标志曝光的时间长度,即驾驶员对于某个交通标志的注视时间。文字标志更具可读性,而图形标志则更清晰可见。再次,交通标志的编码系统应使驾驶员能够较好地理解标志信息,其中包括文字的表述、颜色、符号以及各种标志形状所代表的含义。

2)驾驶员的自身因素

巴林大学的研究人员运用问卷调查的方法对 28 个交通标志进行了视认性的评价。其研究结果表明,驾驶员对现存交通标志的识别存在严重的问题,驾驶员能正确识别的交通标志只占总标志的 50%~60%。影响驾驶员识别交通标志的因素有许多,如驾驶员的受教育程度、性别及月收入等。其中有些因素,如驾驶员的年龄、婚姻状况、驾驶经历、事故数与驾驶经历的比率等,是一些不稳定因素。举例来说,驾驶员的安全事故率,无论事故是由其本人的错误或是其他一些原因引起的,都不能很好地说明该驾驶员对标志的理解程度。事实上,是驾驶员的个人特性决定了驾驶员对交通标志的理解能力,而不是他的事故率因素。将驾驶员按照驾驶经验分类,那些年轻的没有受过较好的教育并且收入较低的驾驶员,与那些中等年龄或是年龄较大的受过高等教育且收入高的驾驶员相比,前者对标志的理解能力较差。研究数据表明,年龄在 35~44 岁之间的驾驶员对交通标志的识别与其驾驶经历有密切的联系。而对女性驾驶员,其驾驶经历的不同与她们对标志的理解没有明显的相互作用。男性驾驶员,如果其驾驶经历在 10 年以上,那么对交通标志的理解明显优于驾驶经历少的驾驶员。在性别方面,男性驾驶员比女性驾驶员能更好地理解交通标志。

将影响标志视认性的因素总结于表 7-21。

道路交通标志标线影响因素 表 7-21

影响因素		具体内容
主观		驾驶员因素:性别、年龄、驾驶技能等
客观	设计	标志形状、颜色、符号和文字、尺寸、字体、标线式样、颜色、宽度、实线与虚线间隔等
	设置	距离车道中心距离、高度、顺序、倾斜角度等
	道路	道路宽度、线形、坡度等
	天气	光线明暗、雾、雨、雪
	交通	高等级公路交通、城市交通
	车辆状态	车速、车辆类型
	材料	是否反光

3.提供足够的信息量

驾驶员在信息处理过程中需要消耗注意力资源,"注意"是选择性维量,它是一种内部机制,借以实现对刺激选择的控制并调节行为,也即舍弃一部分信息以便有效地加工重要的信息。

每个驾驶员都有其独特的驾驶资源，包括驾驶员的视觉能力、听觉能力、理解信息的能力、动作能力，在同一时间内，这些驾驶资源是有限的，只能完成极少量的任务。以通过图形或文字的形式向驾驶员提供交通信息的交通标志，其显示信息质量的好坏直接影响着驾驶员的反应。如果交通标志的信息量超过驾驶资源的容量，就会导致驾驶员对交通标志信息的忽略或是困惑，甚至导致驾驶员精神紧张。因此，交通标志的设计应该注重对信息量的选择。

4. 标志的设置不能互相混淆

应避免广告牌等设置过多，与公路交叉口标志产生视觉混淆。

5. 标志安排的合理性

在同一区域或同一标志柱上的标志个数不能太多，在快速行车路段最好一柱一标志，其他路段尽量不超过 4 种标志，且应按照警告、禁令、指示的顺序，先上后下、先左后右排列。解除限制速度标志、解除禁止超车、干路先行、停车让行、减速让行、会车先行、会车让行等标志必须单独设置。

在交叉口，车道分界线、停车线、人行横道线和文字、符号信息结合正确的位置能向驾驶员和行人传递信息，但要防止地面标线（主要指渠化标线）设置过于复杂。

五、标志标线设置的规定

1. 标志支撑方式的确定

公路交通标志的支撑方式根据其结构形式的不同分为柱式、悬臂式、门架式、附着式几种。而柱式又可分为单柱式和双柱式；悬臂式可分为单悬臂式和双悬臂式两种。不同支撑方式的比较见表 7-22。

不同支撑方式的比较　　表 7-22

项目	支撑方式			
	单柱式	双柱式	悬臂式	门架式
适用条件	中小型尺寸的警告、警令、指示标志	多用于填方路段的长方形指路或指示标志	柱式安装有困难，高速公路路面较宽、交通量大；视线、视距受影响的路段	需分别指示各车道方向的多车道高速公路；柱式、悬臂式安装有困难；高速公路路面较宽、交通量大；视线、视距受影响；标志设置密集区，景观有要求
位置	路侧	路侧	路侧	行车道上方
施工条件	简单	一般	复杂	较复杂
经济造价	最低	低	高	最高

在具体设置中，采用何种支撑方式，这不仅要考虑交通标志版面尺寸的大小，还需认真分析公路交通组成、交通量大小、重型车辆所占比重等因素，同时还要结合公路景观要求，从经济性、安全性出发，合理选择支撑方式。

2. 标志立柱高度的确定

目前国内规范对立柱的高度并没有详细的规定，而国外文献中已对标志的高度作了详细的描述，例如美国的 MUTCD 对标志高度的相关描述如下：

(1)标志底部到地面至少要 1.5m;有停车和行人时,至少要 2.1m;高速公路和快速路上的方向标志至少要 2.1m;所有高速公路和快速路上的指路标志、警告标志和禁止标志距离地面至少 2.1m。

(2)如果第二个标志在第一个标志的下方,主标志底部距离地面至少 2.4m,下面的标志底部距离地面至少 1.5m ,两标志之间至少有 0.3m 的间隔。

(3)高架标志(overhead mounted signs)应至少有 5.2m 的垂直净空。如果建筑物的垂直净空少于 4.9m,标志的高度可以比垂直净空低 0.3m。

同时通过国内外的研究,对标志的高度进行了补充:

(1)立柱式和双柱式高度为 1.8~2.5m。

(2)悬臂式和门架式高度为 4.5~5.0m。

(3)附着式高度为 1.8~2.5m。

3.标志设置位置的确定

1)标志距交叉口的距离

标志距交叉口的距离,可通过下列公式确定(图 7-38)。

$$D \geqslant (n-1)L^{*} + 1/2a(v_1^2 - v_2^2) + j - l \tag{7-1}$$

$$l \leqslant l\tan\theta \tag{7-2}$$

式中: D——标志的前置距离,m;

$(n-1)L^{*}$——变换车道所需的距离,m;

$1/2a(v_1^2-v_2^2)$——减速、改变方向所需的距离,m;

n——车道数;

v_1——接近车速,km/h;

L^{*}——一次改变车道所需距离,m;

v_2——交叉口处的速度,km/h;

a——减速度,m/s^2;

j——判断距离,m,$j=tv_1$;

d——驾驶员眼高到标志的侧距或驾驶员眼高到标志上方的高,m;

θ——在消失点与路侧标志或与头顶标志的夹角,°;

t——判断时间,s。

2)标志的侧向距离

在国内规范中关于侧向距离的说法是:标志内边缘距路面或土路肩边缘不得小于 25cm。在调查中发现悬臂标志的侧向距离大部分在 60~90cm 之间,立柱式标志的侧向距离大部分在 30~50cm 之间。针对目前标志侧向距离不统一的现状,需要对交通标志的侧向距离作详细的确定,以便更好地发挥交通标志的作用。

根据国内外相关文献对侧向距离的研究,对交通标志的侧向距离作如下描述:

(1)标志内缘距离路面(或硬路肩)边缘的距离不得小于 25cm,最好在 50cm 左右。

(2)对于立柱式标志,距离行车道的最小侧向距离为 3.7m。

(3)对于高架标志,距离路肩边缘的最小侧向距离为 1.8m。

(4)如果路肩宽度大于1.8m,立柱式标志距离路肩边缘的最小侧向距离为1.8m。

(5)在受限地点,最小侧向距离为0.6m。

(6)在城区人行道宽度受限或现有立柱距离缘石较近,距离缘石的最小侧向距离为0.3m。

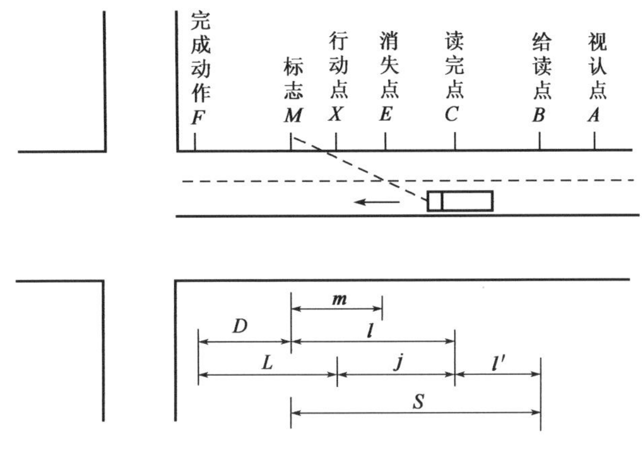

图7-38　标志前置距离的确定

3)交通标线的一般规定

交通标线的设置应根据公路等级、路幅宽度、交通组成及其流量大小、交通管理措施等情况,合理利用道路有效面积。

交通标线应确保线形流畅、规则,符合车辆行驶轨迹的要求,路段和路口标线的衔接应科学合理。

黄色线:用于区分对向行驶的车流。

白色线:用于区分同向行驶的车流。

黄色单(双)实线:画于路段中时,禁止车辆超车、跨越或回转。

黄色单(双)虚线:画于路段中时,准许车辆在保证安全的情况下超车、跨越或回转。

黄色实虚双线:画于路段中时,禁止实线一侧的车辆超车、跨越或回转,准许虚线一侧的车辆在保证安全的情况下超车、跨越或回转。

白色单实线:画于路段中,用于分隔同向行驶的机动车和非机动车,或指示车行道边缘;画于路口时,用作导向车道线或停车线。白色单虚线:画于路段中,用于分隔同向行驶的交通流或作为行车安全距离识别线;画于路口时,用于引导车辆行进。

白色双实线:画于路口时,作为停车让行线。

白色双虚线:画于路口时,作为减速让行线。

字符标记:标画于路面上的文字、数字及各种图形符号。

突起路标:安装于路面上用于标示车道分界、边缘、分合流、弯道、危险路段、路宽变化、路面障碍物位置。

路边线轮廓标:安装于道路两侧,用于指示道路的方向、车行道边界轮廓。

4)特殊地形标志标线的设置

我国地域辽阔,山区分布广,山区公路交通事故较多,70%以上的重特大恶性交通事故都发生在山区公路上。山区的公路,大都是根据自然地理条件修筑,很多修筑在崇山峻岭之中,受地形、地质条件的限制很难通过提高道路线形指标来提高道路的安全性。交通安全设施从公路工程本身来讲为附属设施，居从属地位，但是从交通安全角度来说，则为主要设施。正确而齐全的安全设施在某种程度上可以弥补公路线形和路况的不足，而且还能及时给驾驶员传达准确的行车信息，提醒驾驶员如何来操作，为行车提供了一条安全通道与安全保障措施。公路安全设施主要包括：安全护拦、交通标志、标线、视线诱导标等，它们为道路使用者提供路侧保护，减轻潜在事故的严重程度；提供各种警告、禁令、指示、指路信息和视线诱导。

(1)尺寸上的改进

标志尺寸大小应能对驾驶员的注意力和视认性提供可靠的条件。由于山区道路树多、雾多、能见度差，加之作为标志的空间背景是岩土山坡和树林，对比度小，视认性一般较差，而且考虑到路上车辆车速一般高于设计车速，可采用高一级车速对应的尺寸。

(2)位置的改进

警告标志安装距离应使驾驶员在距危险距离地点以前获知信息，并有足够的时间采取安全操作。

国外曾有“决策视距”的概念。所谓决策视距是指驾驶员获知潜在危险信息后，选择适当速度和路径，安全有效地完成必要的操作所需的距离。它比停车视距要长些，因为它使驾驶员低速绕过而不是停车。

通过研究，决策视距最小值约为停车视距的2倍，期望值为3倍左右。所以在山区道路上的危险路段即需要设置警告标志的地方，可以在警告标志的前方，分别在决策视距和停车视距位置各设置一块，以期通过两次警告，驾驶员能有足够的时间采取安全措施。此外对于错觉易出现的路段，必须采取设立警告标志或视线诱导标志给予纠正，也可以采取增强危险信息提醒驾驶员，比如在越岭公路上安装“险”字标志。

第七节　公路与铁路平面交叉

一、交角

公路与铁路平面相交，交叉角应尽量正交，这是考虑到尽量缩短道路口的长度，使车辆与行人减少横穿铁路道口的距离和时间。另外，交叉角过小，可能产生轨枕间缝卡住车轮胎等危及安全的情况，同时过小的交角也存在交通事故隐患。必须斜交时，其交叉的锐角应不小于70°；受地形条件或其他特殊情况限制时，应不小于60°。

二、视距

道口应设置在汽车瞭望视距不小于表7-23规定值的地点。瞭望视距为汽车驾驶者在距道口相当于该级公路停车视距并不小于50m处，能看到两侧铁路上火车的范围，如图7-39所示。道口不得设置在铁路站场、道岔、桥头、隧道洞口及有调车作业的地段附近。

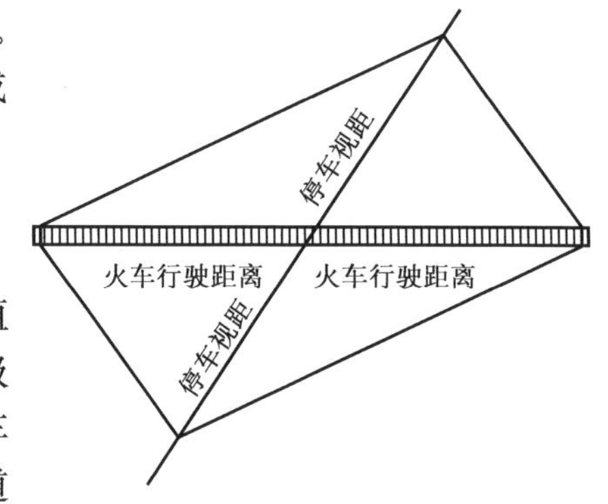

图7-39　瞭望视距三角区

汽车瞭望视距　　表 7-23

路段旅客列车设计行车速度(km/h)	140	120	100	80
汽车瞭望视距(m)	470	400	340	270

受地形等条件限制汽车在距铁路最外侧钢轨 5m 处停车后，汽车驾驶员的侧向瞭望视距小于表 7-23 规定的道口必须设置看守。

三、几何线形

道口附近的铁路路线以直线为宜。公路路线宜为直线，道口两侧公路的直线长度，由最外侧钢轨算起，不应小于 50m。

道口两侧公路的水平路段长度(不包括竖曲线)，从铁路最外侧钢轨外侧算起，不应小于 16m。紧接水平路段的公路纵坡，不应大于 3%；当受地形条件及其他特殊情况限制时，不得大于 5%。对于重车驶向道口一侧的公路下坡路段，紧邻道口水平路段的纵坡不应大于 3%。

道口应设置坚固、平整、稳定且易于翻修的铺砌层，其长度应延伸至钢轨以外 2.0m。道口两侧公路在距铁路钢轨外侧 20m 范围内，宜铺筑中级以上路面。相对于相交公路的路基宽度，道口铺砌宽度和公路行车道宽度不得缩减。这主要是考虑到缩减断面宽度，对于汽车与其他机动车、非机动车和行人通过道口的安全不利。即在对向同时有汽车，或道口上有性能差的机动车、非机动车占道时，应保证双向交通正常安全运行。对于公路交通量大的设置看守道口，道口处的公路断面应适当增宽。

第八章　立体交叉安全设计

立体交叉是利用跨线构造物使相交的道路与道路(或铁路)在不同的平面上相互交叉的连接形式。采用立体交叉可使各方向车流在不同高程的平面上行驶,消除或减少冲突点;车流可连续稳定地行驶,提高了运行车速和道路的通行能力;控制相交道路车辆的出入,车辆各行其道,互不干扰,保证行车安全和畅通。

第一节　立体交叉的组成

立体交叉的组成部分如图 8-1 所示。

(1)跨线构造物:是相交道路的车流实现空间分离的主体构造物,指设于地面以上的跨线桥(上跨式)或设于地面以下的地道或隧道。

(2)正线:是组成立体交叉的主体,指相交道路的直行车道,主要包括连接跨线构造物两端到地坪高程的引道和立体交叉范围内引道以外的直行路段。正线可分为主线和次线。

(3)匝道:是立体交叉的重要组成部分,是供上、下相交道路转弯车辆行驶的连接道,有时也包括匝道与正线以及匝道与匝道之间的跨线桥或地道。

(4)出口与入口:由正线驶出进入匝道的道口为出口,由匝道驶入正线的道口为入口。

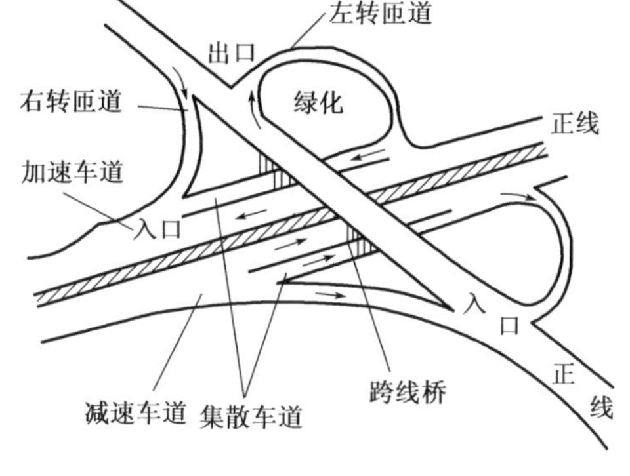

图 8-1　立体交叉的组成

(5)变速车道:为适应车辆变速行驶的需求,而在正线右侧的出入口附近设置的附加车道。变速车道分减速车道和加速车道两种,出口端为减速车道,入口端为加速车道。

除以上主要组成部分外,立体交叉还包括辅助车道、集散车道、绿化地带,以及立体交叉范围内的排水、照明、交通工程等设施。同时,公路立体交叉一般附设收费站。

第二节　立体交叉形式的选择

互通立交的形式很多,按照适应功能可以分为枢纽互通立交(或高速公路互通式立交)和出入口型互通立交。前者主要解决高速公路间交通流的快速转换,其选型中没有收费站设置等限制,形式较多,设计者可发挥的空间也相对较大,主要有苜蓿叶形、菱形、涡轮形、全定向形以及组合变化形等,后者一般服务于城镇或地方道路的交通流上、下高速公路,因常常需要封闭收费，所以其形式也相对有限，常规的有单喇叭形、部分苜蓿叶形、双喇叭形、Y 形或组合变化形等。

一、需要考虑的因素

(1)选定的形式应确保行车安全、顺畅和舒适。

(2)选形要注意远近结合、全面考虑，要考虑远期提高的需要和可能性、技术条件等因素确定设置位置。

(3)选择互通立交形式应符合转换交通量主流向的要求。

(4)选用的互通立交形式必须与所在地区的特征、性质相适应，应充分考虑地区规划、地形和地质条件、可能提供的用地范围、周围建筑物和设施分布状况等条件。在满足交通要求前提下，力求合理利用地形、工程运营费用经济合理及与环境相协调。

(5)选形应考虑收费要求，收费立交的收费站应布设在交通量最大的象限，当受地形或地物限制时应论证确定。收费立交连接线两端的交叉形式可采用三肢立体交叉或平面交叉，主要应根据正线的性质、使用任务、交通量以及地形地物条件综合分析后确定。高速公路与高速公路相交时，首选收费立交形式是双喇叭形或喇叭形加 Y 形的组合立交，其他形式采用较少。另外，对于高速公路之间相交的立体交叉，考虑车流的连续、行驶时间的缩短、吸引车辆的转换等，趋向于采用不收费的立体交叉。

(6)互通立交形式的选择应符合一致性要求，立交出口在某一路段上应保持一致性，而不应采用突变的出口方式，以防给使用者造成不便。

(7)互通立交造型应从实际出发，工程应有利于施工养护及排水。

二、几何形状及结构的选择

互通立交的几何形状及结构对行车速度、运行时间、行车视距、视野范围、服务水平以及通行能力等影响较大。在基本形式的基础上，通过仔细研究，对互通立交的总体结构进行安排和匝道布置，如跨线构造物的布置，出入口的位置，匝道的布置象限，内外匝道采用整体式或分离式断面，匝道的平、纵、横几何形状和尺寸。

三、立体交叉方案的比较

经过初步的方案比选之后，会产生几个方案，必须经过多方案的技术、经济比较，选择合理的形式和适当的规模，以满足交通功能要求、适合现场条件、工程量小、投资经济。对于复杂的大型立体交叉，还应制作模型或立体图进行检查。

对于互通立交方案的比选，通常采用以下几种方法：

1. 综合评价法

此方法的原理是首先确定互通立交比选的影响因素，通常包括经济、技术和环境等因素，通过计算影响因素的权重，给出各方案最终的得分，据此选择最优方案。当方案的得分较接近时，应增加影响因素，列出更为详细的比较项目进行比选。

2. 经济比值法

此方法可详细计算出互通立交各部分付出费用以及节省费用，并以经济指标来表示。然后将付出费用和节省费用分别相加，看哪个方案节省费用多，付出费用少，投资收回年限短，则为最优方案。

3. 环境协调与造型比较

互通立交建成后即成为环境的一个组成部分。类型选择时，互通立交与环境的协调，互通立交造型的美观是方案评选的重要条件，特别是互通立交造型的艺术性更为重要。拟定互通立交方案时，在保证立交功能和经济的同时，要充分考虑造型艺术的要求，尽可能使所选方案造型美观，结构新颖，与环境景观协调。造型结构的比较，一般常用透视图法或模型法。

第三节　立体交叉的安全性设计

互通立交的安全性设计指互通立交的设计指标不仅要满足规范的要求，还要从实际运行情况出发，保证行车的安全性。以往设计者往往忽略运行过程中驾驶员生理、心理方面的感受和车辆实际的运行性能。互通立交属于复杂的设计对象，实际运行中受到的控制指标较多，在设计中所采用的某些指标从单个来讲是安全的，但这些指标组合起来就构成了不安全的因素。安全性设计就是对互通立交中需要注意的问题进行讨论。

一、设计一致性

设计一致性就是指互通立交的设计满足驾驶员的行车期望，行驶条件的变化不会超出驾驶员的预期，不会给驾驶员带来错误的信息，驾驶员可以进行正确判断并采取行动。

1. 期望一致性

驾驶员是公路的使用者，在互通立交的设计中应该考虑驾驶员的驾驶行为、感受和期望。互通立交属于高速公路中较为复杂的构造物，驶出和驶入的车辆存在分、合流的情况，互通立交区域的交通标志比一般路段多，驾驶员接收的信息较多，需要做出更多的判断，互通立交设计一致性要保证驾驶员进入互通立交范围内的视距，可以清晰地看到互通立交匝道出入口，驾驶员可以对驾驶方向进行正确判断，避免出现驾驶员无法看清出入口、误入车道等情况。

2. 线形一致性

互通立交线形不是单条线形的延伸，是在一个有限的范围内若干条空间线形的有机组合。一般单条道路的线形设计，仅仅是线形要素的组合延伸，除与地形、地物及周边环境协调外，不涉及其他线形。而互通立交是由若干条线路组成的，各线路之间互相关联、互相影响，任何一条线形都不是孤立存在的，平面线位布置及纵面层次安排都要考虑与其相关线形的关系。驾驶员在行驶中的自然和谐，可通过优化交通组织及立交线形设计来实现，尽量减少驾驶员面对突变情况或有违背其习惯性思维的可能，即便受客观条件限制可能难以避免时，也应给予驾驶员足够的判断时间，或提前给出提示，引导驾驶员做出正确的行车判断。

3. 运行速度一致性

运行速度一致性指相邻路段的运行速度差应满足临界值的要求，《公路项目安全性评价指南》(JTG/T B05—2004)给出了评价标准：

评价指标采用相邻路段运行速度的差值 Δv_{85}。

$|\Delta v_{85}|<10$km/h：运行速度协调性好。

10km/h$\leqslant|\Delta v_{85}|\leqslant$20km/h：运行速度协调性较好。条件允许时宜适当调整相邻路段技术指标，使运行速度的差值小于或等于 10km/h。

$|\Delta v_{85}|>20$km/h：运行速度协调性不良。相邻路段需要重新调整平、纵面设计。

按照《公路项目安全性评价指南》(JTG/T B05—2004)的要求，互通立交的主线采用 20km/h 作为运行速度差的临界值，运行速度差大于 20km/h 时，速度协调性不良，应对主线平、竖曲线的半径、纵坡、横坡、视距以及加、减速车道的长度等技术指标进行调整；互通立交匝道采用 10km/h 作为运行速度差的临界值，运行速度差大于 10km/h 时，速度协调性不良，应调整互通立交匝道的技术指标。

4.避免路段重复

一致性要求汽车的行驶路线始终保持自身的完整和连续，当与另一条在较短的路线范围(如 1.5～5km)近距离平行时，两条公路应避免按重复路段设计，以保持各自的连续性。

二、交通量与通行能力

在规划布置立体交叉时，既要满足近期交通量的要求，又要考虑远景交通量的发展。立体交叉的形式、匝道的车道数以及其他各几何构造，均应根据远期交通量的估算而确定。设计通行能力低于设计交通量的互通形式是不合适的，因为它容易造成互通立交上交通拥挤，甚至发生堵塞。

所谓交织区是指行驶方向相同的两股或多股交通流，沿着相当长的路段，不借助交通控制设施进行的交叉。当合流区后面紧接着一分流区，或当一条驶入匝道紧接着一条驶出匝道，并在二者之间有辅助车道连接时，都构成交织区。

任何类型的公路中都会有交织区：高速公路、多车道公路、双车道公路或城市干道。交织区中驾驶员需要紧张地变换车道，导致交织区内的交通受紊流支配，而且这种紊流的紊乱程度超过了道路基本路段上正常出现的紊流，表现出交织区运行的特殊性。由于紊流的出现，交织区常常成为互通立交区域中的拥挤路段，因此，交织区作为互通立交的重要组成部分，如何保障其通行能力和服务水平成为互通立交设计的关键。

目前设计中存在的问题通常有两类：

一是设计只简单地考虑了不同方向车流的连接问题，没有为转换车流提供过渡交织空间。表现为在主线与进出匝道间没有考虑车辆的交织需求，没有设计合理的交织车道(图 8-2)，两左转车流不得不在主线进行交织，严重影响了主线通行能力与服务水平，并对车辆安全构成了威胁。

另一类常见问题是设计中考虑了交织车道，但未进行交织区的通行能力与服务水平分析，其长度与交织车道数不能满足交织需求。

正是因为交织区容易出现通行能力不足的问题，所以国外目前大部分国家高速公路枢纽立交设计中都取消了苜蓿叶形立交，或明确规定高速公路枢纽立交不应出现交织区。为此，应通过图 8-3 所示的设置集散道与专用匝道的办法消除交织段或减少交织交通量，以减少对主线交通的影响。

图 8-2　缺少交织车道的立交与路段设计问题

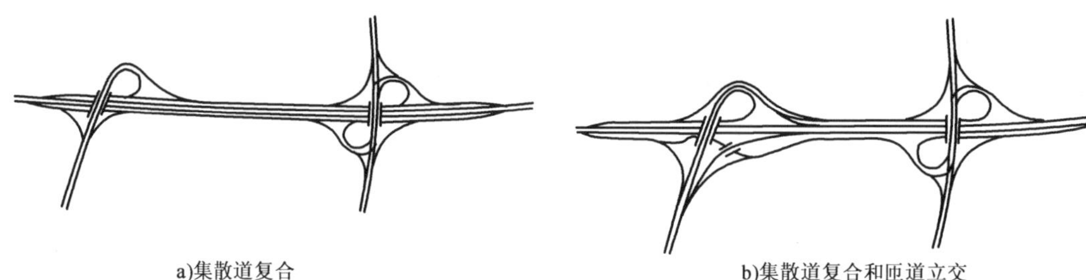

图 8-3　国外推荐的复合立交的设计

三、车道数的平衡

在高速公路、一级公路相互分叉或合流的地点，车道数往往会发生急剧的变化，为有效利用其分合流部分，使其充分发挥预期的交通容量，在分合流部分必须保持车道数的平衡，即：相邻两段在同一个方向上的车道数每次增减不得多于一条，如车道数平衡公式(8-1)和图 8-4 所示。

$$N_C \geqslant N_F + N_E - 1 \tag{8-1}$$

式中：N_C——分流前或合流后的主线车道数；

N_F——分流后或合流前的主线车道数；

N_E——匝道车道数。

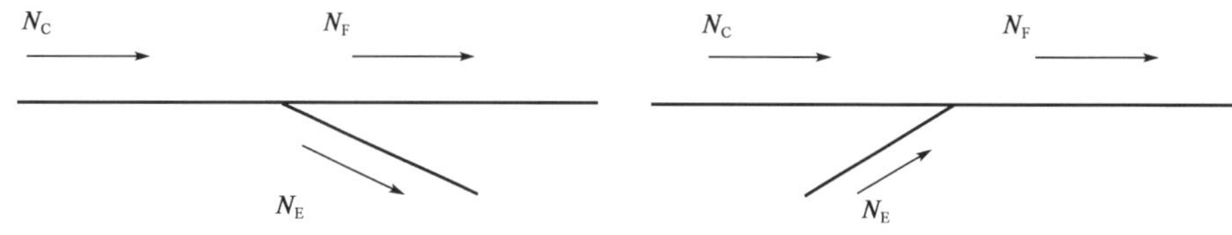

图 8-4　车道数的平衡

对于双车道匝道的互通立交在车辆分、合流处，为了保持车道数的平衡，必须增设辅助车道。对主线实施分期修建的高速公路，辅助车道也可采用分期实施，以减少前期的投资成本。

四、匝道线形设计

1. 匝道平面设计

匝道的平面线形设计，就是根据互通立交的地形和用地条件等因素来确定平曲线类型，选定平曲线半径，是否设置缓和曲线，加宽路段的设计，计算曲线要素、里程、桩号、坐标，协调整体线形几何匹配情况，调整匝道与主线、交叉线、结构物之间的关系。

平面线形设计中必须注意以下原则：

(1)匝道平曲线的曲率应与逐渐变化的行驶速度相对应。

(2)线形设计中应综合考虑互通立交的各方向匝道的交通量分布情况，交通主方向匝道应尽量采用较高的指标。

(3)由于流出匝道的行驶速度一般较流入匝道为高，所以流出匝道尽可能采用较高的线形指标。

(4)分流、合流处应具有良好的线形和通视条件。

(5)匝道起终点、收费站等连接部分的横断面组成、横坡、线形等过渡应自然顺畅。

(6)匝道线形在符合各种技术、场地、交通条件要求的前提下，还应注意工程规模合理，尽量少占用土地，减少拆迁，造型美观、协调。

1)匝道圆曲线半径

匝道圆曲线半径的大小直接影响着匝道的形式、用地、规模、造价以及行车道安全性和舒适性。最小半径取决于匝道的设计速度，同时考虑经济性、安全性和舒适性。表 8-1 为立交匝道圆曲线最小半径，通常应选用大于一般值的半径，当地形条件或其他特殊情况限制时，方可采取最小值。冰冻积雪地区不得采用最小值。

公路立体交叉匝道圆曲线最小半径　　表 8-1

匝道设计速度(km/h)		80	70	60	50	40	35	30
圆曲线最小半径(m)	一般值	280	210	150	100	60	40	30
	最小值	230	175	120	80	50	35	25

2)匝道回旋线参数

匝道及其端部应设置缓和曲线。缓和曲线为回旋线，其参数及长度应不小于表 8-2 所列数值。

匝道回旋线参数及长度　　表 8-2

匝道设计速度(km/h)	80	70	60	50	40	35	30
回旋线参数 A(m)	280	210	150	100	60	40	30
回旋线长度(m)	230	175	120	80	50	35	25

反向曲线间的两个回旋线，其参数宜相等或相近；相差较大时，大小两参数之比不宜大于 2。回旋线的长度还应同时满足超高过渡的要求。

2. 匝道纵断面设计

匝道纵断面设计应同主线一样考虑最短坡长限制和平纵组合问题，这两点在匝道的纵面设计中容易被忽视或不易满足。如平曲线应包住竖曲线，变坡点不应设置在S形平曲线拐点附近，两相邻竖曲线间的直坡段长度不应过短等。纵坡设计、竖曲线设计、与平面线形的协调要遵循以下原则：

(1)纵坡要与桥跨、净高、主线、交叉线相配合，保持纵断面变化顺适、均匀，满足排水要求，控制合成坡度，注意衔接段纵坡协调一致。

(2)尽可能采用大半径竖曲线，线形流畅、舒适、连续、合理、美观。

(3)纵断面设计要与环境、立交形式、桥跨布置、平面线形、横断面线形相适应。

(4)如果采用跨线桥，以地面高程、桥下净空、桥梁结构尺寸、交叉处设计高程等作为高程的控制因素，合理进行设计。

1)匝道最大纵坡

匝道因受上下线高程的限制，为克服高差、节省用地和减少拆迁，并考虑匝道上车速较低，故匝道纵坡一般比正线纵坡大。各种设计速度对应的立交匝道最大纵坡如表8-3。

公路立体交叉匝道最大纵坡 表8-3

匝道设计速度(km/h)			80、70	60、50	40、35、30
最大纵坡(%)	出口匝道	上坡	3	4	5
		下坡	3	3	4
	入口匝道	上坡	3	3	4
		下坡	3	4	5

因地形困难或用地紧张可增大1%。非冰冻积雪地区出口匝道的上坡及入口匝道的下坡在特殊困难情况下可增加2%。

2)匝道竖曲线半径

匝道各设计速度对应的竖曲线最小半径及最小长度见表8-4。

匝道竖曲线最小半径及长度 表8-4

匝道设计速度(km/h)			80	70	60	50	40	35	30
圆曲线最小半径(m)	凸形	一般值	4 500	3 500	2 000	1 600	900	700	500
		最小值	3 000	2 000	1 400	800	450	350	250
	凹形	一般值	3 000	2 000	1 500	1 400	900	700	400
		最小值	2 000	1 500	1 000	700	450	350	300
竖曲线最小长度(m)		一般值	100	90	70	60	40	35	30
		最小值	75	60	50	40	35	30	25

设计时应尽量采用大于或等于一般值的竖曲线半径，特殊困难时可适当减小，但不得低于上表中最小值。

3. 匝道横断面设计

匝道横断面由行车道、路缘带、硬路肩和土路肩组成。在匝道与主线、交叉线衔接处和加宽路段处，要处理好这些复杂的平面线形关系，前后横断面的过渡必须协调一致、相互关联，准确进行横断面的设计。

匝道圆曲线的加宽值，应根据圆曲线半径按表 8-5 所示数值采用。曲线加宽的过渡可按照正线加宽过渡的方式进行。

匝道圆曲线的加宽值　　表 8-5

圆曲线最小半径(m)	单向单车道匝道	≥72	58～<72	48～<58	42～<48	36～<42	32～<36	29～<32	27～<29	25～<27	23～<25	21～<23	15～<21	—	—	—
	单向双车道或双向双车道匝道	≥47	43～<47	39～<43	36～<39	33～<36	31～<33	29～<31	27～<29	26～<27	25～<26	24～<25	23～<24	22～<23	21～<22	15～<21
加宽值(m)		0	0.25	0.05	0.75	1.00	1.25	1.50	1.75	2.00	2.25	2.50	2.75	3.00	3.25	3.75

4. 匝道超高及其过渡

1)超高值

匝道上的圆曲线应根据规定要求设置必要的超高，超高值按表 8-6 选取，积雪冰冻区超高不得大于 6%，合成坡度不得大于 8%。当圆曲线半径大于表 8-7 所列值时，宜保持正常路拱。

匝道回旋线参数及长度　　表 8-6

匝道设计速度(km/h)	圆曲线半径(m)								
80	<280	280 330	330 380	380 450	450 540	540 670	670 870	870 1 240	>1 240
70	<210	210 250	250 300	300 350	350 430	430 550	550 700	700 1 000	>1 000
60	<140	140 180	180 220	220 270	270 330	330 420	420 560	560 800	>800
50	<90	90 120	120 160	160 200	200 240	240 310	310 410	410 590	>590
40	<50	50 70	70 90	90 130	130 160	160 210	210 280	280 400	>400
35	<40	40 50	50 60	60 90	90 110	110 140	140 220	220 280	>280
30	—	—	30 40	40 60	60 80	80 110	110 150	150 220	>220
超高(%)	10	8	7	6	5	4	3	2	1

匝道回旋线参数及长度　　表 8-7

匝道设计速度(km/h)	80	70	60	50	40	35	30
保持正常路拱(2%)的圆曲线半径(m)	280	210	150	100	60	40	30

2)超高过渡段

匝道上直线与超高圆曲线间或两超高不同的的圆曲线间,应设置超高过渡段,其长度应根据设计速度、横断面类型、旋转轴的位置以及超高渐变率等因素确定。

匝道超高过渡应平顺和缓,不产生扭曲突变。一般以正线边线不动并作为匝道超高的旋转轴,沿超高过渡段逐渐变化,直至达到圆曲线内的全超高。

5. 匝道视距

1)停车视距

单向单车道匝道主要满足停车视距;单向双车道匝道一般快、慢车分道行驶,可不考虑超车视距;双向双车道匝道一般应设中间隔离设施,也不存在回车和超车问题。所以匝道全长只需满足停车视距要求。匝道停车视距如表 8-8,积雪冰冻地区应大于括号内数值。

匝道停车视距 表 8-8

匝道设计速度(km/h)	80	70	60	50	40	35	30
停车视距(m)	110(135)	95(120)	75(100)	65(70)	40(45)	35	30

2)识别视距

正线上分流点之前的视距应大于 1.25 倍的正线停车视距。有条件时,宜满足表 8-9 所列识别视距。

匝道识别视距 表 8-9

匝道设计速度(km/h)	120	100	80	60
停车视距(m)	350~460	290~380	230~300	170~240

6. 匝道端部设计

匝道端部指与直行车道相邻的部分,包括分流点区、变速车道、渐变段和分流岛。按出入口位置可分为左出入口、右出入口和单出入口、双出入口;按线形可分为直线、曲设计线;按变速车道形式可分为平行式、渐变式;按匝道车道数可分为单、双车道。总之,匝道端部是最复杂烦琐的部分,必须满足相关的技术要求。

五、立体交叉间距

高速公路互通式立交布局规划应满足间距要求。一条高速公路上互通式立交的设置除了满足所需的交通需求外,还应满足立交的间距要求,一般最小间距 4km,最大间距 30km。前者是从高速公路运营效率和交通安全角度出发,后者是从互通式立交带动地方经济发展和便于高速公路运营管理角度考虑。一条高速公路上互通式立交间距的要求同样适合高速公路网上的立交间距。

互通式立交与服务区、停车区、公共汽车停靠站等设施之间距离的控制,基本原则与互通式立交之间的距离控制一样,即要满足设置出口预告标志的需要和保证高速公路直行车流稳定的需要。不同点在于这些设施的出入交通量相对较少,其净距离可略微放宽,但最小值也应大于 1 000m。

隧道与互通式立交间距的控制应重点放在隧道洞口与互通式立交出口间的净距上。两者

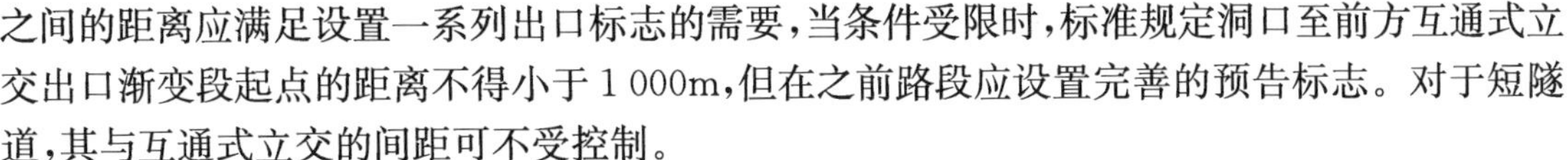

之间的距离应满足设置一系列出口标志的需要，当条件受限时，标准规定洞口至前方互通式立交出口渐变段起点的距离不得小于1 000m，但在之前路段应设置完善的预告标志。对于短隧道，其与互通式立交的间距可不受控制。

六、立体交叉收费站

目前国内立体交叉形式多采用喇叭形将匝道合并设置收费站。特别是四肢交叉的喇叭形只需设一处收费站，便于集中管理。四肢交叉双喇叭形的实质是以“连接线”分别在两端与交叉公路形成单喇叭交叉，所有转弯车辆均需要通过该“连接线”，从而达到了集中收费的目的。视交通量和现场情况等，“连接线”与被交叉公路的交叉还可采用平面交叉，或与交叉公路的交叉采用半直连式T形等。

第四节　立体交叉安全性评价

互通立交内的冲突类型多样（如变换车道冲突、追尾冲突等），而每一个交通冲突都可能导致交通事故的发生。虽然互通立交冲突点比平面交叉大大减少，但由于设计缺陷或道路环境等因素，并没有有效缓解交通压力，反而成为路网中的交通瓶颈，发生在互通立交上的交通阻塞导致的交通事故频发。所以开展对互通立交的安全评价对提高整个公路路网的安全性具有重要意义。

一、枢纽式互通立交交通安全评价方法

采用运行速度差的方法对枢纽式互通立交进行交通安全评价时，其关键环节是车辆运行车速的准确获得，实际操作时，应争取当地交通管理部门的同意和协助，尽量在不影响立交内车辆正常运行的前提下，获取车速数据。

具体测速时，应考虑如下因素的影响：①互通立交的规模；②设备布设间距；③样本量的要求；④观测时段，并尽量采用传感器测速的方式（如压力传感器等）进行全立交范围内，特别是进出口匝道处的速度观测。

这里需要特别强调的是，互通立交内不同断面的车速变化幅度（Δv）与交通安全之间的关系，与普通路段并不完全一致，这是因为不同的道路交通设施内，驾驶员的驾驶行为不同，车辆的运行特征也不一样，相应的安全等级划分的标准也应有所差异。此外，还需要重点考虑两相邻路段的交通安全状况与互通立交整体安全状况的关系，如当$\Delta v>20$km/h时，两相邻路段可能是不安全的，但就互通立交而言，其交通安全状况如何，则应统筹考虑。

此外，由于枢纽式互通内部可能是存在进口匝道—路段—出口匝道的若干单元组合，对某一流向的交通流而言，采用运行速度差的方法，可以得到任一单元交通安全状况的评价结果（和普通路段的评价过程相似），但就整个互通而言，还需要综合考虑各单元的安全状况。一个较为实用的方法是将互通立交内各进口匝道、出口匝道、普通路段的运行速度差取平均值，进而可以得到整个立交的安全评价结果。

由于国内外对基于断面速度差的安全评价方法已经进行了很多研究，并取得了较多成果，本章只是将该种分析方法引入到互通立交这一特殊的设施中，因此，对具体的评价过程不做过多介绍。

二、一般互通立交交通安全评价方法

根据上文的分析思路，对一般互通立交进行交通安全评价时，分进出口匝道和普通路段两个方面考虑，并分别采用不同的交通安全方法，这主要是由于：

（1）一般互通立交大多设有收费站，受收费站的影响，交通流由连续流变为间断流，而运行速度差的分析方法是以车速的连续分布为前提的，因此，仅采用速度差的分析方法，不能准确描述互通立交的真实安全状况。

（2）和普通路段相比，进出口匝道，特别是出口匝道的交通安全评价涉及的要素较多，且由于收费站的存在，无法采用基于车辆运行速度相关指标的评价方法。

基于以上分析，对一般互通立交的交通安全评价，分普通路段和进出口匝道两个方面进行，并通过后续的数据融合处理，得到整个立交的安全评价结果。以下就对其中的关键环节进行重点介绍。

1. 进出口匝道

在一般互通立交内部，普通路段上的车速数据较易获得，相应的数据分析方法和工作流程也较完善，因此，进出口匝道的交通安全评价是立交安全评价的重点和难点。而目前，国内还没有形成较为完善的专门针对进出口匝道的交通安全评价方法。

事实上，进出口匝道均为两主线之间的衔接道路，都是以满足车辆进入或驶出主线为目的，相应的交通安全评价也有较高的相似性。此外，统计资料已经表明，发生在出口匝道处的各类事故数约是进口的2倍，因此，对出口匝道进行研究具有更重要的现实意义，同时，也能在一定程度上避免重复研究的问题。

以下就采用基于交通安全诊断（专家打分）的方法，开展出口匝道的交通安全评价研究，涉及的内容包括评价指标的选取、打分标准的制定、打分结果的分析处理等。

1）评价指标的选取

根据大量现场踏勘的情况，结合资料分析，从几何安全、交通安全设施、交通管理与控制3个方面进行出口匝道交通安全评价，具体的评价指标见表8-10。

出口匝道交通安全评价指标 表8-10

序号	评价指标类别	评价指标标号	评价指标名称
1	几何安全（A）	A1	上游段视距
		A2	上游段减速渐变段长度
		A3	中游段匝道几何长度
		A4	中游段最小圆曲线半径
		A5	中游段匝道分、合流点距上游段的长度
		A6	中游段匝道分、合流点距下游段的长度
		A7	中游段路侧紧急停车带宽度
		A8	中游段车道设置
		A9	中游段视距
		A10	下游段视距
		A11	下游段出口匝道地面衔接部距前方交叉口距离

续上表

序号	评价指标类别	评价指标标号	评价指标名称
2	交通安全设施(B)	B1	上游段路侧安全设施设置
		B2	上游段出口匝道鼻端防撞设施的设置
		B3	中游段路侧安全设施设置
		B4	中游段视线诱导设施设置
		B5	下游段路侧安全设施设置
3	交通管理与控制(C)	C1	上游段出口匝道指示标志设置
		C2	上游段出口匝道限速标志设置
		C3	上游段减速渐变段的标线设置
		C5	下游段交通组织方式

值得说明的是，对出口匝道的交通安全评价是针对出口匝道的功能区而言的，因此从物理上包含了主线上游段、匝道中游段和下游段 3 个组成部分。此外，在对特定的出口匝道进行现场踏勘打分时，并不是所有的评价指标都会出现，此时，需要对打分的规则进行说明：

(1)对于出口匝道交通安全的基本要素，如减速渐变段、出口指示标志等，在存在的前提下，参照打分标准，给出相应的打分值，如果缺乏则记为 0 分。

(2)当出口匝道本身并不存在某种现象时，主要是中游段匝道的合并与分离，则记为满分。

2)打分标准的制定

为了提高专家在现场踏勘时打分的一致性，从而间接的提高安全评价结果的可信度和准确性，有必要制定量化的、界定清晰的打分标准，出口匝道交通安全评价评分标准见表 8-11。

出口匝道交通安全评价指标的评分标准　　表 8-11

指标类别	指标编号	评分标准		
		安全(10～15 分)	一般安全(5～10 分)	不安全(1～5 分)
几何安全	A1	a)驾驶员视线范围内没有明显的障碍物； b)满足出口识别的需要	a)驾驶员视线范围内没有严重影响安全的障碍物； b)满足出口识别的需要	a)驾驶员视线范围内有影响视距的障碍物； b)不能很好满足出口识别的要求
	A2	a)能够很好满足车辆变换车道、加减速等操作的需要； b)一般在 150m 以上	a)基本满足车辆变换车道、加减速等操作的需要； b)一般在 80～150m	a)不能满足车辆安全变化车道、加减速的需要，冲突现象时有发生； b)一般在 80m 以下
	A3	a)能够满足车辆在匝道平稳运行的需要； b)一般在 500m 以上	a)基本满足车辆在匝道平稳运行的需要； b)一般在 300～500m	a)不能满足车辆平稳运行的需要，驾驶员在进入匝道后不久就要减速驶出； b)一般在 300m 以下
	A4	a)匝道线形变化平缓，驾驶员没有不安全感； b)一般 $R>300$m	a)匝道线形变化较为平缓，驾驶员没有明显的不安全感； b)一般 $R>200$m	a)弯道半径过小，驾驶员有明显的不安全感； b)一般 $R<200$m

续上表

指标类别	指标编号	评分标准		
		安全(10~15分)	一般安全(5~10分)	不安全(1~5分)
几何安全	A5	a)距上游的距离能够满足车辆平稳运行的需要; b)一般大于250m	a)距上游的距离基本满足车辆平稳运行的需要; b)一般150~250m	a)距上游的距离不能满足车辆平稳运行的需要,驾驶员的心理压力较大; b)一般小于150m
	A6	a)距下游的距离能够满足车辆平稳运行的需要; b)一般大于250m	a)距下游的距离基本满足车辆平稳运行的需要; b)一般150~250m	a)距下游的距离不能满足车辆平稳运行的需要,驾驶员的心理压力较大; b)一般小于150m
	A7	>2.5m	1.5~2.5m	<1.5m或不设
	A8	a)适应出口交通量的状况; b)行车道和紧急停车带设置合理,满足正常行车及紧急停车的需要	a)基本适应出口交通量的状况; b)行车道和紧急停车带设置基本合理	a)不能适应出口交通量的状况; b)行车道和紧急停车带设置不尽合理
	A9	能够很好满足匝道范围内停车视距的要求	基本满足匝道范围内停车视距的要求	不能满足匝道范围内停车视距的要求
	A10	a)满足停车视距的要求; b)驾驶员能够看清相交道路的交通情况,视线范围内没有障碍物	a)基本满足停车视距的要求; b)驾驶员视线范围内没有明显的障碍物,对交通安全的影响不大	a)不能满足停车视距的要求; b)驾驶员视线范围内有明显影响安全的障碍物,对出口交通情况难以准确判别
	A11	a)能够很好满足车辆减速、变换车道及平稳运行的需要; b)一般在200m以上	a)基本满足车辆减速、变换车道及平稳运行的需要; b)一般在100~200m	a)不能满足车辆安全变换车道、减速的需要,车辆平稳运行时间较短; b)一般在100m以下
交通安全设施	B1	a)护栏的类型及位置合理; b)护栏的等级较高,能够较大程度地保护车辆	a)护栏的类型及位置基本合理; b)基本能够起到保障车辆安全的作用	a)护栏的类型或设置位置不尽合理; b)等级较低
	B2	a)防撞设施的类型及设置位置合理; b)等级较高,能够较大程度地保障匝道鼻端及车辆安全	a)防撞设施的类型及设置位置基本合理; b)基本能够保障匝道鼻端及车辆安全	a)防撞设施的设置不合理或未设; b)等级较低,不能够保障匝道鼻端及车辆的安全
	B3	a)护栏的类型及设置位置合理; b)护栏的等级较高,能够较大程度地保护车辆	a)护栏的类型及设置位置基本合理; b)基本能够满足保障车辆安全的需要	a)护栏的类型或设置位置不合理; b)等级较低,不能够保障车辆安全
	B4	a)设置位置、形式、尺寸、间距合理; b)有着良好的夜间可视性	a)设置位置、形式、尺寸、间距基本合理; b)能够较好地满足夜间视线诱导的需要	a)设置位置、形式、尺寸、间距不尽合理; b)夜间的可视性较差
	B5	a)护栏的类型及设置位置合理; b)等级较高,能够较大程度地保护车辆	a)护栏的类型及设置位置基本合理; b)能够基本保障车辆安全	a)护栏的类型或设置位置不合理; b)等级较低,不能够保障车辆安全

续上表

指标类别	指标编号	评分标准		
		安全(10～15分)	一般安全(5～10分)	不安全(1～5分)
交通管理与控制	C1	a)设置位置、形式、尺寸合理； b)信息量适中且前后的一致性良好	a)设置位置、形式、尺寸基本合理； b)信息量基本满足行车需要，且前后的一致性较好	a)设置位置、形式、尺寸不尽合理； b)信息量过大或过少，且前后的一致性较差
	C2	a)限速标志的设置位置合理； b)限速值满足车辆安全运行的实际需要	a)限速标志的设置位置基本合理； b)限速值基本满足车辆安全运行的需要	a)限速标志设置位置不合理； b)限速值不符合车辆运行的实际情况，限速值过大或过小
	C3	a)标线的设置方式准确，含义清晰； b)能够切实起到分离直行和右转出口车辆的作用	a)标线的设置方式准确，含义基本清晰； b)基本能够起到分离直行和右转车辆的作用	a)标线的设置方式不合理，或含义不够清晰； b)直行、右转车辆挤占车道现象时有发生
	C4	a)交通组织方式的选择合理； b)能够合理分配匝道出口车辆和地面交通的通行权限	a)交通组织方式的选择基本合理； b)能够较为合理地分配匝道出口车辆和地面交通的通行权限	a)交通组织方式的选择不合理； b)匝道出口车辆和地面交通的运行混乱

3)数据处理方法

在完成出口匝道交通安全评价指标的筛选和评分标准的制定后，如何将该种方法切实应用于出口匝道的安全评价中，是后续工作的重点，而其中如何对打分得到的数据进行分析处理是需首要解决的问题。实际应用时，可以按照式(8-2)进行计算。

$$S_{\text{off-ramp}} = G\sum_{i=1}^{11}\alpha_i \frac{S_{Ai}}{15} + F\sum_{i=1}^{5}\beta_i \frac{S_{Bi}}{15} + M\sum_{i=1}^{4}\gamma_i \frac{S_{Ci}}{15} \tag{8-2}$$

式中：G、F、M——几何安全、交通安全设施、交通管理与控制在出口匝道交通安全中的权重系数；

α_i、β_i、γ_i——几何安全、交通安全设施、交通管理与控制中第 i 项指标的权重系数；

S_{Ai}、S_{Bi}、S_{Ci}——几何安全、交通安全设施、交通管理与控制中第 i 项指标的打分值。

按照上述公式计算时，必须满足以下条件：

(1)$G+F+M=1$；

(2) $\sum\alpha_i = 1$；$\sum\beta_i = 1$；$\sum\gamma_i = 1$；

(3)$S_{Ai}, S_{Bi}, S_{Ci} \leqslant 15$。

从上述公式中可以看出，出口匝道交通安全评分值的得出依赖于各项指标权重系数的确定：

(1)几何安全、交通安全设施、交通管理与控制在出口匝道交通安全评价中权重系数的确定；

(2)不同类别的评价指标在所属类中相对权重系数的确定。

对此，本节采用专家问卷调查的方法，获取各项权重系数。该种做法主要是出于以下两点的考虑：

(1)尽管不同专家对同一指标的重要性认识可能不同，但大量调查时，仍满足较强的统计规律。

(2)交通安全评价本身就是主客观相统一的过程，一定的指标值通常对应交通安全的特定状态，因此，主观评价也是交通安全评价中的常规方法。出口匝道的专家问卷调查表见表 8-12。

出口匝道交通安全评价专家问卷调查表 表 8-12

评价指标类别	重要程度打分值	指标编号	评价指标名称	重要程度打分值
几何安全(A)		A1	上游段的视距	
		A2	上游段减速渐变段长度	
		A3	中游段匝道几何长度	
		A4	中游段最小圆曲线半径	
		A5	中游段匝道分、合流点距上游段的长度	
		A6	中游段匝道分、合流点距下游段的长度	
		A7	中游段路侧紧急停车带宽度	
		A8	中游段车道设置	
		A9	中游段视距	
		A10	下游段视距	
		A11	出口匝道地面衔接部距前方交叉口距离	
交通安全设施(B)		B1	上游段路侧安全设施设置	
		B2	上游段出口匝道鼻端防撞设施的设置	
		B3	中游段路侧安全设施设置	
		B4	中游段视线诱导设施设置	
		B5	下游段路侧安全设施设置	
交通管理与控制(C)		C1	上游段出口匝道指示标志设置	
		C2	上游段出口匝道限速标志设置	
		C3	上游段减速渐变段的标线设置	
		C4	下游段交通组织方式	

注:①在出口匝道交通安全评价中,为了衡量各指标(包括不同类别的指标之间以及同一类别内不同指标之间)的相对重要程度,制定本打分表;

②打分专家请根据经验判断,对各指标的相对重要程度进行打分(打分值为整数,各类指标打分值之和为 100 分,如几何安全+设施安全+交通管理与控制=100;且同类指标打分值之和也为 100,即,$\sum A_i = 100$,$\sum B_i = 100$,$\sum C_i = 100$),分值越大,表示指标对安全的影响程度越大。

采用当面访谈、电话咨询、邮件咨询等方式,收集不同专家对出口匝道安全评价各指标相对重要程度的打分值,经过分析处理,得到各评价指标的权重系数,见表 8-13。

出口匝道交通安全评价指标的相对权重系数 表 8-13

评价指标类别	编　　号	权重系数	备　　注
几何安全	A1	0.08	几何安全的权重系数为 0.42
	A2	0.10	
	A3	0.14	
	A4	0.10	
	A5	0.06	
	A6	0.08	
	A7	0.12	
	A8	0.04	
	A9	0.12	
	A10	0.10	
	A11	0.06	

续上表

评价指标类别	编 号	权重系数	备 注
交通安全设施	B1	0.18	交通安全设施的权重系数为 0.36
	B2	0.14	
	B3	0.26	
	B4	0.22	
	B5	0.20	
交通管理与控制	C1	0.18	交通管理与控制的权重系数为 0.22
	C2	0.38	
	C3	0.16	
	C4	0.28	

2. 普通路段

通过上述工作的开展，可以得到出口匝道的安全分值（$S_{off\text{-}ramp}$分布在 0～1 之间），采用类似的方法同样可以获得进口匝道的安全分值。对于一般互通立交的安全评价而言，后续工作的重点是：

（1）普通路段安全分值的计算方法研究（基于运行速度的数据分析），并将其标准化处理，使计算结果分布在 0～1 之间。

（2）进口匝道、出口匝道、普通路段对互通立交整体安全性影响权重系数的确定。

需要说明的是，对于路段安全状况分值的计算，是基于运行速度数据的分析，为了便于操作，建议将立交范围内与进出口相连的某一路段分两个断面进行测速，并对获得的 Δv 按式（8-3）进行标准化处理：

$$S_{road} = \frac{20 - \Delta v}{20} \tag{8-3}$$

式中：S_{road}——路段安全状况的得分值，当 $\Delta v > 20\text{km/h}$ 时，S_{road} 取 0。

根据上述的计算方法，可以得到一般互通立交内单一进口、出口、路段交通安全状况的得分值，若立交内存在多个进出口和普通路段，可以取各进口、出口、路段安全状况得分值的均值作为各设施的平均安全状况，并按公式（8-4）计算一般互通立交的交通安全状况得分值：

$$S_{core} = A \cdot S_{on\text{-}ramp} + B \cdot S_{off\text{-}ramp} + C \cdot S_{road} \tag{8-4}$$

式中：A——进口匝道对一般互通交通安全的影响系数；

B——出口匝道对一般互通交通安全的影响系数；

C——普通路段对一般互通交通安全的影响系数。

根据专家问卷调查的结果，进出口匝道及普通路段对互通立交交通安全的影响权重系数见表 8-14。

不同设施对互通立交交通安全影响权重 表 8-14

设施名称	进口匝道	出口匝道	普通路段
权重系数	0.30	0.42	0.28

3. 安全等级的划分

通过上述工作的开展，可以得到一般互通立交交通安全性的计算值，并能判别区域内不同互通立交交通安全性的相对优劣（S_{core}值越高，安全性越好），但无法判别各立交所对应的安全等级以及是否需要进行交通安全改善。由于交通安全评价通常是主客观相统一的过程，一定的指标值或计算值往往对应交通安全的特定状态，为便于研究，本章将一般互通的交通安全状况分为安全、一般安全、不安全3类，并根据实际调研的情况，初步划定不同安全状况的分界值，为后续的交通安全改善提供理论依据。

1）研究方法的选择

本章采用累积频率分析的方法界定一般互通立交不同安全状况的分界值，具体的思路如下：

（1）选择公众及交通管理部门反映安全性较好和较差的一般互通作为研究对象，并进行分组调查。

（2）按照上述的方法，对进出口匝道进行打分，对普通路段进行速度观测和分析处理，并最终得到表征立交安全状况的S_{core}值。

（3）绘制累积频率曲线，并选择安全性较好一组，15%位累积频率对应的数值作为一般安全状况的上限值，选择安全性较差一组，85%位累积频率对应的数值作为不安全状况的上限值，如图8-5、图8-6所示。

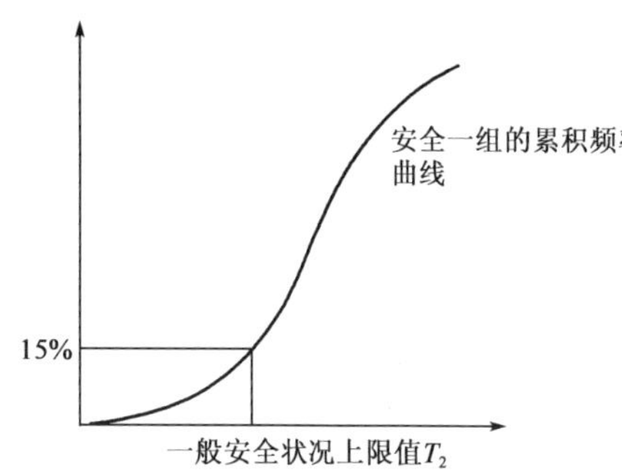

图8-5　一般安全状况上限值的确定方法

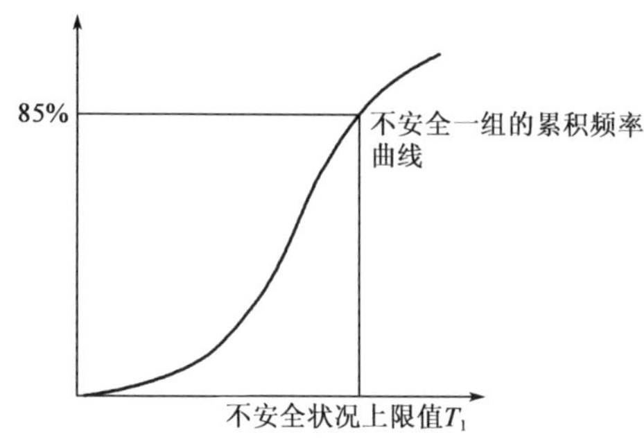

图8-6　不安全状况上限值的确定方法

对于一般安全状况上限值的确定方法，有两点说明：

（1）公众和交通管理部门对互通立交是安全还是不安全通常有着较为清晰的判断，但对安全还是一般安全则很难界定，因此，选择主观判断为安全的一般互通作为研究对象，而不选择主观判定为一般安全的立交作为研究对象。

（2）一般安全的85%位累积频率和安全的15%累积频率的对应值比较接近。

2）安全等级的划分

根据对沪宁、宁杭、宁合高速公路的部分互通立交的现场踏勘和打分情况，采用上述的数据分析处理方法，对不安全、一般安全、安全状况做出如下界定，见图8-7，并初步认为$S_{core}<0.5$的互通立交为不安全，急需进行交通安全改善；$0.5<S_{core}<0.7$为一般安全，该类互通立交近期需要改善或需要列入重点观察的范围，随着交通流量的增大或道路条件的变化，该类互通

立交可能转化为不安全的状况；$0.7<S_{core}<1.0$ 为安全，该类互通立交的交通安全性较好，短期内不需要进行安全改善。

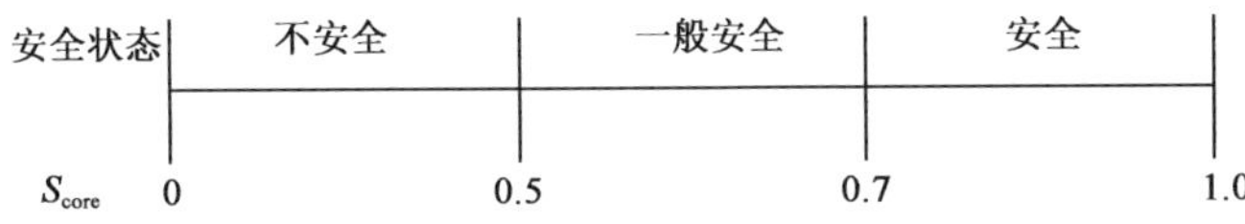

图 8-7　一般式互通立交不同安全状况的界定情况

第九章　避险车道安全设计

受复杂地形地貌、自然条件等限制，山区公路设计指标相对较低，出现了连续长大纵坡、螺旋隧道、高墩桥梁、桥隧群、隧道群等特殊的展线形式。其中，纵断面指标的选取是较为突出的问题。为克服高差，设计人员往往采取较长陡坡接短缓坡的形式，形成了连续长大纵坡。受高差的影响，连续长大纵坡路段通常伴随着冰、雪、雾等不利气候条件，对运营后的交通安全带来较大的挑战。事故资料分析结果表明，与连续长大纵坡路段相关的交通事故占山区公路交通事故总数的40%以上，60%～80%的事故车辆是载货汽车。

为了预防和减少道路交通事故，按照国务院的统一部署，2004 年初，公安部和国家安全生产监督管理总局研究确定了两部局督办治理的全国 29 处危险路段。这些路段多为山区公路，坡陡、弯急、路窄，或由于冰、雪、雾、强降雨等不利气候条件，导致路面湿滑、视距不良，对行车安全带来了巨大的挑战，已连续发生了多起重大交通事故或一次伤亡数十人的特大交通事故。在这 29 处危险路段中，连续长大下坡的事故多发路段就有 16 处，比例高达 55%。由此可见，连续长大下坡路段重特大交通事故发生概率较平均事故率高，所面临的交通安全形势也更加严峻。已经通车运营的高速公路中，广东、云南、湖北、北京、福建、四川、山西等省均存在连续长大下坡路段，最长的连续长大下坡路段超过 50km，平均纵坡达到 3%。目前国内高速公路连续长大下坡路段大多数为事故多发路段，在交通量大的地方安全形势更为严峻。

连续长大下坡的事故形态主要是货车的制动系统出现故障引起的，表现为制动器过热，导致车辆失控。超载是导致连续长大下坡事故高发的根本原因。驾驶员不规范的驾驶行为，如从经济利益出发，采用非正常的制动方式、较高挡位行驶是导致连续长大下坡路段事故的重要原因。对于连续长大下坡路段的安全处置，国内外已经从优化线形设计、避险车道设置、安全防护设施等方面开展了多项研究。典型高速公路连续长大下坡路段现场调研和事故数据分析表明，设置避险车道是一种非常有效的被动防护措施，对于连续长大下坡路段大货车事故严重程度和事故损失的降低效果显著。比如云南省元磨高速公路在 4 段连续长大下坡路段设置了 9 条避险车道，2006 年全年避险车道的使用次数多达 134 次，如果这些车辆未及时进入避险车道而继续在主线上行驶，则很有可能引发严重的交通事故，后果不堪设想。

尽管避险车道在连续长大下坡路段得到了较多应用，但国内尚未有完善的避险车道设计规范，对于避险车道的设计和指标选取指导力度不够。本章在对国内避险车道设置经验和存在问题进行分析的基础上，提出了避险车道的安全设计建议。

第一节　避险车道概述

避险车道是设置在路侧的、通过把制动失灵车辆分离出主线，并利用重力减速度或通过滚动阻力的方法来消散其能量，进而控制制动失灵车辆的特殊设施。在避险车道未被设计出来以前，制动失灵车辆经常撞到路边用于维护的成堆的砂砾中，有时候制动失灵车辆的驾驶员把车开到山坡或运送原木的道路上来降低车速。公路设计人员由此受到启发，于 1956 年在美国加利福尼亚建成了第一条用于救助制动失灵车辆的设施，即现在的避险车道。

避险车道主要是为在连续长大下坡路段行驶的制动失灵车辆特别是货车服务的，使制动失灵车辆能够与主线交通流分离并安全地减速停车，其主要目的是为了减少连续长大下坡路段由货车制动失灵导致的交通事故对人员和车辆的损伤。在连续长大下坡路段车辆发生制动失灵现象的主要原因是由于制动器温度过热而导致的热衰退引起的。

避险车道主要分为重力型、沙堆型和制动床型三大类。在这三大类中有四种占主导的基本类型，分别是沙堆型和三种制动床型，按照坡度可分为上坡型、水平型和下坡型避险车道。

重力型避险车道有一个铺砌的路面和紧密压实的集料表面，主要依靠重力的作用使制动失灵车辆减速并停车，滚动阻力起的作用非常小。重力型避险车道通常较长、较陡，并且易受地形的限制。重力型避险车道可以使制动失灵车辆减速停车，但由于制动失灵车辆减速停车后因为重力的作用会溜回主线，在没有有效的阻拦设施的情况下，很容易造成折叠(牵引车与挂车折合的现象)。因此，重力型避险车道是最不理想的避险车道类型。目前重力型避险车道在实际工程中已停止使用。

沙堆型避险车道由松散干燥的沙子堆砌而成，通常不超过 120m(图 9-1)。主要依靠松散的沙子提供的滚动阻力使制动失灵车辆减速停车。由于沙堆的减速特性非常剧烈，并且易受到天气的影响，因此沙堆型避险车道没有制动床型避险车道理想。但因为沙堆型避险车道尺寸较小，所需要的空间不大，所以当因空间所限不足以建造其他类型的避险车道时，可考虑建造沙堆型避险车道。

图 9-1　沙堆型避险车道

下坡制动床型避险车道与主线平行并紧贴主线，制动床用松散的集料填充以增加滚动阻力从而使制动失灵车辆减速(图 9-2)。因为坡度阻力的方向与制动失灵车辆的运动方向一致，重力的影响不会帮助削减车辆的速度，所以这种类型避险车道的长度将更长。这种避险车道应有一个显而易见的返回主线的路径，以便使那些质疑避险车道有效性的驾驶员感觉他们能以一个较低的速度返回公路主线。

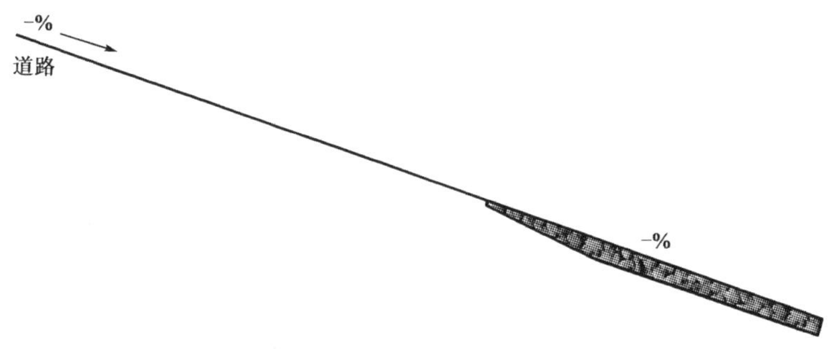

图 9-2　下坡制动床型避险车道

如果地形允许，水平制动床型避险车道是另一选项。它依靠制动床松散的集料提供的滚动阻力使车辆减速并停车，重力的影响较小(图 9-3)。这种类型的避险车道长度大于上坡型避险车道。

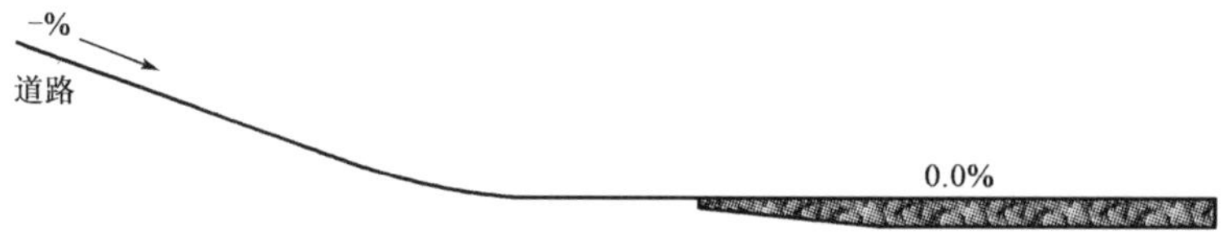

图 9-3　水平制动床型避险车道

上坡型避险车道是使用最广泛的避险车道类型。由于坡度阻力的方向与制动失灵车辆运动的方向相反，所以这种类型的避险车道既利用了坡度阻力，同时也利用了制动床集料提供的摩擦阻力使制动失灵车辆减速停车，因而所需的避险车道长度较小(图 9-4)。同时，松散的集料使得制动失灵车辆在安全停车之后能停在避险车道制动床中。

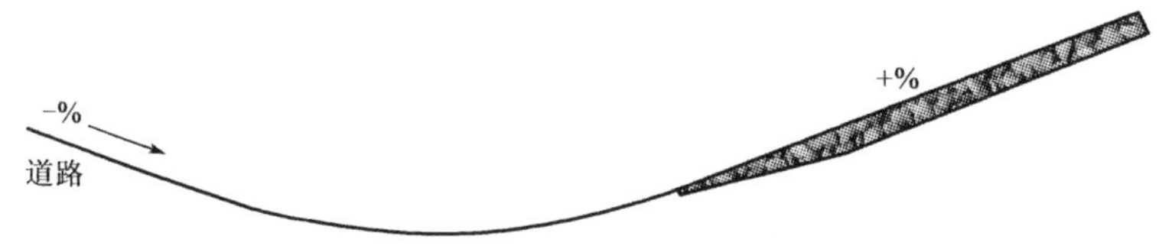

图 9-4　上坡制动床型避险车道

避险车道的类型应与所设置位置的环境和地形相协调。重力因素和滚动阻力因素用于决定使制动失灵车辆安全减速并停车的避险车道制动床长度。最有效的避险车道是上坡制动床型避险车道，在实践中应优先选用这种避险车道。当因空间位置所限不能设置上坡制动床型避险车道时，可选择建造沙堆型避险车道。

由于我国避险车道起步较晚，尚未制定相应的技术规范或指南，各地在避险车道设置方面还没有统一的标准可以遵循。《公路工程技术标准》(JTG B01—2003)中只是规定在“连续长陡下坡路段，危及运行安全处应设置避险车道”，并没有规定避险车道具体的设置原则和设计指标。随着避险车道使用需求的增长，对避险车道的研究逐渐引起了设计人员和研究人员的重视。近年来，在避险车道设置方法和设计参数的优化方面已经开展了大量的工作。

福建高速公路有限责任公司的郑蔚澜和杨杰与北京中路安交通科技公司一起对避险车道进行了实车足尺试验，研究了碎石道床避险车道对车辆阻尼效果与车辆质量、驶入速度以及避险车道纵坡的关系，确定了碎石道床避险车道对车辆的平均阻尼系数，进而提出了避险车道的长度计算公式。广东粤赣高速公路有限公司的黄秀成等采用定性和定量的方法对粤赣高速公路的避险车道进行了设计阶段的安全性评价，包括设置必要性和合理性、设计几何参数和相关辅助设施等。北京科技大学的娄依志、周永平等对避险车道的施救设备进行了研究，介绍了设计原理与方法，设计了一种可用于避险车道救援工作的施救车辆。陈渤通过对载重货车在长大下坡路段制动时，制动毂温度上升监测和分析，探讨了车辆在长大下坡路段制动失效的原因和规律，得出载重货车在长大下坡路段制动失效与坡度坡长关系以及制动失效后速度与坡度、坡长的计算公式，提出了避险车道设置的合理位置和相邻避险车道的间距设置原则。根据能量守恒原理，初步提出了制动失效车辆进入避险车道强制消能减速的避险理论和避险原理。同时，将避险车道分为一般减速段和强制减速段；路面分为一般减速路面和强制减速路面。根据能量守恒原理和牛顿力学原理，提出了避险车道一般减速段和强制减速段的长度计算公式。并参照现行公路标准和技术规范，提出了避险车道纵坡设计和横断面设计以及避险车道与主线衔接处设计的原则和方法。根据实车足尺试验得到的数据，提出了避险车道一般减速路面和强制减速路面的结构形式和设计原则。杨素超等人结合避险车道引道的作用和功能，车辆在进入避险车道车速快的特点，分析了国内现有避险车道引道设置存在的缺陷，结合人机工程学的知识以及国内外经验，对避险车道引道长度设置作了分析，提出地形受限导致引道长度设置不足时一些积极主动的措施。

在总结既有研究成果的基础上，在纵断面中对避险车道设置位置及间距、平纵横线形和制动床集料等方面作出如下规定：

在连续长陡下坡路段，交通组成中大、中型重车比例较高时，宜在连续下坡长度大于表9-1所示的平均纵坡的路线长度后，开始设置第一处为失控车辆专用的避险车道，并按表中规定的路线增加长度增设避险车道。避险车道应由标志标线、减速路面、路侧护栏、端部抗撞设施、施救设施等组成。

避险车道设置位置及间距 表 9-1

平均纵坡度(%)	设置第一处避险车道的位置(陡坡路段连续下坡长度，km)	增设避险车道的长度(km)	
		一般值	最大值
>4	2.0	0.5	0.5
4	2.5	0.5	0.75
3.5	3.0	0.6	1.0
3	3.5	0.7	1.3
≤2.5	7.5	1.0	2.0

避险车道一般宜设置在连续长陡下坡路段右侧视距良好的路段，在车辆高速行驶时不能安全转弯的主线平曲线之前或人口稠密区之前；入口在较小半径的曲线上时应尽量以切线方式从主线切出，在直线或大半径曲线上时，进入避险车道的驶入角不应过大，避免侧翻，主线应设置醒目标志，确保失控车辆安全、顺利驶入。

国外在避险车道方面也开展了较多研究。自 1956 年加利福尼亚州第一条用于救助制动失灵车辆的避险设施建立以后至 1977 年，美国 20 个州总计有 60 条避险车道相继处于规划和运营之中，并积累了足够的事故数据证明避险车道对于减少连续长大下坡路段的制动失灵事故是十分有效的。根据 1990 年的调查结果，美国 27 个州共设置了大约 170 条避险车道，是 20 世纪 70 年代(共 58 条)的 3 倍。这些避险车道大部分位于美国西部各州，在密西西比河以东的 12 州中共设置有 60 条避险车道。除美国之外，避险车道在加拿大、英国、澳大利亚、南非等国家也得到了广泛应用。英国、澳大利亚和南非在其公路设计标准和规范中对避险车道的设置作了具体规定。

美国联邦公路管理局于 1979 年出版了一本有关避险车道设计技术建议《避险车道设计的临时指南》，该指南成为避险车道有关的第一本指南。美国各州，如俄勒冈、华盛顿、加利福尼亚、纽约州等的公路设计手册中均对避险车道的设置作了规定。在美国公路与运输协会(AASHTO)制定的《公路和城市道路几何设计原则》中对避险车道的设置作了专门规定。为研究避险车道的制动机理，美国宾夕法尼亚大学交通运输学院的 J. C. Wambold、L. A. Rivera-

Ortiz 和 M. C. Wang 于 1984 年至 1986 年共进行了 52 次足尺实车试验，对圆形砾石和有棱角的碎石两种材料的避险车道进行了研究。试验结果表明：车辆在圆形砾石材料的制动床内陷入更深，可获得更大的减速度。基于试验获得了车速、制动床材料与车辆制动距离的关系，提出了计算模型和设计方法。Walid Abdelwahab 和 John F. Morral 对避险车道的设置原则和设置位置进行了研究，考虑了与车辆、道路和驾驶员相关的各种因素，提出了避险车道设置位置的选择方法，并在约旦和加拿大西部的山区公路得到应用。Bowman 提出了坡度严重度分级系统，其核心内容是根据货车的质量和纵坡度计算出货车在该纵坡下的制动器温度曲线，并结合制动器的临界温度判断设置避险车道的位置，对下坡路段货车制动温度的研究之后，得出了制动器温度的极限值为 260℃，超过这一温度，制动的效果将会大幅度地降低。对下坡路段每0. 8km计算一次货车的制动器温度，当制动器温度超过极限值的位置就认为是潜在的事故隐患点。I. L. Al-Qadi 和 L. A. Rivera-Ortiz 对避险车道制动床采用的砾石材料性质进行了试验研究，包括剪切强度、体积变化、弹性模量等，采用了静力和动力三轴试验，获得了各项指标以及材料性质的影响因素。

除美国之外，其他国家对避险车道也进行了研究。如 Cocks 和 Goodram 于 1982 年在澳大利亚西部建造了两个试验避险车道，研究了避险车道的减速度、车辆载重量对减速效果的影响以及材料的平均粒径。I. B. Laker 分别于 1966 年和 1971 年在英国对避险车道进行了研究，包括松散砾石制动床对车辆的减速度研究和确定制动床设计参数的试验研究。

第二节　现状及存在的问题

与国外相比，避险车道在我国的应用相对较晚，直到 1998 年北京八达岭高速公路才设置了我国第一条避险车道。虽然应用较晚，但由于国内山区高速公路的比例越来越大、地形地貌复杂、交通组成复杂、货车车辆特性相对较差，随着连续长大下坡路段的出现，避险车道的使用也越来越多。据不完全统计，全国已经设置了近 100 条避险车道，主要分布在北京、甘肃、福建、云南、河南、山西、河北、新疆、广东、陕西、湖南、广西、青海、浙江等省（市、自治区）（表9-2）。实践证明，避险车道对救助连续长大下坡路段制动失灵车辆效果显著。

避险车道分布表（部分）　　表 9-2

省　份	道路编号	数　量	省　份	道路编号	数　量
北京	八达岭高速	3	浙江	G104	1
甘肃	G213	1	云南	楚大高速公路	1
	G212	4		澄马线	1
	G215	3		元磨高速	9
	S308	4		通建高速	2
				蒙新高速	4
	G312	4	山西	运三高速公路	2
				太旧高速	1
				青银高速吕梁段	1
	兰临高速	2	河北	G207	4
	天谗公路	2		石太高速	2

续上表

省份	道路编号	数量	省份	道路编号	数量
福建	G104	1	新疆	G312 奎赛高速	10
	G319	2	广东	G105	3
	漳龙高速	3		京珠高速粤北段	3
	S308	1		梅河高速	2
河南	连霍高速	2		粤赣高速	3
	焦晋高速	3	陕西	G210	1
	G209	2	湖南	吉首至茶洞高速	2
	G311	1	广西	水任至南宁公路	1
			青海	湟倒一级公路	1
			湖北	沪渝高速鄂西段	3

尽管避险车道在国内已经得到了较多应用，但根据典型山区高速公路连续长大下坡路段调研情况分析结果，国内避险车道设置主要存在以下问题：

(1)部分避险车道未设置服务车道。

服务车道对于避险车道内车辆的施救和制动床的日常养护有重要意义，若未设置服务车道，则一旦车辆驶入制动床后，由于制动床材料阻尼的影响，无法在短时间内将车辆拖出制动床、恢复避险车道的功能，不利于后续失控车辆的使用。

(2)制动床材料设置欠佳。

制动床材料多采用砂或粉碎后的石块，阻尼相对较小，不同粒径间的级配控制较差，较为锋利的石块边缘对重载货车的轮胎有所损伤，制动床材料的铺设深度通常较浅。

(3)制动床端部防护不足。

部分避险车道制动床的端部未设置防护设施，而部分避险车道虽在端部设置了端墙进行防护，但在端墙前未设置减速消能设施。在制动床长度不足的情况下，失控车辆存在冲出避险车道或撞击端墙的风险，容易导致二次事故，特别是对于设置于弯下坡路段的避险车道风险更大。

(4)避险车道与主线夹角过大。

部分避险车道与主线夹角较大，考虑到失控车辆制动失灵后驾驶员心理高度紧张，制动失灵车辆的转向系统也可能存在失灵情况。若与主线夹角过大，则不利于失控车辆驶入避险车道。

(5)避险车道引道长度不够。

避险车道引道可以给制动失灵车辆驾驶员提供充分的反应时间和足够的空间操纵车辆沿引道安全地驶入避险车道。若引道长度不够或未设置引道，则不利于失控车辆驶入制动床，增加了驾驶员的心理压力。

(6)避险车道预告及诱导标志较差。

在避险车道前未按标准规范要求对设置位置进行详细预告。避险车道入口处未设置配套的标线、制动床和服务车道标志，对于夜间的失控车辆诱导性较差，不利于车辆驶入避险车道，或导致车辆将服务车道误认为是制动床，从而导致二次事故的发生。

(7)避险车道两侧护栏防护强度不够。

部分避险车道两侧设置的护栏仅按普通路段设置，采用了A级波形梁护栏，考虑到失控车辆进入制动床后，受制动材料的影响，行驶路径会发生一定的偏移，若护栏防护不足，则可能冲出避险车道，导致二次事故。

(8)避险车道纵坡过大。

部分避险车道为减小制动床的长度，采用了过陡的纵坡，会导致驾驶员心存恐惧，不敢驾车驶入避险车道。同时，过大的纵坡也可能导致冲入制动床的重载车辆由于车货总重过大而从制动床倒溜回主线，存在较大的安全隐患。

第三节　设置位置选择

避险车道的设置位置对于其能否发挥作用至关重要。不管是新建公路还是已运营的公路，在确定避险车道的设置位置时都应进行工程判断。相关的因素包括以前失控事故发生的位置、下坡的长度、坡底的情况、重型车辆占下坡车流的百分比、平纵线形、地形，特别是土建工程对成本的影响、坡底可能存在的收费站以及对环境的影响等。避险车道应设置在对制动失灵车辆最有效的地方，例如坡底或下坡中途等那些车辆制动失灵可能导致重大事故的位置。实际工程经验证明避险车道宜设置在：

(1)连续长大下坡或陡坡路段小半径曲线前方。

连续长大下坡路段或陡坡路段与小半径曲线相接往往是事故多发点。长时间下坡制动的车辆往往不能安全通过小半径曲线，因此宜沿小半径曲线前方沿切线方向设置避险车道。

(2)连续长大下坡路段的下半部分。

从驾驶员行车心理角度出发，驾驶员更易接受在连续长大下坡路段下坡部分使用避险车道。但如果下坡路段很长，可不受此限制。

对于新建公路和已运营公路而言，可以选择在此公路上运行的典型货车，测定此货车在下坡过程中制动器温度的变化情况，当制动器温度高于一定值时，货车制动器的制动效能将开始发生大幅度的衰退，遇到紧急情况时将不能有效地实施制动，这种情况极易造成制动失灵事故的发生。货车制动器制动效能开始发生大幅度衰退的地点应为避险车道设置的理论位置。因此，可以根据下坡路段运行的货车制动器温度来确定避险车道的设置位置。

避险车道应尽可能设置在下坡方向的右侧，并避免设置在那些夜间车辆可能误闯的地点。在建有避险车道的地区，当地居民应被告知在避险车道内逗留非常危险。同时，必须保证避险车道入口清晰可见，便于制动失灵车辆驶入避险车道。避险车道仅在必要的时候设置即可，应避免设置不必要的避险车道。比如在刚刚离开设置了避险车道曲线处，不需要再设第二条避险车道。

总体来说，避险车道设置位置的选择可以归纳为以下几方面：

(1)一般设置在连续长大下坡路段右侧的视距良好路段，主线应设置醒目标志，应避免由于视距不良导致驾驶人未发现或来不及操作而错过避险车道。

(2)避险车道一般设置在车辆不能安全转弯的主线平曲线之前和人口稠密区之前。

(3)避险车道入口应尽量布置在平面指标较高路段,并尽量以切线方式从主线切出,确保失控车辆安全、顺利驶入。进入避险车道的驶入角不应过大,以避免引起侧翻。

第四节　平纵线形指标

一、平面线形

避险车道是专为连续长大下坡路段的制动失灵车辆设计的。车辆失控后,驾驶员心存恐慌,同时车辆驶入避险车道制动床后没有转向能力,因此制动失灵车辆是不可能适应曲线线形的。因此,避险车道的平面线形应为直线,以减少驾驶员控制车辆的困难和尽可能避免进入避险车道的车辆侧翻。为了能使制动失灵车辆更容易地驶入避险车道,避险车道与主线的交角应尽可能地小,以小于5°为宜。

二、纵坡

避险车道的坡度也是确定避险车道制动床长度的重要因素,避险车道的坡度应由预估设置位置的地形条件决定。坡度增加可使所需制动床长度减小。在设置位置的地形条件不足以设置足够长的避险车道制动床时,可适当增加避险车道的坡度,但坡度不能过大,否则驾驶员会心存恐惧,不敢操纵制动失灵车辆驶入避险车道。避险车道的纵断面线形宜采用单向上坡。当需要设置竖曲线时,竖曲线半径应满足视距要求的半径值。避险车道的纵坡坡度应根据避险车道的长度和制动床材料综合确定,保证车辆不发生纵向倾覆和纵向滑动。其值宜控制在8%～20%,一般条件下不超过15%,极限条件下不超过20%。

三、宽度

避险车道的宽度应至少能够容纳一辆车,考虑到在一个较短时间内还是有两辆或更多的车辆使用避险车道的需求,因此建议避险车道应尽可能的宽。避险车道的宽度一般为4～6m,服务车道的宽度一般为3.2m。若需要满足两辆车辆先后进入避险车道,则车道宽度宜为8～10m。

四、长度

为了保证制动失灵车辆在驶入避险车道后能够安全停车,避险车道制动床的最小长度应为失控货车停车所需的最小距离,可通过式(9-1)确定:

$$L=\frac{v_1^2-v_2^2}{254(R\pm G)} \tag{9-1}$$

式中:L——制动床的最小长度,m;

v_1——制动失灵车辆驶出主线驶入避险车道时的入口速度,货车车辆可按100km/h、110km/h计;

v_2——制动失灵车辆通过制动床终点的速度,km/h;

G——避险车道制动床的坡度除以100;

R——避险车道制动床集料的滚动摩擦系数除以 100(轮胎与各种材料之间的滚动阻力系数见表 9-3)。

轮胎与各种材料之间的滚动阻力系数 R 值 表 9-3

材　　料	R 值	材　　料	R 值
硅酸盐水泥混凝土	10	松散的碎料	50
沥青混凝土	12	松散的砂砾	100
压实的砂砾	15	沙子	150
松散含砂的泥土	37	豆形砂砾	250

根据避险车道失控车辆驶出速度、避险车道纵坡及制动床材料综合确定的避险车道推荐长度见表 9-4。

避险车道推荐长度表 表 9-4

主线驶出速度(km/h)	避险车道纵坡(%)	制动床材料	制动床长度 L(m)	制动床端部防护设施高度(m)
100	10	碎砾石	239	1.5
		砾石	179	1.5
		砂	143	1.5
		豆砾石	102	1.5
110	15	碎砾石	179	1.2
		砾石	143	1.2
		砂	119	1.2
		豆砾石	90	1.2
110	15	碎砾石	220	1.5
		砾石	176	1.5
		砂	147	1.5
		豆砾石	110	1.5
110	20	碎砾石	176	1.2
		砾石	147	1.2
		砂	126	1.2
		豆砾石	98	1.2

如果制动床不是单一坡度(图 9-5),那么制动失灵车辆在前一个坡道末端的速度可以计算出来,并以此速度作为下一个坡道的初始速度来计算下一个坡道末端的最终速度,以此类推,直至有足够长的制动床使得制动失灵车辆的速度削减至零。计算公式为:

$$v_f^2 = v_i^2 - 254L_i(R + G) \tag{9-2}$$

式中:v_f——车辆到达这一坡度坡道末端的速度,km/h;

v_i——车辆在这一坡度坡道起点的速度,km/h;

L_i——这一坡度坡道的长度,m;

G——坡度除以 100。

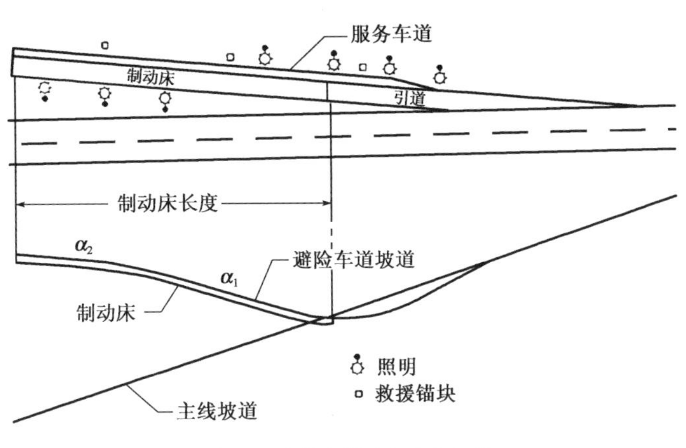

图 9-5　多坡度制动床避险车道

如果避险车道因设置位置的实际地形所限，不能提供足够的制动床长度以使制动失灵车辆完全停车，则应在避险车道制动床末端设置减速消能设施。即使在那些能够提供足够长度的避险车道制动床末端，设置减速消能设施也是必要的，因为制动失灵车辆冲出避险车道的后果极其严重。

设置在避险车道制动床末端的减速设施主要有三类，即集料堆、消能桶和废旧轮胎(图 9-6)。集料堆应设置在避险车道制动床末端，高度应在 0.6～1.5m 之间，坡度为 1V∶5H。为了避免避险车道制动床集料的污染，集料堆的材料应和制动床集料相同。如果在避险车道末端设置消能桶，消能桶里的材料也应和制动床集料相同，以免制动床集料受到污染。除了设置集料堆和消能桶以外，可在避险车道制动床末端横向设置废旧轮胎，这在国内已经获得了一定程度的应用。

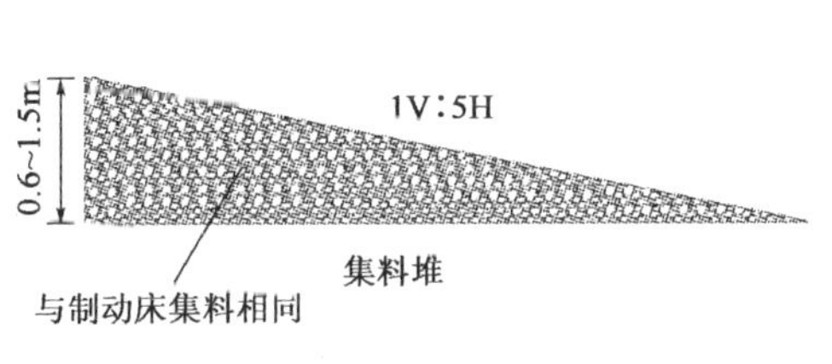

消能桶

废旧轮胎

图 9-6　制动床末端减速设施

需要特别指出的是，应尽量保证避险车道制动床的长度要求。确因地形所限无法提供足够长的避险车道长度时才可在避险车道末端设置减速消能设施，并应保证制动失灵车辆在与这些减速消能设施碰撞时速度不超过 40km/h。

第五节　制动床材料选择

避险车道制动床材料应是干净的、不易被压实的、有较高滚动阻力的材料。当使用集料时，应是圆形、不易被压碎、单一尺寸、并能够自由滚动的材料。这样的材料可以使得集料之间的空隙最大化，而且便于排水并可使互锁和压实的机会最小。同时，具有较低剪切力的材料可以有助于轮胎的陷入。尽管松散的砂砾和砂也被使用，但豆形砂砾是这些最常用材料的典型代表。如果细小尺寸的集料被清除，满足以下级配要求的材料已被证明是有效的(表 9-5)。

制动床材料级配要求　　表 9-5

筛孔尺寸(mm)	2.36	4.75	12.5	25	37.5
通过率(%)	5_{max}	10_{max}	25～60	95～100	100_{min}

一定深度的集料是保证制动床充分发挥作用的必要条件。避险车道制动床集料的最小铺设深度应为 1m。制动床的底部可能会产生最大 30cm 的坚硬的表层，这样可导致制动床材料的污染并削减了制动床的有效性。因此，推荐的制动床集料深度为 1.1m。当制动失灵车辆驶入避险车道制动床时，通过车轮与制动床集料的相互置换，车轮陷入集料，进而形成车辆向前运动的阻力。同时，为了使制动失灵车辆平稳地减速停车，制动床集料的铺设深度应由浅入深逐渐过渡到完成深度。制动床集料的铺设深度应沿着制动床方向在最初 30～60m 范围内从制动床入口处最小 75mm 逐渐过渡到完成深度(图 9-7)。

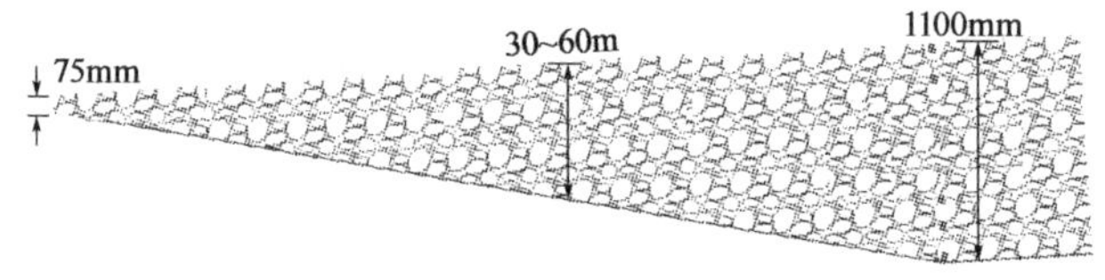

图 9-7　制动床集料铺设深度应由浅入深逐渐过渡

第六节　配 套 设 施

一、安全设施

根据《道路交通标志和标线》(GB 5768—2009)的要求，设置了避险车道的道路上，在其前方适当位置应至少设置一块避险车道标志(如图 9-8a))，用以提醒货车驾驶人注意是否使用避险车道。如果条件允许，宜在避险车道前 1km、500m 左右及其他适宜位置分别设置预告标志(如图 9-8b))，在避险车道的入口处设置指示的警告标志(如图 9-8c))。

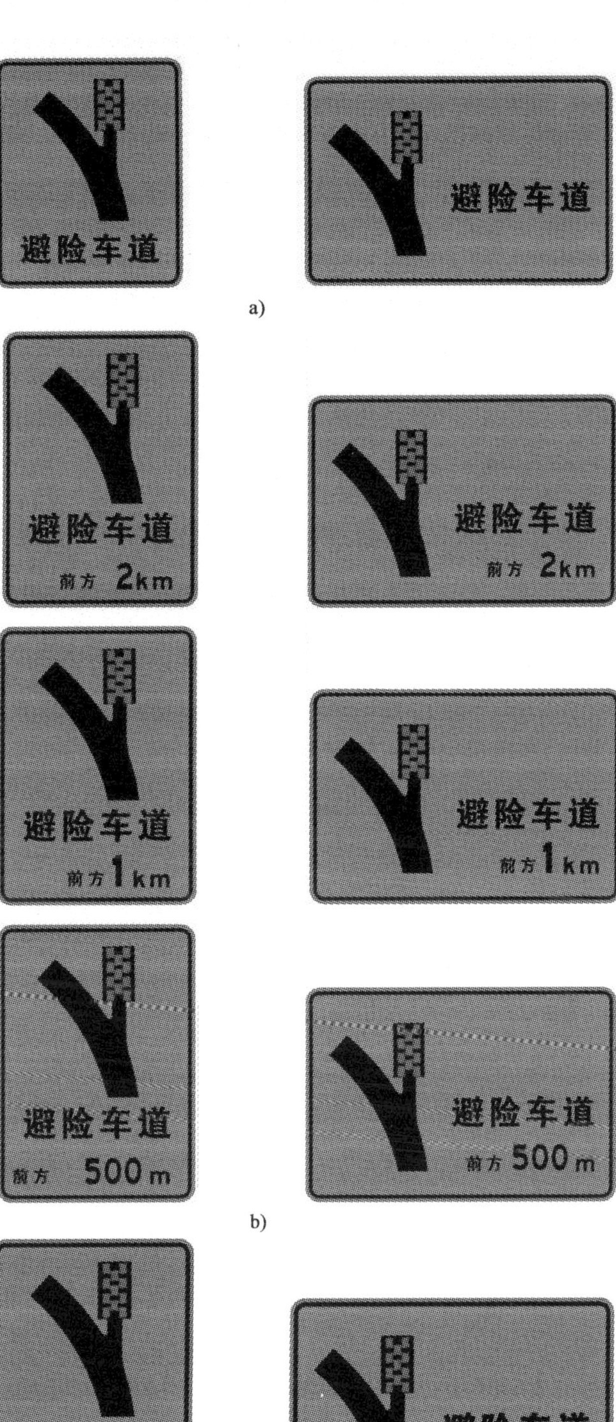

图 9-8　避险车道预告标志

同时,应在连续长大下坡路段坡顶和下坡途中休息区提供避险车道、停车区、服务区等服务设施的预告信息,包括避险车道的数量、大致位置等信息。同时应在坡顶向驾驶员提供连续长大下坡路段的坡度、坡长、平面线形等信息。对于一个连续长大下坡路段设置有多个避险车道时,应在下坡过程中对前方的避险车道数量和大致位置进行预告(图 9-9)。并在避险车道入口处设置相应的安全设施,如图 9-10 所示。

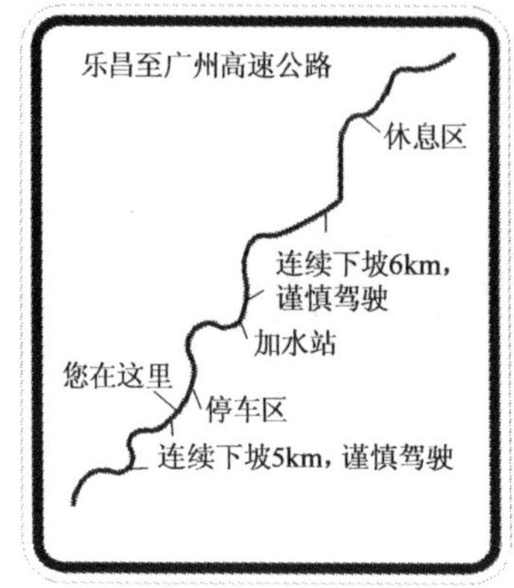

图 9-9　避险车道设置位置预告

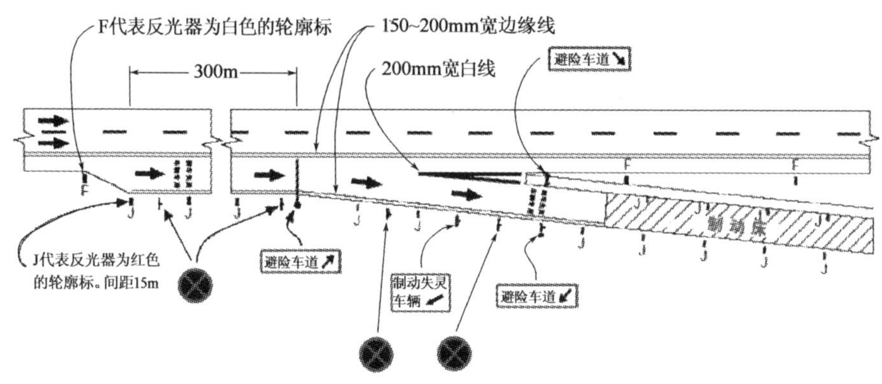

图 9-10　避险车道入口处安全设施设置

为了便于夜间驾驶员准确判断避险车道的位置,操纵制动失灵车辆驶入避险车道,应尽可能在避险车道两侧设置照明设施。若条件受限无法设置照明设施时,应在避险车道两侧的护栏上设置轮廓标来界定避险车道的方位和范围,以便在夜间告知驾驶员避险车道的方位。为了区别于普通的出口匝道,设置在避险车道两侧的轮廓标反光器颜色应为红色,轮廓标的间距以 15m 为宜。

二、其他设施

为了便于车辆救援,应在服务车道设置锚块,其主要目的是在拖出陷入避险车道制动床的制动失灵车辆时固定拖车。锚块应贴近避险车道,通常以 50～100m 的间隔布设。在距离制动床入口处的前方大约 30m 处应设置一个锚块,以便于把陷入避险车道制动床的制动失灵车辆拖出。

同时，在有条件的地方，可以在避险车道入口处设置检测线圈，检测并记录制动失灵车辆驶入避险车道时的速度。还可以设置自动报警设施，当有制动失灵车辆驶入避险车道后，自动报警设施自动通知监控中心，便于及时采取措施救助制动失灵车辆和车上人员，并及时拖出陷入避险车道制动床的制动失灵车辆，减少救援时间。

良好的制动床排水系统可以避免制动床集料冬季冻结和集料的污染。可以通过建造横断面倾斜的制动床、阻止水流进入制动床和设置横向排水管或纵向排水边沟等方法来实现。为了阻止水里细料的渗透，通常在地基和制动床集料之间设置土工布和块石路面。当柴油燃料的污染或其他材料泄漏较严重时，制动床地基可采用混凝土地面，并提供接受溢出污染物的储存器。

第七节　避险车道设置方法

一、设置位置的确定

若连续长大下坡路段部分位置存在被损坏的护栏、被掘起的道路表面以及溢出的燃油，则预示着货车通过此下坡路段时存在一定的困难，意味着有必要设置避险车道。下坡路段的制动失灵事故情况（对于新建道路可参考相似道路的事故情况）、货车在下坡路段的运行情况结合工程判断经常用于确定是否需要设置避险车道。货车制动失灵事故对临近地区或人口聚集区的潜在影响通常为设置避险车道提供充分的理由。

对于已开通运营的公路，车辆制动失灵事故应是考虑设置避险车道的主要因素。同时，还应兼顾的因素有：连续长大下坡路段坡长和坡度、下坡方向交通量以及货车所占比例、坡底的情况、下坡路段的平纵面线形、货车失控事故的严重性、地形地貌等。通过深入分析交通事故资料，确定事故多发路段，分析典型的事故形态、事故原因和事故车辆，重点关注载货汽车发生事故的路段。同时，选取特征断面，观测典型载重货车的运行速度，并对连续长大下坡路段连续运行速度进行观测。进而综合考虑平纵面线形指标和地形地貌情况，确定避险车道设置的位置。

对于新建公路，在连续长大下坡不可避免或由制动失灵车辆引发交通事故的可能性比正常情况下大得多的地方，在设计阶段就应考虑设置避险车道，并将其作为建设方案的一项重要内容。由于新建公路没有交通事故、交通组成、运行速度等运营数据资料，因此，确定是否设置避险车道时应重点考虑两个方面的因素：第一方面为连续长大下坡路段的平纵线形指标（下坡路段的累计长度、平均纵坡、相邻路段的坡差、长大下坡与小半径平曲线组合情况等）、工程可行性研究中提出的预测交通量和交通组成情况；第二方面为从路网角度出发，对与新建项目位于同一走廊带、路网功能和交通特征类似的公路进行调研，获取交通组成、运行速度、货车载重等运营数据，作为确定新建公路避险车道设置位置的参考和依据。

对于已经运营的公路，其实际的道路特征和交通特征均很明确，可以利用实际的运营数据资料作为避险车道设置的依据，其设置方法相对简单。而对于新建的公路，只能是根据既有的数据资料对开通运营后的安全状况进行预测性地分析，因此较为复杂。目前，国内较为通用的高速公路连续长大下坡路段避险车道设置位置定量分析方法主要包括以下两种。

1. 基于货车制动毂温升模型的避险车道设置技术

连续长大下坡对安全的影响主要体现在对重载货车制动系统的影响，车辆在长时间的下坡过程中，需要不断使用制动器，导致制动毂的温度不断上升，性能不断衰减。货车行车制动系统的作用原理是依靠制动器衬片与制动毂内表面之间的摩擦来获得制动力。货车在连续长大下坡行驶时，需要采取连续制动的方式控制车速保持稳定。长时间的摩擦做功会产生大量的热量，如果这些热量不能及时散发出去，制动器衬片和制动毂等部件的温度就会持续升高。随之产生所谓制动性能热衰退，甚至“制动失效”，即在制动踏板输入不变的情况下，由于制动器的高温导致制动器衬片和制动毂之间摩擦做功的功率减小，甚至为零。从制动器性能随温度升高而衰退的规律来看，存在一个临界温度，制动器温度一旦超过该温度，其性能就会大幅度下降。因此，保障货车下坡安全的关键是下坡时不要超过制动器温度的临界值。货车在特定路段下坡时不超过制动器温度临界值取决于两方面因素。一方面，使制动器具有更高的临界温度值或具有更好的散热性能；另一方面，驾驶员采取合理的下坡速度和操作程序，降低下坡时制动器温度的升高幅度。然而，尽管车辆制动系统得到了不断改进，但主要针对的是提高紧急制动能力（即如何在最短的距离内使车辆由高速行驶稳定地停下来的能力），制动系统温升临界值和散热性能方面改进不大。

为提升连续长大下坡路段货车的行车安全性，通常在制动毂温度达到临界温度时应考虑设置避险车道，以降低失控车辆的损失。随着连续长大下坡路段安全问题的突显，在货车制动毂温升模型方面开展了较多研究。其基本原理为当货车开始下坡时，拥有势能作为潜在能量。在下坡的过程中，势能将发生转化，部分能量被发动机吸收，部分能量被阻力做功消散；剩余的能量或者由制动系统转化为热能消散掉，或者转化为动能。如果因为性能衰退，制动系统不能吸收势能转化的所有能量，超出的这部分将转化为动能增量，货车车速将持续增加且无法控制。制动系统通过制动器衬片和制动毂结合部位的摩擦作用，将机械能转化为热能。产生的热能直接被制动系统部件吸收，从而提高这些部件的温度。制动系统部件吸收的热能以对流、辐射和传导的方式发散到环境中。制动系统与环境之间的能量转化过程可表示为：

制动系统内能的变化率＝制动系统机械能向热能的转化率－热量从制动系统传出的传出率

上式即为温升模型的基本原理式，但国内尚未有统一和公认的货车制动毂温升模型。目前，较为通用的货车制动毂温升模型是美国于20世纪80年代基于理论分析和实验建立的制动器温度预测模型——GSRS模型。在GSRS模型中，车辆在坡顶时的能量由动能和势能组成。动能用式(9-3)表示：

$$E_{\mathrm{kin}} = \frac{mv^2}{2} \tag{9-3}$$

式中：E_{kin}——动能，J；

m——车辆总质量，kg；

v——车辆行驶速度，km/h。

势能用式(9-4)表示：

$$E_{\mathrm{pot}} = mg\gamma \tag{9-4}$$

式中：E_{pot}——热能，J；

m——车辆总质量,kg;

g——重力加速度,为 9.8m/s^2;

γ——纵坡路段的高差,m。

根据能量守恒定律,车辆在坡顶时的所有势能均会在下坡过程中通过滚动、机械、空气和制动等综合阻力因素进行转化。车辆制动系统通过金属体间的摩擦将一部分势能转化为热能。因此,长时间的制动会导致制动毂温度升高。由于重载货车车辆总重比客车大很多,需要转化的势能更大,制动毂更容易出问题。估测连续长大下坡路段重载货车制动毂温度的计算模型很多,PARIC 手册中采用的是 1980 年 Myers 等人研究的模型(软件界面如图 9-11 所示)。根据模型主要参数,制动毂过热是由纵坡(坡度和长度)、下坡速度、发动机压缩功率和车辆总重共同作用的结果。其他需要在模型中考虑的因素有:初始制动毂温度、车辆制动状况、重车交通特性(如重车比例、货物类型)、紧急停车概率和驾驶策略(如坡顶初始速度、下坡速度和制动策略)等。

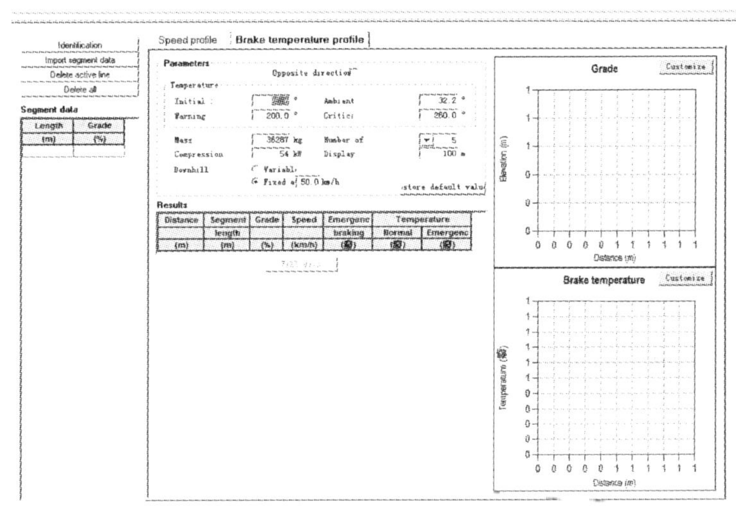

图 9-11　GSRS 制动毂温升模型软件界面

下坡过程中货车制动毂温度与行车安全紧密相关,因此,在确定连续长大下坡路段避险车道设置位置时以制动毂温度作为关键技术指标。相关研究表明:一般情况下,当制动器温度不超过 200℃时,车辆的制动器不会发生明显衰减;当制动器温度达到 400～600℃时,车辆制动力明显下降,只能达到正常温度下(100℃以下)的 25%;当制动器温度达到 600℃以后,就有可能使车辆制动器的制动力降到近似为零。通常,当制动器温度上升到 200℃时,货车制动性能开始受到影响;当制动器温度超过 260℃时,货车则存在制动失灵的可能。因此,将 260℃定义为制动器性能临界温度,制动器温度超过临界温度的路段也就是开始考虑设置避险车道的路段。

总体来说,基于 GSRS 模型的避险车道设置技术,通常按以下步骤开展工作:

(1)搜集整理连续长大下坡路段纵断面线形数据,提取各坡段的长度和坡度。

(2)通过调研评价对象或参考区域路网内相似道路,确定货车代表车型及其主要参数,包括轴数、车辆总重、功率等数据。

(3)对评价对象或参考区域路网内相似道路进行运行速度观测,确定货车的下坡速度。

(4)设定初始温度、环境温度、警告温度、临界温度等参数,计算货车下坡过程中制动毂温度变化情况。

(5)确定货车制动毂温度达到警告温度和临界温度的位置,结合地形地貌情况,评估避险车道设置位置的合理性,并提出安全保障措施。

2.基于下坡风险指数的避险车道设置技术

国外通常采用下坡风险指数评估连续长大下坡路段的总体安全性,为避险车道设置提供参考。法国一些研究机构(如 SETRA)对连续长大下坡进行了研究,其成果主要以信息或通告的形式发布。SETRA 在长大纵坡方面的一个重要研究成果是提出了长大纵坡的风险判定条件。

SETRA 通过两种方法来确定长大纵坡路段风险判定条件。这两种方法分别是:对重型车辆在长大纵坡上的运行性能进行分析、对长大纵坡路段车辆发生的事故进行统计分析。

在车辆的制动性能方面,研究者认为,长时间的制动或频繁制动会使制动毂过热从而导致危险,特别是在高速行驶状态时紧急制动需要更大的制动力,因此会产生更大的危险。研究结果显示,汽车在 30km/h 恒定速度下,经过一个长 6km、坡度为 6%的下坡后,其制动性能将下降到 40%以下,此时制动毂的温度升高约 350℃。根据测试表明,当制动毂温度超过 250℃时,制动效率就会出现损失。因此,可将 200℃作为风险判定条件。当制动毂超过这一温度时,则认为汽车行驶会产生风险。当制动毂温度超过 200℃时,则有:

$$d \cdot p > 150 \tag{9-5}$$

式中:d——连续长大下坡总的坡长,m;

p——连续长大下坡平均纵坡,%。

SETRA 通过在 22 条高速公路上各选定有代表性的路段进行了研究统计。这些代表路段一般都位于连续长大下坡路段。研究结果表明,把坡长及平均纵坡作为变量来研究车辆的行驶风险是非常适宜的,因为这两个变量与事故的严重性及发生频率相关性最大。研究结论认为,当 $d \cdot p<130$ 时,纵坡路段不会发生过度风险;当 $d \cdot p \geqslant 130$ 且 $p \geqslant 3\%$时,纵坡路段事故率开始随着 $d \cdot p$ 值的增加而增加。当 $p<3\%$时,无论 $d \cdot p$ 值是多少均不会产生风险。

根据上述研究成果,可对连续长大下坡路段进行货车下坡风险指数评价,风险指数模型中包括平均纵坡和下坡路段总长度两个参数。在进行下坡风险指数评价时,首先确定连续长大下坡路段,计算平均纵坡,若平均纵坡小于 3%,则无须进行下一步计算;若超过 3%,则计算风险指数 $d \cdot p$。其次判断风险指数值是否超过了 130,超过时需注重连续长大下坡路段避险车道等安全保障设施设计。考虑到连续长大下坡路段下坡风险指数分析方法重点从货车制动毂温度角度分析整个下坡路段的总体安全性,因此,用于确定避险车道设置位置时通常与前述制动毂温升模型结合使用。

总体来说,整合前述两种避险车道设置位置的确定方法和模型特征,对于新建公路的避险车道设置位置按图 9-12 所示流程确定。

在根据以上流程确定避险车道设置位置时,还应注意以下几点:

(1)在常规的制动毂温度分析中,一个连续长大下坡路段通常仅对应着一个制动毂失效温

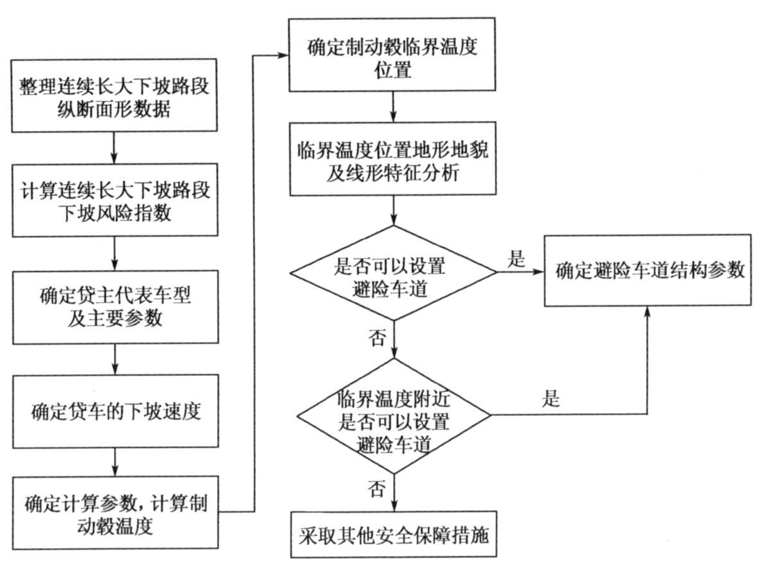

图 9-12　避险车道设置位置确定流程

度的临界点，也就是只确定了第一条避险车道的设置位置。然而，随着西部山区公路网的快速发展，地形地貌和地质条件越来越复杂，连续长大下坡路段的累计坡长呈增长趋势。在开通运营的高速公路中已有长达 50km 的连续长大下坡，在设计中已经出现了长达 100 余公里的连续长大下坡。对于这些超长连续下坡路段，仅设置单条避险车道已经远不能满足制动失灵货车的需求。因此，对于超长连续下坡路段，应考虑按组进行避险车道设置，通过设置管制性停车区，结合管理措施，将超长连续下坡路段从物理上划分为多个部分。根据各部分的平纵线形指标和货车行驶特性，设置多组避险车道。

(2)对于货车制动毂温度尚未达到 260℃临界温度，但已经达到 200℃时，在地形条件允许时应尽可能预留避险车道设置位置，以便于在开通运营后增设避险车道。若根据运营后交通事故分析结果，预留位置不存在制动毂失灵风险时，则可将其改造为路侧小型停车区或观景台、休息区等服务设施，在提升运营安全水平方面仍有较大的意义。

(3)在进行制动毂温度分析时，货车的轴数和车货总重对于制动毂温度的变化有较大影响。尽管随着计重收费的实施，货车超载现象已经有所缓解，但考虑到超载是复杂的社会问题，涉及法律、公民素质教育、运输管理体系等多方面的因素，和社会经济发展密切相关，在短期内彻底解决超载问题存在一定困难。因此，在确定车货总重时应根据路网车辆载重统计数据，考虑一定的超载率作为制动毂温度分析的富余量。

二、避险车道设置原则

根据国内连续长大下坡路段交通安全现状和道路特征以及避险车道设置经验和存在的问题，提出以下避险车道设置原则，供设计单位和营运管理单位参考。

(1)在避险车道选址、平纵线形指标、制动床材料和配套设施设计时，应首先以本章提出设计指标和结构参数要求作为出发点，选取指标时应尽可能满足前述要求。特别是对于制动床长度、纵坡和避险车道宽度、与主线夹角和端部防护等关键性指标，与失控车辆驾驶员安全密切相关，设计中应至少满足指标的低限值要求。

(2)考虑到山区高速公路连续长大下坡路段通常与高墩桥梁、桥隧群、特长隧道等特殊路段组合，路基段比例较低，路侧条件很差，在很多情况下均没有设置避险车道的地形条件，更无法谈及设计指标的好与坏。在该种情况下可参考以下原则处理：

①综合考虑重载货车制动毂温度、连续长大下坡路段其他车辆的安全、失控车辆驾驶员的安全，以及路段周边或坡底居民的安全等因素，若上述因素中任一个因素要求设置避险车道，则无论地形条件多么复杂，都必须在最关键的位置设置避险车道。

②若拟设置避险车道的位置大部分位于路基段时，应尽可能按照制动毂温度确定的设置位置和前述结构参数要求设置避险车道。

③若连续长大下坡路段路基段的比例较低，或拟设置避险车道的位置大部分都位于桥梁或隧道路段时，避险车道设置位置的选择余地非常小。此时，应充分利用既有的路侧条件，在离拟设置位置尽可能近的位置重新选址。对于地形条件确实受限时，应充分利用一切可利用的路侧条件，尽可能地设置避险车道。具体设计指标在进行充分论证的基础上可以突破前述要求，根据实际地形情况进行灵活处置，而不能一味地照搬硬套。在论证时应考虑以下几方面的需求：

a. 不满足前述要求的设计指标或结构参数对失控车辆、主线行车和周边居民安全的影响；

b. 是否能够满足避险车道的功能需求；

c. 若坚持按达到前述指标要求设置避险车道时可能引起的工程造价，以及对公路自然景观、社会影响或其他景观要素的影响。

④设计指标需要被降低到何种程度、可能会对其他指标产生的影响，是否可以采取其他方式(如采用新型避险车道技术)解决这一问题。

(3)避险车道虽然对于降低失控车辆和人员的损伤程度有重要意义，但毕竟是一种被动防护设施，无法从根本上消除安全隐患。考虑到采用连续长大下坡展线形式必然意味着存在安全隐患，因此，在无法避免出现连续长大下坡路段时，应首先从优化连续长大下坡路段线形指标设计入手，从主动安全、被动安全和交通管理等角度对连续长大下坡路段的安全防护设施进行系统设计，而不能过分地依赖避险车道的防护作用。

三、新型避险车道技术

连续长大下坡路段多处于山区高速公路，受地形地貌条件等因素限制，路侧通常没有足够的空间来设置避险车道。为了达到尽可能缩短避险车道长度、减少用地，同时又不降低其防护能力的目的，国内研究人员提出了新型网索式避险车道，并已经在连续长大下坡路段得到了应用。

网索式避险车道与传统碎(砾)石避险车道的总体结构基本一致，由引导系统、减速消能系统和安全保护系统组成。其中消能减速系统的结构组成有所差异，其他部分完全相同。引导系统主要包括过渡段及一系列的诱导、预告、警示标志、标线等。安全保护系统主要是在避险车道末端设置的由废旧轮胎、消能构件等筑成的保护装置。减速消能系统是避险车道的核心部分，传统避险车道一般采用碎石、砾石等松散材料做路面，并配合路面反坡设计来实现将动能转化为势能；新型网索避险车道的减速消能系统则在传统制动床避险车道的结构设计中增加设置网索拦截装置——阻尼器减速消能系统。通过该系统的设置，能够有效拦截失控车辆，使车辆在较短的距离内停止下来，在减少避险车道的设计长度的同时也增强了避险车道的安全性，能够减少对人员的伤害和车辆的损坏情况。网索避险车道的网索拦截装置主要由阻尼器、拦截网索、导向装置三部分组成，其工作原理是：当失控车辆驶入避险车道后首先撞击拦截网索，拦截网索则通过连接装置将冲击力传递到阻尼器，阻尼器自身产生的阻尼力即会作为制动力施加给车辆，并最终使失控车辆停在避险车道制动坡床内。

目前，网索避险车道已经在四川雅西高速公路和云南蒙新高速公路（图 9-13）得到了应用。蒙新高速公路设置的网索式避险车道制动床长度为 68m、制动床坡度为 9.29%、填料为卵石（垄状结构）、填料粒径为 5～8cm、填料深度为 90cm，共设置了 8 个阻尼器（其中 4 个使用、4 个备用）、拦截网索 2 道，安全保护系统由 1 道末端阻拦网、废旧橡胶轮胎及末端沙袋组成。实践证明，网索式避险车道在减少占地方面效果显著。

图 9-13　蒙新高速公路设置的网索避险车道

参考文献

[1] 中华人民共和国行业标准. JTG B01—2003 公路工程技术标准[S]. 北京:人民交通出版社,2003.

[2] 中华人民共和国行业标准. JTG D20—2006 公路路线设计规范[S]. 北京:人民交通出版社,2006.

[3] 中华人民共和国行业标准. JTG D60—2004 公路桥涵设计通用规范[S]. 北京:人民交通出版社,2004.

[4] 中华人民共和国行业标准. JTG D70—2004 公路隧道设计规范[S]. 北京:人民交通出版社,2004.

[5] 中华人民共和国行业标准. JTG D80—2006 高速公路交通工程及沿线设施设计通用规范[S]. 北京:人民交通出版社,2006.

[6] 中华人民共和国行业标准. JTG D81—2006 公路工程交通安全设施设计规范[S]. 北京:人民交通出版社,2006.

[7] 中华人民共和国行业标准. JTG/T D81—2006 公路交通安全设施设计细则[S]. 北京:人民交通出版社,2006.

[8] 中华人民共和国行业标准. JTG/T F83-01—2004 高速公路护栏安全性评价标准[S]. 北京:人民交通出版社,2004.

[9] 中华人民共和国行业标准. JTJ 026.1—1999 公路隧道通风照明设计规范[S]. 北京:人民交通出版社,1999.

[10] 中华人民共和国行业标准. JTG/T D71—2004 公路隧道交通工程设计规范[S]. 北京:人民交通出版社,2004.

[11] 中华人民共和国行业标准. JTG/T B05—2004 公路项目安全性评价指南[S]. 北京:人民交通出版社,2004.

[12] 公安部交通管理局.《中华人民共和国道路交通事故统计年报》(2010 年度).

[13] 交通运输部公路科学研究院. 2011 年中国道路交通安全蓝皮书. 北京:人民交通出版社,2011.

[14] 2011 年公路水路交通运输行业发展统计公报.

[15] 唐琤琤,何勇,张铁军,等. 道路交通安全手册[M]. 北京:人民交通出版社,2009.

[16] 交通部公路司. 新理念公路设计指南[M]. 北京:人民交通出版社,2005.

[17] 美国交通部联邦公路管理局. 公路灵活性设计指南[M]. 湖南省交通规划勘察设计院译. 北京:人民交通出版社,2006.

[18] 肖文,许仁安,李淑庆,等. 安全行车保障措施的新理念在山区公路建设中的应用[J]. 公路,2006(1).

[19] 孙瑜,程建川. 德国公路设计标准中的新理念[J]. 中外公路,2007,l27(1).

[20] 丁小军,王佐. 法中公路设计标准、规范的差异比较[J]. 公路,2008(9).

[21] 钟小明,孙小端,孙国萍,等. 公路安全保障工程设计新理念的探讨//第四届亚太可持续

发展交通与环境技术大会论文集[M]. 北京:人民交通出版社,2005.

[22] 徐秋实,任福田. 公路设计中人性化理念的具体体现[J]. 道路交通与安全,2006,6(2).

[23] 彭彦忠. 中美两国公路设计理念上的差异[J]. 中外公路,2007,27(3).

[24] 国外道路标准规范编译组. 国外道路最新技术与标准规范译丛—道路安全手册[M]. 北京:人民交通出版社,2012.

[25] Lamm R, Choueiri E. The relationship between highway safety and geometric design consistency: A case study. Raod safety in Europe and Strategic Highway Research Program(SHRP), 1995, 133-151.

[26] G M Gibreel, S M Easa, I A EI-Dimeery. Prediction of operating speed on three-dimensional highway alignments. Journal of Transportation Engineering, 2001, 127(1): 21-30.

[27] Polus A, Fitzpatric K, Fambro B D. Prediction operating speeds on tangent sections of two-lane rural highways. Transportation Research Record 1737, Washington, D. C., 2000, 50-57.

[28] Lamm R, Choueiri E. Recommendations for evaluating horizontal design consistency based on investigations in the state of New York. Transportation Research Record 1122, Washington, D. C., 1987, 68-78.

[29] Rubio S, Diaz E, Martin J, et al. Evaluation of subjective mental workload: A comparison of SWAT, NASA-TLX, and workload profile methods. Applied Psychology: An international review, 2004, 53(1): 61-86.

[30] T G Hicks, W W Wierwille. Comparison of five mental workload assessment procedures in a moving base driving simulation. Human Factors, 1979, 21(2): 129-144.

[31] Paul Green, Bernice Lin, Tandi Bagian. Driver Workload as a Function of Road Geometry: A Pilot Experiment. Report No. GLCTTR 22-91/01, University of Michigan Transportation Research Institute, 1994.

[32] L Angell, et al. Driver Workload Metrics Task 2 Final Report. Report No. DOT HS 810 635, Crash Avoidance Metrics Partnership, Michigan, 2006.

[33] Said Easa, Chandi Ganguly. Modeling driver visual demand on complex horizontal alignments. Journal of Transportation Engineering, 2005, 131(8): 583-590.

[34] Messer C J. Methodology for evaluating geometric design consistency. Transportation Research Record 757, Washington, D. C., 7-14, 1979.

[35] Krammes R, et al. Horizontal alignment design consistency for rural two-lane highways. Federal Highway Administration, Washington, D. C., 1995.

[36] Wooldridge M D, K Green P, Fitzpatrick K. Comparison of driver visual demand in test track, simulator, and on-road environments. Proc., 79th Annual Meeting, Transportation Research Board, Washington, D. C., 2000.

[37] Shafer M A, Brackett R Q, Krammes R A. Driver mental workload as a measure of geometric design consistency for horizontal curves. Proc., 74th Annual Meeting, Paper No. 950706, Transportation Research Board, Washington, D. C., 1995.

[38] Brackstone M, Waterson B. Are we looking where we are going? An exploratory examination of eye movement in high speed driving. Proceedings of the 83rd Transportation Research Board Annual Meeting, Paper 04-2602, CD-ROM, Washington, D. C. , 2004.

[39] Trent W Victor, Joanne L Harbluk, Johan A Engstrom. Sensitivity of eye-movement measures to in-vehicle task difficulty. Transportation Research Part F: Traffic Psychology and Behaviour, 2005, Vol. 8(2): 167-190.

[40] Myungsoon Chang, Juyoung Kim, Kyungwoo Kang, et al. Evaluation of driver's psychophysiological load at freeway merging area. Proceedings of the 80th Transportation Research Board Annual Meeting, Paper 01-0535, CD-ROM, Washington, D. C. , 2001.

[41] Tomoki, Furuichi, Masato Iwasaki, et al. Driver's behavior in S cuve negotiations on an urban motorway. Traffic and Transportation Studies, 849-856, 2002.

[42] 高建平,孔令旗,郭忠印,等. 高速公路运行车速研究[J]. 重庆交通学院学报,2004,(8):78-81.

[43] 钟小明,刘小明,荣建,等. 基于高速公路路线设计一致性的中型卡车运行速度模型研究[J]. 公路交通科技,2005(3):92-96.

[44] 宋涛,张永生,郭彩香. 山区公路平曲线运行速度预测模型研究[J]. 交通运输工程与信息学报,2007(1):118-123.

[45] 许金良,叶亚丽,苏英平,等. 双车道二级公路纵坡段车辆运行速度预测模型[J]. 中国公路学报,2008(6):31-36.

[46] 吴义虎,武志平. 基于平均车速和车速标准差的路段安全分析方法[J]. 公路交通科技,2008(3):139-142.

[47] 杨志清,高旺生,郭忠印,等. 基于运行车速的高速公路线形安全性评价[J]. 重庆交通学院学报,2006(5):132-135.

[48] 胡圣能,邱攀,吴勇. 基于运行车速的公路线形设计安全评价[J]. 华北水利水电学院学报,2009(4):40-42.

[49] 侯涛. 基于运行速度的干线公路安全性评价方法研究[D]. 重庆:重庆交通大学,2009.

[50] 裴玉龙,程国柱. 高速公路车速离散性与交通事故的关系及车速管理研究[J]. 中国公路学报,2004(1):74-78.

[51] 倪捷,刘志强,王运霞. 双车道公路线形一致性分析及评价[J]. 中外公路,2009(1):4-7.

[52] 刘志强,王运霞,钱卫东,等. 双车道公路线形连续性分析及评价[J]. 公路交通科技,2008(12):176-179.

[53] 胡功宏,王小光,黄新民,等. 基于行车稳定性的高速公路自由流状态下交通安全评价标准研究[J]. 公路交通技术,2007(4):710-711.

[54] 王广山. 高速公路设计一致性评价模型研究[D]. 北京:北京工业大学,2000.

[55] 郭忠印,杨漾,曹继伟,等. 基于高速公路线形综合指标的安全评价模型[J]. 同济大学学报(自然科学版),2009(11):1472-1476.

[56] 郑柯,江立生,荣建,等. 高速公路平曲线半径对行车心生理反应影响研究[J]. 公路交通科技,2004(5):5-7.

[57] 吴晓峰.基于驾驶员工作负荷的公路线形安全性评价[D].西安:长安大学,2009.

[58] 潘晓东,杨轸,朱照宏.驾驶员心率和血压变动与山区公路曲线半径关系[J].同济大学学报(自然科学版),2005(7):900-903.

[59] 乔建刚,荣建,任福田,等.基于人性化的双车道公路平曲线半径的研究[J].北京工业大学学报,2006(1):33-37.

[60] 曾学福,蔡建华.公路功能分类理论研究初步[J] .公路,2005(1).

[61] FHWA. Highway Functional Classification Concepts,Criteria and Procedures,1989.

[62] Government of South Australia. Road Classification Guidelines in South Australia,2008.

[63] 奚少.公路功能分类研究[D].长沙:长沙理工大学,2005.

[64] 马川生,魏广奇.公路网功能结构及配置研究—组合归并法[J].交通运输系统工程与信息,2004(3).

[65] 马书红,丁胜仁.公路网功能结构分析理论与方法研究[J].公路,2010(5).

[66] 卢冬生.三峡翻坝运输江南专用公路功能定位研究.公路,2010(10).

[67] 吴立新,张宝南.邓辉.基于双车道公路线形连续性设计的运行速度预测方法[J].吉林建筑工程学院学报,2008(03).

[68] 叶莉,王丽,罗满良,等.国外双车道公路路线运行速度设计方法评介[J].公路,2008(09).

[69] 孙绍鑫,李云霞,任毅.基于驾驶舒适性的山区双车道公路平面线形设计指标研究[J].山东交通学院学报,2008(02).

[70] 刘江,魏中华.道路线形对双车道公路通行能力的影响研究[J].土木工程学报,2007(07).

[71] 孙家凤,周荣贵.山区双车道公路爬坡车道对运行评价指标的调整和影响[J].公路交通科技(应用技术版),2006(04).

[72] 李文波.山区双车道公路视距与交通安全的关系研究[J].黑龙江交通科技,2007(12).

[73] 廖军洪,刘杰唐,邵春福.视距在忻阜高速公路交通安全性评价中的应用[J].山西交通科技,2009(05).

[74] 王佐,刘建蓓,郭腾峰.公路空间视距计算方法与检测技术[J].长安大学学报(自然科学版),2007(06).

[75] 倪捷,刘志强,王运霞.双车道公路线形一致性分析及评价[J].中外公路,2009(01).

[76] 庹昱,杨宗义.双车道公路线形设计中的视觉一致性[J].公路交通科技(应用技术版),2008(10).

[77] 涂圣文,过秀成,何建明.双车道公路线形一致性评价模型[J].交通运输系统工程与信息,2008(05).

[78] 许金良,叶亚丽,苏英平,等.双车道二级公路纵坡段车辆运行速度预测模型[J].中国公路学报,2008(06).

[79] 刘志强,王运霞,钱卫东,等.双车道公路线形连续性分析与评价[J].公路交通科技,2008(12).

[80] 日本道路公团.日本高速公路设计要领[M].西安:陕西旅游出版社,1991.

[81] 张雨化.道路勘测设计[M].北京:人民交通出版社,1997.
[82] AASHTO.A POLICY ON GEOMETRIC DESIGN OF HIGHWAYS AND STREETS.2001.
[83] ROAD SAFTY MANUAL RECOMMENDATIONS FROM THE WORLD ROAD ASSOCIATION(PIARC).
[84] 雷斌.中法高速公路线形设计安全与指标对比研究[D].西安:长安大学,2009.
[85] 覃仁辉,孔思丽,等.高速公路加宽的探讨[J].贵州工业大学学报(自然科学版),2002,31(6):98-100.
[86] 彭绍勇,吴华金.高速公路平曲线加宽的方法[J].云南交通科技,1998,14(1):28-31.
[87] 潘晓东,詹嘉,王富贵.山区公路小半径曲线加宽及安全设计研究[J].公路工程,2007,32(6):4-6.
[88] 许金良,石飞荣,杨宏志,等.基于计算机仿真的公路安全设计方法[J].中国公路学报,2004,17(2):1-5.
[89] 李赞勇.公路安全设计体系研究[D].西安:长安大学,2010.
[90] 张景涛.高速公路安全设计理念及程序[J].公路,2005(7).
[91] 陈永胜,刘小明,任福田.道路安全设计支持平台之机理模型的研究[J].人类工效学,2001,7(3):7-11.
[92] 王春雷,钱勇生.山区公路人性化交通安全设计研究[J].交通标准化,2007(169).
[93] 温江,谢尚科,韩旭.公路纵断面线形安全设计[J].交通标准化,2009(200).
[94] 王坤.关于路线设计中影响道路安全的设计要素[J].交通世界,2011(20).
[95] 景俊骏.基于驾驶员心理角度的道路线形安全设计[J].黑龙江交通科技,2011(10).
[96] 汪双杰,周荣贵,孙小端,等.公路运行速度设计理念与方法[M].北京:人民交通出版社,2010.
[97] 廖军洪.基于驾驶员动态视距的安全评价方法研究[R].北京:交通运输部公路科学研究院,2010.
[98] 廖军洪,邵春福,邬洪波,等.公路三维动态视距计算方法及评价技术[J].吉林大学学报(工学版)(已录用).
[99] 李长城,高海龙.改善我国公路路侧安全的系统化对策[J].道路交通与安全,2007(02).
[100] 阚伟生,李长城,汤筠筠.公路路侧安全问题对策研究[J].公路,2007(3):97-100.
[101] 池秀静.公路路侧净区的安全设计[J].天津城市建设学院学报,2007(09).
[102] 唐琤琤,吴凡.标志设置的路侧安全性考虑及对策[J].公路交通科技,2005(9):142-145.
[103] 秦丽辉.路侧净区计算方法及路侧安全保障技术研究[J],长春工程学院学报(自然科学版),2005,6(3):20-21.
[104] 马香娟.高速公路路侧护栏设计优化研究[D].西安:长安大学,2006.
[105] 吴立新,张宝南,等.低等级公路交通安全设施存在的问题及示例[J].交通科技,2006(2):83-85.
[106] 俞明健.东海大桥纵坡的选取[J].城市道桥与防洪.2003(2).
[107] 袁伟等.考虑坡长因素的纵坡坡度对交通事故的影响分析[J].公路交通科技,2008

(05).

[108] 朱剑豪.黄浦江大桥引道纵坡设计指标的探讨[J].

[109] 王磊.山区公路陡坡路段增设爬坡车道的研究[D].济南:山东大学,2010.

[110] 中交公路规划设计院有限公司.轻型高速公路节地关键技术研究[R].

[111] 石飞荣.山区高速公路纵坡设计[D].西安:长安大学,2000.

[112] 马卫民.路缘石、护栏与交通安全[J].辽宁交通科技,1997.

[113] 王浩.高速公路中间带安全侧向净距值的研究[D].西安:长安大学,2004.

[114] 周晶.基于ADAMS的高速公路路缘石碰撞仿真及优化设计研究[D].西安:长安大学,2009.

[115] 张娟.基于车辆动态仿真实验的高速公路中央带隔离设施研究[D].西安:长安大学,2005.

[116] 李军,邢俊文,谭方浩.ADAMS实例教程[M].北京:北京理工大学出版社,2002.

[117] 中华人民共和国行业标准.JC 899—2002 混凝土路缘石[S].北京:中国建材工业出版社,2002.

[118] 富志鹏.高速公路中间带型式及安全性研究[D].西安:长安大学,2004.

[119] 叶新娜.道路交通事故车辆碰撞速度研究及辅助软件开发[D].成都:西华大学,2007.

[120] 莫劲翔.汽车碰撞动力学响应分析及波形梁护栏防护性能的改进研究[D].长沙:湖南大学,2003.

[121] 韩晓敏.汽车与砼护栏碰撞仿真计算的研究[D].成都:四川大学,2002.

[122] 富志鹏.高速公路中间带形式及安全性研究[D].西安:长安大学,2009.

[123] 苏联国家建设委员会.苏联公路、铁路、城市道路桥涵设计规范[S].交通部公路规划设计院译.1991.

[124] American Association of State Highway and Transportation Officials. AASHTO LRFD Bridge Design Specifications(2007)[S]. The United States of America,2007.

[125] 王永东,夏永旭,邓念兵,等.公路隧道防火安全等级的划分[J].长安大学学报(自然科学版),2007,27(5):75-78.

[126] H Mashimo. State of the Road Tunnel Safety Technology in Japan[J]. Tunneling and Underground Space Technology,2002,17(2):145-152.

[127] BS 5489-2:2003,Code of practice for the design of road lighting—Part 2:Lighting of tunnels[S].

[128] Norwegian Public Roads Administration. Road Tunnels[M]. Norwegian NPRA Printing Center,2004.

[129] 刘新昌.欧盟公路隧道最低安全标准和部分措施[J].公路隧道,2004(2):38-44.

[130] 陈晓利.高速公路隧道群营运安全管理技术研究[D].重庆:重庆交通大学,2008.

[131] 戴学臻,邢磊.公路隧道运营安全设防分级标准的研究[J].中外公路,2010,30(4):236-238.

[132] 吕康成.公路隧道运营管理[M].北京:人民交通出版社,2006.

[133] PIARC. SYSTEMS AND EQUIPMENT FOR FIRE AND SMOKE CONTROL IN

ROAD TUNNELS[R]. PIARC,2007.

[134] 刘伟,袁雪戡. 欧洲公路隧道营运安全技术的启示[J]. 现代隧道技术,2001,38(1):5-9.

[135] 杨峰,蔡业青,柳本民. 高速公路隧道路段安全设计[J]. 公路交通科技:应用技术版,2008,(9).

[136] 周胤德,忻元发,张世忠. 由近年国际重大公路长隧道事故检讨隧道安全设施[J]. 岩土力学与工程学报,2004,23(S2):4882-4887.

[137] 东南大学,同济大学,北京工业大学,等. 公路平交口交通安全技术研究[R]. 2008.

[138] 交通运输部公路科学研究院. 公路交通安全手册[M]. 北京:人民交通出版社,2008.

[139] 江晓霞,袁宏伟. 高速公路互通立交安全性设计研究[J]. 公路,2006(4).

[140] 苑中丹,薛岭,王维礼. 高速公路枢纽互通式立交变速车道长度设计研究[J]. 重庆交通大学学报(自然科学版),2009,28(4):689-693.

[141] 孟巧娟. 互通式立交安全性评价的研究[D]. 重庆:重庆交通大学,2007.

[142] 吴粉利. 互通式立体交叉安全性评价研究[D]. 西安:长安大学,2011.

[143] 矫成武,狄胜德,刘洪启,等. 山区双车道公路交通安全设计技术[M]. 北京:人民交通出版社,2011.

[144] 吴京梅,何勇等. 公路连续下坡安全处置技术[M]. 北京:人民交通出版社,2008.

[145] 交通运输部公路科学研究院. 山区高速公路超长连续纵坡行车安全评价及对策研究[R],2012.

[146] 王书灵. 基于驾驶员心生理反应的山区双车道公路极限坡度坡长研究[D]. 北京:北京工业大学,2005.

[147] 张勇. 山区高速公路长大下坡避险车道设置研究[D]. 北京:北京工业大学,2008.

[148] 张建军. 连续长大下坡路段避险车道设置原则研究[D]. 合肥:合肥工业大学,2005.

[149] 陈渤. 山区高速公路长大下坡路段避险车道设计方法研究[D]. 成都:西南交通大学,2007.

[150] 杨素超,梁力,胡滨. 高速公路长下坡处避险车道引道设置浅析[J]. 山西建筑,2010,36(9):271-272.

[151] 周应新,杨泽龙,刘向南,等. 连续下坡公路安全保障系统设计概述[J]. 公路,2010(5).

[152] Arizona Department of Transportation. Truck Escape Ramp Study. November,2003.

[153] Massimo Losa. Arrester beds, Soil-Wheel Interaction and Braking Performance. Arrester Beds & Braking Performance,2004.

[154] Abdelwahab W, Morral J. Determining need for and location of truck escape ramps. Journal of Transportation Engineering,1997.

[155] Bo Chen. Study of rescue lane design method on the mountainous expressway downhill path. Southwest Jiaotong University Maser Degree Thesis,2007.

[156] Witheford D. Truck Escape Ramps. NCHRP Synthesis of Highway Practice 178, Transportation Research Board,1992.